HTML & CSS

改訂新版

& CSS

デザインレシピ集

狩野祐東 著

JN207578

Collection
of
Recipes

技術評論社

はじめに

　8年ぶりの改訂は、当初考えていたよりもずっと大変でした。

　本書は、2017年に刊行し、好評を博した『HTML5＆CSS3デザインレシピ集』の改訂版です。「改訂版」と言いながら、新しい機能は毎年のように出てくるし、トレンドも変わります。更新すべき内容は多く、全面的に書き直すことになってしまいました。中身はほぼ別物です。

　改訂作業を通じて、わたしはWebデザインを取り巻く環境の変化の大きさを改めて実感しました。そして、この実感を、可能なかぎり本書の内容そのものにフィードバックしようと思いました。

　その結果、すぐに使えるテクニックをたくさん紹介するのはもちろんですが、それにとどまらず、「基礎と仕組みの解説を厚くして、しっかり理屈を理解できる」こと、「新しい機能を積極的に取り入れて、これからのデザインを生み出せる」こと、この2点をとくに重視し、内容に磨きをかけました。

　本書では、デザインを重視したWebサイト制作でよく使うコーディングテクニックと応用のアイディアを、300種類以上紹介しています。改訂に際し、現代の開発事情に合わせて、Webアプリケーションのデザイン構築にも視野を広げました。フレームワークのテーマやテンプレートの開発を想定し、HTMLを自由に編集できないなど、制約があるなかでも最大限のクリエイティビティを発揮できる各種テクニックも盛り込んでいます。

本書は15章構成で、各章はトピックごとに節が分かれています。それぞれの節はほぼ独立しているので、どこから読んでもかまいませんし、必要なところだけつまみ食いしてもかまいません。

　基礎知識のうち重要なもの、HTML/CSS全般は1章で、CSSのポジション・フレックスボックス・グリッドレイアウトは8章で、レスポンシブデザインは13章で詳しく解説しています。基礎を固めたい方には、これらの章が参考になるでしょう。

　未経験や経験の浅い方のステップアップに、経験豊富な方の知識のアップデートに、この本が皆様のお役に立てることを、切に願っています。知らない機能を発見したら、ちょっとウキウキすると思います。楽しんでいただければ幸いです。

　本書はたくさんの方の協力を得ながら、完成にこぎ着けました。とくに、サンプルデータの基本デザインを作成してくださったUIデザイナーの阿部敏寛氏、膨大な原稿をまとめ上げてくださった編集者の神山真紀氏には感謝してもしきれません。

　そして、長期にわたるプロジェクトを支えてくれた家族へ。ありがとう。ホエールウォッチングに行ける日を楽しみにしています。

2025年3月　株式会社Studio947　狩野祐東

本書の読み方

❶ 項目名

HTML/CSSを使って実現したいテクニックを示しています。

❷ 利用シーン

実現したいテクニックがどのようなシーンで利用できるのかを示しています。

❸ 要素／プロパティ

目的のテクニックを実現するために使用するHTML要素やCSSプロパティ・値などをまとめています。

❹ 本文

目的のテクニックを実現するために、どの要素／プロパティをどのような考えで使用するかなど、方針や具体的な手順を解説しています。

❺ 書式

要素／プロパティを使用する際の書式を説明しています。

---

203 ❶画像を円形に切り抜きたい

❷ 利用シーン
- ●画像を正円に切り抜く、より汎用的な方法
- ●画像が正方形でなくても切り抜ける
- ●円だけでなく、三角形や四角形にも切り抜ける

❸ 要素／プロパティ

CSSプロパティ

clip-path: パスの形状;
—— 画像や要素を円や四角形などで切り抜く

❹ 「clip-path」は、画像を切り抜く設定をするプロパティです。<img> に適用します。
値は、画像を正円で切り抜くときは「circle()」にします。() 内には切り抜く図形の設定を書きます。
値の書き方にはいくつかバリエーションがありますが、もっとも基本的なのは次のとおりです。

❺ ● 書式　画像を正円で切り抜く

clip-path: circle(円の半径 at x y);

「円の半径」は、単位pxなどで設定します[※]。
x, y は、適用する画像の左上を (0, 0) とした、円の中心の座標です。
　正円で切り抜く場合、「画像の短いほうの辺を直径にして、中心から丸く切り抜きたい」ケースが多いでしょう。

※ 「%」でも指定できますが、動作がわかりづらく直感的ではありません。詳しく知りたい方は MDN のサイトをご参照ください。
<basic-shape> - CSS: カスケーディングスタイルシート | MDN
https://developer.mozilla.org/ja/docs/Web/CSS/basic-shape

画像の短いほうの辺を直径にして、中心から丸く切り抜く

462

004

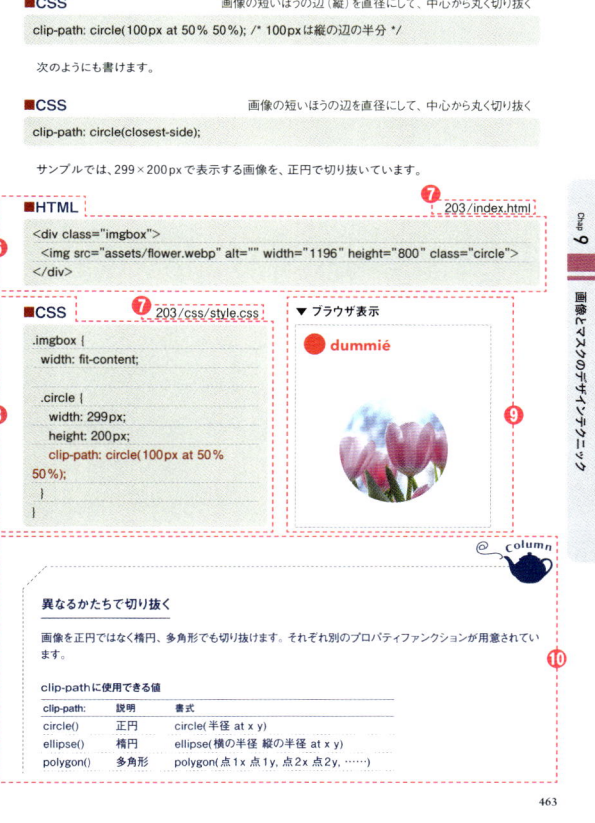

HTML

サンプルファイルのなかで、目的のテクニックを構成するHTMLソースを示しています。

サンプルファイル

サンプルのファイル名とディレクトリを示しています。

CSS

サンプルファイルのなかで、目的のテクニックを構成するCSSソースを示しています。

ブラウザ表示

サンプルファイルのブラウザ表示を示しています。

コラム

テクニックの補足、関連情報です。

サンプルファイルについて

本書掲載の多くのテクニックは、サンプルファイルを用意しています。
以下の技術評論社Webサイトからダウンロードしてください。

URL https://gihyo.jp/book/2025/978-4-297-14850-8/support

CONTENTS

Chapter 3 リンクとメディアの基本テクニック 141

Chapter 4 ページ全体に適用するデザインのテクニック 179

Chapter 5 ボックスを整形する基本テクニック 191

Chapter 6 テーブルのデザインテクニック 261

Chapter 7 フォームのデザインテクニック　　291

Chapter 8　複数のボックスを配置するテクニック　355

Chapter **9** 画像とマスクのデザインテクニック **437**

Chapter **15**　仕上げ・微調整・カスタマイズのテクニック　**695**

HTML/CSSの基礎

HTMLとCSSの役割や文法・構文、基本的なルールを中心に、Webサイト制作の基礎知識を解説します。CSSのカスタムプロパティやネスト記法の機能、ブラウザの開発ツールの使い方も本章で説明します。

Chapter 1

001　HTMLの基礎知識

利用シーン
●HTMLの仕様や書式、構造など基礎的なことを知りたい
●URLやパスなどの基礎知識を知りたい

「HTML」とは、Webページを作るためのコンピュータ言語で、「マークアップ言語」と呼ばれるものの一種です。ページに含まれるテキストや画像などの「コンテンツ（中身）」にタグをつけ、

- このテキストは大見出し
- このテキストは箇条書き
- ここに画像を挿入する

というように、中身のテキストや画像の意味合いや挿入場所を定義するのが、HTMLの役目です。

■HTMLの仕様

　HTMLの標準仕様は、「HTML Living Standard」という名前のドキュメントで定義されています。このドキュメントは、WHATWGという団体が管理・策定しています。

HTML Living Standard（英語）
　【URL】https://html.spec.whatwg.org/

　現在広く使われている、モバイル端末（スマートフォンやタブレット）やPCにインストールされている主要なブラウザ——Chrome、Edge、Firefox、Safari——は、標準仕様を満たすように開発が進められています。

　ブラウザを開発しているメーカーがあまり標準仕様を重視しない時期が過去にはあって、ブラウザが違うとWebページの表示が大幅に変わってしまうことがありました。しかし、現在ではすべてのブラウザが標準仕様に準拠するように開発されるようになったため、表示や動作の違いは少なくなっています。

■HTMLタグの基本書式

　HTMLには、テキストや画像などのコンテンツに意味づけするための多数の「タグ」が定義されています。タグの基本的な書式は次ページの図のとおりです。

　HTMLタグは、「開始タグ」と「終了タグ」でコンテンツを囲むのが基本的な書式です。タグで囲むことによって、コンテンツに「意味づけ」をするわけです。

　意味づけは「役割をつける」と考えてもよいでしょう。次ページの図でいえば、「新着情報のお知らせ」というテキスト（コンテンツ）に「リンク」という意味づけ（役割づけ）をしています。

タグの基本構造と各部名称

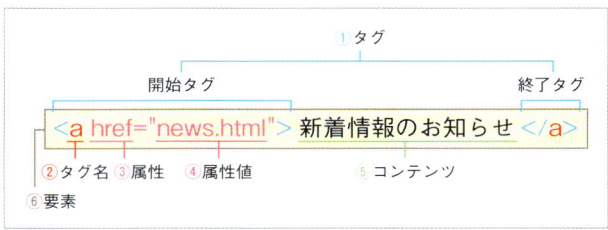

それでは、タグの各部の呼び名と役割を見てみましょう。

①タグ

開始タグと終了タグを合わせて「タグ」と呼びます。一部のタグには、終了タグのない「空要素」と呼ばれるものもあります。HTMLにはこのタグが多数定義されています。

②タグ名

タグの意味を決めているのが「タグ名」です。

③属性・④属性値

タグに追加的な情報をつけ加えるときは、開始タグに「属性」を含めます。ほとんどの属性には「属性値」が必要です。たとえば、<a>タグにはhref属性を追加できますが、この属性の値にはリンク先のURLを指定します。

属性値はダブルクォート（"）またはシングルクォート（'）で囲みます。また、class属性など、属性によっては複数の値を指定できるものがあります。属性に複数の値を指定するときは、値と値の間に半角スペースを入れて区切ります。

属性と属性値の書式

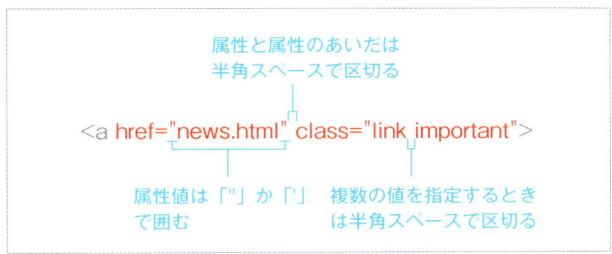

属性のなかには属性値を設定する必要がないものもあります。こうした属性は「ブール属性」または「論理属性」と呼ばれていて、おもにフォーム関連のタグで使われます。▶▶136

属性には、そのタグに固有の属性と、どんなタグにでも追加できる「グローバル属性」の2種類があります。たとえばhref属性は、<a>タグに追加できる固有の属性です。

グローバル属性には、そのタグのid名を設定する「id属性」や、class名を設定する「class属性」などがあります。

⑤コンテンツ

開始タグと終了タグに囲まれる部分を「コンテンツ」といいます。ブラウザに表示されるのはこのコンテンツの部分のみで、タグ自体は表示されません。

コンテンツには、テキストが含まれることもあれば、ほかの要素（タグおよびコンテンツ）が含まれることもあります。ただし、タグによっては、特定のタグしかコンテンツに含めることができるものが制限されている場合があります。

⑥要素

タグとそのコンテンツを合わせて「要素」といいます。

●空要素

ほとんどのタグには開始タグと終了タグがあります。しかし、いくつかのタグには終了タグがなく、コンテンツを囲まないものがあります。そうしたタグは「空要素」と呼ばれています。おもな空要素には次のようなものがあります。

おもな空要素

タグ	説明	使用例
<img>	画像を挿入する	▶▶058
<input>	フォーム部品を表示する	▶▶130
 	改行する	▶▶023
<hr>	区切り線を引く。ルーラー	▶▶281
<meta>	さまざまなメタデータを追加する	▶▶012
<link>	CSSファイルなど関連するファイルにリンクする	▶▶013

■HTMLの構造

HTMLタグのコンテンツには別のタグを含められることから、要素（タグとそのコンテンツ）と要素の間に階層関係ができます。この階層関係のことを「ツリー構造」といいます。

Webページを作成するとき、とくにCSSを使ってHTMLにレイアウト情報を追加するときには、このツリー構造を把握していることがとても重要です。ツリー構造に関連して、ある要素とある要素の関係を表す用語がいくつかあります。

ツリー構造の例。HTMLドキュメントは全体がツリー構造になっている

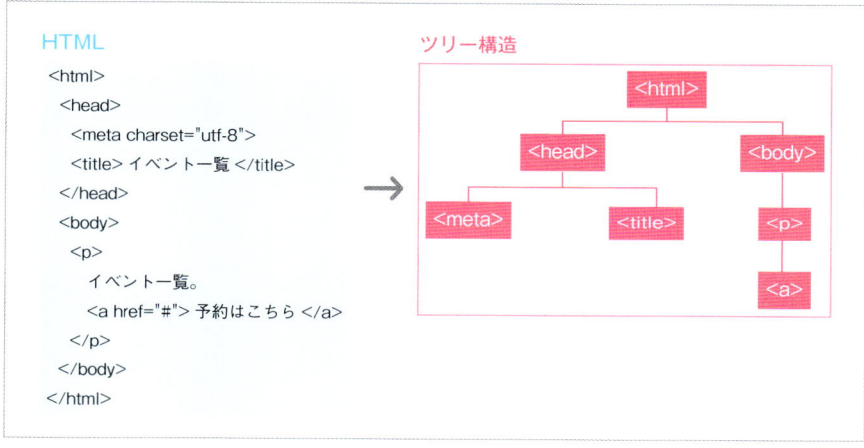

親要素・子要素

　ある要素から見てすぐ上の階層の要素を「親要素」、逆にある要素から見てすぐ下の階層の要素を「子要素」といいます。CSSの「子セレクタ」や「子孫セレクタ」は、この親要素・子要素の関係を利用します。

親要素・子要素の関係

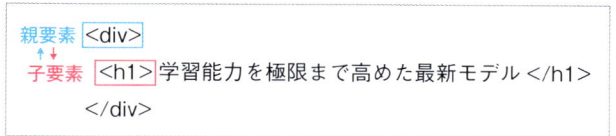

祖先要素・子孫要素

　ある要素の「親要素の親要素」や、「親要素の親要素の親要素」などは、すべて「祖先要素」といいます。同じように、ある要素の子要素の子要素などは「子孫要素」といいます。CSSの「子孫セレクタ」は、この祖先要素・子孫要素の関係を利用します。

祖先要素・子孫要素の関係

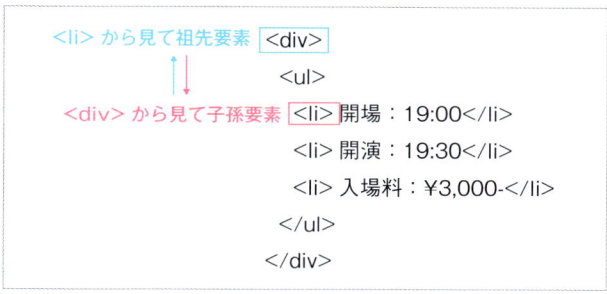

兄弟要素

　ある要素と同階層にある要素を「兄弟要素」といいます。その要素より先に出てくる兄弟要素を「兄要素」、あとに出てくる要素を「弟要素」と呼ぶこともあります。また、兄弟要素のなかでもとくに「すぐ次の弟要素」または「すぐ前の兄要素」のことを「隣接要素」といいます。CSSの「:nth-child(n)」セレクタなどはこの兄弟要素の関係を、「隣接セレクタ」は、隣接するすぐ次の弟要素にスタイルを適用するのに利用します。

兄弟要素の関係

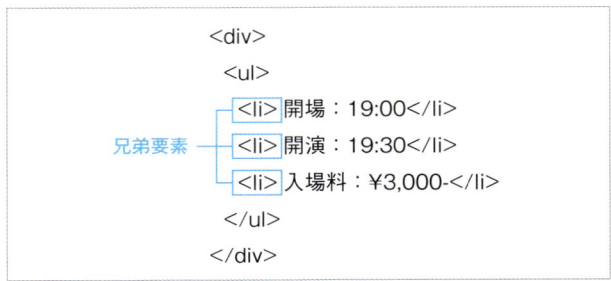

■URL

　URLとは、インターネット上に公開されているファイルを特定するための「アドレス」です。あるひとつのURLに対応するファイルは世界にひとつしかないため、HTMLファイルでも画像ファイルでも、正しいURLがわかれば必ず目的のファイルを取得できます。
　典型的なURLは次のようなものです。

URLと各部の名称

　このURLは、いくつかのパートに分けることができます。

①スキーム（プロトコル）

　スキームは、「取得するデータが何の用途で使われるものなのか」を示しています。もう少し具体的にいえば「そのデータを開くアプリケーションを指定している」と考えてもよいでしょう。
　Webサイトで使われるスキームは「http://」と「https://」の2種類です。URLの先頭にこれらのスキームがついていると、「取得するデータはWebサイトのデータとして使われる」ことになり、そのデータはブラウザが開くことになります。
　このふたつのスキームのうち「https://」が使われていると、クライアント（ブラウザを実行しているコンピュータ）とサーバー（Webページのデータを提供するコンピュータ）間の通信が、暗号化されます。一方「http://」の場合は通信が暗号化されません。暗号化されていれば、仮に第三者が通信

を傍受してもそう簡単には中身を見ることができないため、より安全な通信が実現できます。そのため現在では、ほとんどのページが「https://」で公開されています。

②サブドメイン

スキームに続く次のドット（.）の前までが「サブドメイン」です。同じドメインで複数のWebサイトを運営するときなどに使われます。サブドメインがないURLもあります。

③ドメイン

ドメインとは「そのWebサイトについている名前」です。ドメイン名は会社などの組織や個人が取得する、世界にただひとつの名前です。同じドメイン名を別の組織が取得することはないため、ひとつのURLが複数の異なるファイルを指すこともありません。

④ホスト

サブドメインとドメインを合わせて「ホスト」と呼びます。

⑤ポート

ポート（またはポート番号）は、コンピュータが通信を識別し、適切なプログラムにデータを渡すための番号です。①のスキーム（プロトコル）が「HTTP」や「HTTPS」の場合は省略されることが多いです。

⑥パス

ドメインの後ろの「/」以降は「パス」と呼ばれています。パスは、そのWebサイトのフォルダ構成そのものです。詳しくは次の「絶対パスと相対パス」をご覧ください。

絶対パスと相対パス

たとえば次のような、一般的なフォルダ構成[※1]のWebサイトを作るとしましょう。

※1「フォルダ」は「ディレクトリ」と呼ばれることもあります。

Webサイトのフォルダ構成例

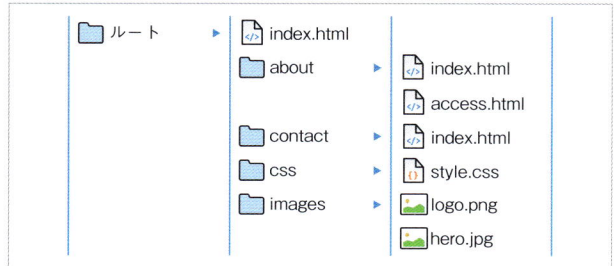

Webサイトを構成するHTMLや画像などのファイルは、「ルート」と呼ばれる、最上位フォルダのなかに保存されます。そして、ルート直下にある「index.html」が、そのWebサイトの「ホームページ（トップページ）」になり、その「パス」は、「/index.html」になります。Webサーバーを通して、ブラウザで閲覧する場合、ファイル名の「index.html」は省略できるので、トップページのパスは「/」としてもかまいません。

たとえばこれが、「example.com」というドメイン名で公開されているWebサイトの場合、ブラウザからルート直下のHTML（トップページ）を開くには、次のURLを入力することになります。

● **書式**　「example.com」のトップページ（ルート直下の index.html）を開く

> https://example.com/index.html
> https://example.com/

　パスは、ルート以下のフォルダ名やファイル名を「/」で区切って列挙します。たとえば図の「access.html」のパスは、「about/access.html」になります。「contact」フォルダの「index.html」であれば、「contact/index.html」になります。index.htmlは省略してよいので「contact/」でもかまいません。これがパスの書き方です。

　Webページから別のページにリンクしたり、画像を挿入したりするときには、リンク先のファイルがどこにあるか、パスで指定する必要があります。このパスの書き方には大きく分けて「絶対パス」と「相対パス」があります。

●**絶対パス**

　絶対パスとは「URL」そのもののことを指します。外部サイトにリンクするときは必ず「絶対パス」を使用します。次の例では、「https://gihyo.jp/site/profile」に、絶対パスでリンクしています。

● **書式**　絶対パス

> <a href="https://gihyo.jp/site/profile">技術評論社 会社案内</a>

　CMS^{※2}の普及に伴い、近年では内部リンク、つまりルートフォルダのなかにあるファイルにリンクするときも、絶対パスを使用することが多くなっています。

※2「コラム　静的サイトと動的サイト」参照。

●**相対パス**

　相対パスとは「リンク元のファイルを起点として、リンク先を指定する」方法です。CMSを使わず静的なWebサイトを作成している場合、内部リンクにはおもに相対パスを使用します。

　たとえば、次の図の「ルートフォルダ」の直下にある「index.html」から、「access」フォルダの「index.html」にリンクする相対パスは「access/index.html」になります。

index.html から about/access.html にリンクするときのパス

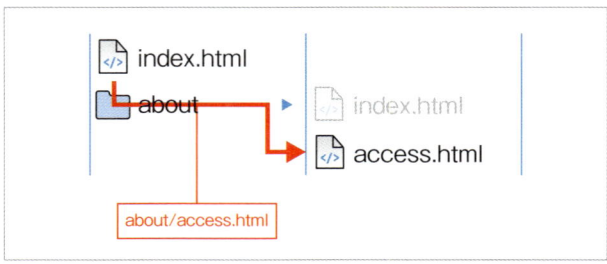

もうひとつ例を紹介します。「contact/index.html」に、「images」フォルダにある「logo.png」を掲載するとしましょう。その場合の相対パスは「../images/logo.png」になります。相対パスでは、リンク先に到達するために1階層上に上がる必要があるときは、先頭に「../」を書きます（2階層上がる場合には「../../」と書きます）。

　なお、同階層の別のファイルにリンクするには、先頭に「./」を書きます。ただし「./」は省略可能です。

contact/index.html から /images/logo.png にリンクするときのパス

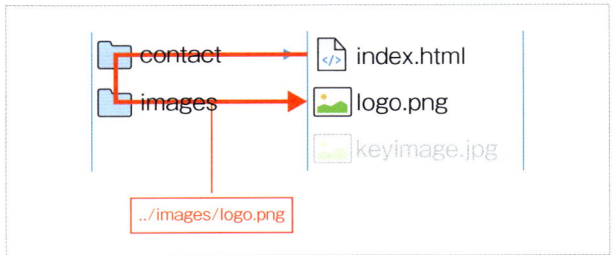

●ルート相対パス

　相対パスの特殊な記述法として「ルート相対パス」と呼ばれる方法があります。これは、リンク元を起点とするのではなく、常にルートフォルダを起点にするパスの書き方です。ルート相対パスは必ず「/」から始まります。

　相対パスと比べながら見ると、次のようになります。

ルート相対パスの例

リンクの起点とリンク先	ルート相対パス	相対パス
ルートの index.html から access.html へリンク	/about/access.html	about/access.html
contact フォルダの index.html から logo.png へリンク	/images/logo.png	../images/logo.png

column

静的サイトと動的サイト

Webサイトには、大きく分けて「静的サイト」と「動的サイト」の2種類があります。静的サイトとは、公開されるページのHTMLを、HTMLファイルとして作ってしまう方法です。そのため静的サイトの場合は、ページ数分のHTMLファイルを作成することになります。ページ数が1ページしかない広告用のWebサイトや、多くても数十ページ程度の小規模なWebサイトでは、静的なサイトを作成することが多いです。

一方の動的サイトとは、Webサーバー上に専用のプログラムをインストールして、HTMLを書かなくてもページの追加や更新ができるようにしたWebサイトのことをいいます。動的サイトの各ページはHTMLファイルで作られているのではなく、「ひな形（テンプレート）」と中身のコンテンツをプログラムが合成して作成します。

比較的規模が大きかったり、更新頻度が頻繁だったりする場合は、プログラムを導入して動的サイトを作るケースが多いといえます。動的なWebサイトの構築によく使われるソフトウェアのことを「CMS」といい、代表的なものにはWordPressやDrupalがあります。

002

Webサイトを構成する
ファイル

利用シーン

●Webページに使用できるファイルについて知りたい
●Webページでファイルを使用するときのルールを知りたい

1枚のWebページを作るには、最低限1枚のHTMLファイルを作る必要があります。ただ、通常はそのページに画像を掲載したり、デザインを整えるためにCSSファイルを用意したりするため、HTMLとは別に複数のファイルを用意することになります。

■使用するファイルと拡張子

Webサイトで使用できるファイルの種類には、次のものがあります。

HTMLファイル

HTML言語で書かれたファイルで、拡張子は「.html」です[1]。通常、1枚のWebページを作るには1枚のHTMLファイルを用意する必要がありますが、HTMLファイルのなかに別のHTMLファイルを埋め込むこともあります。 `▶▶081`

※1 まれに「.htm」ということもあります。

CSSファイル

HTMLはページの"中身"を記述するための言語なので、それをどのように見せるか、デザインやレイアウトを作るしくみは持っていません。デザインやレイアウトを組み立てるのは「CSS」という、HTMLとは別の言語でおこないます。

通常、CSSは専用のファイルを作って、そこに記述します。CSSファイルの拡張子は「.css」です。

JavaScriptファイル

HTMLとCSSで作られたWebページは、一度読み込まれたら、再読み込みするか別のページに移動するまで、内容が変わることはありません。しかし、それでは不便なことも多いので、再読み込みせずに内容の一部を書き換えたり、閲覧しているユーザーが操作しやすいUI[2]をページに組み込んだりします。

※2 ユーザーインターフェースの略。ユーザーが操作に使うためのメニューやボタンなどの「部品」のことを指します。

そうした、HTMLとCSSだけではできない機能をページに追加したいときは、「JavaScript」というプログラミング言語を使います。JavaScriptで書かれたプログラムファイルの拡張子は「.js」です。とくにスマートフォン向けのWebページを作る際には、UIの組み込みなどでほぼ必ずといってよいほどよく使われています。本書ではJavaScriptプログラムそのものの書き方は扱いません。

画像ファイル

Webページでは、次の7種類の画像ファイルを利用できます。

●JPEGファイル

おもに写真や階調（色数）の多いイラストなどに使われるファイルフォーマットです。拡張子は「.jpg」または「.jpeg」です。

●PNGファイル

おもに階調の少ないイラストや図、ロゴなどに使われるフォーマットです。拡張子は「.png」です。マスクができるのも特徴で、画像の周囲を透過させて、背景となじませることができます。

●APNGファイル

APNGは、PNGでアニメーションができるフォーマットです。拡張子は「.apng」または「.png」です。

●WebPファイル

「ウェッピー」と読みます。JPEGとPNG両方の特徴を持っていて、静止画だけでなくアニメーションもできます。高画質を維持しながらファイルサイズをより小さくできるフォーマットです。拡張子は「.webp」です。

典型的なJPEGファイル

マスクつきのPNGファイルの使用例

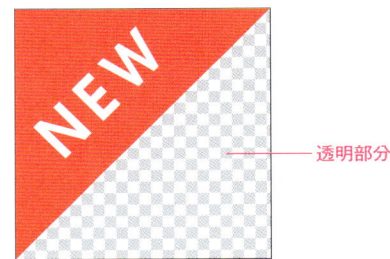

透明部分

●AVIFファイル

WebPの後継フォーマットで、画質を維持しながら、さらにファイルサイズをより小さくできます。静止画だけでなくアニメーションもできますが、比較的新しいフォーマットのため、まだあまり普及していません。

●GIFファイル

古い形式の画像ファイルです。拡張子は「.gif」で、「ジフ」または「ギフ」と発音します。画質が悪く、ファイルサイズも比較的大きいのですが、パラパラマンガのようなアニメーションができるため、いまでも使われています。

ここまでに紹介したファイルは、すべて「ビットマップ」形式と呼ばれる、ひとつひとつの、色つきの点（画素、ピクセル）が集まってできた画像です。拡大すると画質が悪化するので、Webページで使用するときは、拡大しないで表示するように工夫しないといけません。

●SVGファイル

SVGファイルは、Webページで使える唯一のベクター形式の画像ファイルです。ベクター形式とは、線や塗りを計算式で表現する方法で、拡大縮小しても画質が変わらないのが特徴です。ロゴやアイコンなど、色数が少なくて線がはっきりしている図を描くのに向いています。

SVGは、XMLと呼ばれるHTMLに似た形式のタグで書かれていて、テキストエディタで開けます。拡張子は「.svg」です。

●そのほかのファイル

HTMLには動画や音声ファイルを埋め込むことも可能です。動画ファイルには「MP4（.mp4）」、音声ファイルには、動画データのないMP4や、MP3（.mp3）などのフォーマットを使用します。

■ファイル名のつけ方

Webサイトに使用するファイルのファイル名は、原則として次の文字を使用します。

- 半角英字 ・ハイフン（-）、アンダースコア（_）、ピリオド（.）
- 半角数字 ・ただし、1文字目をピリオドにすることはできない

実際には日本語の漢字やここに挙げた以外の記号も使えますが、一般的には使用しません。

英字は小文字でも大文字でも使用できますが、とくに必要がない限り小文字だけを使うことにして、大文字は使わないようにしておくのが安全です。なぜかといえば、OSによって「大文字と小文字を別の文字として区別するかどうか」が違うからです。Webサイトを制作するときは、WindowsかmacOSを使うことが多いはずです。こうしたOSは通常、大文字小文字を区別しません。つまり、「About.html」と「about.html」は、同じファイルと見なされます。

ところが、Webサーバーでよく使われるLinuxやUnix系のOSは、大文字小文字を区別します。About.htmlとabout.htmlを違うファイルと見なすわけです。

この動作の違いによって、「制作しているときはちゃんと動いていたリンクが、Webサーバーにアップロードしたら動作しなくなった」ということが起こるかもしれません。こうしたミスを減らすために、原則として大文字は使わないというルールにしておいたほうが安全です。

作業中は動いていたリンクがアップロードしたら動かなくなる例

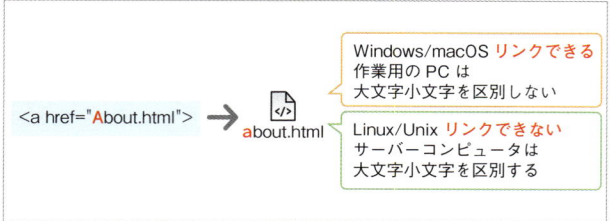

ファイル名としてつけてよいもの、そうでないものの例を挙げておきます。

つけてよいファイル名・つけてはいけないファイル名

ファイル名の例	可否	説明
product.html	○	使用可能な文字のみを使用している
article-3027.html	○	使用可能な文字のみを使用している
10月の記事.html	△	一般的に漢字などは使用しない
logoBig.png	△	大文字を使用するのは避けたほうが安全
news?.html	×	?、&などの記号は使えない
.update-next.css	×	「.」で始まる文字はWebサーバーやmacOSでは特殊なファイルを意味するため使えない

■Webサイトのフォルダ・ファイル構成

　Webサイトを作成するには、多数のファイルを用意しなければなりません。作業をスムーズに進めるためには、きちんとファイルを整理しておく必要があります。しかし、それだけではありません。Webサイトのフォルダ構造やファイル名はそのままURLになります。そこで、基本的にはURLができるだけ短く、わかりやすくなることに注意しながら、フォルダ構造を設計します。とくに次の点が重要です。

- ・フォルダ名やファイル名に、あまり長い名前をつけない
- ・フォルダ階層をあまり深くしない（フォルダのなかにフォルダを作りすぎない）
- ・フォルダ名やファイル名を見ただけで、どんな内容なのかがわかる的確な名前をつける

　Webサイト開発にCMSや何らかのプログラムを使う場合は、ファイルを保存する場所があらかじめ決められているケースが多く、フォルダ構成を考える余地はほとんどありません。ここでは、静的サイトを作る場合で、フォルダ構成から考えなければならないときの、典型例をふたつ紹介します。

標準的なフォルダ・ファイル構成1：階層をできるだけ浅くするケース

　「HTMLファイルをできるだけルートフォルダに直接置いておく」ケースです。この方法はフォルダ階層を浅くできるため、URLを短く保てる利点があります。小規模なWebサイトに向いています。

階層をできるだけ浅くする構成例

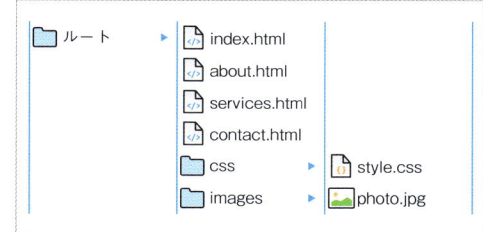

標準的なフォルダ・ファイル構成2：カテゴリーフォルダを作るケース

　Webサイトのトップページだけをルートフォルダに置き、その他のページは「カテゴリーフォルダ」を作って、そのなかに保存するケースです。フォルダ階層は少し深くなりますが、カテゴリーのトップページのファイル名が「index.html」になるので、すっきりしたURLにすることができます。

カテゴリーフォルダを作る構成例

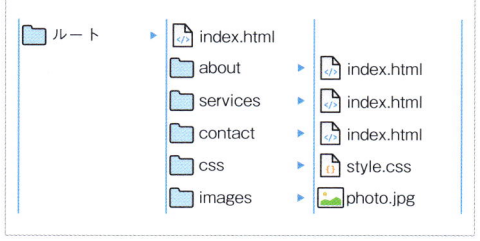

003 CSSの基礎知識

利用シーン
●CSSの仕様や書式など基礎的なことを知りたい
●CSSのソースコードを読んで理解できるようになりたい

HTMLは、ページのコンテンツを記述するための言語です。しかし、HTMLにはデザイン機能がなく、テキスト色を変えることすらできません。そんなHTMLをデザインしたりレイアウトしたりするには、CSSを使用します。

■CSSのしくみ

HTMLのひとつひとつの「要素」は、ブラウザウィンドウに表示されるとき、自分自身のコンテンツを表示する「領域」を確保します。この領域のことを「ボックス」といいます。CSSを使えば、「要素のコンテンツ自身」や、「ボックス」のサイズ、配置を調整することができ、ページのデザインやレイアウトを操作することが可能になります。

要素が作る「ボックス」

HTML

```
<p> 風がないのに空気が循環する、身体に優しいE8 無風サーキュレーター。
製品モニタを募集中！ <a href="contact.html"> お気軽にお問い合わせください </a>。</p>
```

↓

ブラウザの表示

風がないのに空気が循環する、身体に優しいE8 無風サーキュレーター。製品モニタを募集中！ お気軽にお問い合わせください。

□ <p> のボックス　　□ <a> のボックス

CSSの機能には次のようなものがあります。

コンテンツに対してできること
- フォントの調整 ── 使用するフォントの種類、サイズ、ウェイト（太さ）を変更する、など
- テキストの調整 ── テキスト色、テキストに装飾線をつける、行間を調整する、など

要素のボックスに対してできること
- ボックスの背景色、背景画像の設定
- ボックスのサイズやスペースの調整

- ボーダーライン（ボックスの枠線）の調整
- ボックスの配置方法の変更 —— 並べ方を変更する、座標を指定して自由な位置に配置する、など
- ボックスの変形 —— 傾ける、拡大・縮小する、など

■CSSの仕様

CSSの仕様は、Web技術標準化団体であるW3Cが策定しています。CSSは機能も仕様も膨大なため、そのままでは標準化・仕様作成が困難です。そこで、CSS全体を「モジュール」と呼ばれる小さな機能グループに分割し、それぞれのグループごとに標準化作業が進められています。

以下の「Cascading Style Sheets home page」に行くと、CSSの仕様を確認できます。どれも読みこなすのはかなり難しいのですが、興味がある方は、まずはじめに「Snapshot」と名前のついているドキュメントを見て、CSSの全体像を把握するとよいでしょう。

CSSホームページ（英語）

【URL】https://www.w3.org/Style/CSS/

■CSSの基本書式

HTMLにCSSを適用するためには、次のふたつのことが必要です。

1. HTMLドキュメントのなかから、特定の要素を選ぶ
2. 選んだ要素にスタイルを適用する

これらのうち1番目の「特定の要素を選ぶ」はCSSの「セレクタ」で、2番目の「スタイルを適用する」は、同じくCSSの「各種プロパティ」でおこないます。

このセレクタとプロパティを記述するための、CSSの基本的な書式は次のとおりです。

CSSの基本的な書式

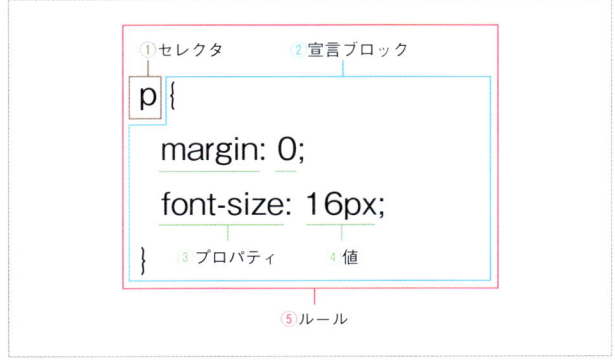

①セレクタ

HTMLドキュメントから特定の要素を選択するのが「セレクタ」です。書式例では、HTMLドキュメントに含まれる\<p\> 要素すべてを選択する、タイプセレクタと呼ばれるセレクタを使用しています。セレクタにはさまざまなバリエーションがあり、うまく使い分けることができれば、効率的に要素を選択できるようになります。

②宣言ブロック（スタイル）

セレクタに続く｛〜｝の部分を「宣言ブロック」といいます。この宣言ブロックのなかには、プロパティと値のセットを必要なだけ追加できます。

ただ、「宣言ブロック」という言葉はあまりなじみがないため、よりイメージがしやすいように、本書では原則として「スタイル」と呼ぶことにしています。

③プロパティ

宣言ブロックのなかに書かれ、セレクタで選択された要素の表示を実際にコントロールするのが「プロパティ」とその値です。

CSSにはあらかじめ定義されているプロパティが数百種類あります。それらのプロパティを使って、簡単なものでは要素のコンテンツのフォントサイズを変えたり、背景色をつけたり、少し複雑なものであればボックスのサイズや配置を調整したりします。プロパティの後ろには必ずコロン（:）がつきます。このコロンの前後には、半角スペースを入れることができます。

④値

プロパティには「値」が必要です。たとえば、フォントサイズを16ピクセルに指定したいなら、font-sizeプロパティに「16px」という値を設定します。なお、値の後ろには、必ずセミコロン（;）を入れるようにします。プロパティと値の種類によっては、後ろにセミコロンがないとCSSが正しく動作しない場合があります。

⑤ルール

セレクタと宣言ブロックをまとめて「ルール」といいます。Webページ1ページのデザインを決めるには、このルールを複数作成することになります。

■＠ルール

＠ルール（アットルール、アットマークルール）は、要素にスタイルを適用するのではなく、CSS自体の動作を決めるための構文です。よく使われる＠ルールは以下のとおりです。具体的な使い方は＠ルールによって異なるので、それぞれのサンプルを参照してください。

- ＠charset ——— CSSファイルの文字コードセットを定義します。CSSファイルの1文字目から記述します。文字コードセットがUTF-8以外の場合に必須です。
- ＠font-face ——— ダウンロードすべきフォントを指定します。
- ＠keyframes ——— CSSでアニメーションをするのに使います。 ▶▶291
- ＠media ——— 画面サイズに合わせて、適用するCSSを切り替えるのに使います。スマートフォン表示とPC表示でHTML/CSSを共用する「レスポンシブデザイン」に必須の＠ルールです。 ▶▶262
- ＠container ——— 親要素のサイズに合わせて、適用するCSSを切り替えるのに使います。＠mediaと同じく、レスポンシブデザインを実現するのに使われます。比較的新しい＠ルールです。 ▶▶263

004 セレクタについて知りたい

利用シーン
●よく使う基本的なセレクタの使い方を知りたい
●どんなセレクタがあるのか知りたい

　セレクタを使ってHTMLドキュメントから要素を選択し、そこに、ひとつ以上のプロパティと値で書かれた「ルール」を適用するのが、CSSの基本的な動作のしくみです。まずは、よく使うセレクタを使って、HTMLからどのように要素を選択するのか、選択された要素にルールを適用すると何が起こるかを、簡単な例を見ながら確認しましょう。
　次のようなHTMLに、以下に挙げる6種類のセレクタで要素を選択し、選択した要素にスタイルを適用します。

●**HTML**　　　　　　　　　　　　　　　　　　　　　　　004 / 0-no-style.html

```
<body>
 <div class="box">
  <h1 id="important">いろいろなセレクタ</h1>
  <p>セレクタにはいろいろな種類があり、選択したい要素によって使い分けます。</p>
  <p>よく使う、代表的なセレクタには次の6種類があります。</p>
  <ul class="box">
   <li>タイプセレクタ</li>
   <li>classセレクタ</li>
   <li>idセレクタ</li>
   <li>複合セレクタ</li>
   <li>擬似クラス</li>
   <li>子孫セレクタ</li>
  </ul>
 </div>
 <p>box外側の段落</p>
</body>
```

■**タイプセレクタ**
　タイプセレクタは、「タグ名」が同じ要素をすべて選択します。書式は、セレクタのところにタグ名だけを書きます。大文字小文字はどちらでもかまいませんが、一般的には小文字で書きます。
　たとえば、すべての<div>タグを選択したいなら、右のように書きます。

● **書式**　タイプセレクタ。すべての<div>を選択する

```
div {
```

Chap 1

HTML/CSSの基礎

次の例では、セレクタを「p」にして、HTML内にあるすべての<p>～</p>を選択します。そして、選択した<p>要素のテキスト色を青色に変更します。

● HTML
004 / 1-type-selector.html

```
<head>
  <meta charset="UTF-8">
  <meta name="viewport" content="width=device-width, initial-scale=1.0">
  <title>タイプセレクタ</title>
  <style>
    p {
      color: #0090E1;
    }
  </style>
</head>
```

▼ ブラウザ表示

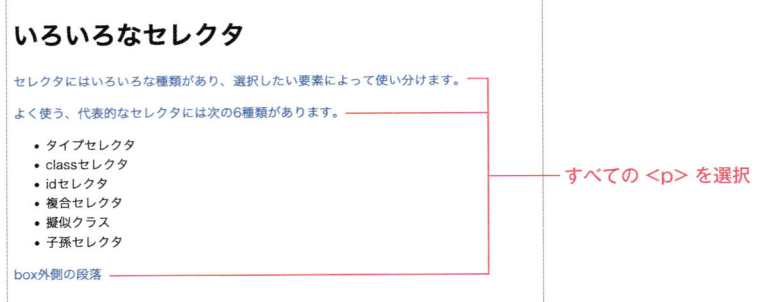

いろいろなセレクタ

セレクタにはいろいろな種類があり、選択したい要素によって使い分けます。

よく使う、代表的なセレクタには次の6種類があります。

- タイプセレクタ
- classセレクタ
- idセレクタ
- 複合セレクタ
- 擬似クラス
- 子孫セレクタ

box外側の段落

すべての<p>を選択

■classセレクタ

classセレクタは、タグについているclass属性の値で要素を選択します。classセレクタはドット(.)で始め、選択したいクラス名(class属性の値)を、スペースなどを空けずに続けて書きます。たとえば、class属性が「note」の要素を選択したいなら、右のようなセレクタを書きます。

● 書式　classセレクタ。class="note"の要素をすべて選択する

```
.note {
```

次の例では、セレクタを「.box」にして、class属性が「box」の要素を選択し、ボックスの周囲に枠線を引いています。

● HTML
004 / 2-class-selector.html

```
.box {
  border: 3px solid #FFE34E;
}
```

▼ ブラウザ表示

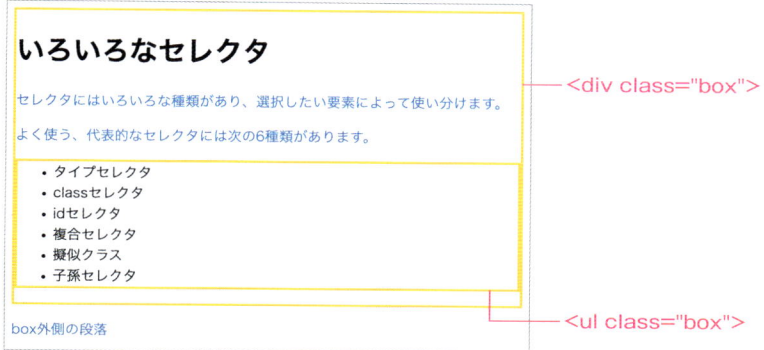

■idセレクタ

　idセレクタは、id属性の値（id名）で要素を選択します。id名は、同じHTMLドキュメント内で1回しか使えないので、idセレクタで選択できる要素は1個だけです。書式は、id名の前に「#」をつけます。

● **書式**　idセレクタ

```
#id名 {
```

　サンプルではセレクタを「#important」にして、<h1 id="important">を選択し、テキストに下線を引いています。

● **HTML**　　　　　　　　　　　　　　　　　　　　　004／3-id-selector.html

```
#important {
  text-decoration: underline;
}
```

▼ ブラウザ表示

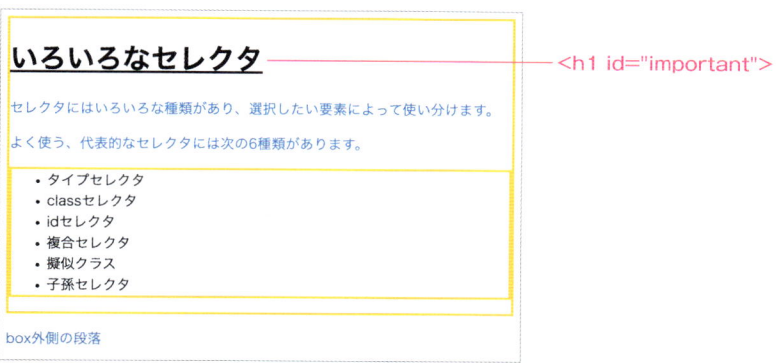

Chap **1**

HTML/CSSの基礎

035

■複合セレクタ

ここまでに紹介してきた、タイプセレクタ、classセレクタ、idセレクタはどれも「単純セレクタ」と呼ばれる、セレクタをひとつだけ使って要素を選択するセレクタです。

これに対し複合セレクタは、複数の単純セレクタを連続して使います。そうすることで、たとえば、「aタグ」で、かつ「class属性が○○」というような、複数の条件を使って要素を選択できるようになります。複合セレクタは、単純セレクタを、半角スペースなどを入れずに連続して記述します。

例を見てみましょう。「ulタグ」で、かつ「class属性がbox」の要素を選択するなら次のようにします。

●HTML

004／4-compound-selector.html

```
ul.box {
  background-color: #C9ECFF;
}
```

▼ ブラウザ表示

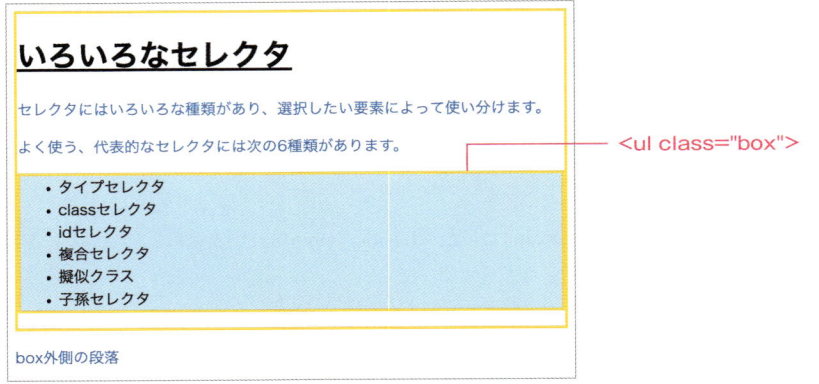

<ul class="box">

■擬似クラス

擬似クラスは、特定の状態にある要素を選択するのに適したセレクタです。たとえば、「マウスポインタが要素に乗っている」状態の要素、「兄弟要素のなかで最初に出てくる」要素などを選択できます。

擬似クラスは「:」で始まるセレクタで、多数定義されています。たとえば「:hover」擬似クラスは、「ボックスにマウスポインタが乗っている状態の要素」を選択します。

例では、「li:hover」セレクタを使い、<li>にマウスポインタが乗っているときだけ背景色とフォント色を変更しています。

●HTML

004／5-pseudo-class.html

```
li:hover {
  color: white;
  background-color: #E10051;
}
```

▼ ブラウザ表示

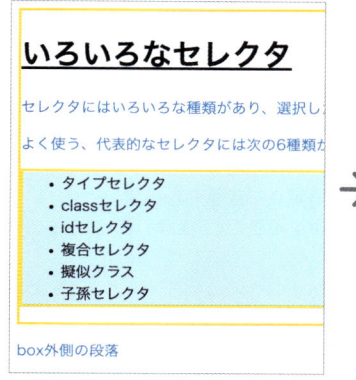 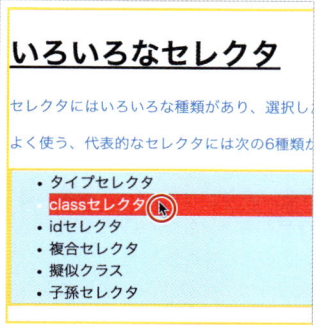

■子孫セレクタ

子孫セレクタは、「ある要素の子孫要素」を選択するのに使います。たとえば、<div class="box"> ～</div>のなかにある<p>を選択するなら、親要素を選択するセレクタ（.box）と、子要素を選択するセレクタ（p）を、半角スペースで区切って書きます。

例では、<div class="box">～</div>の子要素の<p>を選択し、太字にしています。<div class="box">の子要素でない<p>は選択されず、太字になりません。

● **HTML**　　　　　　　　　　　　　　　　　　　　　　　　　004／6-descendant.html

```
.box p {
  font-weight: bold;
}
```

▼ ブラウザ表示

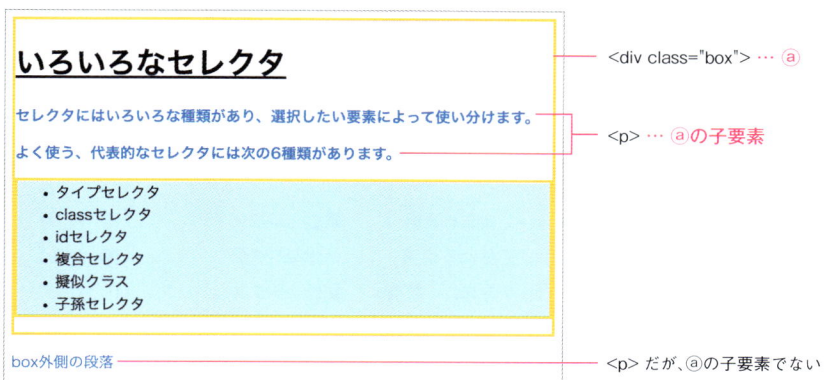

<div class="box"> … ⓐ

<p> … ⓐの子要素

<p> だが、ⓐの子要素でない

■セレクター一覧

　セレクタは、ここに挙げたほかにも多数定義されています。本稿執筆時点（2025年3月）時点で、主要なブラウザすべてで使えるものを挙げると60種類以上あります。そうしたセレクタのなかによく使うものもあればそうでないものもあり、いきなりすべて覚えようとする必要はありません。経験が浅い方は、よく使うものから徐々に慣れていけばそれで大丈夫です。

　経験者の方は、新しいセレクタをぜひとも使ってみてください。:is()、:has()をはじめとして、多数の便利なセレクタが登場しています。

　セレクタの一覧表を掲載しておきます。この表には、本稿執筆時点で最新の仕様書※をもとに、すべての主要なブラウザの最新バージョンで利用可能なセレクタを掲載しています。各セレクタの実際の使用例は、サンプルをご覧ください。

　なお、表中の「詳細度」は、セレクタの優先順位を決める点数です。詳しくは ▶▶007 をご覧ください。

※ Selectors Level 4 ── https://www.w3.org/TR/selectors-4/
　 Selectors Level 3 ── https://www.w3.org/TR/selectors-3/

セレクター一覧（E、Fは任意のセレクタ）

セレクタ	選択される要素	種類	詳細度
*	すべての要素	ユニバーサルセレクタ	(0, 0, 0)
E	タグ名がEの要素	タイプセレクタ	(0, 0, 1)
.className	class名が「className」の要素	クラスセレクタ	(0, 1, 0)
#id	ID名が「id」の要素	IDセレクタ	(1, 0, 0)
E F	要素Eの子孫要素F	子孫セレクタ	E、Fの合計
E > F	要素Eの直接の子要素F	子セレクタ	E、Fの合計
E + F	要素Eのすぐ後ろに続く要素F	すぐ下の弟セレクタ	E、Fの合計
E ~ F	要素Eの弟要素F	弟セレクタ	E、Fの合計
[属性]	「属性」を持っている要素	属性セレクタ	(0, 1, 0)
[属性="a"]	「属性」の値が「a」である要素	属性セレクタ	(0, 1, 0)
[属性="a" i]	「属性」の値が「a」である要素（値の大文字小文字の区別をしない）	属性セレクタ	(0, 1, 0)
[属性="a" s]	「属性」の値が厳密に「a」と同じである要素（値の大文字小文字も一致するほか、文字コード値も同じ）	属性セレクタ	(0, 1, 0)
[属性~="a"]	「属性」にスペース区切りで複数の値があるとき、そのうち1つが「a」に一致する要素	属性セレクタ	(0, 1, 0)
[属性^="a"]	「属性」の値が「a」で始まる要素	属性セレクタ	(0, 1, 0)
[属性$="a"]	「属性」の値が「a」で終わる要素	属性セレクタ	(0, 1, 0)
[属性*="a"]	「属性」の値に「a」が含まれる要素	属性セレクタ	(0, 1, 0)
[属性|="ja"]	「属性」の値に「-」が含まれていて（ja-JPなど）、その前半部分が「ja」である要素	属性セレクタ	(0, 1, 0)
:not(s1, s2, …)	セレクタs1、s2、… に適合しない要素	否定擬似クラス	s1、s2、… のうちもっとも高い詳細度

セレクタ	選択される要素	種類	詳細度
:is(s1, s2, …)	セレクタs1、s2、… のいずれかに適合する要素	擬似クラス	s1、s2、… のうちもっとも高い詳細度
:where(s1, s3, …)	セレクタs1、s3、… のいずれかに適合する要素	擬似クラス	(0, 0, 0)
E:has(s1, s2, …)	子要素s1、s2、… を持つ祖先要素または兄要素E	擬似クラス	s1、s2、… のうちもっとも高い詳細度
:dir(ltr)	書字方向が「ltr」（左から右）になっている要素	擬似クラス	(0, 1, 0)
:lang(言語)	lang属性の値が「言語」の要素	擬似クラス	(0, 1, 0)
:any-link	href属性がある要素（つまり<a>または<area>）	擬似クラス	(0, 1, 0)
:link	リンクで、リンク先が未訪問の要素	擬似クラス	(0, 1, 0)
:visited	リンクで、リンク先が訪問済みの要素	擬似クラス	(0, 1, 0)
:target	ページ内リンクのリンク先になっている要素	擬似クラス	(0, 1, 0)
E:active	要素Eのリンクをクリックした状態	擬似クラス	(0, 1, 0)
E:hover	要素Eにマウスポインタが乗った状態	擬似クラス	(0, 1, 0)
E:focus	フォーム部品Eが入力可能になっている状態	擬似クラス	(0, 1, 0)
E:focus-visible	フォーム部品Eがフォーカス状態になっている（ボタンなど一部フォーム部品を除く）	擬似クラス	(0, 1, 0)
E:focus-within	子要素がフォーカス状態になっている要素E	擬似クラス	(0, 1, 0)
E:enabled	フォーム部品Eのうち、操作が可能なもの	擬似クラス	(0, 1, 0)
E:disabled	フォーム部品Eのうち、操作ができないもの	擬似クラス	(0, 1, 0)
E:read-write	フォーム部品Eのうち、文字の入力・編集ができるもの	擬似クラス	(0, 1, 0)
E:read-only	フォーム部品Eのうち、コピー・選択はできるが入力・編集はできないもの	擬似クラス	(0, 1, 0)
E:placeholder-shown	フォーム部品Eにプレイスホルダーテキストが表示されている状態	擬似クラス	(0, 1, 0)
E:default	checked属性、selected属性がついている、またはtype="submit"（送信ボタン）の要素E	擬似クラス	(0, 1, 0)
E:checked	チェックがついている、または選択されているフォーム部品E	擬似クラス	(0, 1, 0)

セレクタ	選択される要素	種類	詳細度
:indeterminate	チェックボックスが中間状態か、ラジオボタンがどれも選択されていない状態	擬似クラス	(0, 1, 0)
:valid	入力された値が正しいと見なされるフォーム部品	擬似クラス	(0, 1, 0)
:invalid	入力された値が正しくないと見なされるフォーム部品	擬似クラス	(0, 1, 0)
:in-range	入力された値が有効範囲内にあるフォーム部品	擬似クラス	(0, 1, 0)
:out-of-range	入力された値が有効範囲外になっているフォーム部品	擬似クラス	(0, 1, 0)
:required	required属性がついている（入力必須の）フォーム部品	擬似クラス	(0, 1, 0)
:optional	required属性がついていない（入力は任意の）フォーム部品	擬似クラス	(0, 1, 0)
:blank	入力されていないフォーム部品	擬似クラス	(0, 1, 0)
:user-invalid	ユーザーが入力した値が不正のフォーム部品	擬似クラス	(0, 1, 0)
:root	ルート要素。常に\<html\>	擬似クラス	(0, 1, 0)
:empty	子要素を持っていない要素	擬似クラス	(0, 1, 0)
E:nth-child(n)	要素Eで、かつその親要素から見てn番目の子要素	擬似クラス	(0, 1, 0)
E:nth-last-child()	要素Eで、かつその親要素から見て最後からn番目の子要素	擬似クラス	(0, 1, 0)
E:first-child	要素Eで、かつその親要素から見て最初の子要素	擬似クラス	(0, 1, 0)
E:last-child	要素Eで、かつその親要素から見て最後の子要素	擬似クラス	(0, 1, 0)
E:only-child	要素Eで、かつその親要素から見て唯一の子要素	擬似クラス	(0, 1, 0)
E:nth-of-type(n)	n番目の要素E	擬似クラス	(0, 1, 0)
E:nth-last-of-type(n)	最後から数えてn番目の要素E	擬似クラス	(0, 1, 0)
E:first-of-type	最初の要素E	擬似クラス	(0, 1, 0)
E:last-of-type	最後の要素E	擬似クラス	(0, 1, 0)
E:only-of-type	唯一の要素E	擬似クラス	(0, 1, 0)
E::first-line	要素Eに含まれるテキストの1行目	擬似要素	(0, 0, 1)
E::first-letter	要素Eに含まれるテキストの1文字目	擬似要素	(0, 0, 1)
E::before	要素Eのコンテンツの前	擬似要素	(0, 0, 1)
E::after	要素Eのコンテンツの後	擬似要素	(0, 0, 1)

005 プロパティと値の基本を知りたい

利用シーン ●プロパティの基本的な記述法を知りたい
●プロパティにはどんなものがあるのか知りたい

セレクタで選択した要素に、実際のスタイルを適用するのが、CSSの「プロパティ」です。現在、プロパティは数百種類が登録されていて、増え続けています。

■CSSプロパティの大まかな分類

プロパティをすべて覚えるのは大変ですが、どんなことができるのか、機能別に分類すると、大まかに6種類に分けられます。この分類が頭に入っていたほうが、これから学習をするときも、使いたい機能を探すときにも役立ちます。機能で分けた、プロパティの分類を見てみましょう。

①テキスト、フォントの表示方法を調整する

フォントの種類、サイズ、ウェイト（太さ）を調整したり、テキストの行揃えを切り替えたりする機能です。本書では、おもにChapter 2で取り上げます。

フォントやテキストの整列を調整する代表的なプロパティ
font-family、font-size、font-weight、text-alignなど

②ボックスモデルに関連するプロパティ

CSSには「ボックスモデル」と呼ばれる、重要な仕様があります。

ボックスモデルとは、要素がコンテンツを表示するための領域である「ボックス」の大きさや周囲のスペース、枠線の引き方などを定義する仕様で、調整するためのプロパティが用意されています。ボックスモデルに関連する機能やプロパティは本書で紹介するほとんどのサンプルで使用しますが、とくにChapter 5では、基本的な使い方から応用例まで、幅広く取り上げます。

ボックスのサイズや周囲のスペースなどを調整する代表的なプロパティ
width、height、padding、border、marginなど

③ボックスモデル以外の、ボックスのサイズやコンテンツの表示方法を調整するプロパティ

テキスト色、ボックスの背景色・背景画像などの色を指定、ボックスそのものの見た目を調整したり、ボックスに含まれるするコンテンツの表示方法を決めたりする機能があります。③のボックスモデル同様多くのサンプルで使用しますが、Chapter 5で基本的な使い方を紹介します。

コンテンツの色やボックスの背景を調整する代表的なプロパティ
color、background、transform、overflowなど

④ボックスの配置方法を制御するプロパティ

ボックスは、後述する「インラインボックス」であれば左から右に、「ブロックボックス」であれば上から下に配置されます。ただ、この標準的なボックスの配置はさまざまに調整可能で、より複雑なボックスの配置ができる機能が多数用意されています。本書では、おもにChapter 8で取り上げます。

ボックスの配置を制御する代表的な機能

ポジション、フレックスボックス、グリッドレイアウト、フロート

⑤HTMLには書かれていないコンテンツを生成・表示する機能

箇条書きの各項目の先頭に「・」を表示したり、番号を表示したり、あるいは要素のコンテンツの前後にテキストを挿入する機能もCSSにはあります。本書では、Chapter 2、Chapter 3などで取り上げるほか、それ以降のサンプルの多くで使用しています。

HTMLには書かれていないコンテンツを表示する代表的なプロパティやセレクタ

list-style、content、::before（セレクタ）、::after（セレクタ）

⑥その他

上記の①〜⑤以外に、要素を変形したり、アニメーションさせるプロパティなどもあります。おもにChapter 14で取り上げます。

■プロパティに指定する値

すべてのCSSプロパティには、値を指定する必要があります。

指定すべき値はプロパティによって異なるのですが、値自体はおおむね次の5種類に分けられます。

①大きさ・長さ・位置

フォントサイズ、ボックスの幅や高さ、周囲のスペースのサイズなど、CSSでは各種の「サイズ」を指定することがよくあります。この場合、たとえば表示するフォントサイズを16ピクセルにしたいなら、「16px」と、数値に単位をつけて指定します。

CSSには、大きさや長さを表すたくさんの単位が定義されています。よく使う単位には次のものがあります。

▼ よく使う単位

単位	説明	使用例
px	1px＝1/96インチ（約0.264mm）。画像のサイズを表す「ピクセル」とほぼ同じ大きさと考えればよい。フォントサイズやボックスの大きさ、線の太さなどさまざまなところでよく使う	▶▶028
em	1em＝1文字の高さ。1emは、親要素に設定されているフォントサイズと同じ。もし、デフォルトよりも1.5倍のフォントサイズにしたいときは、値を「1.5em」とする。「エム」と読む	▶▶037 ▶▶085
rem	1rem＝ルート要素（<html>）に設定されているフォントサイズ。「ルート・エム」の略	▶▶029
%	パーセント。なんらかの値に対する割合を指す。「なんらかの値」は使う状況によって異なる。たとえば、フォントサイズを「80％」（font-size: 80％;）にすると、親要素のフォントサイズの80％になる	▶▶060 ▶▶089

例では、<p class="width-400px">の幅を「400px」に設定しています。

● **HTML**　　　　　　　　　　　　　　　　　　　　　　　　　　005／length.html

```
<head>
  中略
  <style>
    .width-400px {
      border: 2px solid #E08B15;
      width: 400px;
    }
  </style>
</head>
<body>
  <p class="width-400px">ボックスの大きさを400pxに設定</p>
</body>
```

▼ ブラウザ表示

②色

テキスト色や背景色など「色」を指定することもよくあります。色を指定する値には、16進数を使う方法や、あらかじめ決められているカラーキーワードを使う方法などがあります。

● **HTML**　　　　　　　　　　　　　　　　　　　　　　　　　　005／color.html

```
<style>
  .hex {
    color: #57C2FF;
  }
  .keyword {
    color: blueviolet;
  }
</style>
  中略
<body>
  <p class="hex">color: #AEDD72;</p>
  <p class="keyword">color: blueviolet;</p>
</body>
```

▼ ブラウザ表示

③個々のプロパティに特有の「キーワード」や文字列

　サイズや色ではなく、特別に用意された「キーワード」を指定するプロパティもあります。たとえば、ボックスの配置を制御する機能のプロパティには、ほとんどすべてキーワードを指定します。例では、displayプロパティに「flex」という値を指定し、要素を横に並べています。

●**HTML**　　　　　　　　　005/keyword.html

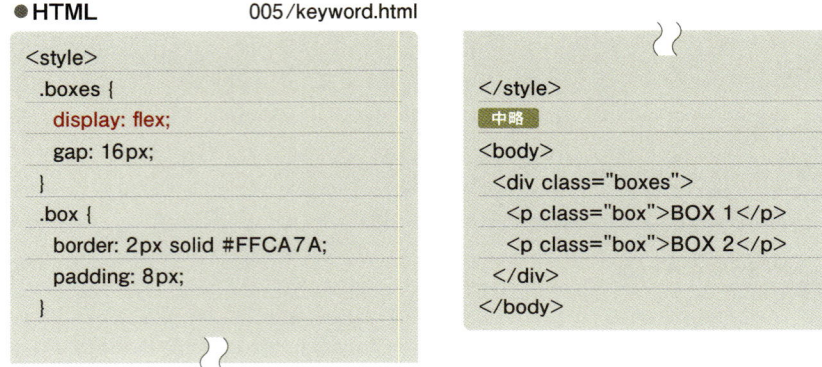

▼ ブラウザ表示

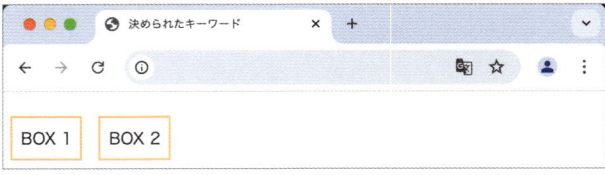

④文字列

　何らかの文字列を値に指定することもあります。たとえば、使用するフォントを設定するfont-familyプロパティには、フォント名を指定します。

　例では、::before、::after擬似要素を使って要素の前後にコンテンツを挿入するために、contentプロパティの値に挿入する文字列を指定しています。

●**HTML**　　　　　　　　　　　　　　　　　　　　005/string.html

```
    content: "<p>";
    color: #FF5959;
  }
  .before-after::after {
    content: "</p>";
    color: #FF5959;
  }
</style>
中略
<body>
  <p class="before-after">
    テキストの前後に文字列を追加
  </p>
</body>
```

▼ ブラウザ表示

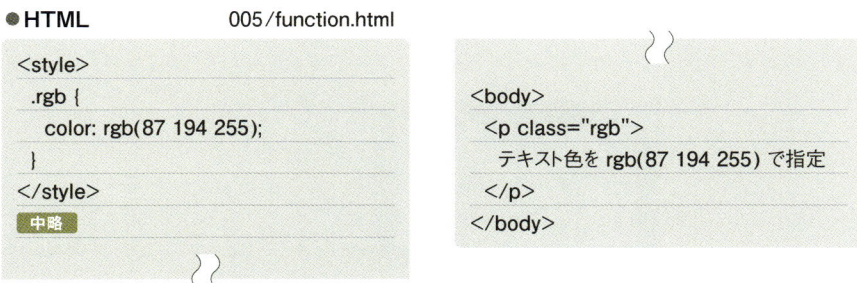

⑤ファンクション（関数）

　ファンクション（関数と呼ばれることもあります）とは、ファンクション名の後ろに()がついている値です。色をRGB値で指定するときにはrgb()ファンクションを、背景画像を指定するときはurl()ファンクションを使用します。

　例では、rgb()ファンクションを使用してテキスト色を設定しています。

● **HTML**　　　　　　　　005／function.html

```
<style>
  .rgb {
    color: rgb(87 194 255);
  }
</style>
中略
```

```
<body>
  <p class="rgb">
    テキスト色を rgb(87 194 255) で指定
  </p>
</body>
```

▼ ブラウザ表示

006 ボックスモデルについて知りたい

利用シーン **ボックスモデルについて知りたいとき**

　HTMLの要素ひとつひとつは、ブラウザの画面に表示される際に、その要素のコンテンツを表示するために「表示領域」を確保します。この表示領域のことを「ボックス」といいます。

　ひとつのボックスには、コンテンツを表示するために確保される「コンテンツ領域」を中心として、その周囲を囲む「パディング領域（padding）」「ボーダー領域（border）」「マージン領域（margin）」があります。このボックスの基本構造を「ボックスモデル」といい、それぞれCSSのプロパティを使って大きさを調整することができます。

■box-sizing: border-box が適用されたボックスモデル

　Webサイトは、スマートフォン、タブレット、PCと、さまざまな端末で閲覧されます。こうした端末の何が一番違うかといえば「画面サイズ」です。

　現代的なWebデザインでは、どんな画面サイズで閲覧しても快適に見られるように、ページの幅を伸縮できるように作るのが一般的です。この、画面幅に合わせて伸縮し、どんなサイズの端末でも快適に見られるページを作るテクニックを「レスポンシブデザイン」といいます。

　レスポンシブデザインを実現するために、現在では、ほぼすべての要素に「box-sizing: border-box;」というCSSを適用します。この「box-sizing」は、要素のボックスモデルを切り替えるプロパティで、値が「border-box」だった場合、ボックスモデルは次のようになります。

「box-sizing: border-box;」のボックスモデル

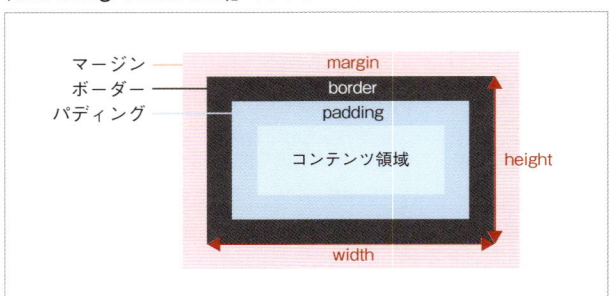

・コンテンツ領域 —— 要素のコンテンツが表示される領域です。コンテンツ領域の大きさは、コンテンツの量やコンテンツ自体のサイズによって決まります。また、要素のボックスが、「インラインボックス」なのか、「ブロックボックス」なのかによっても変わります。

- パディング ─────── コンテンツの外側で、ボーダーの内側にあたる領域です。ボーダー（枠線）と、テキストや画像などのコンテンツとの間に空けるスペースになります。大きさはpaddingプロパティで調整できます。
- ボーダー ─────── ボックスの枠線が引かれる領域です。枠線はborderプロパティを使って引きます。
- マージン ─────── ボーダーの外側に空くスペースで、上下左右に隣接するボックス、および、親要素が形成するボックスとの距離を作ります。背景で塗りつぶされないので、マージン領域は目には見えません。
- width、height ── ボーダー領域までの幅を高さを設定するプロパティです。

ブロックボックス

ボックスは、表示の方法によって、「ブロックボックス」と「インラインボックス」の、大きくふたつに分けられます。

ブロックボックスは、幅を指定しない限り、親要素のコンテンツ領域いっぱいに広がるタイプのボックスです。幅・高さ、パディング、ボーダー、マージン、すべての領域のサイズを設定できます。

ブロックボックスで表示される要素の例

<div>、<section>、<header>、<footer>、<p>、<ul>、<li>、<form>

ブロックボックスのボックスモデルがわかる例をいくつか見てみましょう。次の例は、CSSを適用しない、標準的な表示例です（わかりやすいように水色の背景色だけ適用しています）。マージン、パディング、ボーダーがない<div>タグです。コンテンツ（テキスト）の量は少ないのに、ウィンドウ幅いっぱいにボックスが広がっているのがわかります。

●HTML   006／no-style.html

```
<div class="background-only">スタイルを適用しないボックス</div>
```

▼ ブラウザ表示

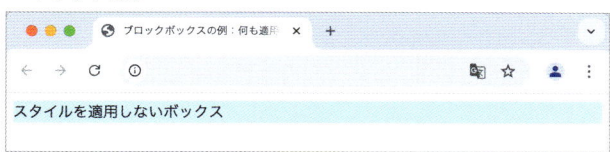

ブロックボックスはウィンドウ幅いっぱいに広がる

次に、上下に32px、左右に24pxのパディングを適用したボックス（<div>）を追加して背景色で塗りつぶされた領域が増えるのがわかります。マージンを適用していないため、上の<div>との間に隙間が空かないことにも注目してください。

● HTML   006／padding.html

```
.padding {
    padding-top: 32px;
    padding-right: 24px;
    padding-bottom: 32px;
    padding-left: 24px;
    background-color: #F195B7;
}
```
中略
```
<div class="background-only">スタイルを適用しないボックス</div>
<div class="padding">パディングを上下32px、左右24px適用したボックス</div>
```

▼ ブラウザ表示

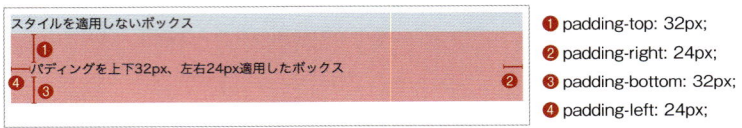

❶ padding-top: 32px;
❷ padding-right: 24px;
❸ padding-bottom: 32px;
❹ padding-left: 24px;

paddingを適用し、コンテンツ周囲にスペースを空けた

　次に太さ10pxのボーダーを適用してみます。周囲に枠線が引かれるのがわかります。

● HTML   006／border.html

```
.border {
    border: 10px solid #0090E1;
    padding: 32px 24px;
    background-color: #F195B7;
}
```
中略
```
<div class="background-only">スタイルを適用しないボックス</div>
<div class="padding">パディングを上下32px、左右24px適用したボックス</div>
<div class="border">パディングに加え、ボーダーを引いたボックス</div>
```

▼ ブラウザ表示

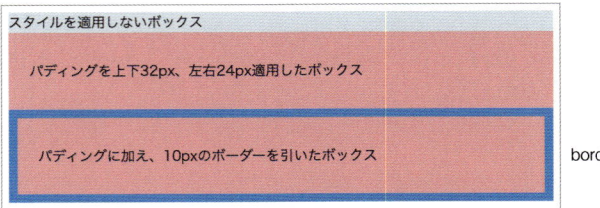

border: 10px solid #0090E1;

borderを適用し、枠線を引いた

32pxの上マージンを適用してみます。上のボックスとの間にスペースが空くのがわかります。

● HTML   006／margin.html

```
.margin {
  margin-top: 32px;
  border: 10px solid #0090E1;
  padding: 32px 24px;
  background-color: #F195B7;
}
```
中略
```
<div class="border">パディングに加え、10pxのボーダーを引いたボックス</div>
<div class="margin">パディング、ボーダーに加え、32pxの上マージンを適用したボックス</div>
```

▼ ブラウザ表示

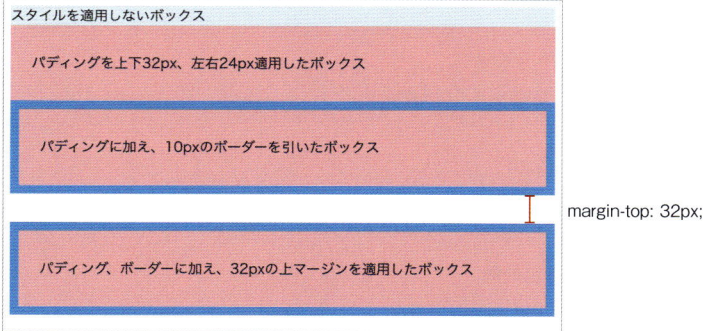

マージンを適用して、上のボックスとのスペースが空いた

　最後に、幅を300pxに設定してみます。ウィンドウ幅いっぱいに広がっていたボックスが、狭くなるのがわかります。
　ボックスが狭くなると、コンテンツのテキストは折り返します。折り返しても表示できるように、ボックスの高さは自動的に調整されます。

● HTML   006／width.html

```
.width {
```
中略
```
  width: 300px;
  background-color: #F195B7;
}
```
中略
```
<div class="margin">パディング、ボーダーに加え、32pxの上マージンを適用したボックス</div>
<div class="width">パディング、ボーダー、マージンに加え、幅を300pxにしたボックス</div>
```

Chap **1**

HTML／CSSの基礎

▼ ブラウザ表示

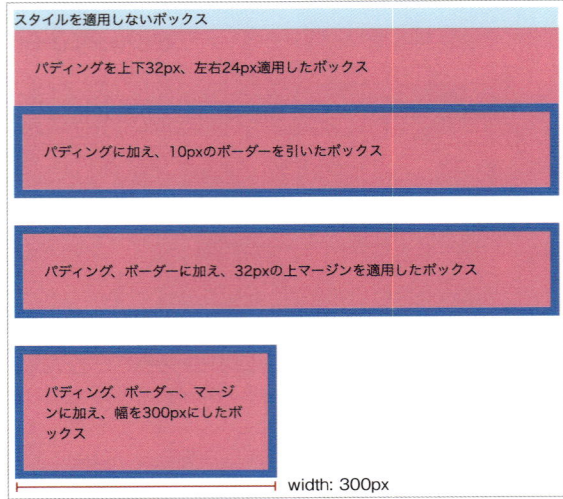

幅が狭くなり、コンテンツが収まるよう高さが高くなった

インラインボックス

「インラインボックス」は、テキストの行に紛れ込むことができるボックスです。インラインボックスのすぐ隣には、テキストや別のインラインボックスが並びます。また、インラインボックスは改行します。

インラインボックスで表示される要素の例

\<span\>、\<strong\>、\<img\>、\<input\>

インラインボックスには、一部の例外を除き※、幅と高さ、上下マージンを設定できません。

※ \<img\>、\<input\>は幅と高さ、上下マージンとも設定可能です。

インラインボックスの幅・高さ、上下マージンは設定できない

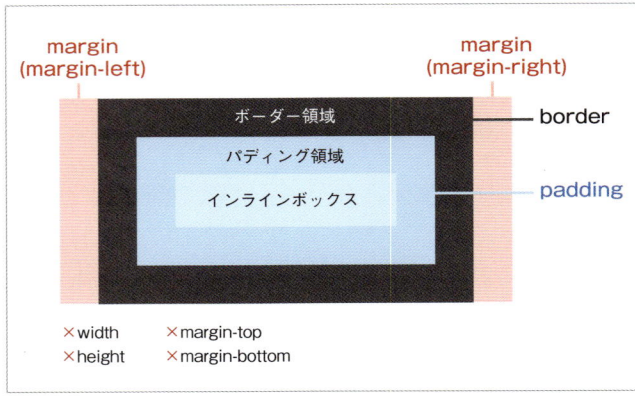

インラインボックスにボックスモデルのプロパティを適用した、簡単な例を見てみましょう。上下左右にパディング、ボーダーが適用されるほか、左右マージンが適用されて、隣りあうテキストとの間にスペースが空いていることがわかります。

● **HTML**　　　　　　　　　　　　　　　　　　　　　　　　　　006／inline.html

```
.inline {
  margin-left: 16px;
  margin-right: 16px;
  border: 6px solid #0090E1;
  padding: 8px;
  background-color: #C9ECFF;
}
```

中略

```
<p>spanタグに<span class="inline">左右マージン、パディング、ボーダー</span>を適用
</p>
```

▼ ブラウザ表示

spanタグに　**左右マージン、パディング、ボーダー**　を適用

■標準ボックスモデル

　ここまで説明してきたのは、「box-sizing: border-box;」を適用したボックスのボックスモデルでした。しかし、ブラウザのデフォルトでは、「box-sizing: border-box;」が適用されていないため、widthとheightで設定できる幅、高さの場所が図のように変わります。

標準のボックスモデル

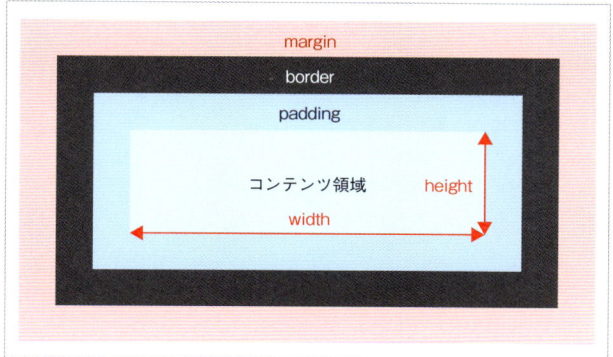

　width、heightで設定できるのがコンテンツ領域の幅と高さになります。微妙な違いですが、レスポンシブデザインを実現しにくいため、現在この標準ボックスモデルは使用しません。

CSSが適用される順序を知りたい

利用シーン
- ●CSSの「継承」や「詳細度」について知りたい
- ●CSSの上書きルールについて知りたい

　CSSには「一度設定されたプロパティの値が、あとから出てきた、または詳細度の高いプロパティの値に上書きされる」という特徴があります。このCSSの上書き規則のことを「カスケード」といいます。

　基本的に、CSSのプロパティは「強いプロパティが弱いプロパティを上書きする」ようになっています。この「強さ」は、いろいろな要因で決定されます。

■大まかな上書き規則

　基本的に、CSSのプロパティは「強いプロパティが弱いプロパティを上書きする」ようになっています。この「強さ」は、いろいろな要因で決定されます。

一番弱いCSS 〜デフォルトCSS〜

　HTMLのそれぞれのタグには「デフォルトCSS」と呼ばれる、ブラウザに組み込まれたプリセットのCSSがはじめから適用されています。このデフォルトCSSのおかげで、見出しを意味する\<h1>タグに含まれるテキストは、何もCSSを書かなくても大きなフォントサイズで表示されますし、段落を意味する\<p>タグは、前後に1行分のスペースが空くようになっているのです。

　デフォルトCSSは非常に弱いCSSで、ページの制作者がCSSを書けば、簡単に上書きできます。

制作者のCSSがある場合は、デフォルトCSSは上書きされる

同じセレクタなら、あとから出てきたルールが前のルールを上書きする

　Webページの制作者が書いたCSSは、デフォルトCSSを必ず上書きします。

　さらに、制作者が書いたCSSのなかに、同じセレクタのルールがふたつ出てきた場合、あとから出てきたルールが前のルールをプロパティ単位で上書きします[※1]。

※1 正確には、同じ詳細度のセレクタがふたつ出てきた場合、あとから出てきたルールが前のルールを上書きします。

たとえば、次のソースコードのように、同じセレクタのルールがふたつあるとします。この場合、あとから出てきたルールが勝ち、重複して適用している「color」プロパティを上書きします。しかし、あとから出てくるルールに「font-weight」プロパティはないので、前に出てきたルールの設定がそのまま適用されます。

　CSSは、前に書かれたものからどんどんスタイルが適用され、あとから同じプロパティが出てきたときには書き換わるようになっています。このしくみを「カスケード」といいます。

● **HTML**　　　　　　　　　　　　　　　　　　　　007／cascade.html

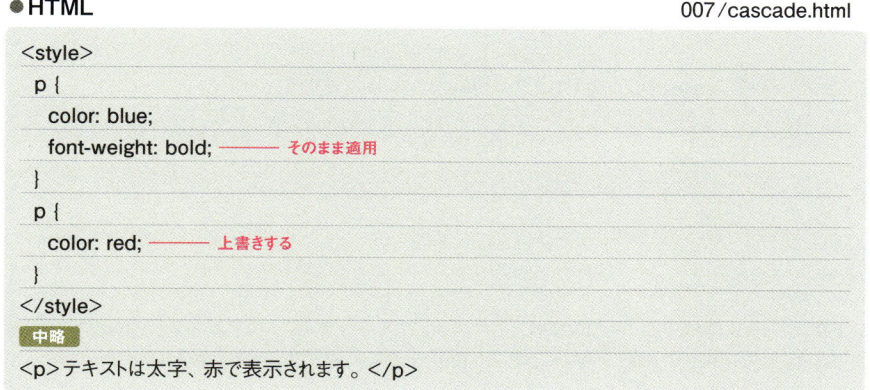

```
<style>
  p {
    color: blue;
    font-weight: bold; ——— そのまま適用
  }
  p {
    color: red; ——— 上書きする
  }
</style>
```
中略
`<p>テキストは太字、赤で表示されます。</p>`

あとから出てきたプロパティがスタイルを上書きする

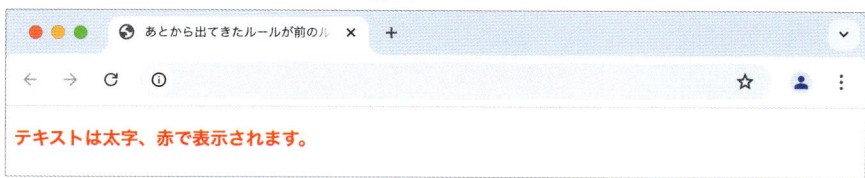

style属性と最強の「!important」

　しかし、そうしたカスケードのルールとは別に、適用されるスタイルの「強さ」を決める要因がいくつかあります。そのひとつが「style属性」です。

　タグのstyle属性に書かれたスタイルルールは、CSSファイルや<style>タグに書かれたルールよりも強く、要素にスタイルが適用されます。

● HTML 007/style-attr.html

```
<style>
  p {
    color: blue; ——— 弱
  }
</style>
中略
<p style="color: orange;">テキストは何色？</p> ——— 強
```

CSSファイルや＜style＞タグに書かれたスタイルよりもstyle属性が強い

　しかし、さらに強いのが「!important」です。CSSのプロパティに、値に加えて「!important」と追加すると、そのプロパティは「最強」になり、style属性のルールであっても上書きします。

● HTML 007/style-important.html

```
<style>
  p {
    color: blue !important; ——— 強
  }
</style>
中略
<p style="color: orange;">テキストは何色？</p> ——— 弱
```

!importantのあるプロパティはすべてのスタイルに勝る

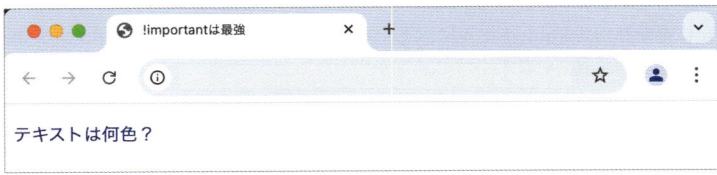

CSSが適用される順序を知りたい

　Webサイトを更新する際、スタイルを書き換える目的でstyle属性や「!important」を使うケースがあります。しかし、ひとたびこうした強いルールを作ってしまうと、その後の上書きが非常に難しくなるか、事実上不可能になります。使用する際はよく検討するべきです。

●詳細度

　style属性や!importantを除けば、CSSルールの強さ・弱さは、出てくる順番以外に、「詳細度」によっても変わります。

　たとえば、以下のコードのような、ふたつのルールが書かれているとします。このふたつのルールは、どちらも<p class="blue">に適用されます。しかし、先に出てくる「p.blue」のほうが、あとから出てくる「p」のルールよりも強いため、colorプロパティは「p.blue」のほうが適用されます（font-sizeはあとから出てくるほうにしかないので、それは適用されます）。

●**HTML**　　　　　　　　　　　　　　　　　　　　　　　007/specificity.html

```
<style>
  p.blue {
    color: blue;
  }
  p {
    color: red;
    font-size: 21px;
  }
</style>
中略
<p class="blue">詳細度で勝るルールのcolorプロパティが適用される。</p>
```

「p.blue」のcolorプロパティが適用されている。あとから出てくるルールに上書きされない

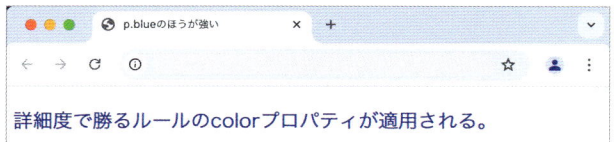

　ルールの強さは、そのスタイルの「セレクタ」の点数で決まります。この点数のことを「詳細度」[※2]といい、点数が高いスタイルが、低いスタイルを、プロパティごとに上書きします。

　CSSで使うセレクタは、▶▶004 に掲載した表にある、約60種類のこれ以上分解できないセレクタをいくつか組み合わせて作ります。この、これ以上分解できないセレクタのことを「単純セレクタ」といいますが、この単純セレクタには、「(0, 1, 0)」といった、3つの点数がついています。この3つの

数字は、最初のケタが一番強く、最後のケタが一番弱くなっています。

セレクタの詳細度は、使用している単純セレクタの3つの点数を、それぞれのケタごとに足した合計点です。図の例に出てくるセレクタの詳細度を計算してみます。

※2 Chromeは「特異性」と呼んでいます。もとの英語はSpecificityです。

詳細度の計算

p.blue			p		
p タイプセレクタ	(0, 0, 1)		p タイプセレクタ	(0, 0, 1)	
+ .blue クラスセレクタ	(0, 1, 0)				
合計	(0, 1, 1)		合計	(0, 0, 1)	

このふたつのセレクタの場合、詳細度を計算すると、ふたつ目の点数が「1」になっているセレクタ「p.blue」のほうが強く、あとから出てくる「p」で上書きされません。

詳細度は難しいですが、知識としては知っておくと役立ちます。

詳細度は、実はわざわざ計算する必要もありません。ブラウザの開発ツールで、セレクタの詳細度を確認できます。

開発ツールを開き、HTMLソースから調べたい要素を選択して、Chromeの場合は右側の[スタイル]パネルを開きます。適用されているCSSが出てくるので、詳細度を調べたいルールのセレクタにマウスポインタを合わせると、詳細度を確認できます。開発ツールの開き方、使い方については ▶▶010 で取り上げます。

詳細度（特異性）を確認。セレクタにマウスポインタを合わせる

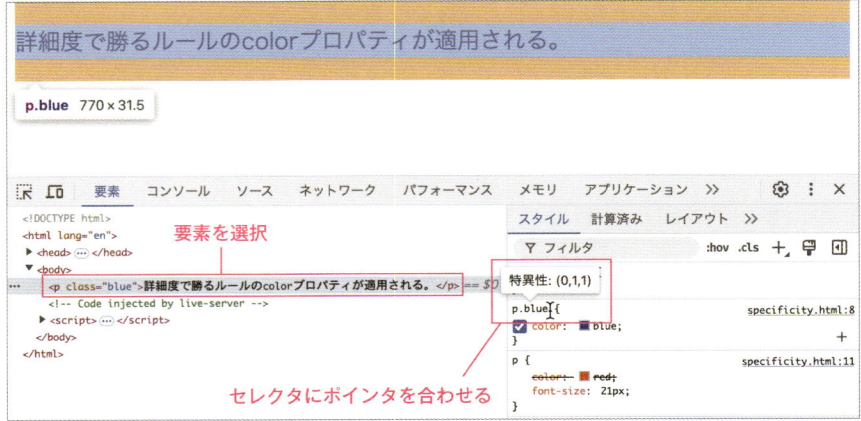

CSS が適用される順序を知りたい

継承

継承とは、ある要素に設定されたプロパティの値が、その子要素、そのまた子要素にも適用されることをいいます。次の例では、<body>にフォントサイズ14pxを設定しています。フォントサイズを設定する「font-size」プロパティは子要素に継承するため、<p>～</p>に含まれるテキストも、<a>～</a>に含まれるテキストも14pxで表示されます。

● **HTML** 007／inheritance.html

```
<style>
  body {
    font-size: 14px;
  }
</style>
中略
<p>
  詳しくは
  <a href="event.html"> イベントページ
</a>
  をご覧ください。
</p>
```

継承の例

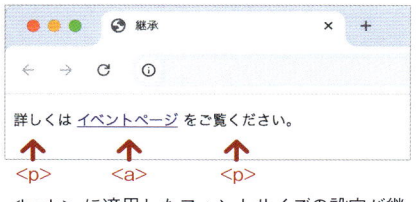

<body> に適用したフォントサイズの設定が継承され、<p> も <a> も同じフォントサイズで表示される

このように、CSSのプロパティのなかには、子要素に継承するものがあります。継承するかどうかはプロパティごとに決められていて、詳しくはネットなどで調べるしかありません。ただ、継承に関してはおおむね直感的な動作をする――フォントファミリーやフォントサイズはわざわざ設定しなくても同じになってほしいし、背景画像が継承するのは困りそう、など――ので、あまり気にしなくて大丈夫です。

ただし、継承するプロパティであっても「::before」「::after」擬似要素には継承しません。このふたつのセレクタにも継承させたいプロパティがあるときは、個別に設定する必要があります。

ちなみに、多くのプロパティの値は継承しませんが、フォントやテキストの調整をするプロパティは継承するようになっています。先の例では、実際にはテキスト色（colorプロパティ）も継承するのですが、<a>にはデフォルトCSSでテキスト色が設定されているため、<p>とは異なる色で表示されます。

008 CSSのネスト記法について
知りたい

利用シーン
- ●どんなプロジェクトでも使える
- ●可読性が高まり、CSSソースの保守・管理がしやすくなる

　2023年12月以降にリリースされたすべての主要ブラウザで、CSSのネスト記法（入れ子、{}内に別のルールを書くこと）が使えるようになりました。いままで、スタイルが増えれば増えるほどCSSのソースコードが長くなり、読みづらくなっていましたが、ネスト記法を採用することにより、格段に可読性・保守性が向上します。

■ネストの基本〜子孫セレクタの入れ子
　次のようなHTMLがあるとします。

●HTML　　　　　　　　　　　　　　　　　　　　　008／descendant-selector.html

```
<header class="header">
 <h1>世界一周旅行ペアご招待キャンペーン</h1>
 <p>自由な旅で、新しいあなたを発見。ペアで5組をご招待</p>
</header>
<div class="content">
 <p>世界一周の旅を、ペアで5組ご招待します。全行程には最低約30日かかりますが、プランは自由に決められ、最長2年間の旅にできます。もちろんおすすめプランもありますので、計画を立てるのが苦手という方も安心してご応募ください。お申し込みは<a href="#" class="formlink">こちら</a>から。</p>
</div>
```

　ここで、<header class="header">〜</header>を枠線で囲んだうえで、そのなかにある<p>だけ、フォントを太字にします。
　この場合、いままでのCSSの記述法では、子孫セレクタを使って次のようなセレクタを書くことになります。

●HTML　　008／descendant-selector.html

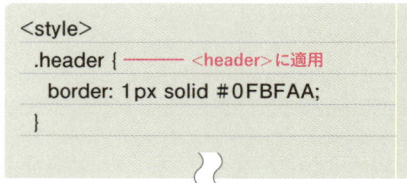

```
<style>
 .header {  ──── <header>に適用
  border: 1px solid #0FBFAA;
 }
```

```
 .header p {  ──── <header><p>に適用
  font-weight: bold;
 }
</style>
```

これは、ネスト記法を使うと次のように書けます。

● **HTML**　　　　　008/nest-descendant.html

```
<style>
  .header {
    border: 1px solid #0FBFAA;

    p {
      font-weight: bold;
    }
  }
</style>
```

<header>内の<p>だけ太字になっている

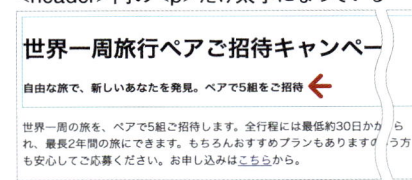

あるセレクタの{}内に、その子要素・孫要素のセレクタを書くことにより、たとえばサンプルで見たとおり、<header>〜</header>のなかに含まれる<p>に、スタイルを適用できます。

■ &セレクタと複合セレクタ

次の例を見てみます。上のサンプルで使用したHTMLの、<a href="#" class="formlink">にスタイルを適用します。通常状態のときのテキスト色を変え、そのうえで、マウスポインタが重なった（ホバーした）ら、背景色をつけるとしましょう。そのとき、ネスト記法を使わない、通常のCSSであれば次のように記述します。

● **HTML**　　　　　008/complex-selector.html

```
.formlink {
  color: #0FBFAA;
}
.formlink:hover {
  background-color: #FFE277;
}
```

入れ子のCSSルールは原則として、外側（親）のルールの子孫要素しか選択できません。しかし、入れ子のルールを「&」で始めると、親ルールのセレクタで選択した要素と同じ要素を選択できます。

「&」を使えば、上記のCSSはネスト記法を使って次のように書き換えられます。

```
.formlink {
  color: #0FBFAA;

  &:hover {
    background-color: #FFE277;
  }
}
```

ネスト記法で複合セレクタを表現する

| 世界一周旅行ペアご招待キャ | → | 世界一周旅行ペアご招待キャ |

自由な旅で、新しいあなたを発見。ペアで5組をご招待

世界一周の旅を、ペアで5組ご招待します。全行程には最低
れ、最長2年間の旅にできます。もちろんおすすめプランも
も安心してご応募ください。お申し込みはこちらから。

自由な旅で、新しいあなたを発見。ペアで5組をご招待

世界一周の旅を、ペアで5組ご招待します。全行程には最低
れ、最長2年間の旅にできます。もちろんおすすめプランも
も安心してご応募ください。お申し込みはこちらから。

■ネストの@ルール

　レスポンシブデザインで使用する@media、@containerなど@ルールもネストできます。

　@mediaをネストした例を紹介します[※]。画面幅が狭いとき（幅767px以下）、<li>の各項目が縦に並び、広いときは横に並びます。

※　@mediaについてはChapter 13で詳しく説明します。

```
<menu>
  <li>企業情報</li>
  <li>プロダクト</li>
  <li>サポート</li>
  <li>キャンペーン</li>
  <li>採用情報</li>
  <li>お問い合わせ</li>
</menu>
```

ネスト記法を使わないで@mediaを記述すると次のようになります。画面幅に合わせて、「flex-direction」の値を書き換えています。

● **HTML**   008 / atmedia.html

```
menu {
  margin: 0;
  padding: 0;
  list-style-type: none;
  text-align: center;
  display: flex;
  flex-direction: column;
  gap: 32px;
}
@media (width >= 768px) {
  menu {
    flex-direction: row;
  }
}
```

「@media」をネスト記法で書き換えます。「@media { ～ }」内で使用するセレクタは親ルールと同じなので、「&」に書き換えます。

● **HTML**   008 / nest-atmedia.html

```
menu {
  中略
  flex-direction: column;
  gap: 32px;

  @media (width >= 768px) {
    & {
      flex-direction: row;
    }
  }
}
</style>
```

flex-directionが切り替わり、画面が狭いときと広いときで<li>の並び方が変わる

■ネスト記法の詳細度

ネスト記法で記述したCSSのルールの詳細度は、ネスト記法を使用しないときと変わりません。
今回のサンプルでは、各セレクタの詳細度は次の図のようになります。

ネストしてもしなくても詳細度は変わらない

009 カスタムプロパティ(変数)を利用したい

 **利用シーン** 何度も使うCSSの値を保存したいとき

　CSSを書いていると、同じ値を何度も書かなければならないことがあります。とくに、テキスト、背景などに設定する色の値や、マージン、パディングなどのスペースに設定する値などは、同じ値を何度も書くことになります。

　CSSの値は、カスタムプロパティ(変数)を使って保存できます。変数の値は何度でも再利用できます。

■変数の定義

　変数は、まず定義する必要があります。変数を宣言するときは、「-」(正式にはダッシュと呼びます。一般には半角のハイフンやマイナス記号と呼ばれています)ふたつに続けて変数名を書きます。変数名は、定義した変数を呼び出す(参照する)のに使います。書式は次のとおりです。

● **書式** 　変数(カスタムプロパティ)の定義

```
--変数名: 値;
```

　変数名のところは、自由な名前をつけられます。文字の制限もとくにないので、日本語の漢字、かな、アクセント記号付きの欧文文字も使えます。しかし、混乱を避けるため、一般には半角英数字、「-」「_」を使います。ほかのCSSプロパティと違い、大文字小文字を区別するので注意が必要です。

　変数は継承します。つまり、どこかの要素で定義した変数は、子要素でも、その子要素でも参照できます。そのため、特別な理由がないかぎりは、できるだけ親要素で変数を定義します。

　変数の定義例を見てみましょう。ルート要素(<html>)に、変数「--accent」を定義し、その値を「#E10051」にするなら次のようにします。

●CSS 　　　　　　　　　　　　　　　　　　　　　　　　変数「--accent-color」を定義

```
:root {
  --accent: #E10051;
}
```

　セレクタを「:root」にしています。これはHTMLの「ルート要素」、つまり一番の親要素である<html>を選択します。

■変数の利用・参照

変数に保存されている値を利用・参照するときは、プロパティの値のところに、「var（変数名）」を書きます。

たとえば、次のHTMLの「<p class="special">」のテキスト色に、変数「--accent」を適用するなら次のようにします。

●HTML　　　　　009／custom-property.html

```
:root {
  --accent: #E10051;
}
                <p class="special">にスタイルを適用
.special {
  color: var(--accent);
}
</style>
```

中略

```
<p>このテキストは通常色で表示されます。
</p>
<p class="special">このテキストはアクセント色で表示されます。</p>  ― ここに適用される
```

変数「--accent」の値を適用

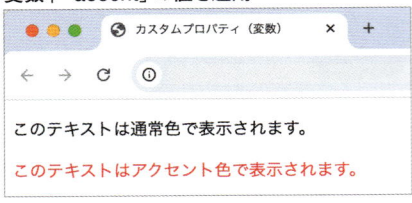

参照する変数が定義されていない場合に備えて、初期値（フォールバック）を設定することもできます。var()の()内に、変数に続けて「,」、それに続けて初期値を入れます。

次の例では、<p class="green">のテキスト色に、変数「--main-color」の値を適用しようとしています。しかし、変数「--main-color」は定義していないので、「,」の後ろに設定した値が適用されます。

●HTML　　　　　009／initial-value.html

```
<style>
:root {
  --accent: #E10051;
}
                --main-colorは
                定義されていない
.green {
  color: var(--main-color, #46A968);
}
</style>
```

中略

```
<p class="green">このテキストはフォールバック色で表示されます。</p>
```

変数が定義されていないため、フォールバックの値が使われている

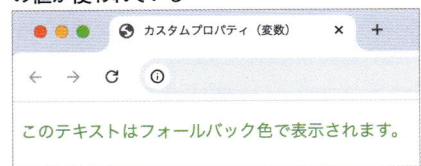

010 ブラウザの開発ツールを使いたい

 利用シーン **HTMLやCSSのチェックに必要不可欠**

すべての主要なブラウザには「開発ツール」[※1]が搭載されています。HTMLやCSSのソースコードを確認するだけでなく、どの要素にどんなCSSが適用されているのかがすぐにわかる、非常に便利なツールです。Webサイトを制作するには必要不可欠なツールなので、使い方を簡単に説明します。

※1 ブラウザによって「デベロッパーツール」「Webインスペクタ」などと呼ばれています。本書ではまとめて「開発ツール」と呼ぶことにします。

■開発ツールの用途

開発ツールは、HTMLやCSSのソースコードの確認や、JavaScriptプログラムのデバッグなどに使えます。Chrome、Firefox、Edge、Safari、どのブラウザを使っていても、Windowsなら F12 キー、macOSなら ⌘ + option + I キーを押すと開きます[※2]。

表示しているWebページのHTML、CSSのソースコードを確認するには、開発ツール上部の［要素］をクリックします。

※2 Safariは最初に一度だけ環境設定を変更する必要があります。［Safari］メニューから［設定］を選んでダイアログを開き、［詳細］タブにある「Webデベロッパ用の機能を表示」にチェックをつけます。

開発ツール（Chrome）

```
[要素] コンソール ソース ネットワーク        Lighthouse  レコーダー  >>  ⚙ ⋮ ✕
<!DOCTYPE html>                              スタイル  計算済み  レイアウト  >>
<html lang="ja"> scroll
▶ <head> ⋯ </head>                           ▽ フィルタ              :hov .cls + 🖊 ⏷
▼ <body class="home">                        element.style {
  ▶ <header class="header simple" id="header"> ⋯ </header>   }
  ▼ <div class="keyvisual">                   .keyvisual {                   style.css:47
      <img src="assets/hero.webp" alt width="6000" height="1    .copy {
  ⋯  ▼ <p class="copy"> == $0                     position: absolute;
         "次の休みは、"                             left: 50%;
         <br>                                       top: 20%;
         "どこ行こう"                               transform: translate(-50%, 0);
      </p>                                          writing-mode: vertical-rl;
    ▶ <p class="credit"> ⋯ </p>                     color: □white;
    </div>                                          font-family: serif;
  ▶ <main> ⋯ </main>                                font-weight: bold;
                                                    font-size: 48px;
                                                }
html  body.home  div.keyvisual  p.copy     }
```

Webページを開くと、開発ツールにHTML、CSSのソースコード、構成ファイル、ネットワークの状況などが表示されます。ここでは、Chromeを使ってページのHTMLとCSSを調べる方法を説明します。

HTMLのソースコードから要素を選んでクリックすると❶、表示さ

れているページの該当部分がハイライトします。表示サイズや、コンテンツ領域パディング領域、マージン領域を確認できます。

　また、開発ツール右側には、選んだ要素に適用されているCSSが表示されます。このCSSのセレクタの部分にマウスポインタを合わせると、詳細度を調べられるのは前節で説明したとおりです。

HTMLソースから要素を選ぶ例

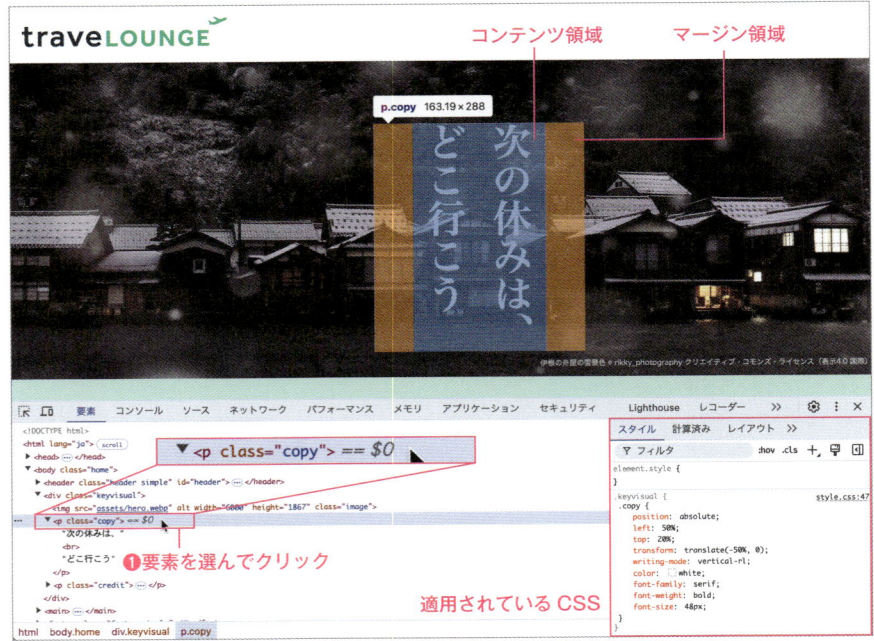

　表示されているページから要素を選ぶこともできます。

　開発ツールの［ページ内の要素を選択して検査］❷をクリックしてから、ページの調べたい部分をクリックします❸。該当のHTMLソースが選択され、CSSが表示されます。

ページから要素を選ぶ例

CSSをテストする

表示されているCSSソースから、CSSの状態をいろいろテストしてみることができます。CSSソースにマウスポインタを合わせると、プロパティ左にチェックボックスが出てきます。チェックをつけたり外したりすると、CSSによる表示の変化が確認できます。

チェックをつけたりはずしたりして、プロパティがどのように働いているのか調べられる

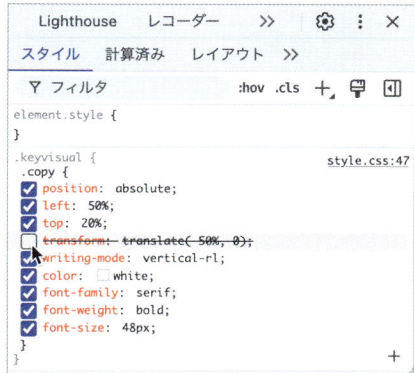

プロパティや値を書き換えてみることもできます。たとえば値をダブルクリックすると編集可能になり、値を自由に変えられます。表示の変化を確認できます。

開発ツールでCSSを編集しても、ページ自体のCSSが書き換わるわけではありません。再読み込みすればもとの状態に戻りますので、安心していろいろ試せます。

プロパティや値を書き換えてみる

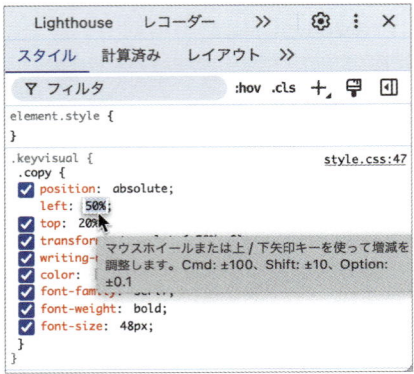

［計算済み］タブをクリックすると、ソースコードが処理され、最終的に要素に適用されているCSSの値を確認することができます。また、ボックスモデル各領域のサイズを数値で知ることもできます。

こうした開発ツールの機能は、どのブラウザにもほぼ同じものが提供されています。好みに合ったブラウザを探してみるのもよいでしょう。

［計算済み］タブで適用されている値を確認できる

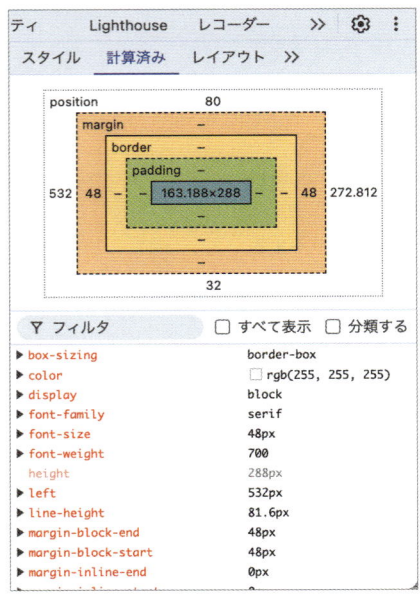

011 すべてのページに共通する HTML

 利用シーン すべてのHTMLドキュメントに必須

要素/プロパティ

HTML

`<!DOCTYPE html>` ━━ DOCTYPE宣言

`<html>` ━━ HTMLのルート要素

`<head>～</head>`
━━ ブラウザウィンドウには表示されない、HTMLドキュメントのメタデータを書くところ

`<body>～</body>`
━━ ブラウザウィンドウに表示される部分のHTMLを書くところ

　ページのおもなコンテンツが日本語の場合の、標準的なテンプレートです。どんなページを作る場合にも共通する基礎部分で、新規にWebページを作る際は、このサンプルのソースコードをコピー＆ペーストしてかまいません。

　HTMLの文字コードにははUTF-8が推奨されています。新規にHTMLファイルを作成する場合は、必ず文字コードがUTF-8になっているかどうかを確認しましょう。

■**HTML**　　　　　　　　　　　　　　　　　　011/index.html

```
<!DOCTYPE html>
<html lang="ja">
<head>
  <meta charset="UTF-8">
  <title>すべてのページに共通するHTML</title>
</head>
<body>

</body>
</html>
```

使われているタグと、記述上の注意事項を簡単に説明しておきます。

■<!DOCTYPE html>

　HTMLドキュメントの1行目には、必ずDOCTYPE宣言を書きます。
「<!DOCTYPE html>」は、最新のHTML仕様で書かれていることを
ブラウザに示す役割があります。もし1行目にこれが書かれていない
と、ブラウザが古い形式のHTMLで書かれていると解釈し、ページの
表示が意図どおりでなかったり、レイアウトが崩れるかもしれません。
なお、「<!DOCTYPE html>」は、大文字・小文字の区別を問いませ
んので、すべて小文字でも、すべて大文字で書いても大丈夫です。

■<html> ～ </html>

　DOCTYPE宣言の次には<html>タグを書きます。<html>タグは、
このドキュメントがHTMLであることを示していて、子要素には
<head>、<body>を、この順番で含めます。
　<html>にはlang属性があります。<html>のlang属性は、この
HTMLで使われるおもな言語を示します。日本語であればその値は
"ja"です。

<html>タグのlang属性

lang属性に指定する「言語コード」とは、世界の言語をアルファベット2文字の記号で表
したもので、ISO 639という文書で定義されています。おもな言語コードには次のような
ものがあります。

おもな言語コード

言語コード	言語
ja	日本語
en	英語
zh	中国語
ko	韓国語
es	スペイン語
de	ドイツ語
fr	フランス語

■<head> ～ </head>

<head> ～ </head> には、HTMLのメタデータ——そのHTMLド
キュメントそのものの情報で、ブラウザウィンドウには表示されないも
の——を記します。

そうしたメタデータのうち、<meta charset ="UTF-8"> の charset
属性の値には、HTMLドキュメントで使用している文字コードセットを
記します。charset属性の値は大文字小文字を区別しませんので、値は
「UTF-8」でも「utf-8」でもかまいません。

なお、HTMLドキュメントの文字コードセットには原則として「UTF-8」
を用いることになっています。何か特殊な理由がない限り、それ以外
の文字コードセットは使用しません。

Chap 1

HTML/CSSの基礎

文字コードセットとは

コンピュータに表示されるすべての文字——アルファベット、数字、漢字、かななど——
には、1文字1文字に「文字コード」と呼ばれる、ID番号が振られています。「文字コードセッ
ト」[※]とは、すべての文字と、それぞれに割り振られているID番号の対応表のことをいいま
す。同じ文字でも、文字コードセットが違えば、ID番号が変わってしまいます。たとえば「あ」
という文字は、文字コードセットが「UTF-8」のときID番号は「E38182」ですが、違う文
字コードセットである「Shift JIS」では「82A0」です。
HTMLドキュメント自体の文字コードセット（HTMLファイルを新規作成したときに設定し
ている文字コードセット）と、「<meta charset="××××">」で指定している文字コードセッ
トが合っていないと、コンピュータがID番号から正しい文字を探り出せないため、「文字
化け」が発生します。文字化けを起こさないために、「<meta charset="××××">」には、
正しい文字コードセットを設定しましょう。

※「キャラクターセット」と呼ばれることもあります。

文字化けが発生した状態

012 ページのタイトルと概要を設定したい

利用シーン
●`<title>` はすべてのページで必須
●概要は必須ではないが、すべてのページに記載することを推奨

要素/プロパティ

HTML

`<title>` ページのタイトル `</title>` ━━━ ページのタイトルを指定する

`<meta name="description" content="` ページの概要 `">` ━━━ ページの概要を記す

　`<title>`タグには、ページのタイトルのテキストを含めます。`<title>`のテキストは、ブラウザのタブに表示されます。

　また、Googleなど検索サイトの検索結果ページには、`<title>`のテキストが見出しとして表示されるケースが多く、適切なタイトルをつけておくのは、多くの人にページを見てもらうためにも重要です。最近は大量のタブを開いて閲覧する使い方が多くなっているので、ブラウザのなかでページを識別するのにも重要といえるでしょう。

　`<meta name="description">`は、ページの概要を記すためのタグです。content属性の値に、ページの概要を記します。検索サイトの検索結果ページに表示される可能性があります。

■**HTML**　　　　　　　012/index.html

```
<!DOCTYPE html>
<html lang="ja">
<head>
  <meta charset="UTF-8">
  <meta name="description"
content="titleタグのテキストや、metaタグ
で記す概要のテキストは、検索サイトで見出し
や概要のテキストとして使われることがあり、
重要です。">
  <title>ページのタイトルと概要を設定した
い</title>
```

```
</head>
<body>

</body>
</html>
```

実行結果。`<title>`のテキストは、ブラウザのタブやページのタイトルとして表示される

013 CSSファイルを読み込みたい

利用シーン ほとんどのWebサイトで必須。HTMLとCSSは別々のファイルで作成するのが基本

要素／プロパティ

`HTML`

```
<link rel="stylesheet" href="CSSファイルへのパス">
```

　HTMLドキュメントにCSSファイルを読み込むには、<head>〜</head>のなかに「<link rel= "stylesheet" href="パス">」を記述します。href属性には、読み込むCSSファイルのパスを記述します。

　Webサイトを制作するときは、原則としてHTMLファイルとは別に、CSSファイルを作成し、そこにすべてのCSSを記述します。HTMLファイルとCSSファイルを別々にすることで、多数のHTMLファイルから1枚のCSSファイルを読み込むことができて、効率がよいからです。また、HTMLとCSSを分離できるので、ソースコードの管理がしやすいという利点もあります。

■HTML
013/index.html

```html
<!DOCTYPE html>
<html lang="ja">
<head>
  <meta charset="UTF-8">
  <title>CSSファイルを読み込みたい</title>
  <link rel="stylesheet" href="css/style.css">
</head>
<body>
  <p>新製品発表会のお知らせ</p>
</body>
</html>
```

■CSS   013/css/style.css

```
p {
  color: #0033FF;
}
```

▼ ブラウザ表示

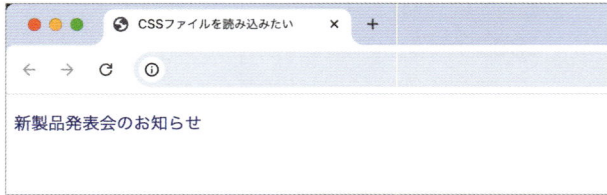

<p>のテキスト色を変えるCSSを適用している

■CSSファイルも文字コードセットはUTF-8で

HTMLファイル同様、CSSファイルの文字コードセットもUTF-8に します。CSSには、ファイルの文字コードセットを指定する「@ charset」という@ルールがあります。

@charsetルールは、ファイルの文字コードセットがUTF-8の場合 は省略できます。もし、省略せずに書く場合には、CSSファイルの1行 目に次のようなコードを追加します。

● **書式** CSSファイルの文字コードセットを省略せずに書く場合

```
@charset: "UTF-8";
```

014 CSSをHTMLに直接書きたい

利用シーン ごく短い、ほかのページでは使われないCSSを追加したいとき

要素/プロパティ

HTML

`<style>` ～ `</style>`

━━━ HTMLドキュメントに直接CSSを記述したいとき、`<style>`～`</style>`のなかにCSSを記述する

CSSファイルを用意せず、HTMLドキュメント内にCSSを追加することができます。その場合は、`<head>`～`</head>`のなかに`<style>`～`</style>`を挿入し、そのなかにCSSを記述します。

■HTML

014/index.html

```
<!DOCTYPE html>
<html lang="ja">
<head>
  <meta charset="UTF-8">
  <title>CSSをHTMLに直接書きたい</title>
  <link rel="stylesheet" href="css/style.css">
  <style>
  .notice {
    color: #FF0000;          CSS
    font-weight: bold;
  }
  </style>
</head>
<body>
  <p>10月15日に初級編CSSフレームワークの勉強会を開催します。<span class="notice">早割実施中!</span></p>
</body>
</html>
```

CSSをHTMLに直接書きたい

▼ ブラウザ表示

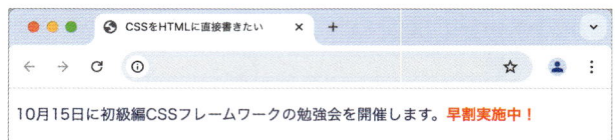

10月15日に初級編CSSフレームワークの勉強会を開催します。早割実施中！

Column

外部CSSファイルとHTMLに直接書くCSSは併用できる

このサンプルでは、<style>タグを使ってHTMLに直接CSSを記述すると同時に、<link>タグでcssフォルダのstyle.cssファイルも読み込んでいます。外部ファイルであるstyle.cssと、HTMLに直接書いたCSSは併用できるのです。

▶▶013 でも説明しましたが、HTMLとCSSは原則として別々のファイルに記述します。しかし、次のような場合には、<style>タグを使ってHTMLドキュメントにCSSを直接記述することもあります。

・記述するCSSが短い場合
・緊急で、かつ一時的にCSSを適用しなければならないとき
・本番公開前のテストなどで、一時的に試してみたいとき

あまり<style>タグを多用すると、どこに書いたCSSが適用されているのかわかりづらくなってしまいます。使いすぎには注意が必要です。

015 CSSをタグに直接書きたい

利用シーン 特殊なプロジェクトでない限り使わない

要素/プロパティ

HTML

<タグ style="適用したいCSS">

―― style属性の値に適用したいCSSを記述する

style属性は、タグに直接CSSを記述したいときに使います。style属性はどんなタグにも追加できます。

CSSは、style属性の値に記述します。適用したいプロパティが複数あるときには、改行せずに「;」のすぐ後ろに続けて書きます。サンプルでは<a>タグに「color」プロパティと「font-weight」プロパティのふたつを適用しています。

■HTML　　　　　015/index.html

```
<p>『<a href="#" style="color:#FA452C;
font-weight:bold;">Webサービス開発の
ためのHTML/CSS</a>』を購入する</p>
```

▼ ブラウザ表示

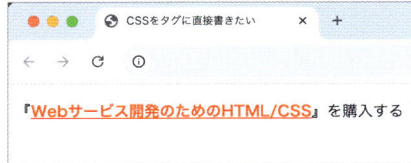

<a>～</a>に囲まれたテキストの色が変わり、太字になっている

Column

style属性は使わない

style属性は一見便利そうですが、どこにCSSを書いたのかがわかりづらくなるだけでなく、適用したCSSの詳細度が非常に高くなってしまって、あとから上書きすることができないようになります。**▶007** Webサイトの運営やソースコードの管理に支障をきたすので、通常のWebサイト構築では絶対に使用してはいけません。

ただし、Webサイトの構築ではなく、Webサービスの開発・運営をしている場合で、そのサービスからほかのWebサイトへのコンテンツの埋め込みや共有を許可するHTMLには、確実にスタイルを適用することや上書きされないことを目的として、style属性を使用することがあります。そのため、Webサービスの開発・運営を手がけている方は使用することがあるかもしれません。

016 JavaScriptファイルを読み込みたい

 利用シーン | HTMLに外部JavaScriptファイルを読み込む必要があるとき

要素 / プロパティ

HTML

`<script src="JavaScriptファイルのパス"></script>`
—— パスに指定されたJavaScriptファイルを読み込む

　JavaScriptファイルを読み込むには「`<script src="パス"></script>`」を、`<head>`〜`</head>`内、もしくは`</body>`終了タグの直前に追加します。src属性には、JavaScriptファイルのパスを記述します。

　`<script>`の開始タグと終了タグの間には何も書かず、終了タグも省略できません。終了タグを省略すると正常に動作しないブラウザがあるので注意が必要です。

■HTML　　　　　　　　　　　　　　　　　　　　　　　　016/index.html

```
<!DOCTYPE html>
<html lang="ja">
<head>
 <meta charset="UTF-8">
 <title>JavaScriptファイルを読み込みたい</title>
 <script src="scripts/script.js" type="module"></script> ——— <head>内か
</head>
<body>
 <div>
  <p>パスワードを忘れた方</p>
  <button id="btn01">パスワードをリセット</button>
 </div>
 <!-- <script src="scripts/script.js"></script> --> ——— </body>終了タグの直前に追加
</body>
</html>
```

▼ ブラウザ表示

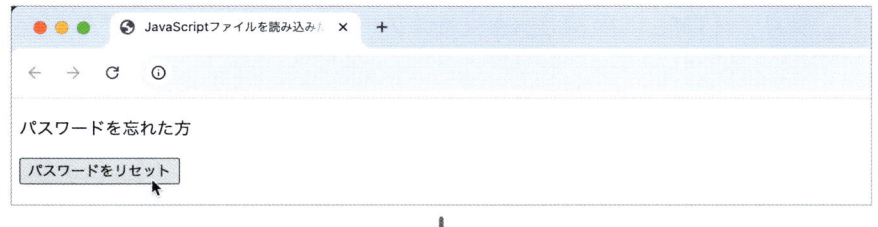

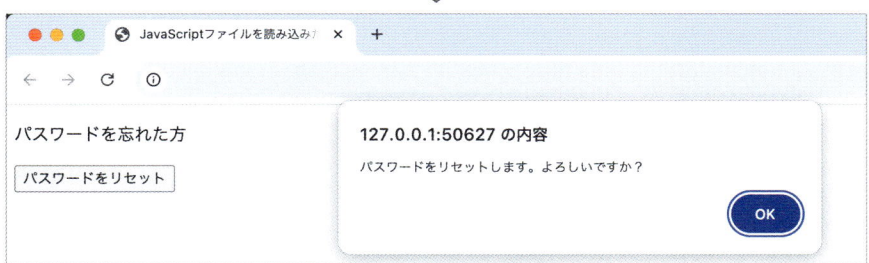

ボタンをクリックするとダイアログが表示される

||| 注意

JavaScriptプログラムの内容

このサンプルで読み込んだJavaScriptには、［パスワードをリセット］ボタンを
クリックしたときに、ダイアログを表示するプログラムが書かれています。ただ、
本書はあくまでHTMLとCSSのテクニックにフォーカスしていますので、
JavaScriptプログラムの解説はしていません。

Column

<script>タグの属性

<script>タグにはさまざまな属性があり、読み込むプログラムに合わせて使い分けます。
本書では詳しく説明しませんが、<script>タグに追加する各種属性はプログラムの動作
に必要なものが多く、正しく記述しないとプログラムが動作しないこともあります。
JavaScriptプログラムを読み込むときは、チームを組むプログラマーや、公開されている
プログラムを使う場合にはそのマニュアルに従ってください。

017

JavaScriptをHTMLに直接書きたい

利用シーン **HTMLに直接JavaScriptファイルを記述する必要があるとき**

要素 / プロパティ

HTML

<script>JavaScriptプログラム</script>

—— <script>〜</script>のなかに書かれたJavaScriptプログラムが実行される

　JavaScriptは、外部ファイルを読み込むときも、HTMLに直接書くときも、同じ<script>タグを使います。src属性がある場合、<script>〜</script>に書いたプログラムは一切実行されませんが、src属性がなければ、<script>〜</script>内のプログラムが実行されます。JavaScriptプログラムは外部ファイルを用意することも、HTMLに直接書くことも、どちらもよくおこなわれます。

■**HTML**　　　　　　　　　　　　　　　　　　　　017/index.html

```html
<head>
 <meta charset="UTF-8">
 <title>JavaScriptをHTMLに直接書きたい</title>
 <script type="module">
  document.querySelector('#btn01').addEventListener('click', function(e){
   alert('パスワードをリセットします。よろしいですか？');
  })
 </script>
</head>
<body>
 <div>
  <p>パスワードを忘れた方</p>
  <button id="btn01">パスワードをリセット</button>
 </div>
</body>
```

サンプルの動作は ▶▶016 と同じです。

018 HTMLにコメントを残したい

 利用シーン　**HTML内に、ブラウザには表示されないコメントを残すとき**

要素／プロパティ

HTML

<!--コメント--> ━━━ コメントタグ

　HTMLドキュメントにブラウザ画面には表示されない情報を残しておくには、コメントタグを使用します。上の書式の「コメント」の部分にはほぼ何でも書けて、改行もできますが、以下のルールがあります。

・「>」「->」で始めることはできない
・「<!-」で終わることはできない
・始まりや終わりにかかわらず、「<!--」「-->」「--!>」を含めることはできない

　要するに「コメントの入れ子はできない（コメントのなかにコメントは書けない）」と考えておけばよいでしょう。

■HTML　　　　018/index.html

```
<body>
<div class="news">
 <h1>お知らせ</h1>
 <ul>
  <!-- お知らせがあるときはここを更新 -->
  <li>本社オフィスを移転します（11月16
日）</li>
  <li>見守りドローン「マチアン」のテストを
開始しました（11月11日）</li>
 </ul>
</div>
</body>
```

▼ ブラウザ表示

お知らせ

- 本社オフィスを移転します（11月16日）
- 見守りドローン「マチアン」のテストを開始

コメントはブラウザの画面には表示されない

019 CSSにコメントを残したい

 利用シーン **CSSコード内にコメントを残したいとき**

要素/プロパティ

CSS

/* コメント */ ──── CSSコメント

　CSSのソースにコメントを残すには、「/* コメント */」を記述します。ブラウザの画面には表示されず、スタイルにも影響しません。

　HTMLのコメントタグ同様、「コメント」の部分にはほぼ何でも書けて、改行もできますが、「/*」「*/」は書けません。つまり、コメントの入れ子はできないのです。

■HTML
019/index.html

```html
<head>
<meta charset="UTF-8">
<title>CSSにコメントを残したい</title>
<style>
/* とくに重要なお知らせにはimportantクラスを追加する */
.important {
  color: #0033FF;
}
</style>
</head>
<body>
<div class="news">
  <h1>お知らせ</h1>
  <ul>
    <li class="important">本社オフィスを移転します（11月16日）</li>
    <li>見守りドローン「マチアン」のテストを開始しました（11月11日）</li>
  </ul>
</div>
```

サンプルの表示は ▶▶018 と同じです。

テキスト表示・整形の基本テクニック

見出し、段落、箇条書きといった、テキストに意味を与え、ページに表示する基本的なHTMLタグと、テキストを装飾するCSSを使ったサンプルを紹介します。デザインの基礎となる、重要な機能が揃っています。

Chapter 2

020 見出しと段落のタグについて知りたい

利用シーン
- ●見出しや段落のテキストを記述するとき
- ●使用頻度は非常に高い

要素/プロパティ

HTML

`<h1>見出しテキスト</h1>`
── 見出し

`<p>テキスト</p>`
── テキストの一段落分(行頭から改行するまで)

`<blockquote>テキスト</blockquote>`
── 複数の文が含まれる引用

`<pre>テキスト</pre>`
── 整形済みテキスト

　おもにテキストの記述に使われる、「見出し」「段落」などのタグを紹介します。

　見出しや段落、次節で取り上げる箇条書きは、CSSで調整しない限りブロックボックスとして表示されます。つまり、ビューポート※／ウィンドウ幅いっぱいに表示領域を占有します。

※ コンピュータ画面上の表示領域のこと。Webデザインでは、Webページが表示されるエリアを指します。PC版のブラウザでは、ビューポートのことを「ウィンドウ」と呼ぶこともあります。

■見出し

　見出しタグには、`<h1>`〜`<h6>`まで6種類あります。一番重要な見出しは`<h1>`で、数字が大きくなるほど重要度が下がります。

●HTML　　　　　　　　　　　　　　　　　020/index.html

```
<h1>見出し 1</h1>
<h2>見出し 2</h2>
<h3>見出し 3</h3>
<h4>見出し 4</h4>
<h5>見出し 5</h5>
<h6>見出し 6</h6>
```

見出し

\<h1>見出し 1\</h1>

\<h2>見出し 2\</h2>

\<h3>見出し 3\</h3>

\<h4>見出し 4\</h4>

\<h5>見出し 5\</h5>

\<h6>見出し 6\</h6>

■**段落**

　\<p>タグは、いわゆるテキストの「段落」を意味するタグです。\<p>〜\</p>のなかにタグを含めることもできますが、使えるのは ▶▶023 で紹介する、テキストの一部を囲んで修飾するタイプのタグのみです。見出しの\<h1>や、\<p>自身、箇条書き ▶▶021 、\<div>などコンテンツをグループ化するタグ ▶▶022 を含めることはできません。

●**HTML**　　　　　　　　　　　　　　　　020／index.html

```
<p>通常の段落</p>
```

■**長い引用**

　比較的長いテキストを引用するときは、\<blockquote>タグを使います。\<p>同様、\<blockquote>〜\</blockquote>のなかで使えるタグは、テキストの一部を囲んで修飾するタイプのタグのみです。

●**HTML**　　　　　　　　　　　　　　　　020／index.html

```
<blockquote>
    複数行にまたがる引用
</blockquote>
```

■整形済みテキスト

　整形済みテキストの<pre>は、<pre>〜</pre>に含まれるコンテンツをそのまま表示します。そのため、HTMLの構造に合わせてインデント（字下げ）するのに使ったタブやスペースもそのまま表示されますし、テキストを改行したところは、
がなくても改行されます。

　電子メールの文面をそっくりそのまま載せたいときや、コンピュータプログラムのソースコードを載せるときに使われます。<p>同様、<pre>〜</pre>のなかで使えるタグは、テキストの一部を囲んで修飾するタイプのタグのみです。

● **HTML**　　　　　　　　　　　　　　　　020/index.html

```
<pre>
整形済みテキスト。
複数行のプログラムコードなどを載せるのに使用
</pre>
```

▼ ブラウザ表示

段落

<p>通常の段落</p>

　　　<blockquote> 複数行にまたがる引用 </blockquote>

<pre>整形済みテキスト。
複数行のプログラムコードなどを載せるのに使用
</pre>

021 箇条書きタグについて知りたい

利用シーン

- ●箇条書きを作りたいとき
- ●ナビゲーションメニューなど、複数の短いテキストを列挙したいとき

要素 / プロパティ

HTML

\<ul\>
—— 箇条書き（非序列リスト）と箇条書き項目

\<ol\> 〜 \</ol\>
—— 順序がある箇条書き（序列リスト）

\<menu\> 〜 \</menu\>
—— ツールバー、メニュー

\<li\> 〜 \</li\>
—— 箇条書き・メニューのリスト項目

\<dl\>
—— キー値ペア（説明リスト）

\<dd\>
—— キー、名前

\<dt\>
—— キー（\<dd\>）に対する値

HTML 属性

start="開始番号" —— \<ol\>の開始番号

　HTMLには、箇条書きをするタグが4種類、\<ul\>、\<ol\>、\<menu\>、\<dl\>が定義されています。

■非序列リスト（\<ul\>）

　「非序列リスト」と呼ばれる、先頭に「・」がつく箇条書きです。箇条書きのなかでも、もっともよく使われます。\<ul\> 〜 \</ul\>の子要素にできるのは\<li\>のみです。後述する\<ol\>、\<menu\>も子要素にできるのは\<li\>のみです。

　\<li\>は箇条書きの項目です。\<li\> 〜 \</li\>のなかにはどんなタグでも含めることができます。

●HTML　　　　　　　　　021/index.html

```
<ul>
  <li>安価に作れる高性能コンピュータ</li>
  <li>動作に必要なパーツを調達するには
  </li>
</ul>
```

▼ ブラウザ表示

非序列リスト

```
<ul>
 • <li>安価に作れる高性能コンピュータ</li>
 • <li>動作に必要なパーツを調達するには</li>
</ul>
```

■序列リスト（<ol>）

「序列リスト」と呼ばれる<ol>は、先頭に「1.」「2.」……と、番号がつく箇条書きです。項目の順序に意味がある場合に使われます。

● HTML　　　　　　　　　021／index.html

```
<ol>
    <li>microSDHCカードの接続</li>
    <li>キーボード、マウスの接続</li>
</ol>
```

▼ ブラウザ表示

```
<ol>
1. <li>microSDHCカードの接続</li>
2. <li>キーボード、マウスの接続</li>
</ol>
```

<ol>にstart属性を追加すると、開始番号を設定できます。サンプルでは、開始番号を3に設定しています。

● HTML　　　　　　　　　　　　　　　　　　　　　　　　　　　021／index.html

```
<ol start="3">
    <li>ディスクイメージからOSをインストール</li>
    <li>ユーザーアカウントの設定</li>
</ol>
```

▼ ブラウザ表示

```
<ol start="3">
3. <li>ディスクイメージからOSをインストール</li>
4. <li>ユーザーアカウントの設定</li>
</ol>
```

番号が3から始まっている

■ツールバー（<menu>）

<menu>は少し特殊な箇条書きで、ナビゲーションメニューや操作パネルなど、Webページの操作に使う「ツールバー」を作成するときに使います。<menu>〜</menu>のなかに入れられる子要素は<li>もしくは<script>です[※]。

※ 実際には<template>というタグを入れることもできます。この<template>はJavaScriptで操作するための要素を定義しておくためのタグです。本書では扱いません。

● HTML　　　　　　　021/index.html

```
<menu>
  <li>ホーム</li>
  <li>会社案内</li>
  <li>業務内容</li>
</menu>
```

▼ ブラウザ表示

ツールバー（メニュー）

```
<menu>
  • <li>ホーム</li>
  • <li>会社案内</li>
  • <li>業務内容</li>
</menu>
```

■キー値ペア・説明リスト（<dl>）

　<dl>は「説明リスト」と呼ばれ、「名前」と「説明文」のセットを記述します。「名前」と「説明文」はそれぞれ「キー」と「値」とも呼ばれます。イメージとしては、辞書の「見出し語」と「説明」の関係と考えればよいでしょう。

　<dl>のなかに、キー（名前）を意味する<dd>と、それに続けて値（説明）を意味する<dt>を続けて入れます。ひとつの<dd>につき、複数の<dt>をつけてもかまいませんし、複数の<dd>に対してひとつの<dt>をつけてもかまいません。

　サンプルでは、キーを「営業時間」、それに対してふたつの値をつけています。

● HTML　　　　　　　　　　　　　　　　　　　021/index.html

```
<dl>
  <dt>営業時間</dt>
  <dd>10:00～19:00（平日）</dd>
  <dd>10:00～18:00（土日祝）</dd>
</dl>
```

▼ ブラウザ表示

キー値ペア（説明リスト）

```
<dl>
<dt>営業時間</dt>
    <dd>10:00～19:00（平日）</dd>
    <dd>10:00～18:00（土日祝）</dd>
</dl>
```

　なお、キーと値のセットとなる<dt>と<dd>を、<div>で囲むこともできます。詳しくは ▶▶024 を参照してください。

022 コンテンツをグループ化する タグを知りたい

利用シーン
- ●複数の段落（見出し、段落、箇条書きなど）を、意味のあるひとつのグループにまとめるとき
- ●CSSを適用するためにコンテンツをまとめたいとき

要素/プロパティ

HTML

`<article>`、`<section>`、`<nav>`、`<aside>`、`<header>`、`<main>`、`<footer>`、
`<search>`、`<div>` ━━ 複数の要素をグループ化する。ブロックボックスを作成する
`<figure>`、`<figcaption>` ━━ 図とキャプションをまとめる
`<address>` ━━ 連絡先を記載する

■ **セクション**

　セクションとは、ページに掲載されるコンテンツの内容によって、分類したときのグループを指します。HTMLにはセクションを区切るタグとして、4つ定義されています。

- ・記事全体を指す `<article>`
- ・記事の節（目次の1項目ずつ）を指す `<section>`
- ・ページやコンテンツを行ったり来たりするためのナビゲーションを指す `<nav>`
- ・関連記事へのリンク、バナー、サイドバー全体など、コンテンツの本題とは少し離れた要素を指す `<aside>`

　この4つのタグは、子要素にタグを含めてもかまいません。

● **HTML**　　　　　　　022/index.html

```
<h1 class="heading">セクション</h1>
<article>
　アーティクル（記事）。単体で意味が成立
するコンテンツの集まり
</article>
<section>
　セクション。コンテンツの節などひとまとまり
のグループ
</section>
<nav>
　ページの主要なナビゲーション
</nav>
<aside>
　サイドバーや関連記事へのリンクなど、ページの本題から少し離れた話題を扱うグループ
</aside>
```

▼ ブラウザ表示

セクション

<article>
アーティクル（記事）。単体で意味が成立するコンテンツの集まり
</article>
<section>
セクション。コンテンツの節などひとまとまりのグループ
</section>
<nav>
ページの主要なナビゲーション
</nav>
<aside>
サイドバーや関連記事へのリンクなど、ページの本題から少し離れた話題を扱うグループ
</aside>

■コンテンツを大まかにグループ化

　Webページには、そのページの中心的な内容となるコンテンツ以外にも、ヘッダーやフッターがあったり、操作のために必要な機能などの部品があります。

Webページの例。中心的なコンテンツと、ヘッダーやフッターなどに分解できる

ヘッダー

中心的なコンテンツ

フッター

HTMLには、コンテンツの内容ごとに分類する4つの「セクション」タグとは別に、ページを構成する部品を記述するためのHTMLも用意されています。それが「コンテンツを大まかにグループ化」するタグです。次の5つがあります。

・ヘッダーを指す <header>
・ページのメイン部分を指す（中心となるコンテンツが含まれる）<main>
・フッターを指す <footer>
・ページ内検索などの機能をまとめる <search>
・とくに意味を持たず、汎用的に使える <div>

● **HTML**　　　　　　　　　　　　　　　　　　　　　　　022／index.html

```
<h1 class="heading">コンテンツを大まかにグループ化</h1>
<header>
　ヘッダー
</header>
<main>
　メイン。ヘッダーとフッター以外の、ページの主要なコンテンツをグループ化する。原則として、1つ
のHTMLドキュメントにつき1回しか使えない
</main>
<footer>
　フッター
</footer>
<search>
　検索機能をまとめたグループ
</search>
<div>
　とくに意味を持たず、コンテンツをグループ化するだけのタグ。おもにCSSの適用に使われる
</div>
```

022

コンテンツをグループ化するタグを知りたい

▼ ブラウザ表示

> **コンテンツを大まかにグループ化**
>
> <header>
> ヘッダー
> </header>
> <main>
> メイン。ヘッダーとフッター以外の、ページの主要なコンテンツをグループ化する。原則として、1つのHTMLドキュメントにつき1回しか使えない
> </main>
> <footer>
> フッター
> </footer>
> <search>
> 検索機能をまとめたグループ
> </search>
>
> とくに意味を持たず、コンテンツをグループ化するだけのタグ。おもにCSSの適用に使われる
>

Chap 2

テキスト表示・整形の基本テクニック

■図とキャプション

　図とキャプションをセットで記述できるのが、<figure>と<figcaption>です。<figure>〜</figure>のなかに、キャプションを意味する<figcaption>を含めればよいということだけがきまっていて、図を表示するためにはどんなHTMLを書いてもかまいません。よく使う便利なタグです。詳しい使い方は ▶▶080 を参照してください。

●HTML　　　　　　　022/index.html

```
<figure>
　図
　<figcaption>図のキャプション</
figcaption>
</figure>
```

▼ ブラウザ表示

> **図とキャプション**
>
> <figure>
> 　　図
> 　　<figcaption>図のキャプション</figcaption>
> </figure>

■連絡先

　掲載されている記事またはページ全体の連絡先を記載するには、<address>タグを使用します。<address>〜</adress>のなかには、住所、地図、電話番号、メールアドレスなど、連絡先の情報を含めます。

●HTML　　　　　　　022/index.html

```
<address>
　連絡先
</address>
```

▼ ブラウザ表示

> **連絡先**
>
> <address>
> 連絡先
> </address>

023

テキストの一部を囲み、修飾するタグを使いたい

利用シーン
- ●テキストの一部分を囲み、何らかの意味づけをするとき
- ●テキストの一部に CSS を適用したいとき

要素/プロパティ

HTML

<strong>テキスト</strong> ━━━ 「テキスト」が重要であることを示す

<span>テキストまたは画像</span>
━━━ 囲まれたコンテンツをほかのテキストと区別する。おもに CSS を適用するのに使う

 ━━━ 段落内で改行する

020 021 022 で紹介したタグはどれもブロックボックスで、ウィンドウ幅いっぱいに表示領域を確保するものでした。

本節で紹介するのは、テキストの一部を囲み、部分的に意味づけをするタグです。コンテンツが収まる最小限の領域を確保する、インラインボックスで表示されます。おもにテキストを修飾し、部分的に意味づけするタグで、たくさん用意されています。使用頻度が高い<a>、<strong>、
、<span>は覚えておくとよいでしょう。

■リンク

<a>はリンクを表します。正確には、<a>はインラインボックスではなく、コンテンツに合わせてボックスの状態が変わる、特殊な要素です。<a>～</a>で囲まれる要素がテキストや画像なら、インラインボックスになります。

実際にリンクを設定するときの書き方など、詳しい使い方は 046 、ボックスの状態が変化するHTMLの書き方については 053 をご覧ください。

●HTML　　　　　　023/index.html

```
<a>リンク</a>
```

▼ ブラウザ表示

リンク

<a>リンク</a>

■強調

<strong>は「重要」や「緊急」を意味するタグで、CSS を使って表示を調整しない限りは、テキストが太字で表示されます。

<em>は「強調」を意味するタグで、CSSを使わなければ斜体（イタリック）で表示されます。日本語には一般的にイタリック書体がなく、計算して強制的に斜めに傾けるか、何もせず通常の状態で表示するブラウザもあります。

● HTML　　　　　　　　023/index.html

```
<p>
  <strong>重要・重大・緊急</
strong><br>
  <em>強調</em>
</p>
```

▼ ブラウザ表示

> **強調**
>
> **<strong>重要・重大・緊急</strong>**
> *<em>強調</em>*

■改行

は、テキストを途中で改行します。終了タグはありません。

● HTML　　　　　　　　023/index.html

```
<p>
  ここで<br>改行
</p>
```

▼ ブラウザ表示

> **改行**
>
> ここで
> 改行

■テキストの一部分をグループ化して、ほかのテキストと区別

<span>はとくに意味を持たずに、テキストの一部分をタグで囲むためのタグです。おもに、囲んだテキストにCSSを適用するために使用します。

● HTML　　　　　　　　　　　　　　　　　　023/index.html

```
<p>
  <span>意味を持たず、テキストの一部分をグループ化するだけ。おもにCSSを適用するために
使用</span>
</p>
```

▼ ブラウザ表示

> **テキストの一部分をグループ化して、ほかのテキストと区別**
>
> <span>意味を持たず、テキストの一部分をグループ化するだけ。おもにCSSを適用するために使用</span>

■上付き・下付き

<sup>は上付き文字、<sub>は下付き文字を表します。単位や、Wikiなどでよく使われる注釈マークを表示するのに使用します。

●HTML　　　　　　　　023/index.html

```
<p>
  y = x<sup>2</sup>
  <code class="source">y = x<sup>2
</sup></code>
</p>
<p>
  H<sub>2</sub>O
  <code class="source">H<sub>2</sub>O</code>
</p>
```

▼ ブラウザ表示

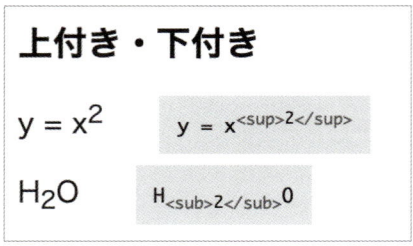

■ルビ

漢字など、読みにくいテキストにルビを振るには、<ruby>と関連の<rb>、<rt>、<rp>を組み合わせて使用します。

・全体を<ruby>〜</ruby>で囲む
・ルビを振る対象のテキストを<rb>〜</rb>で囲む
・読み仮名を<rt>〜</rt>で囲む

基本的な記述方法は次のとおりです。

●書式　「漢字」に「かな」を振る

```
<ruby><rb>漢字</rb><rt>かな</rt></ruby>
```

ほかに<rp>があります。これは、ルビに対応していないブラウザに、読み仮名をカッコなどでくくるために使用するタグです。現在、主要なブラウザはルビに対応しているため使う必要はありませんが、もし使うなら次のようにします。

●書式　ルビに対応していないブラウザで、読み仮名をカッコでくくる

```
<ruby><rb>漢字</rb><rp>（</rp><rt>かな</rt><rp>）</rp></ruby>
```

テキストの一部を囲み、修飾するタグを使いたい

● HTML

```
<p>
  <ruby>笑内<rt>おかしない</rt></ruby>駅（秋田内陸線）
</p>
```

▼ ブラウザ表示

ルビ

おかしない
笑　内駅（秋田内陸線）

<rt>おかしない</rt>
<ruby>　笑　内</ruby>駅（秋田内陸線）

■ **その他**

ほかにも、インラインレベル要素はたくさんあります。一覧にしておきます。

インラインレベル要素

タグ	意味	タグ	意味
<time>	日時	<ins>	挿入
<small>	著作権（コピーライト）や約款、法律上の表示など	<del>	削除
		<code>	短いプログラムコード
<kbd>	キーボードのキー	<samp>	プログラムの出力例
<mark>	マーク ▶▶036	<output>	プログラムの出力
<q>	短い引用	<data>	変数（プログラムに渡す値）
<cite>	引用の出典	<var>	変数

● HTML

```
<p>
  <time>日時</time><br>
  <small>スモールプリント（著作権表示や法律上の表記など）</small><br>
  <kbd>キーボードのキー</kbd><br>
  <mark>マーク（強調表示）</mark><br>
  <q>短文の引用</q><br>
  <cite>（引用の）出典</cite><br>
  <ins>挿入</ins><br>
```

Chap **2**

テキスト表示・整形の基本テクニック

```
    <del>削除</del><br>
    <code>短いプログラムコード</code><br>
    <samp>プログラムの出力例</samp><br>
    <output>プログラムの出力。おもにJavaScriptを使って実際に結果を出力</output><br>
    <data>変数（value属性を使ってJavaScriptで使うデータを埋め込める）</data><br>
    <var>変数</var>
</p>
```

▼ ブラウザ表示

その他

<time>日時</time>
<small>スモールプリント（著作権表示や法律上の表記など）</small>
<kbd>キーボードのキー</kbd>
<mark>マーク（強調表示）</mark>
<q>短文の引用</q>
<cite>（引用の）出典</cite>
<ins>挿入</ins>
<del>削除</del>
<code>短いプログラムコード</code>
<samp>プログラムの出力例</samp>
プログラムの出力。おもにJavaScriptを使って実際に結果を出力
<data>変数（value属性を使ってJavaScriptで使うデータを埋め込める）</data>
<var>変数</var>

■極力使用しない

　<b>、<i>、<s>、<u>タグは、太字や斜体など、テキストの表示方法を指定するタグとして使われていましたが、現在は極力使用しないとされています。

●HTML   023/index.html

```
<p>
    <b>キーワードなど。デフォルトCSSでは太字で表示される</b><br>
    <i>セリフや思ったことなど、地の文とは区別されるフレーズ</i><br>
    <s>間違っているテキストの一部分。デフォルトCSSでは字消し線が引かれる</s><br>
    <u>注釈、誤字の指摘など。デフォルトCSSでは下線が引かれる</u>
</p>
```

▼ ブラウザ表示

極力使用しない

<b>キーワードなど。デフォルトCSSでは太字で表示される</b>
<i>セリフや思ったことなど、地の文とは区別されるフレーズ</i>
<s>間違っているテキストの一部分。デフォルトCSSでは字消し線が引かれる</s>
<u>注釈、誤字の指摘など。デフォルトCSSでは下線が引かれる</u>

---

024 「項目」と「関連する値」を まとめたい

利用シーン **CSSを適用しやすくするために、説明リストのセットとなる <dt>と<dd>をひとつにまとめるとき**

要素/プロパティ

HTML

<dl>～</dl>
—— 説明リスト。子要素に複数の<dt>と<dd>のセットを含める。
<div>を使用してもよい <span>▶▶021</span>

<dt>キー</dt>
—— キー、名前

<dd>値</dd>
—— キー（<dd>）に対する値

<div>要素またはテキスト</div>
—— 複数の要素をグループ化する。ブロックボックスを作成する

　キー値ペア（説明リスト）を作成する<dl>の、ペアとなる<dt>と <dd>を<div>で囲むことができます。
　<div>で囲めばCSSが適用しやすくなり、格段にデザインの調整 がしやすくなります。
　本節では、<dt>と<dd>を<div>で囲むHTMLの記述方法を紹 介します。実際にCSSを適用し、レイアウトを調整する方法について は <span>▶▶045</span> を参照してください。

■**HTML**　　　　　　　　　　　　024/index.html

```
<dl>
 <div>
  <dt>営業時間</dt>
  <dd>10:00～19:00（平日）</dd>
  <dd>10:00～18:00（土日祝）</dd>
```

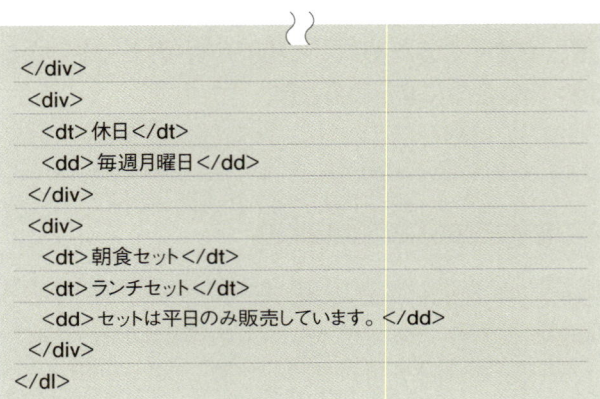

```
        </div>
        <div>
          <dt>休日</dt>
          <dd>毎週月曜日</dd>
        </div>
        <div>
          <dt>朝食セット</dt>
          <dt>ランチセット</dt>
          <dd>セットは平日のみ販売しています。</dd>
        </div>
      </dl>
```

▼ ブラウザ表示

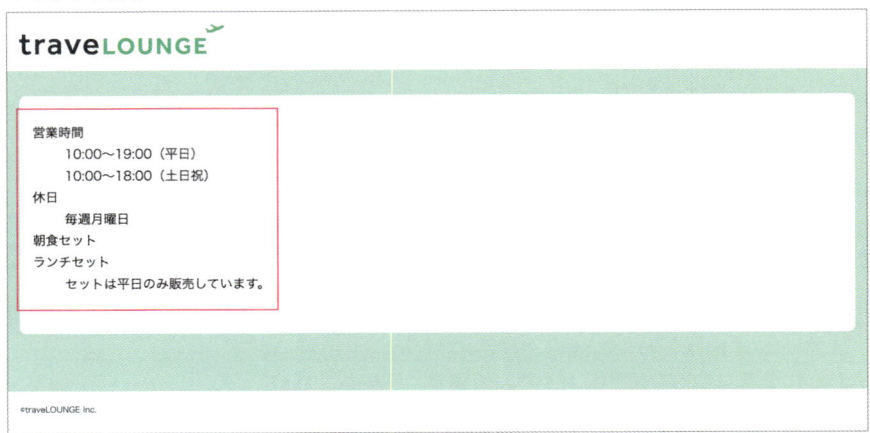

025 HTMLで使用できない記号を表示したい

利用シーン
- ●HTMLで使用できない文字を表示したいとき
- ●入力するのが面倒な文字を表示したいとき

要素/プロパティ

HTML

<、>（実体参照）
━━ HTMLで使用できない文字や記号などを表示するために、代わりにキーワードや数値を用いて記述する方法

　HTMLには、半角の「<」「>」「&」など、表示できない文字や記号がいくつかあります。こうした文字や記号を表示するためには「実体参照」を使います。

　「¥」マークもキーボードで入力するのでなく、実体参照（¥）を使うことをおすすめします。なぜなら、キーボードで入力する「¥」マークは、文字化けして「\」が表示されることがあるからです。

　サンプルでは、「&」と「¥」を表示するために実体参照を使っています。

■HTML
025/index.html

```
<table>
  <tr>
  <tr>
    <td>いますぐ使える! HTML&amp;CSS実践テクニック</td><td class="price">
&yen;2,680-</td>
    </tr>
    <tr>
    <td>Python+DjangoでWebサービス開発&lt;改訂新版&gt;</td><td class="price">
&yen;3,240-</td>
    </tr>
  </tr>
</table>
```

HTMLで使用できない記号を表示したい

▼ ブラウザ表示

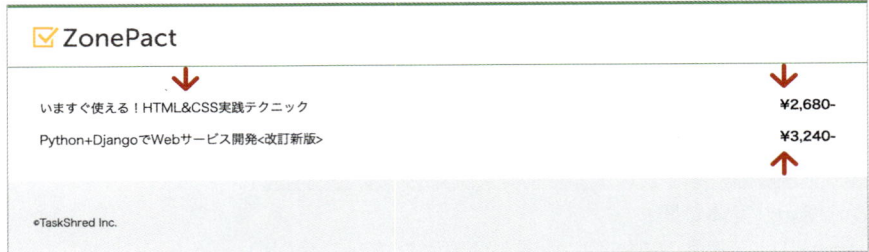

Column

よく使う実体参照

よく使う実体参照の一覧を挙げておきます。

よく使う実体参照一覧

実体参照	表示される記号	説明
&amp;	&	アンパサンド
&lt;	<	小なり記号
&gt;	>	大なり記号
&quot;	"	ダブルクォート
	]	半角スペース
&lsquo;	'	左シングルクォート
&rsquo;	'	右シングルクォート
&ldquo;	"	左ダブルクォート
&rdquo;	"	右ダブルクォート
&laquo;	≪	左ギュメ（山かっこ）
&raquo;	≫	右ギュメ
&copy;	©	著作権記号
&reg;	®	登録商標記号
&trade;	™	商標記号
&yen;	¥	円
&deg;	°	度

026 テキスト色を変えたい

利用シーン　**テキスト色を変更したいとき**

要素/プロパティ

CSSプロパティ

color: 色 ;　──── テキスト色を設定する

CSSの値

#RRGGBB ──── 赤（R）緑（G）青（B）の16進数値を使ったもっとも標準的な色の指定
rgb(R G B) ──── 赤（R）緑（G）青（B）の10進数の値で色を指定
hsl(H S L) ──── 色相（H）彩度（S）明度（L）の3つの値で色を指定

　テキスト色を変更するときは、CSSのcolorプロパティを使用します。colorプロパティの値には「色」を指定します。

　「色」の指定方法にはいくつかの方法がありますが、そのうちもっともよく使われる標準的なものが、「HEXカラー」と呼ばれる16進数値を使う方法です。「#」に続けて、R（赤）G（緑）B（青）を表す、6ケタの16進数値を指定します。この値は、PhotoshopやFigmaなど、画像編集アプリやWebデザインアプリを使って簡単に調べることができます。

● **書式**　colorプロパティにRGBの16進数を使って指定する例

```
color: #0FBFAA;
```

■HEXカラー以外の色指定の方法

　色の指定にはほかの方法もあります。ひとつは、RGB各色10進数の値を使用する方法です。rgb()の「()」のなかに、R、G、Bの値をそれぞれ半角スペースを区切って入れます。

　HSLという値を使う方法もあります。HSLは色を色相、彩度、明度※を使って表現する方法です。hsl()の「()」のなかに、色相（H）、彩度%（S）、明度%（L）をそれぞれ半角スペースを区切って入れます。

※「輝度」と呼ぶこともあります。

● **書式**　rgb()

```
rgb(Rの値 Gの値 Bの値)
```

● **書式**　hsl()

```
hsl(色相 彩度% 明度%)
```

() がつく値のことを「プロパティファンクション」という

CSSで値を指定するとき、rgb()のように、後ろに「()」がつくものがあります。こうした値のことを「プロパティファンクション」、または「プロパティ関数」といいます。

rgb()、hsl() の古い表記法

　実はこのrgb()、hsl()には、古い表記法もあります。R、G、B、またはH、S、Lをカンマ(,)で区切って指定する方法です。このカンマ区切りの方法はいまでも使えますが、透明度を指定できないため、新しい表記法をおすすめします。新しい表記法で透明度も指定する方法は、次の ▶▶027 で紹介します。

● 書式　rgb()、hsl() の古い表記法

```
rgb(R, G, B)
hsl(H, S, L)
```

　サンプルでは、HEXカラーでの色指定に加え、新旧のrgb()、hsl()を使った指定方法も紹介しています。

■HTML

026/index.html

```html
<h1>年間パスポートのご案内</h1>
<!-- #RRGGBB -->
<p>どんなに利用しても<span class="price">年間12,800円</span>。この機会に、大変お得な年間パスポートをご検討ください。</p>

<h2>16進数6ケタ以外の色指定の方法</h2>
<!-- rgb() -->
<p class="rgb">どんなに利用しても<span class="price">年間12,800円</span>。</p>
<!-- hsl() -->
<p class="hsl">どんなに利用しても<span class="price">年間12,800円</span>。</p>

<p>古い記述法</p>
<p class="rgb-legacy">どんなに利用しても<span class="price">年間12,800円</span>。</p>
<p class="hsl-legacy">どんなに利用しても<span class="price">年間12,800円</span>。</p>
```

■CSS

```
/* HEXカラー */
.price {
  color: #0FBFAA;
}

/* rgb() hsl() 新しい表記法 */
.rgb .price {
  color: rgb(191 26 15);
}
.hsl .price {
```

```
  color: hsl(4 85% 40%);
}

/* rgb() hsl() 古い表記法 */
.rgb-legacy .price {
  color: rgb(191, 26, 15);
}
.hsl-legacy .price {
  color: hsl(4, 85%, 40%);
}
```

▼ブラウザ表示

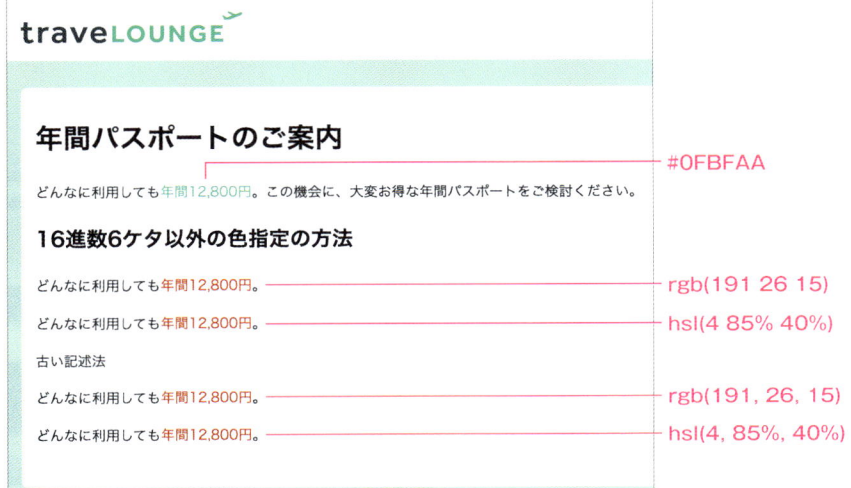

年間パスポートのご案内

どんなに利用しても年間12,800円。この機会に、大変お得な年間パスポートをご検討ください。　#0FBFAA

16進数6ケタ以外の色指定の方法

どんなに利用しても年間12,800円。　rgb(191 26 15)

どんなに利用しても年間12,800円。　hsl(4 85% 40%)

古い記述法

どんなに利用しても年間12,800円。　rgb(191, 26, 15)

どんなに利用しても年間12,800円。　hsl(4, 85%, 40%)

HEXカラー

コンピュータディスプレイに表示されるすべての色は、R（赤）、G（緑）、B（青）の3色の光線の強さで表現されています。各色の光線の強さは256段階、数値にすると0〜255の数で表されるのですが、この数値を16進法で表すと「00」〜「FF」になります。数値のアルファベットは大文字（A〜F）でも小文字（a〜f）でもかまいません。HEXカラーは、「#」に続けて、RGB各色の値（強さ）を続けて書いたものです。

HEXカラーは省略可能

RGB各色の値を16進数で書くと、暗いほうから順に「00」「01」「02」……「FD」「FE」「FF」と増えていきますが、中には「00」や「FF」のように、1ケタ目と2ケタ目の文字が同じ数があります。このような数は、省略して1ケタで書けます。たとえば、「#FF3300」（朱色）は省略して「#F30」と書くことができるのです。とくに、覚えやすい次のような値の省略形はよく使われます。

よく使われる省略形

16進数表記	省略形	色	実際の色
#FFFFFF	#FFF	白	
#CCCCCC	#CCC	薄いグレー	
#333333	#333	暗いグレー	
#000000	#000	黒	

色指定にはカラーキーワードも使える

よく使う色には「カラーキーワード」と呼ばれる、名前がついています。色を指定するときは、このカラーキーワードを使うこともできます。たとえば、テキスト色を青にしたいなら、次のようにします。

● **書式** colorプロパティに青（blue）を指定

```
color: blue;
```

実際に公開するWebサイトで使うことはあまり多くありませんが、白（white）や黒（black）など、微妙な違いを考える必要がない色を使うことはあります。また、手早くページを試作するときにも役立つでしょう。
代表的なカラーキーワードには右の表のようなものがあります。

おもなカラーキーワード

カラーキーワード	16進数表記	実際の色
black	#000000	
silver	#C0C0C0	
gray	#808080	
white	#FFFFFF	
maroon	#800000	
red	#FF0000	
orange	#FFA500	
yellow	#FFFF00	
lime	#00FF00	
green	#008000	
blue	#0000FF	
navy	#000080	
purple	#800080	

<named-color> - CSS: カスケーディングスタイルシート　MDN
【URL】https://developer.mozilla.org/ja/docs/Web/CSS/named-color

027 半透明なテキスト色を指定したい

 **利用シーン** テキストを半透明にしたいとき

要素／プロパティ

CSSプロパティ

color: 色;
—— テキスト色を設定する

CSSの値

rgb(R G B ／ A)
—— 赤（R）緑（G）青（B）アルファ値（a）の10進数で色を指定

hsl(H S L ／ A)
—— 色相（H）彩度（S）明度（L）アルファ値（a）の10進数で色を指定

　rgb()、hsl()を使えば、半透明な色を指定することもできます。
　RGB値で指定する場合は、半角スペースで区切ったR、G、Bの値に続けて、スラッシュ（/）と、アルファ値（a）を加えます。

● **書式**　rgb()で半透明な色を指定する

```
rgb(R G B ／ a)
```

　hsl()の場合も同じで、H、S、Lの値に続けてスラッシュ（/）と、アルファ値（a）を加えます。

● **書式**　hsl()で半透明な色を指定する

```
hsl(R G B ／ a)
```

　アルファは、0%を完全な透明、100%を完全な不透明とする値です。パーセントで書いてもかまいませんし、0～1.0の小数でもかまいません。

サンプルでは、rgb()、hsl()を使って、テキストに半透明な色を指定しています。半透明であることがわかるように、ボックスに背景画像を指定してあります。

■HTML 027/index.html

```html
<!-- rgb() -->
<p class="desc">rgb(R G B / a%)</p>
<p class="tagline rgb">次の休みは、どこ行こう</p>
<!-- hsl() -->
<p class="desc">hsl(H S L / a%)</p>
<p class="tagline hsl">次の休みは、どこ行こう</p>

<p class="desc">古い書式<br>
  rgba(R, G, B, a%)</p>
<p class="tagline rgba-legacy">次の休みは、どこ行こう</p>
<p class="desc">hsla(R, G, B, a%)</p>
<p class="tagline hsla-legacy">次の休みは、どこ行こう</p>
```

■CSS 027/css/style.css

```css
/* rgb() hsl() 新しい表記法 */
.rgb {
  color: rgb(191 26 15 / 50%); /* 50% は 0.5 でもOK */
}
.hsl {
  color: hsl(173 85.4% 40.4% / 50%); /* 50% は 0.5 でもOK */
}

/* rgb() hsl() 古い表記法 */
.rgba-legacy {
  color: rgba(191, 26, 15, 50%);
}
.hsla-legacy {
  color: hsla(173, 85.4%, 40.4%, 50%);
}
```

半透明なテキスト色を指定したい

▼ ブラウザ表示

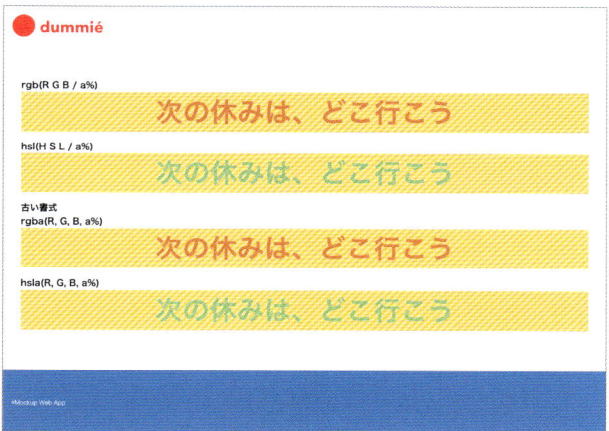

古い表記法

　RGBやHSLをカンマで区切る古い表記法にも、半透明の色を指定する方法があります。しかし、rgb()やhsl()がそのまま使えるわけではなく、rgba()、hsla()という、別のプロパティファンクションを使用します。いまでも古いファンクションは利用可能ですが、半透明かどうかで使い分ける必要がない、新しい表記法をおすすめします。

　古い表記法の書き方はサンプルのソースコードを確認してください。

要素ごとにフォントサイズを指定したい

利用シーン **フォントサイズを要素ごとに指定したいとき**

要素／プロパティ

CSSプロパティ

font-size: フォントサイズ；
—— フォントサイズを指定する

CSSの値

px
—— 1px = 1／96インチ（約0.264mm）

　font-sizeは、表示するフォントのサイズを指定するプロパティです。値は「smaller」などのキーワードで指定することもできますが、一般的には結果が予想しやすい「数値＋単位」で指定します。

　ブラウザのデフォルト設定では、<p>や<ul>といった、標準的な大きさで表示される要素のフォントサイズが16pxになっています。それを基準に考えて、フォントサイズを大きくしたければ大きな数字を、小さくしたければ小さな数字を指定すればよいでしょう。

　サンプルでは、<h1 class="survey-title">、<p class="survey">、<span class="note">の3カ所に別々のフォントサイズを指定しています。

■HTML　　　　　　　　　　　　　　　　　　　　　　028／index.html

```
<h1 class="survey-title">アンケート回答のお願い</h1>
<p class="survey">より良いサービスを提供するため、ご利用の皆様のご意見をお聞かせください。アンケートの回答にかかる時間は5分程度です。<span class="note">※入力いただいた個人情報はアンケートの集計以外の目的で使用することはありません。アンケートは個人が特定できない形で集計されます。</span></p>
```

■**CSS** 028/css/style.css

```css
.survey-title {
  font-size: 21px;
}

.survey {
  font-size: 16px;
}

.note {
  font-size: 12px;
}
```

▼ **ブラウザ表示**

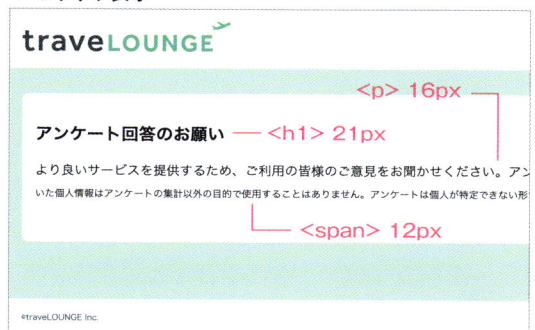

font-sizeプロパティに数値以外の値を指定する

フォントサイズは数値で指定することが多いのですが、決められたキーワードを使うこともできます。
font-sizeプロパティに指定できるキーワードには、次のようなものがあります。

font-sizeプロパティに指定できるおもなキーワード

キーワード	表示されるフォントサイズ※
font-size: xx-small;	9px
font-size: x-small;	10px
font-size: small;	13px
font-size: medium;	16px
font-size: large;	18px
font-size: x-large;	24px
font-size: xx-large;	32px

※ ブラウザに「最小フォントサイズ」が設定されている場合、この数値よりも大きなサイズで表示されることがあります。

029

フォントサイズを相対的に指定したい

 利用シーン
● フォントサイズを相対的に決めたいとき
● フォントサイズの管理を統一したいとき

要素/プロパティ

CSSプロパティ

font-size: フォントサイズ; ── フォントサイズを指定する

CSSの値

rem ── ルート・エム。ルート要素（<html>）に設定されているフォントサイズを基準として、相対的なサイズを倍率で指定する

　font-sizeプロパティを指定するときの値の単位に「rem」を使用すると、<html>に設定したフォントサイズを基準として、各要素のフォントサイズを相対的に決めることができます。

　<html>は、HTMLドキュメントのすべての要素の親要素であることから「ルート要素」とも呼ばれます。CSSのセレクタは、タイプセレクタの「html」でも、ルート要素を選択する「:root」擬似クラスでも、どちらでもかまいません。

　サンプルでは、次のようにフォントサイズを決めています。

- <html>のフォントサイズ ── 16px
- <h1 class="survey-title">のフォントサイズ ── 1rem → 16px
- <p class="survey"> ── 0.875rem → 14px
- <span class="note"> ── 0.75rem → 12px

■HTML

029/index.html

```
<h1 class="survey-title">アンケート回答のお願い</h1>
<p class="survey">より良いサービスを提供するため、ご利用の
皆様のご意見をお聞かせください。アンケートの回答にかかる時間は
5分程度です。<span class="note">※入力いただいた個人情報
はアンケートの集計以外の目的で使用することはありません。アンケー
トは個人が特定できない形で集計されます。</span></p>
```

■**CSS** 029/css/style.css

```css
html, ::before, ::after {
  font-size: 16px;
}

.survey-title {
  font-size: 1.3125rem;
}
.survey {
  font-size: 1rem;
}
.note {
  font-size: 0.75rem;
}
```

▼ ブラウザ表示

traveLOUNGE

アンケート回答のお願い

より良いサービスを提供するため、ご利用の皆様のご意見をお聞かせください。アンケートの回答にかかる時間は5分程度です。※入力いただいた個人情報はアンケートの集計以外の目的で使用することはありません。アンケートは個人が特定できない形で集計されます。

©traveLOUNGE Inc.

030 行間を広くしたい・狭くしたい

利用シーン 読みやすさを考えて行間を調整したいとき。ほぼすべての Web ページで使用

要素/プロパティ

`CSS プロパティ`

line-height: 行の高さ;
━━ 行間（1 行の高さ）を調整する

　テキストの行間を調整するには、line-height プロパティを使います。line-height プロパティには、単位なしで数値を指定します。単位なしの数値を指定すると、その行で使用しているフォントサイズを 1 とした倍率で、1 行の高さを設定できます。たとえば、<p> のフォントサイズを 16 px にしているとき、「line-height: 1.7;」と設定すれば、1 行の高さは「16 px × 1.7 = 27 px」になります。

line-height プロパティで設定される高さ

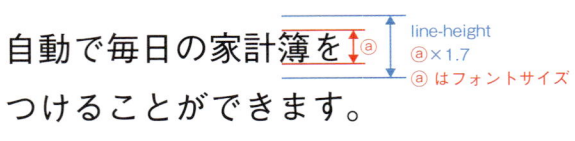

自動で毎日の家計簿をつけることができます。

line-height
ⓐ × 1.7
ⓐ はフォントサイズ

　実際の Web サイトでは、通常のテキストの line-height は 1.5 〜 1.8 程度で指定することが多いです。見出しなど通常よりもフォントサイズが大きいところには、それよりも小さい値（1.0 〜 1.5）を指定することもあります。

■HTML

```
<h1>月々の出費が多すぎて貯金できない?家計を見直しませんか。</h1>
<p>先々のことを考えて、いまから少しずつでも貯金を増やしたいと考えている方は多いようです。
支出を減らすには、まずはご自分の出費の状況を正確に把握することが大事です。ZonePactなら、
カンタン・自動で毎日の家計簿をつけることができます。利用は無料で、登録も簡単です。
ZonePactをいますぐ始めませんか。</p>
<p>ZonePactは、2,000以上の銀行、信用金庫、証券会社などの金融機関と連携が可能。入
出金明細を自動で取得できるので、リアルタイムで、口座の残高をチェックできます。</p>
```

■CSS

```
h1 {
  line-height: 1.2;
}
p {
  line-height: 1.7;
}
```

▼ ブラウザ表示

☑ ZonePact

月々の出費が多すぎて貯金できない？家計を見直しま せんか。

先々のことを考えて、いまから少しずつでも貯金を増やして、NISAも始めたいと考えている方は多いよう です。支出を減らすには、まずはご自分の出費の状況を正確に把握することが大事です。ZonePactなら、 カンタン・自動で毎日の家計簿をつけることができます。利用は無料で、登録も簡単です。ZonePactをい ますぐ始めませんか。

ZonePactは、2,000以上の銀行、信用金庫、証券会社などの金融機関と連携が可能。入出金明細を自動で 取得できるので、リアルタイムで、口座の残高をチェックできます。

©TaskShred Inc.

段落のテキストを
太字にしたい

利用シーン　**フォントを太字で表示したいとき**

要素/プロパティ

CSSプロパティ

font-weight: フォントの太さ;　━━━ フォントを「フォントの太さ」にする

　font-weightプロパティは、表示するフォントの太さを決めます。値には定義されている以下のキーワードのどれかひとつを選んで指定します。もしくは、100、200、300、400、500、600、700、800、900という数値を指定することも可能です。数値を指定する場合は、400が通常の太さ（キーワードでnormal）、それより小さくなると細く、大きくすると太くなります。

　サンプルでは、<p class="lead">〜</p>のテキストを太字にしています。

font-weightに指定できるキーワード

値	説明
normal	通常の太さ
bold	太字
bolder	太字より太い字（あまり使わない）
lighter	通常より細い字（あまり使わない）

■HTML
031/index.html

```
<h1>月々の出費が多すぎて貯金できない?家計を見直しませんか。</h1>
<p class="lead">先々のことを考えて、いまから少しずつでも貯金を増やしたいと考えている方は
多いようです。支出を減らすには、まずはご自分の出費の状況を正確に把握することが大事です。
ZonePactなら、カンタン・自動で毎日の家計簿をつけることができます。利用は無料で、登録も簡
単です。ZonePactをいますぐ始めませんか。</p>
<p>ZonePactは、2,000以上の銀行、信用金庫、証券会社などの金融機関と連携が可能。入
出金明細を自動で取得できるので、リアルタイムで、口座の残高をチェックできます。</p>
```

■CSS

```css
/* 段落のテキストを太字にしたい */
h1 {
  line-height: 1.2;
}
p {
  line-height: 1.7;
}
.lead {
  font-weight: bold;
}
```

▼ ブラウザ表示

☑ ZonePact

月々の出費が多すぎて貯金できない？家計を見直しませんか。

先々のことを考えて、いまから少しずつでも貯金を増やしたいと考えている方は多いようです。支出を減らすには、まずはご自分の出費の状況を正確に把握することが大事です。ZonePactなら、カンタン・自動で毎日の家計簿をつけることができます。利用は無料で、登録も簡単です。ZonePactをいますぐ始めませんか。

ZonePactは、2,000以上の銀行、信用金庫、証券会社などの金融機関と連携が可能。入出金明細を自動で取得できるので、リアルタイムで、口座の残高をチェックできます。

©TaskShred Inc.

032

イタリックの要素を通常の
テキストにしたい

利用シーン　**<address>タグなどイタリックで表示される要素を通常体で表示したいとき**

要素／プロパティ

CSSプロパティ

font-style: normal;　━━━ フォントを通常体にする

　<address>タグ、<em>タグ、<i>タグ、<cite>タグなどは、デフォルトCSS ▶▶007 ではイタリック（斜体）で表示されるようになっています。日本語にはイタリック体がなく、ブラウザによって機械的に文字を傾けて表示するものや、そのまま表示するものがあって対応がまちまちです。

　そこで、こうした文字を斜体で表示するタグを日本語環境で使う際は、通常のフォントに戻すCSSを書きます。font-styleプロパティは、フォントを通常のフォントにするか、イタリックにするかを設定できます。

　このプロパティで使える値は、通常フォントにする「normal」と、イタリックで表示する「italic」の2種類です。

■HTML　　　　　　　　032/index.html

```
<p>運営会社住所</p>
<address>
〒162-0846<br>
東京都新宿区市谷左内町21-13<br>
株式会社トラベラウンジ
</address>
```

■CSS　　　　　　　　032/css/style.css

```
address {
  border: 1px solid #0FBFAA;
  border-radius: 8px;
  padding: 1rem;

  font-style: normal;
}
```

▼ ブラウザ表示

trave**LOUNGE**

運営会社住所

〒162-0846
東京都新宿区市谷左内町21-13
株式会社トラベラウンジ

033 テキストの行揃えを変更したい

利用シーン テキストを右揃え、中央揃えなどにしたいとき

要素 / プロパティ

CSSプロパティ

text-align: 行揃え ; ——— テキストの行揃えを変更する

text-alignプロパティは、ブロックボックス ▶▶006 のテキストの行揃えを変更するために使用します。text-alignプロパティに指定できるおもな値には、次のものがあります。

- text-align: left; ——— 左揃え
- text-align: center; ——— 中央揃え
- text-align: right; ——— 右揃え
- text-align: justify; ——— 両端揃え

サンプルでは「class="main-copy"」の要素を中央揃えにしています。

■HTML 033/index.html

```
<h1 class="main-copy">日常に特別を</h1>
<p class="main-copy">毎日の生活で触れる食器
や家電に、お気に入りを増やしていきませんか? <br>
きっと豊かな気持ちになれる、素材や 中略 </p>
```

■CSS 033/css/style.css

```
.main-copy {
  text-align: center;
}
```

▼ ブラウザ表示

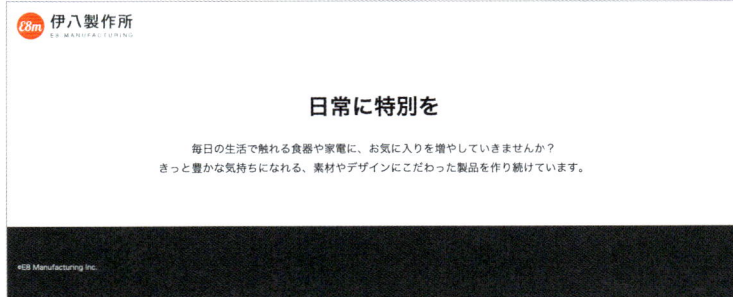

034

テキストに字消し線を引きたい

利用シーン テキストに装飾的な線を引きたいとき

要素 / プロパティ

CSSプロパティ

text-decoration: 線を引く位置; ━━ テキストに線を引く

text-decoration は、テキストの装飾として、下線や字消し線を引くときに使用するプロパティです。リンクの下線を消すのによく使われます。 **▶▶057**

text-decoration プロパティに指定できる値には、以下の4種類があります。サンプルでは、<li class="delete"> 〜 </li> に含まれるテキストに字消し線を引いています。

text-decoration の値

値	説明
text-decoration: overline;	テキストに上線を引く
text-decoration: underline;	テキストに下線を引く。リンクの <a> のスタイルを調整するときによく使われる
text-decoration: line-through;	テキストに字消し線を引く
text-decoration: none;	テキストに線を引かない

■**HTML**　　　　034/index.html

```
<h1 class="menu-title">いまならお得なツ
アー</h1>
<ul class="dummy">
  <li>工場夜景を楽しむ日帰り &yen;23,800-
</li>
  <li>和歌山パンダとクジラの旅 &yen;36,
980-</li>
  <li class="delete">京都旅行2泊3日 &
yen;45,600-</li>
</ul>
```

■**CSS**　　　　034/css/style.css

```
.delete {
  text-decoration: line-through;
}
```

▼ ブラウザ表示

いまならお得なツアー

- 工場夜景を楽しむ日帰り ¥23,800-
- 和歌山パンダとクジラの旅 ¥36,980-
- 京都旅行2泊3日 ¥45,600-

035 字消し線のスタイルを設定したい

 利用シーン **テキストに引く線を点線や波線などにしたいとき**

要素/プロパティ

CSSプロパティ

text-decoration: 線を引く位置; —— テキストに線を引く
text-decoration-line: 線を引く位置 —— テキストに引く線の位置
text-decoration-style: 線の形状; —— テキストに引く線の形状
text-decoration-thickness: 線の太さ; —— テキストに引く線の太さ
text-decoration-color: 色; —— テキストに引く線の色

　text-decorationプロパティで文字に引ける線は、線を引く位置、太さ、形状、色を個別に変更できます。次のプロパティがあります。

text-decoration-line

　線を引く位置を設定します。値はtext-decorationプロパティと同じです。

text-decoration-style

　線の形状を設定します。値にはsolid（実線）、double（二重線）、dotted（点線）、dashed（破線）、wavy（波線）があります。

text-decoration-thickness

　引く線の太さを、「数値＋px」などの単位で指定します。

text-decoration-color

　引く線の色を指定します。

　古くからある、前節で紹介したtext-decorationは、実際には省略・一括指定形のショートハンド・プロパティで、ここで紹介したほかの4つのプロパティを一括で指定できます※。

※ ただし、一部対応していないブラウザがあるため、本書ではショートハンドを使用しません。

121

● **書式**　字消し線、二重線、太さ4px、赤の線を引く。値の順序は問わない

```
text-decoration: line-through double 4px red;
```

　サンプルでは、各種プロパティと設定できる値を使って、
〜で囲まれた文字に線を引いています。

■HTML
035／index.html

```
<p><code>text-decoration-line: line-through;<br>
 text-decoration-style: double;</code></p>
<p>ポイント<span class="delete-double">5倍</span>10倍です。</p>


<p><code>text-decoration-line: underline;<br>
 text-decoration-style: dashed;</code></p>
<p>ポイント<span class="underline-dashed">10倍</span>です。</p>


<p><code>text-decoration-line: underline;<br>
 text-decoration-style: wavy;</code></p>
<p>ポイント<span class="underline-wavy">10倍</span>です。</p>


<p><code>text-decoration-line: underline;<br>
 text-decoration-style: wavy;<br>
 text-decoration-thickness: 3px;
 </code></p>
<p>ポイント<span class="underline-wavy-thick">10倍</span>です。</p>


<p><code>text-decoration-line: line-through;<br>
 text-decoration-style: solid;<br>
 text-decoration-thickness: 4px;<br>
 text-decoration-color: #E10051;
 </code></p>
<p>ポイント<span class="delete-thick-color">5倍</span>10倍です。</p>
```

字消し線のスタイルを設定したい

■CSS

035/css/style.css

```css
.delete-double {
  text-decoration-line: line-through;
  text-decoration-style: double;
}
.underline-dashed {
  text-decoration-line: underline;
  text-decoration-style: dashed;
}
.underline-wavy {
  text-decoration-line: underline;
  text-decoration-style: wavy;
}
.underline-wavy-thick {
  text-decoration-line: underline;
  text-decoration-style: wavy;
  text-decoration-thickness: 3px;
}
.delete-thick-color {
  text-decoration-line: line-through;
  text-decoration-style: solid;
  text-decoration-thickness: 4px;
  text-decoration-color: #E10051;
}
```

▼ ブラウザ表示

字消し線・
二重線

下線・破線

下線・波線

下線・波線・
太さ 3px

字消し線・
実線・
太さ 4px・
色つき

Chap 2

テキスト表示・整形の基本テクニック

036 好きな色のマーカーを
つけたい

利用シーン **\<mark\>でつけるマーカーの色を変えたいとき**

要素/プロパティ

HTML

\<mark\>
——— テキストにマーカーを引く ▶▶023

CSSプロパティ

background-color: 色；
——— 背景色を設定する。background プロパティでも可 ▶▶094

\<mark\>～\</mark\>で囲まれたテキストは、何もCSSを適用しなければ黄色のマーカーがつきます。しかし、このマーカー色は、背景色を設定するbackground-colorプロパティで簡単に変更できます。値にはテキスト色を変更するときに使用したときと同じものが使えます。▶▶026

サンプルではマーカー色を緑色に変更しています。

■HTML

036/index.html

```
<p>Programming Paradise は、子どもから大人まで、楽しく身につくプログラミング教室を展開しています。全国100カ所で教室を展開中。いますぐアプリやWebサービスを開発したい人向けのコース、IoTコースから、基礎的な情報処理技術の知識を学ぶコース、国家資格の情報処理技術者試験対策コースまで、多数のコースをご用意しております。</p>
<p>すべての教室で無料体験会を実施しております。<mark>まずはお近くの教室まで、お気軽にお問い合わせください</mark>。</p>
```

■CSS

036/css/style.css

```
mark {
    background-color: #7CF1A5;
}
```

▼ ブラウザ表示

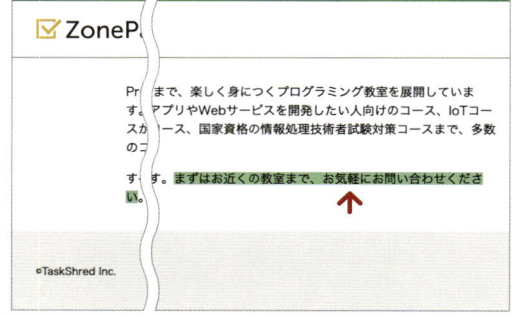

037 段落の前後のスペースを なくしたい

利用シーン

\<p\>〜\</p\>で囲む段落の上下のスペースをなくしたいとき。非常によく使われるテクニック

要素/プロパティ

CSSプロパティ

margin: 0;

━━━ 要素の四辺のマージンを「0」にする ▶▶085

\<p\>〜\</p\>でテキストを囲むと、上下に1行分のスペースが空きます。これは、\<p\>のデフォルトCSSにより、上下に1em（フォントサイズと同じ大きさ）のマージンが空くようになっているからです。

この上下のスペースは、\<p\>に「margin:0;」を適用すればなくせます。

■HTML
037/index.html

\<p\>Programming Paradise は、子どもから大人まで、楽しく身につくプログラミング教室を展開しています。全国100カ所で教室を展開中。 中略 多数のコースをご用意しております。\</p\>
\<p\>すべての教室で無料体験会を実施しております。まずはお近くの教室まで、お気軽にお問い合わせください。\</p\>

■CSS
037/css/style.css

```
p {
  margin: 0;
}
```

▼ ブラウザ表示

☑ ZonePact

Programming Paradiseは、子ども
す。全国100カ所で教室を展開中。い
すから、基礎的な情報処理技術の知識
のコースをご用意しております。

すべての教室で無料体験会を実施して
い。

CSS 適用前

☑ ZonePact

Programming Paradiseは、子ども
す。全国100カ所で教室を展開中。い
すから、基礎的な情報処理技術の知識
のコースをご用意しております。
すべての教室で無料体験会を実施して
い。

CSS 適用後

038 段落ごとに字下げ（インデント）したい

 **利用シーン** テキストの段落の始まりを空けたいとき

要素／プロパティ

CSSプロパティ

text-indent: 空けたい大きさ;
—— 段落の1行目の始まりをずらす

　テキストの段落の1行目を、本来の位置よりもずらして開始することを「字下げ」といいます。字下げするときはtext-indentプロパティを使います。1文字分字下げするなら値を「1em」にします。

■HTML　　　　　　　　　　　　　　　　　　　038/index.html

```
<p>Programming Paradiseは、子どもから大人まで、楽しく身につくプログラミング教室を展開し
ています。全国100カ所で教室を展開中。いますぐアプリやWebサービスを開発したい人向けのコー
ス、IoTコースから、基礎的な情報処理技術の知識を学ぶコース、国家資格の情報処理技術者試
験対策コースまで、多数のコースをご用意しております。</p>
<p>すべての教室で無料体験会を実施しております。まずはお近くの教室まで、お気軽にお問い合
わせください。</p>
```

■CSS　038/css/style.css

```
p {
  text-indent: 1em;
}
```

▼ ブラウザ表示

☑ ZonePact

☐ Programming Paradiseは、子どもから大人まで、楽しく身につくプログ
す。全国100カ所で教室を展開中。いますぐアプリやWebサービスを開発し
スから、基礎的な情報処理技術の知識を学ぶコース、国家資格の情報処理技
のコースをご用意しております。

☐ すべての教室で無料体験会を実施しております。まずはお近くの教室まで、
い。

©TaskShred Inc.

text-indentの応用例：マークの位置を揃える

text-indentプロパティには、マイナスの値を設定することもできます。その特性を利用して、注意書きなどで段落の先頭につくマークを揃えることにもよく使われます。以下の例では「注：」の部分（2文字分）、段落の1行目だけ左にずらして、マークを揃えています。

先頭のマークを揃えるときのポイントは、text-indentプロパティにはマークの文字数分のマイナス値を設定し、padding-leftプロパティに同じ量のプラスの値を設定することです。

以下の例ではマークが2文字分なので、padding-leftプロパティに2emを、text-indentプロパティに-2emを設定しています。

● **HTML**　　　　　　　　　　　　　　　　　　　　038／text-indent.html

```
<p class="note"><span>注：</span>イベント開催期間中は混雑が予想されます。会場
に駐車場はございませんので、公共交通機関のご利用をおすすめします。</p>
<p class="note"><span>注：</span>雨天決行。雨具は各自ご持参ください。</p>
```

● **CSS**　　　　038／css/style.css

```
.note {
  margin: 0;
  padding-left: 2em;
  text-indent: -2em;

}
```

```
span {
  font-weight: bold;
  color: #EE5151;

}
```

ブラウザ表示

☑ ZonePact

注： イベント開催期間中は混雑が予想されます。会場に駐車場はございませんので、公共交通機関（
をおすすめします。

注： 雨天決行。雨具は各自ご持参ください。

©TaskShred Inc.

039 1文字目だけ大きくしたい

 **利用シーン** テキストの1文字目だけを大きくして、デザインにメリハリをつけたいとき

要素 / プロパティ

CSSセレクタ

::first-letter
——段落の最初の1文字目を選択する

CSSプロパティ

display: flow-root
——フロートを解除する ▶▶225

float: 配置する場所;
——要素をフロートさせ、後続の要素が回り込むように配置する ▶▶225

padding: 上 右 下 左;
——ボックスの周囲にパディングを設定する ▶▶084

line-height: 行の高さ;
——行間(1行の高さ)を調整する ▶▶030

font-size: フォントサイズ;
——フォントサイズを指定する ▶▶028

　要素の1文字目を選択する「::first-letter」擬似要素セレクタを使ってテキストの1文字目を選択し、スタイルを調整することができます。このサンプルでは、1文字目だけを大きくするデザインにしています。

　ポイントは、「::first-letter」で選択した1文字目に「float: left;」を適用することです。あとは、次の3つのプロパティの値を少しずつ変えながら、好みのテキストの配置になるように調整します。

　floatは、要素に別の要素を回り込ませるプロパティです。詳しい使い方は ▶▶225 で説明します。

■HTML

039/index.html

```
<p class="lead">子どもから大人まで、楽しく身につくプログラミング教室、開講中!
Programming Paradiseは、全国100カ所で教室を展開し、また各地でワークショップを開催して
います。いますぐアプリやWebサービスを開発したい人向けのコースやIoTコースから、基礎的な情
報処理技術の知識を学ぶコース、国家資格の情報処理技術者試験対策コースまで、多数のコー
スをご用意しております。</p>
<p>すべての教室で無料体験教室を開催しております。まずはお近くの教室まで、お気軽にお問い
合わせください。</p>
```

■CSS

039/css/style.css

```
p {
  line-height: 1.7;
}
.lead {
  display: flow-root;
}
.lead::first-letter {
  float: left;
  padding: 0.05em 0.05em 0 0;
  line-height: 0.95em;
  font-size: 4.1em;
  font-weight: bold;
}
```

▼ ブラウザ表示

☑ ZonePact

子どもから大人まで、楽しく身につくプログラミング教室、開講中! Programming Paradise
は、全国100カ所で教室を展開し、また各地でワークショップを開催しています。いますぐアプ
リやWebサービスを開発したい人向けのコースやIoTコースから、基礎的な情報処理技術の知識
を学ぶコース、国家資格の情報処理技術者試験対策コースまで、多数のコースをご用意しております。

すべての教室で無料体験教室を開催しております。まずはお近くの教室まで、お気軽にお問い合わせください。

©TaskShred Inc.

Chap 2

テキスト表示・整形の基本テクニック

129

040 1行目だけスタイルを変えたい

 利用シーン メリハリをつけるために、記事ページの1行目だけスタイルを変えたいとき

要素/プロパティ

CSSセレクタ

::first-line
—— 段落の1行目を選択する

段落の1行目を選択する「::first-line」擬似要素セレクタを使って、\<p\>～\</p\>などで作られるテキスト段落の1行目だけを選択し、スタイルを調整します。「::first-letter」セレクタ ▶▶039 同様、装飾的意味合いが強く、どんなサイトでも使用するものではありませんが、デザイン上必要な場合には役に立ちます。

■HTML　　　　　　　　　　　　　　　　　　　040/index.html

```
<p class="lead">子どもから大人まで、楽しく身につくプログラミング教室、開講中!
Programming Paradiseは、全国100カ所で教室を展開し、また各地でワークショップを開催して
います。いますぐアプリやWebサービスを開発したい人向けのコースやIoTコースから、基礎的な情
報処理技術の知識を学ぶコース、国家資格の情報処理技術者試験対策コースまで、多数のコー
スをご用意しております。</p>
<p>すべての教室で無料体験教室を開催しております。まずはお近くの教室まで、お気軽にお問い
合わせください。</p>
```

■CSS　　　040/css/style.css

```
.lead::first-line {
  font-weight: bold;
  color: #46A968;
}
```

▼ ブラウザ表示

☑ ZonePact

子どもから大人まで、楽しく身につくプログラミン
国100カ所で教室を展開し、また各地でワークショ
を開発したい人向けのコースやIoTコースから、基礎
報処理技術者試験対策コースまで、多数のコースをこ

すべての教室で無料体験教室を開催しております。ま
い。

©TaskShred Inc.

041 テキストの前後に記号を挿入したい

利用シーン 「お客様の声」など、決まったパターンで掲載すテキストの前後にカッコや引用符をつけたいとき

要素/プロパティ

CSSセレクタ

::before
—— 要素のテキストの「直前」を選択し、スタイルを適用

::after
—— 要素のテキストの「直後」を選択し、スタイルを適用

CSSプロパティ

content: "挿入するテキスト";
—— テキストの直前や直後に挿入するテキストを指定

「::before」「::after」セレクタは、タグで囲まれたテキストのそれぞれ直前、直後を選択し、そこにコンテンツを挿入することができます。挿入するコンテンツはcontentプロパティで指定します。

「::before」「::after」セレクタのスタイルには、どんなCSSプロパティを使用してもかまいませんが、contentプロパティだけは必須です。

contentプロパティの値には、挿入したいテキストをダブルクォート（"）で囲んで指定します。サンプルでは\<blockquote\>のテキストの前後に「"」「"」を挿入しています。

■HTML

041/index.html

```
<p>先日開催されたHTML初心者向け講座のアンケートより。</p>
<blockquote class="voice">まだ勉強し始めたばかりですが、独学でやってきたことの確認ができて少し自信がついたように思います</blockquote>
<blockquote class="voice">すでにできあがっているHTMLの一部を修正するくらいのことしかしたことがなかったので、ゼロからHTMLを組むことに挑戦したいです</blockquote>
```

■CSS

041/css/style.css

```css
.voice::before {
  content: "“";
  color: #46A968;
  font-size: 1.5rem;
}
.voice::after {
  content: "”";
  color: #46A968;
  font-size: 1.5rem;
}
```

▼ ブラウザ表示

☑ ZonePact

先日開催されたHTML初心者向け講座のアンケートより。

“まだ勉強し始めたばかりですが、独学でやってきたことの確認ができて少し自信がついた
に思います”

“すでにできあがっているHTMLの一部を修正するくらいのことしかしたことがなかったの
ゼロからHTMLを組むことに挑戦したいです”

©TaskShred Inc.

042 箇条書きのマークを なくしたい

 **利用シーン** 番号なし箇条書きのマークを非表示にしたいとき

要素/プロパティ

HTML

`<ul>`、`<li>`
—— 番号なしの箇条書き `▶▶021`

CSSプロパティ

list-style-type: none;
——— リストのマークを設定する（list-styleでも可）

　箇条書きの先頭につくマークは、list-style-type（またはlist-style）プロパティで変更できます。

　ただ、`<ul>`や`<menu>`で作る箇条書きはナビゲーションメニューの作成によく使われるため、別のマークにするよりも非表示にすることのほうが圧倒的に多いです。そこで、本節では箇条書きのマークを非表示にする方法を紹介します。

　箇条書きのマークを非表示にするときは、`<ul>`または`<menu>`に、list-style-typeを適用し、値を「none」にします。

● **書式** 箇条書きのマークを非表示にする

```
list-style-type: none;
または
list-style: none;
```

　また、`<ul>`や`<menu>`にはマークを表示するため、デフォルトCSSで左パディングが適用されています。これも「0」にします。

■HTML 042/index.html

```
<h1>使用できるデータベース</h1>
<ul>
  <li>PostgreSQL</li>
  <li>MySQL</li>
  <li>SQLite3</li>
</ul>
```

■CSS 042/css/style.css

```
ul {
  padding-left: 0;
  list-style-type: none;
}
```

▼ ブラウザ表示

☑ ZonePact

使用できるデータベース

PostgreSQL
MySQL
SQLite3

©TaskShred Inc.

column

list-style-type プロパティの値の設定の仕方

list-style-type に指定する値は、下表にあるあらかじめ決められたキーワードのどれかを指定します。「none」以外のキーワードを挙げておきます。

list-style-type に使える値

値	説明	表示例
disc	「・」を表示（デフォルト値）	• PostgreSQL
circle	白丸を表示	◦ MySQL
square	四角を表示	▪ SQLite3

043

箇条書きのナンバリングを
変更したい

利用シーン **序列リストの番号を、アルファベットなどに変更したいとき**

要素/プロパティ

HTML

`<ol>`、`<li>`
—— 番号つきの箇条書き **▶▶021**

CSSプロパティ

list-style-type: キーワード；
—— リストのマークを設定する（list-styleでも可）

　「list-style」プロパティで、`<ol>`につくマークを、アルファベットなどに変えることができます。サンプルではlist-styleプロパティの値に「decimal-leading-zero」を指定しました。番号が1ケタの場合は先頭に「0」がつき、1～99までの数字のケタ合わせをしています。

■HTML　　　　　　　　　　　　　　043／index.html

```
<ol class="files">
  <li>hero.jpg</li>
  <li>update-list.xlsx</li>
  <li>scan1027.png</li>
  <li>html-ref.txt</li>
</ol>
```

■CSS　　　　　　　　　　　　　　043／css／style.css

```
.files {
  list-style-type: decimal-leading-zero;
}
```

▼ ブラウザ表示

 ZonePact

共有ファイルリスト

01. hero.jpg
02. update-list.xlsx
03. scan1027.png
04. html-ref.txt

©TaskShred Inc.

 Column

list-style プロパティに指定できるおもな値

list-style-type プロパティには、サンプルで使用した「decimal-leading-zero」や ▶▶042 で紹介した以外にも、次のような値が使用できます。

list-style-type に使える値

値	説明	表示例
lower-alpha	小文字のアルファベット（a, b, c……）	a. hero.jpg b. update-list.xlsx
upper-alpha	大文字のアルファベット（A, B, C……）	A. hero.jpg B. update-list.xlsx
lowr-roman	小文字のローマ数字（i, ii, iii……）	i. hero.jpg ii. update-list.xlsx
upper-roman	大文字のローマ数字（I, II, III……）	I. hero.jpg II. update-list.xlsx

044 箇条書きのマークを絵文字にしたい

 利用シーン **番号なし箇条書きのマークを変更するとき**

要素／プロパティ

HTML

`<ul>`、`<li>` ━━━ 番号なしの箇条書き ▶▶021

CSSプロパティ

`list-style-type: "\Unicodeコード値";` ━━━ リストのマークを設定する（list-styleでも可）

　箇条書きのマークを絵文字にすることもできます。その場合は、list-style-typeプロパティに、あらかじめ定義されたキーワードではなく、表示したい絵文字のUnicodeコード値を設定する必要があります。値はダブルクォート(")でくくり、1文字目がバックスラッシュ(\)※、それに続けて2ケタ〜5ケタの16進数が続きます。絵文字の場合は5ケタです。

※ Windowsでは円マーク「¥」で表示される場合があります。

● **書式**　list-style-typeにコード値を指定する例

```
list-style-type: "\1F512";
```

　コード値とは、1文字1文字につけられた番号で、調べ方があります。コード値の調べ方はコラムを参照してください。
　サンプルでは、マークを南京錠のマークにしています。

■**HTML**　　　　　　044/index.html

```
<h1>アカウントを安全に管理するために</
h1>
<ul class="emoji">
 <li>推測されにくいパスワードを設定する
</li>
 <li>2段階認証をオンにする</li>
 <li>パスキーを設定する</li>
</ul>
```

■**CSS**　　　　　　044/css/style.css

```
.emoji {
  list-style-type: "\1F512";
}
```

▼ ブラウザ表示

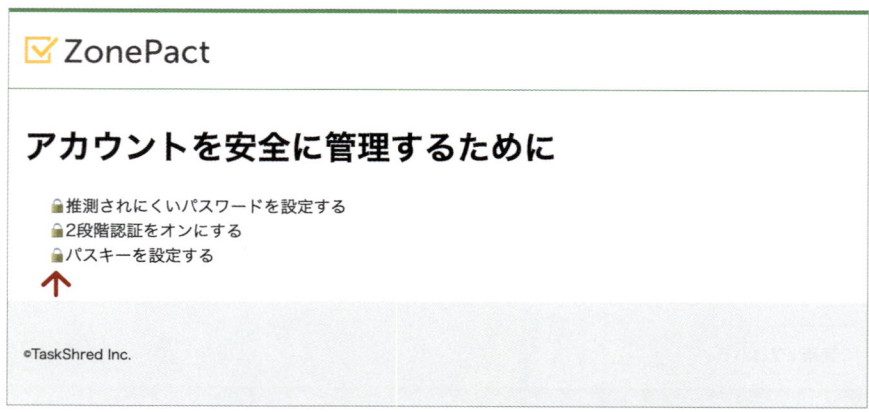

Column

コード値を調べる方法

コード値を調べる方法は何とおりかありますが、ここでは Web サイトを使う方法を紹介します。次の URL を開きます。

Unicode Utilities: Character Properties
【URL】https://util.unicode.org/UnicodeJsps/character.jsp

コード値を調べる

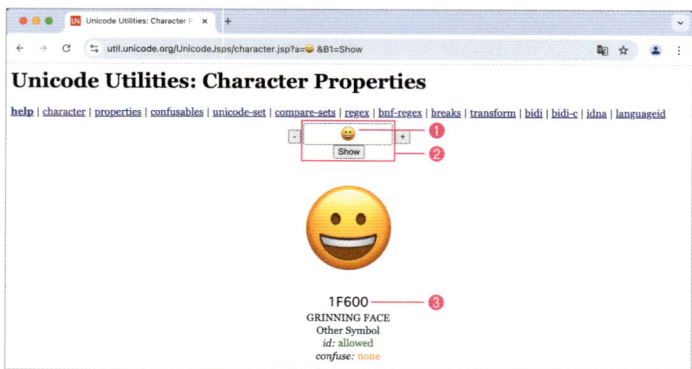

ページ上部のテキストフィールドに、コード値を調べたい文字を入力します❶。絵文字の場合は、スマートフォンからペーストするのが簡単です。入力したらその下の［Show］ボタンをクリックします❷。
絵文字の下に、太字で番号が出てきます。これがコード値です。このコード値をコピーし❸、「list-style-type」の値の、「\」の後ろにコピーすれば完了です。

045 説明リストのレイアウトを変えたい

利用シーン 説明リストの「キー」と「値」を、改行せずに横に並べたいとき

要素 / プロパティ

HTML

`<dl>`、`<dt>`、`<dd>` —— 説明リスト ▶▶021

CSS プロパティ

`display: flex;` —— 要素（`<dl>`）の直接の子要素を横一列に並べる ▶▶168

　説明リストの `<dl>`、`<dt>`、`<dd>` で作る箇条書きは、CSSを適用しないと2行になってしまいます。しかし、これを1行で表示するのは簡単です。ポイントは2点です。

・キーと値のペアになっている `<dt>` と `<dd>` を、`<div>` で囲む ▶▶024
・囲んだ `<div>` の CSS に「display: flex;」を適用する

　「display: flex;」は「フレックスボックス」と呼ばれる機能です。フレックスボックスについては Chapter 9で取り上げますが、ここでは詳しく説明しません。`<dt>`、`<dd>` を1行で表示するコード例として紹介します。

■HTML

045/index.html

```
中略
<h2>スタイルを適用</h2>
<dl class="styled">
  <div>
    <dt>HTTP</dt>
    <dd>Hyper Text Transfer Protocol</dd>
  </div>
  <div>
    <dt>HTML</dt>
    <dd>Hyper Text Markup Language</dd>
  </div>
  <div>
```

```
  <dt>CSS</dt>
    <dd>Cascading Style Sheet</dd>
  </div>
</dl>
```

■CSS　　　045/css/style.css

```css
.styled {
 div {
  display: flex;

  dt {
   font-weight: bold;
  }
  dt::after {
   content: " : ";
  }
  dd {
   margin-left: 1em;
  }
 }
}
```

▼ ブラウザ表示

リンクとメディアの基本テクニック

他ページへのリンクと、画像・動画などの外部メディアを挿入するための HTML/CSS の基本テクニックを紹介します。使用するタグの説明だけでなく、現代的な Web サイトに必要な画像の挿入方法についても詳しく解説します。

Chapter 3

046 ほかのページにリンクしたい

利用シーン 別のページにリンクしたいとき

要素/プロパティ

HTML

`<a href="リンク先ページのURL">～</a>` ─── リンクを設定する

　`<a>`～`</a>`は、「～」の部分のコンテンツにリンクを設定します。「～」の部分はテキストでも、画像でも、ほかのタグでも何でもかまいません。リンク先はhref属性に、相対パスまたは絶対パスで指定します。一般的にリンク先はHTMLファイル（.html）にしますが、画像ファイルなどの指定もできます。
　サンプルではふたつのテキストにリンクを設定しています。

- ひとつは同階層にある「campaign.html」に、相対パスで指定
- もうひとつは外部サイトに、絶対パスで指定

　パスの指定方法については ▶▶001 をご覧ください。

■HTML

046/index.html

```
<ul>
  <li>モニター募集については「<a href="campaign.html">キャンペーンの概要と応募</a>」をご覧ください。</li>
  <li>当社の「風を感じない」風を起こす制御技術が<a href="https://gihyo.jp/">技術評論社Webサイト</a>で取り上げられました。</li>
</ul>
```

▼ ブラウザ表示

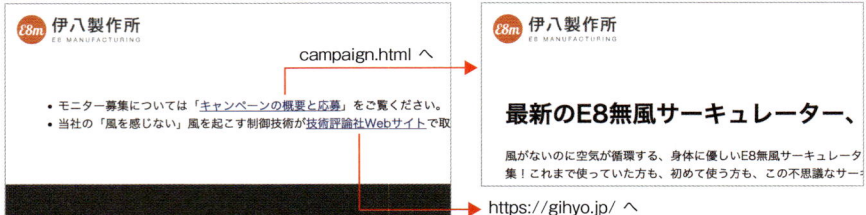

047 リンク先を別タブで開くようにしたい

利用シーン **リンク先ページを別のタブ、またはウィンドウで開きたいとき**

要素/プロパティ

HTML

`<a href="リンク先ページのURL" target="_blank">〜</a>` ──── リンクを設定する

リンクをクリックしたときに、リンク先ページを別のタブで開きたいときは、`<a>`タグに「`target="_blank"`」を追加します。この target 属性はリンクを開くウィンドウを指定するのに使います。

リンク先を別タブで開くときに、target 属性だけでなく rel 属性を追加する場合もあります。

● **書式** target 属性に加えて rel 属性を追加する例[1]

`<a href="URL" target="_blank" rel="noopener">`

※1 rel 属性にさらに値を追加して "noopener noreferrer" とすることもあります。

過去のブラウザには「`target="_blank"`」がある `<a>` にはセキュリティ上の問題があったため、それを回避するために「`rel="noopener"`」を追加していました。遅くとも 2021 年 2 月以降にリリースされた主要ブラウザでは対策が進み[2]、「`rel="noopener"`」はなくても安全です。サンプルでは rel 属性を省略しています。

※2 https://developer.mozilla.org/en-US/docs/Web/HTML/Element/a

■HTML 047/index.html

```html
<ul>
  <li>当社の「風を感じない」風を起こす制御技術が<a href="https://gihyo.jp/" target="_blank">技術評論社 Web サイト</a>で取り上げられました。</li>
</ul>
```

▼ **ブラウザ表示**

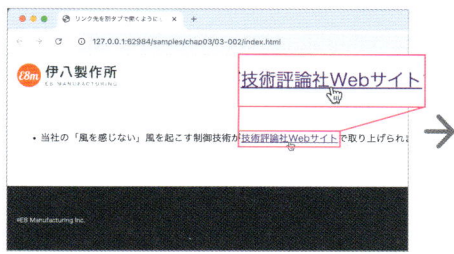 →

048 ページ内リンクを設定したい

利用シーン
- ●同じページ内の特定の場所にリンクしたいとき
- ●別のページの特定の場所にリンクしたいとき

要素/プロパティ

HTML

<a href="#リンク先要素のid属性">〜</a>
—— ページ内リンクを設定する

<a href="リンク先ページのパス#リンク先要素のid属性">〜</a>
—— 別のページの特定の場所にリンクする

　　<a>タグで、ページの特定の場所にリンクを設定することができます。こうしたリンクのことを「ページ内リンク」と呼びます。

　　ページ内リンクを設定するには、まずリンク先のタグにid属性を追加します。それから、リンクの<a>タグのhref属性を「#リンク先要素のid属性」というように、id属性の名前の前に「#」をつけて指定します。

● **書式**　リンク先要素のid属性が「id_name」のときに、ページ内リンクを設定する例

```
<a href="id_name">リンクテキスト</a>
中略
<h1 id="id_name"></h1>
```

　　サンプルでは、ページの途中にある「<h2 id="address">アクセス</h2>」をリンク先として、「<a href="#address">アクセス</a>」というリンクを設定しています。

■**HTML**　　　　　　　　　　　　　　　　　　　　　048/index.html

```
<p>当社へおいでの方は<a href="#address">アクセス</a>をご確認ください</p>
<h1>会社概要</h1>
<h2>社長挨拶</h2>
<p>　当社は、医療機器の 中略 ご提案し続けて参ります。
<p>代表取締役社長　阿部伊八郎</p>
```

```
<h2>概要</h2>
<p>代表取締役社長：阿部伊八郎<br>
社員：198名<br>
資本金：1億円<br>
所在地：千葉県いずみ市山多1-11-1AAビル<br>
電話：04-7000-1111</p>
<h2 id="address">アクセス</h2>
<p>各線山多駅西口より徒歩10分。<br>
　山多中央公園に隣接するAAビル9階の受付までお越しください。</p>
<h2>沿革</h2>
```

▼ ブラウザ表示

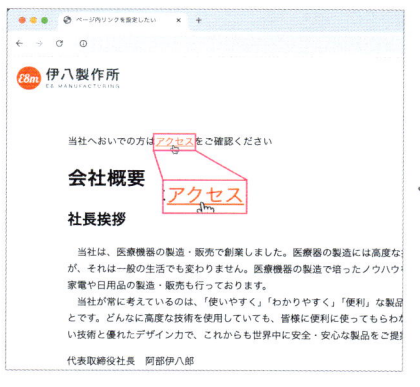
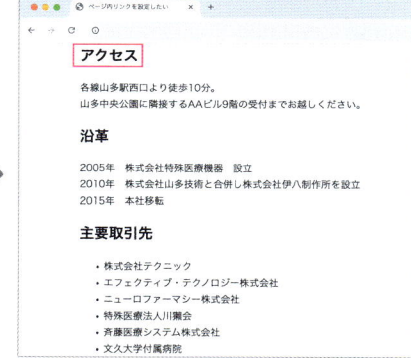

column

別のページの特定の場所にリンクするときは

同じページ内だけでなく、別のページの特定の場所にリンクを設定することもできます。その場合は、<a>タグのhref属性を次のようにします。

● **書式**　別のページの特定の場所にリンクする

```
<a href="リンク先ページのURL#リンク先要素のid属性">～</a>
```

たとえば、「about.html」の「<h2 id="info">会社情報</h2>」にリンクを設定するなら、次のようなHTMLを書きます。

● **書式**　別のページの特定の場所にリンクする例

```
<a href="about.html#info">～</a>
```

049 ページ内リンクの移動先の スタイルを変えたい

利用シーン

**ページ内リンクで特定の場所に移動した際に、
移動した場所を目立たせたいとき**

要素／プロパティ

HTML

`<a href="#リンク先要素のid属性">〜</a>`

── ページ内リンクを設定する ▶▶048

CSSセレクタ

`:target`

── クリックしたリンクのリンク先要素

CSSプロパティ

`background-color: 色;`

── 要素の背景色を設定する ▶▶094

　ページ内リンクをクリックしたら一瞬でリンク先まで移動するので、どこに移動したのかがわかりづらいのが難点です。

　どこに移動したかわかりやすくするテクニックのひとつとして「:target」セレクタを使う方法があります。このセレクタはクリックしたリンクの、リンク先の要素を選択するセレクタです。リンク先の要素に特別なスタイルを適用することができます。サンプルでは、リンク先の要素に背景色をつけて目立たせています。

■**HTML**　　　　　　　　　　　　　　　　049／index.html

```
<ul class="link">
 <li><a href="#greet">社長挨拶</a></li>
  <li><a href="#outline">概要</a></li>
  <li><a href="#address">アクセス</a></li>
  <li><a href="#history">沿革</a></li>
  <li><a href="#client">主要取引先</a></li>
</ul>
```

```
<h1>会社概要</h1>
<h2 id="greet">社長挨拶</h2>
```
中略
```
<h2 id="outline">概要</h2>
```
中略
```
<h2 id="address">アクセス</h2>
```
中略
```
<h2 id="client">主要取引先</h2>
```
中略

■CSS

049/css/style.css

```
:target {
  background-color: #FFA599;
}
```

▼ ブラウザ表示

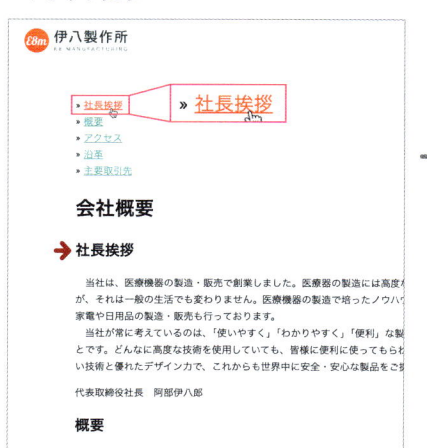

通常

ページ内リンクをクリックしたとき

050 ページ内リンクの移動先まで スクロールさせたい

利用シーン ページ内リンクの場所までページをスクロールして、どこに移動したかわかりやすくしたいとき

要素/プロパティ

HTML

`<a href="#リンク先要素のid属性">～</a>`

—— ページ内リンクを設定する ▶▶048

CSSプロパティ

`scroll-behavior: smooth;`

—— リンク先までページをスクロールする

ページ内リンクのリンク先を認識しやすくするには、前節のような方法もありますが、リンク先までスクロールさせることもできます。

ページ内リンクのリンク先までスクロールするようにするには、ルート要素に「scroll-behavior: smooth;」を適用します。サンプルではセレクタを「html」にしていますが、「:root」でも動作します。

■HTML

050/index.html

```
<ul class="link">
  <li><a href="#greet">社長挨拶</a></li>
  <li><a href="#outline">概要</a></li>
  <li><a href="#address">アクセス</a></li>
  <li><a href="#history">沿革</a></li>
  <li><a href="#client">主要取引先</a></li>
</ul>
```

中略

```
<h1>会社概要</h1>
<h2 id="greet">社長挨拶</h2>
```

中略

■CSS

050/css/style.css

```
html {
  scroll-behavior: smooth;
}
```

▼ ブラウザ表示

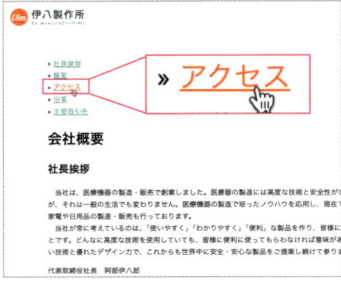

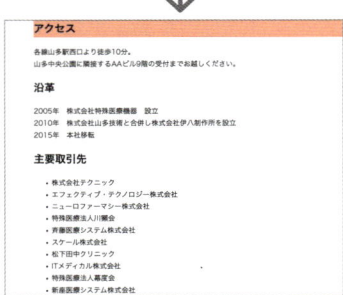

051 電話番号をリンクにしたい

 利用シーン **電話番号をタップしたら、電話がかけられるようにしたいとき**

要素/プロパティ

HTML

`<a href="tel:電話番号">〜</a>`

――― 電話番号をリンクにする

<a>タグのhref属性に「tel: 電話番号」という形式で電話番号を書いておくと、リンクをタップして電話をかけられるようになります。もちろん、スマートフォンなど電話の発信ができる機器にだけ有効な機能です。

ただし、発信機能があるかどうかにかかわらず、どんな機器で動作するブラウザでもリンク自体は有効になります。つまり、通話機能があるアプリがインストールされていないPCなどでも、リンクをクリックすることはできてしまうことに注意が必要です。

■HTML

051/index.html

```html
<p class="tel-link"><a href="tel:99887766">99-887-766</a></p>
```

▼ ブラウザ表示

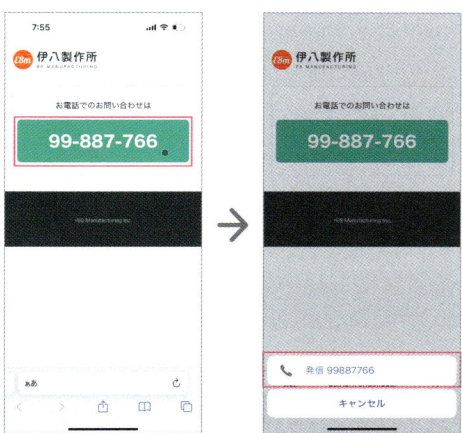

052

PDFファイルをダウンロード可能にしたい

利用シーン リンク先のファイルを開くのではなく、ダウンロードできるようにしたいとき

要素／プロパティ

HTML

`<a href="リンクファイルのパス" download="ダウンロードしたファイルのファイル名">～</a>`

―― リンク先ファイルを、ブラウザで開くのではなくダウンロードする

　　`<a>`タグのリンク先にPDFファイル（.pdf）を指定すると、現在の多くのブラウザはウィンドウ内に表示します。PDFファイルをダウンロードできるようにしたい場合には、`<a>`にdownload属性を追加します。値にはダウンロードしたときのファイル名を指定しますが、省略できます。

　　ダウンロードできるのは同一オリジンにあるファイルのみです。同一オリジンとは、プロトコル（スキーム）、ホスト、ポート番号が同じ、つまりパスだけが異なるURLのことです。 **▶▶001**

■**HTML**　　　　　　　　　　　　　　　　　　　　　　　　　052/index.html

```
<p>カタログダウンロード</p>
<p><a href="assets/product-catalog.pdf" download>総合カタログ</a></p>
```

▼ **ブラウザ表示**（左：スマホ、右：PC）

リンクをクリックするとファイルがダウンロードされる。対応していないモバイルブラウザもある

053 ボックスにリンクを設定したい

 **利用シーン** テキストではなく、<div>などのブロックレベル要素に
リンクを設定したいとき

要素 / プロパティ

HTML

<a href="リンク先ページのURL">～</a>
━━ リンクを設定する

<div>～</div>
━━ コンテンツをグループ化する

<img src="画像のパス" alt="代替テキスト" width="幅" height="高さ">
━━ 画像を表示する ▸▸058

<a>～</a>のなかには、テキストだけでなく画像や、ほかのタグを入れることもできます。

次の例では<a>で<div>を囲み、ボックス全体をリンクにしています。<div>のボックスには
CSSで幅320px、高さ201pxと、サイズを指定しています。また、ボックスの領域がわかるように
<div>のなかには画像を挿入しています。表示上は、画像がクリック可能になったように見えます。

■HTML
053/index.html

```
<a href="aboutus.html"">
  <div class="imgblock">
    <img src="assets/e8ismphoto-s.webp" alt="" width="640" height="403">
  </div>
</a>
```

■CSS
053/css/style.css

```
.imgblock {
  width: 320px;
  height: 201px;
}
```

しかし、この例のように<div>などのブロックボックスを<a>で囲む際には注意が必要です。ブロックボックスは、たとえその要素にCSSで幅が設定してあっても、親要素の幅いっぱいの領域を確保します。それに合わせて親要素の<a>も領域が広がるため、画像が映っていないところもリンクになって、クリックできてしまいます。

<div>の領域はもちろんクリックできるが、その横の空白部分もクリック可能になってしまう

ブロックの幅いっぱいにリンク領域が広がらないようにする方法はいくつかありますが、<a>で囲むブロックボックスに「display: inline-block;」を適用するのが手軽です。

リンク領域が広がるのを解決したバージョンは、「053/div-link.html」を開くと確認できます。HTMLはindex.htmlと同じなのでCSSを掲載しておきます。

このサンプルで使用している「display」プロパティや「inline-block」という値については、▶▶212で説明します。

■**CSS**　　　　　053/css/div-link.css

```
.imgblock {
  display: inline-block;
  width: 320px;
  height: 201px;
}
```

▼ ブラウザ表示

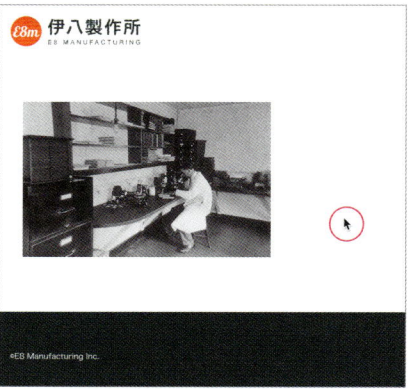

空白部分がクリックできなくなっている

054 リンクテキストのスタイルを設定したい

 **利用シーン** リンクテキストのスタイルを変更するとき。
ほぼすべてのページでおこなう必須テクニック

要素/プロパティ

CSSセレクタ

:link ——— リンク先が未訪問の要素（<a>タグ）を選択

:visited ——— リンク先が訪問済みの要素（<a>タグ）を選択

:hover ——— マウスポインタがホバーした状態の要素を選択

:active ——— クリックした状態の要素を選択

<a>の擬似クラスを使うと、リンクが次の状態のときに別々のスタイルを適用することができます。

- :link——— 通常のスタイル。正確には、<a>にhref属性がついている要素で、かつリンク先が未訪問のときに適用されるスタイル
- :visited —— リンク先が訪問済みのときのスタイル
- :hover —— リンクにマウスポインタが重なっている（ホバー）ときのスタイル
- :active —— リンクをクリックしたときのスタイル

正しく動作させるために、リンクのスタイルは次の順番で記述します。

1. <a>に適用されるスタイル
2. :link
3. :visited
4. :hover
5. :active

ただ、多くのWebデザインではリンク先が訪問済みか、そうでないかでスタイルを分けません。そこで、一般的には簡略化して<a>に適用されるスタイルと、「:hover」、「:active」のスタイルだけを書くケースが多いです。「:active」のスタイルを省略するケースもあります。

リンクテキストのスタイルを設定したい

■HTML   054/index.html

```
<p><a href="https://studio947.net" class="regular">https://studio947.net</a></p>
```

■CSS   054/css/style.css

```
.regular {————— <a>に適用されるスタイル
  color: #0090E1;

  &:hover {————— ホバー時に適用されるスタイル
    color: #E10051;

  }
  &:active {————— クリック時に適用されるスタイル
    color: #FFE34E;

  }
}
```

▼ ブラウザ表示

通常時（<a> のスタイル）　　　:hover　　　　　　　:active

　なお、「:hover」と「:active」はスマートフォンでは思ったような動作をしません。そのため、スマートフォンで閲覧することが前提のサイトでは、「:hover」も「:active」も省略する場合があります。

055 リンクのテキスト色を地の テキスト色と同じにしたい

🍲 **利用シーン**
- ●リンクテキストの色を地のテキストの色と同じにしたいとき
- ●スタイルに適用されている値を継承したいとき

要素／プロパティ

CSSの値

inherit ——— 親要素に適用されているCSSプロパティの値を継承する ▶▶007

　CSSの値「inherit」は、親要素に適用されているプロパティの値を継承します。どんなプロパティの値にも使えます。

　サンプルでは、リンクテキストの色をinheritにして、親要素——サンプルでは<p>——のテキスト色と合わせています。ナビゲーションのリンクを作るときなどに便利です。

■HTML 055／index.html

```
<p>詳しくは <a href="https://studio947
.net">https://studio947.net</a> をご覧
ください。</p>
```

■CSS 055／css/style.css

```
a {
  color: inherit;

  &:hover {
    color: #E10051;
  }
  &:active {
    color: #FFE34E;
  }
}
```

▼ **ブラウザ表示**（左：スマホ、右：PC）

<p> の color
プロパティを継承

056 ホバー時にテキストを半透明にしたい

利用シーン リンクにマウスがホバーしたときの演出（フィードバック）として、テキストを半透明にしたいとき

要素/プロパティ

CSSセレクタ

:hover
—— マウスポインタがホバーした状態の要素を選択 ▶▶054

CSSプロパティ

opacity: 透明度;
—— 要素の透明度を設定する

　opacityプロパティは、要素の透明度を設定するのに使います。値には、単位なしで0〜1の小数を指定します。この値が0のとき要素は完全に透明で見えなくなり、1のとき完全に不透明になります。たとえば、透明度を75％に設定したいのであれば、次のようなCSSを書きます。

● **書式**　透明度を75％に設定する

```
opacity: 0.75;
```

　サンプルでは、「:hover」セレクタのスタイルにopacityプロパティを適用し、ホバーしたときだけテキストを半透明にしています。

■HTML　　　　　　　　　　　　　　　　　　　056/index.html

```
<p><a href="https://studio947.net">https://studio947.net</a></p>
```

■CSS

056 / css/style.css

```css
a {
  color: #0090E1;

  &:hover {
    opacity: 0.5;
  }
  &:active {
    color: #FFE34E;
    opacity: 1.0;
  }
}
```

▼ ブラウザ表示

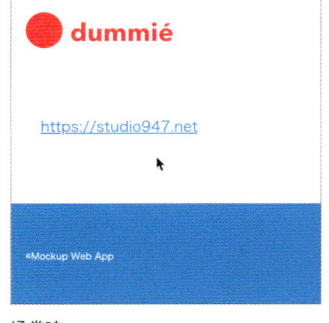

通常時   :hover

057

リンクの下線のスタイルを変更したい

 利用シーン　リンクテキストに引かれる装飾線の形状、太さ、色を変更したいとき

要素／プロパティ

CSSプロパティ

text-decoration: 線を引く位置; —— テキストに線を引く ▶▶035
text-decoration-line: 線を引く位置; —— テキストに引く線の位置 ▶▶035
text-decoration-style: 線の形状; —— テキストに引く線の形状 ▶▶035
text-decoration-thickness: 線の太さ; —— テキストに引く線の太さ ▶▶035
text-decoration-color: 色; —— テキストに引く線の色 ▶▶035

　リンクテキストにつく下線は、▶▶035 で紹介した各種プロパティで変更できます。実際のWebデザインでは、リンクテキストの下線を消すスタイルを適用することが多いのですが、ほかにもいろいろな表現ができます。
　サンプルでは、text-decorationの下線を消したり、色を変えたり、太さを変えたりと、下線の装飾例を紹介しています。

■HTML　　　　　　　　　　　　　　　　　　　　　　　057/index.html

```html
<p>下線を消す → <a href="https://gihyo.jp" class="none">https://gihyo.jp</a></p>
<p>破線を引く → <a href="https://gihyo.jp" class="dashed">https://gihyo.jp</a></p>
<p>下線の色を変える → <a href="https://gihyo.jp" class="color">https://gihyo.jp</a>
</p>
<p>波線を引く → <a href="https://gihyo.jp" class="wavy">https://gihyo.jp</a></p>
<p>太線を引く → <a href="https://gihyo.jp" class="bold">https://gihyo.jp</a></p>
```

■CSS　　　　　　　　　　　　　　　　　　　　　　　　057/css/style.css

```css
a {
  color: #0090E1;
  text-decoration: underline;

  &:hover {
```

```css
  color: #E10051;
}
&:active {
  color: #FFE34E;
}
}
.none {
  text-decoration: none;          線なし
}
.dashed {
  text-decoration-style: dashed;          破線
}
.color {
  text-decoration-color: #FFE34E;          下線に色をつける
}
.wavy {
  text-decoration-style: wavy;          波線
  text-decoration-color: #E10051;
}
.bold {
  text-decoration-style: solid;
  text-decoration-thickness: 3px;          線の太さを設定
}
```

▼ ブラウザ表示（左：スマホ、右：PC）

dummié

下線を消す → https://gihyo.jp

点線を引く → https://gihyo.jp

下線の色を変える → https://gihyo.jp

波線を引く → https://gihyo.jp

太線を引く → https://gihyo.jp

+Mockup Web App

dummié

下線を消す → https://gihyo.jp

点線を引く → https://gihyo.jp

下線の色を変える → https://gihyo.jp

波線を引く → https://gihyo.jp

太線を引く → https://gihyo.jp

+Mockup Web App

159

058 画像を表示したい

利用シーン Webページに画像を掲載するとき

要素/プロパティ

HTML

<img src="画像のパス" alt="代替テキスト" width=" 幅 " height="高さ">
—— 画像を表示する

　画像を表示するには<img>タグを使用します。<img>タグは終了タグがない「空要素」の一種で、終了タグはありません。

　画像を表示するためには、<img>タグにいくつかの属性を追加します。中でもsrc属性とalt属性が重要で、原則としてすべての<img>タグに含めます。

　src属性には、表示したい画像のパスを指定します[※1]。

　alt属性には、画像が何らかの理由で表示できなかった場合に、代わりとなるテキストを指定します[※2]。装飾的な画像で代わりのテキストが不要な場合でも、alt属性は削除せず、値を空文字（「"」が連続した状態）にします。

※1 Webで使用できる画像フォーマットについては ▶▶ 002 を参照してください。

※2 読み上げブラウザもalt属性のテキストを使用します。

● **書式**　指定するテキストがない場合のalt属性

<img alt="">

　このふたつの属性以外に、width属性、height属性があります。これらの属性には、画像の表示サイズ、または、CSSで表示サイズを調節する場合は、画像の実サイズを指定します。

　現在のWebデザインでは、ページを表示するスマートフォンやPCの画面サイズ／ウィンドウサイズに合わせて画像を伸縮させるケースがほとんどです。そのため、画像の「表示サイズ」を、width属性やheight属性に指定するのは困難なことが多く、その場合は使用する画像の「実サイズ」を指定します。

　ブラウザは、width属性とheight属性から、画像の縦横比を割り出し、ページ全体のレイアウトや、要素の配置を計算します。width属性

やheight属性があるとページの表示速度が速くなるので、可能なかぎり指定することをおすすめします。

サンプルでは「assets」フォルダの「photo.jpg」を、実サイズ（640×360px）で、CSSでサイズ調整をせずに表示しています。

■HTML 058／index.html

```
<img src="assets/photo.jpg" alt="ドゥブロヴニク、クロアチア"
width="640" height="360">
```

▼ ブラウザ表示

059 実サイズとは異なるサイズで画像を表示したい

利用シーン
- ●画像の表示サイズを固定したいとき
- ●実際の画像のサイズと異なる大きさで表示したいとき

要素/プロパティ

HTML

`<img src="画像のパス" alt="代替テキスト" width="幅" height="高さ">`

—— 画像を表示する

CSSプロパティ

`width: 幅;`

—— ボックスの幅を設定する

`height: auto;`

—— ボックス（画像）の縦横比を維持しながら、幅に合わせて高さを自動的に伸縮する

　画像を実サイズで表示すると、スマートフォンをはじめとする高解像度ディスプレイではぼやけて見えます（前節のサンプルをスマートフォンなどで見てみてください）。

　画像がぼやけて見えるのを解消するには、画像を実サイズではなく、縦横1/2以下、それが無理でも2/3ほどの大きさ（幅640pxの画像なら420px程度）に縮小して表示します。

　画像を実サイズとは異なるサイズで表示するには、<img>の幅と高さを、CSSのwidthプロパティ、heightプロパティで指定します。

　通常、画像は縦横比を維持してリサイズしたいので、CSSで幅と高さを設定するときは、widthまたはheightのプロパティどちらかの値を「auto」にし、自動で調整されるようにします。

　サンプルでは、実サイズ1920×1080pxの画像を、幅800px（高さは自動）で表示しています。

■HTML　　　　　　　　　　　　　059/index.html

```
<img src="assets/photo.jpg" alt="ドゥブロヴニク、クロアチア"
width="1920" height="1080" class="photo">
```

■CSS

```css
.photo {
  width: 800px;
  height: auto;
}
```

▼ ブラウザ表示

ただ、この方法では画像が伸縮しないため、ウィンドウサイズ（正確には親要素のサイズ）が小さくなると画像がはみ出します。小さな画像を正確なサイズで表示するときには有効なテクニックですが、大きな画像には向きません。次節では、親要素のサイズに合わせて画像を伸縮する方法を紹介します。

画像が伸縮しないため、ウィンドウサイズが小さいとはみ出してしまう

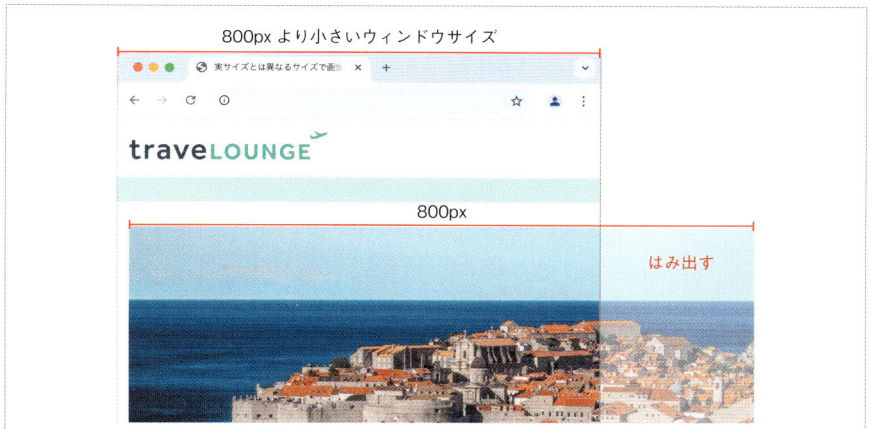

060 画像を伸縮可能にしたい

利用シーン
- ●ウィンドウサイズに合わせて画像を伸縮させたいとき
- ●レスポンシブデザインのページを作成するとき
- ●高精細な（画素数、ピクセル数が多い）画像を表示するとき

要素／プロパティ

HTML

\<img src="画像のパス" alt="代替テキスト" width=" 幅 " height="高さ"\>

—— 画像を表示する

CSSプロパティ

max-width: 100 %;

—— 画像を親要素の幅に合わせて伸縮する。ただし、実サイズ以上に拡大しない

height: auto;

—— 画像の縦横比を維持しながら、幅に合わせて高さを自動的に伸縮する ▶▶059

　画像を親要素の幅に合わせて伸縮するようにします。スマートフォンでもPCでも、画面サイズに合わせて最適なレイアウトでページを表示する「レスポンシブデザイン」を実現する、重要テクニックです。

　実サイズとは異なるサイズで画像を表示する前節と大きく異なる点は、幅の指定にwidthプロパティではなく、max-widthプロパティを使う点です。値は「100％」にします。

　このプロパティを\<img\>に適用すると、画像は親要素の幅に合わせて伸縮するようになります。ただし、画像が実サイズよりも拡大することはありません。

　サンプルでは、1920×1080pxの画像を、伸縮可能にして表示しています。ただし、親要素（\<div class="container limit"\>）のコンテンツ領域の幅が最大1000pxなので、画像もそれ以上のサイズでは表示されません。

■HTML　　　　　060／index.html

```
<img src="assets/photo-l.jpg" alt="ドゥ
ブロヴニク、クロアチア" width="1920"
height="1080">
```

■CSS　　　　　060／css/style.css

```
img {
  max-width: 100%;
  height: auto;
  vertical-align: bottom;
}
```

▼ ブラウザ表示

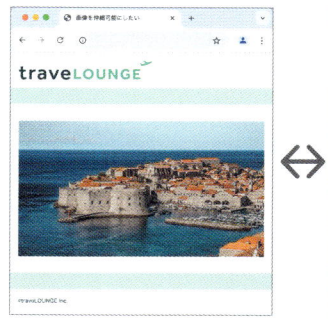

親要素に合わせて画像が伸縮する

vertical-alignを適用するのはなぜ？

vertical-alignは、インラインボックスの垂直方向の配置を決めるプロパティです。
<img>は、デフォルトCSSではインラインボックスとして表示され、vertical-alignの値は
「baseline」になっています。この設定では、画像とテキストが並んだとき、画像の底辺と
テキストのベースライン※で整列するようになっています。すると、画像の下にスペースが
空くことになり、親要素を背景色で塗りつぶしたり枠線を引いたりすると、すき間ができて
しまいます。

※ 欧文書体で、xハイト（g, yなどの文字の下にはみ出す部分や、d, iなどの文字の上にはみ出す
部分を除いた部分）の、下に揃う部分のこと。

vertical-align:baseline; 画像の下にすき間が空く

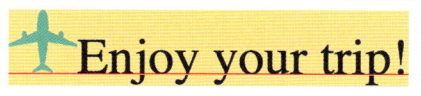

そこで、画像の下部と親要素のボックスの間にすき間が空かないように、vertical-align
の値を「bottom」に変更しています。

vertical-align:bottom; 画像の下のすき間がなくなる

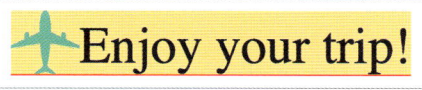

vertical-alignプロパティに設定する値で変化する表示は、サンプルの「060／vertical-
align.html」で確認できます。

Chap **3**

リンクとメディアの基本テクニック

165

061 base64のデータで画像を表示したい

利用シーン　サーバーへのリクエスト数を減らして表示速度を速くするために、小さな画像データを直接HTMLに埋め込みたいとき

要素/プロパティ

HTML

```
<img src="data:メディアタイプ;base64,データ……" alt="">
```
━━ base64でエンコードされた画像データを表示する

　<img>タグのsrc属性には、一般的には画像ファイルのパスを指定しますが、base64という形式でエンコードされたデータをHTMLに直接埋め込むこともできます。

　Webページで使用するHTMLファイル、CSSファイル、画像ファイルは、1枚1枚ブラウザからWebサーバーに「リクエスト」して、ダウンロードします。この「リクエスト」にはそれなりの時間がかかるため、使用する画像ファイルが多いと、ページが表示されるのが遅くなります。

　画像データをbase64でエンコードして直接HTMLに埋め込んでおくと、そのぶんリクエストするファイルの数が減り、表示速度が速くなる可能性があります。使用する画像のファイルサイズがごく小さい（おおむね32KB以下）場合には、埋め込みを検討してみてもよいでしょう。

　base64でエンコードされたデータを埋め込むには、src属性を次のように記述します。

- もとの画像データがJPEG ── `<img src="data:image/jpeg;base64,データ">`
- もとの画像データがPNG ── `<img src="data:image/png;base64,データ">`
- もとの画像データがGIF ─── `<img src="data:image/gif;base64,データ">`

■HTML　　　　　061/index.html

```html
<h1>
 <span>
  <img src="data:image/png;base64,
iVBORwRK 中略 " class="head-icon"
alt="">
 </span>
 おすすめプラン
</h1>
```

■CSS　　　　　061/css/style.css

```css
h1 {
 text-align: center;
 color: #0E4253;
}
.head-icon {
 width: 36px;
 height: 34px;
 transform: translate(0, 6px);
}
```

▼ ブラウザ表示（左：スマホ、右：PC）

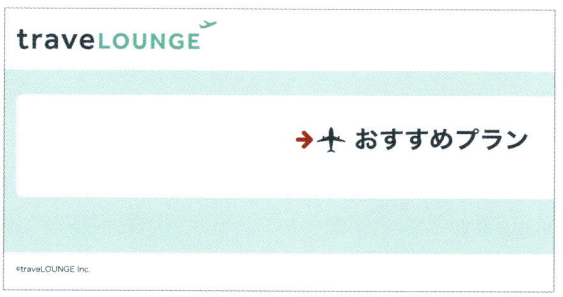

Base64とは

コンピュータで扱うことができるすべてのファイルは、「テキストデータ」か「バイナリデータ」の2種類に分けられます。このうちテキストデータは、テキストファイル（.txt）やHTMLファイル（.html）など、データの中身が、人間でも理解できる「文字」で記されたデータのことです。テキストデータは、メモ帳やテキストエディタなどで開くことができます。

一方のバイナリデータは、データの中身が文字以外で記されたデータのことを指します。バイナリデータのファイルを開くには、専用のアプリ——ExcelファイルならExcel、画像データならPhotoshopなど——が必要です。JPEGファイル、PNGファイルなど、画像ファイルはほとんどがバイナリデータです。

Base64は、バイナリデータをテキストデータに変換する手法の一種です。もともとはテキストデータしか扱えないメールに、ファイルを添付するために考え出されました。

画像データをBase64に変換するには、Webサービスを利用するのが手軽ですが、コマンドライン操作をするターミナルやコマンドプロンプトを使うのに抵抗がなければ、オフラインでもできます。「Base64変換」などで検索してみてください。

167

SVG形式の画像ファイルを表示したい

利用シーン **SVGファイルを表示するとき**

要素/プロパティ

HTML

`<img src="SVG画像のパス" alt="代替テキスト" width="幅" height="高さ">`
— SVG画像を表示する

SVG形式の画像は、拡大・縮小しても画質が劣化しないことから、ロゴなどの表示によく使われます。

SVG画像を使用するにはふたつの方法があります。そのひとつは`<img>`タグを使って、SVGファイルのパスを指定する方法です。もうひとつはSVGデータのソースコードをHTMLに埋め込む方法ですが、こちらは次節で紹介します。

SVGファイルを読み込む方法は、`<img>`タグで読み込むほかの画像ファイルと変わりません。ただし、SVGファイルの作り方によりますが、`<img>`タグでwidth属性、height属性でサイズを指定せずに読み込んだ場合、可能な限り大きく表示される場合があることに注意が必要です。

サンプルでは「assets」フォルダにある「teardrop.svg」を、幅と高さを指定して表示しています。

■HTML
062/index.html

```html
<p>Sponsored by</p>
<p>
  <span class="sponsor"><img src="assets/teardrop.svg" alt="TearDrop Inc."
width="168" height="25"></span>
</p>
```

▼ ブラウザ表示 （左：スマホ、右：PC）

063 SVGのデータを直接埋め込みたい

 **利用シーン** SVG形式の画像データをHTMLに直接埋め込みたいとき

要素／プロパティ

HTML

<svg>〜</svg>
―― SVG画像データのソースコード

　SVG形式の画像は、<img>タグでファイルを読み込む以外に、<svg>タグを使ってHTMLに直接データを埋め込むことができます。
　実は、SVGデータの中身は「テキストデータ」です。XMLという、HTMLに似た言語で書かれているので、ほかの画像データと違ってテキストエディタでも開けます。テキストエディタで開いたソースコードをそのままHTMLにペーストすれば、画像として表示されます。

■HTML   063/index.html

```
<h1>
  <span class="head-icon">
    <svg width="36" height="34" viewBox="0 0 36 34" fill="none" xmlns="http://
www.w3.org/2000/svg">
    <path d="M18 0C15.6217 0 14.9099 5.23756 15.0089 11.4866L9.6
14.0205V12.75C9.6 12.0794 9.06274 11.5357 8.4 11.5357C7.73726 11.5357 7.2
12.0794 7.2 12.75V15.1448L0 18.5179L0 20.0357L15.3084 17.4539C15.6829
22.123 16.3417 26.6377 16.9632 29.41L12.6 33.0893V34L18 32.3607L23.4
34V33.0893L19.0368 29.41C19.6583 26.6377 20.3171 22.123 20.6916 17.4539L36
20.0357V18.5179L28.8 15.1448V12.75C28.8 12.0794 28.2627 11.5357 27.6
11.5357C26.9373 11.5357 26.4 12.0794 26.4 12.75V14.0205L20.9911
11.4866C21.0901 5.23756 20.3783 0 18 0Z" fill="#0E4253"/>
    </svg>
  </span>

  おすすめプラン
</h1>
```

169

▼ ブラウザ表示（左：スマホ、右：PC）

 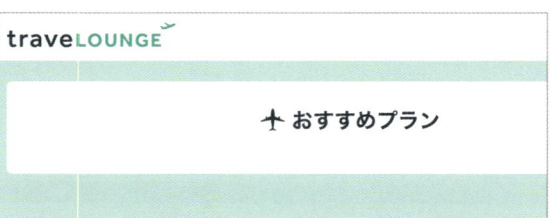

サイズ情報があるSVGデータを出力する方法

このサンプルで使用したSVGデータはFigmaを使って書き出しました。Figmaは、幅と高さの情報が含まれたSVGデータを書き出せます。

SVGデータの取得方法は、まず「Dev Mode」に切り替えてから❶、書き出したい要素を右クリックし、メニューから［Copy as SVG］を選びます❷※1。SVGデータがクリップボードにコピーされます。

※1 Dev ModeにするにはFigmaの有料版が必要です。

Dev Modeに切り替えてから右クリック

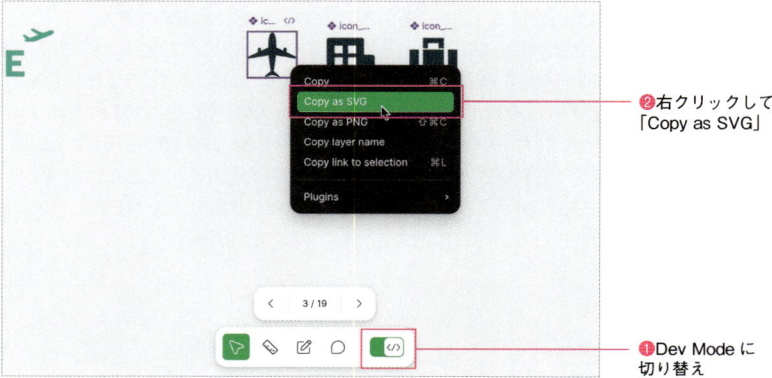

❷右クリックして「Copy as SVG」

❶Dev Modeに切り替え

SVGのデータを直接埋め込みたい

SVGはIllustratorから書き出すこともできますが、デフォルトの設定では幅と高さの情報が含まれません。SVGデータに幅や高さの情報がないと、親要素の幅いっぱいに表示され、扱いにくくなります。

Illustratorでサイズ情報つきのSVGファイルを書き出すには次のようにします。

書き出したいIllustratorファイルを開き、[ファイル]メニューから[別名で保存]を選びます。ファイル保存ダイアログの[ファイル形式:]から[SVG (svg)]を選び❶、[保存]をクリックします❷。

※2 次のサンプルデータで確認できます:063/svg-nosize.html

サイズ情報がないSVGデータは親要素の幅いっぱいに表示される※2

「別名で保存」ダイアログで「SVG (svg)」を選ぶ

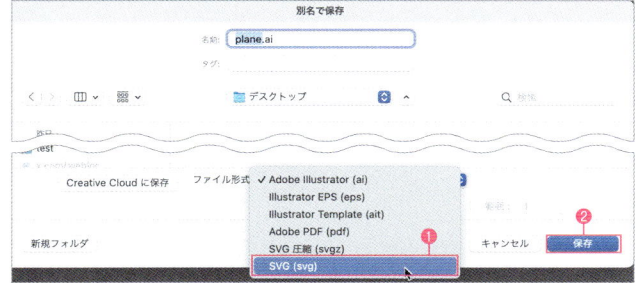

「SVGオプション」ダイアログ

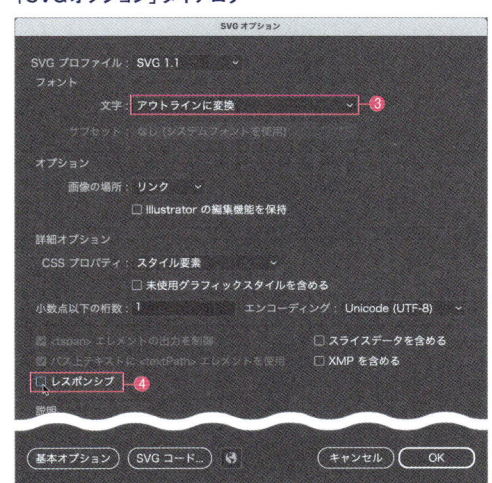

[SVGオプション]ダイアログが開きます。[文字:]メニューから[アウトラインに変換]を選び❸、[レスポンシブ]のチェックを外してから❹、[OK]をクリックします。

これで、サイズ情報が含まれたSVGファイルを書き出せます。

064 アニメーション画像を表示したい

利用シーン
- ●動画でなくアニメーションを表示したいとき
- ●アニメーションGIFの代わりになるフォーマットを知りたいとき

要素／プロパティ

HTML

```
<img src="画像のパス" alt="代替テキスト" width=" 幅 " height="高さ">
```
―――― 画像を表示する

　ページにアニメーションを載せるのに特殊なテクニックは必要なく、静止画と同じ<img>タグを使います。

　アニメーションのフォーマットとして有名なのはGIF（.gif）ですが、このフォーマットは古く、画質が低くてファイルサイズも大きいので、より新しい別のフォーマットを使ったほうがよいでしょう。アニメーションができるGIF以外のフォーマットには、APNG（.apng、.png）、WebP（.webp）、AVIF（.avif）の3種類があります。**▶▶002**

　サンプルでは、スマートフォンの操作説明のようなアニメーションを、WebP形式で作成しています。

■HTML 　　　　064／index.html

```
<h1>操作方法</h1>
<div class="anim">
  <img src="assets/animation.webp"
alt=" 操作方法 " width="894"
height="452">
</div>
```

■CSS 　　　　064／css／style.css

```
.anim {
  img {
    border: 1px solid #000;
    width: 226px;
    height: auto;
  }
}
```

▼ ブラウザ表示

```
traveLOUNGE

操作方法

[スマートフォンの操作説明アニメーション画面]
```

065 画像にリンクをつけたい

利用シーン バナーやサムネイル画像などにリンクを設定するとき

要素/プロパティ

HTML

`<a href="URL">〜</a>`
—— リンクを設定する **▶046**

`<img src="画像のパス" alt="代替テキスト" width="幅" height="高さ">`
—— 画像を表示する **▶058**

　画像にリンクをつけるには、`<a>`タグで`<img>`タグを囲むだけです。注意点もとくになく、非常に簡単でよく使われるテクニックです。

■HTML

065/index.html

```
<div class="showcase">
  <a href="https://en.wikipedia.org/wiki/Dubrovnik"><img src="assets/photo-l.jpg"
alt="ドゥブロヴニク、クロアチア" width="1920" height="1080"></a>
  <p>Dubrovnik, Croatia</p>
</div>
```

▼ ブラウザ表示

066 画像に遅延読み込みの設定をしたい

利用シーン 見えていない画像のダウンロードを後回しにして、ページの表示を早くしたいとき

要素/プロパティ

HTML属性

`<img loading="lazy">` —— 画像を遅延読み込みにする

　遅延読み込みとは、必要になるまでダウンロードしない処理のことです。ユーザーがページをスクロールして、`<img>`のボックスが見える位置に来るまで画像のダウンロードを遅らせる代わりに、そのほかの部分を先に表示させて体感速度を向上します。

　遅延読み込み機能を有効化するには、`<img>`タグに「loading="lazy"」属性を追加します。

● **書式** 遅延読み込み機能を有効化する

```
<img src="パス" alt="" width="1920" height="1280" loading="lazy">
```

　注意点があります。遅延読み込み機能を正しく動作させるために、width属性、height属性は必ず指定します。また、Web制作者からはどうにもできませんが、ページを表示するブラウザのJavaScriptが動作する設定になっている必要もあります。

■**HTML**　　　066/index.html

```
<h1>2度目の台湾おすすめスポット</h1>
<div class="special">
  <img src="assets/photo.jpg" alt=
"Taipei, Taiwan" width="1920" height=
"1280" loading="lazy">
</div>
```

▼ **ブラウザ表示**

067 動画を表示したい

 **利用シーン** 動画を表示・再生するとき

要素/プロパティ

HTML

`<video src="動画ファイルのURL" width="幅" height="高さ"></video>`
——— 動画を表示する

HTML属性

`<video controls>`
——— 動画にコントローラーを表示する

`<video poster="ポスターフレームのURL">`
——— 動画を再生する前に表示しておく静止画像

動画を表示するには `<video>` タグを使います。このタグには複数の属性があります。

`<video>` のおもな属性

属性	ブール属性※	説明
autoplay	○	自動的に再生
controls	○	コントローラーを表示
loop	○	ループ再生する
muted	○	音声を消して再生する
playsinline	○	動画をインライン（その場）で再生する
poster		再生前に表示する静止画のパスを指定
preload		再生する前にダウンロードするコンテンツを設定。値はnone・metadata・autoのいずれかで、metadataにすると動画本体の前に再生時間などの情報をダウンロードする
src		動画ファイルのパス
width		動画ファイルの幅
height		動画ファイルの高さ

※ **▶▶136** Column「ブール属性」参照。

動画の再生・停止をするコントローラーがついた状態で動画を表示するには、以下のような HTMLを書くことになります。<video>には終了タグがあることに注意が必要です。

● **書式**　動画を表示する基本的な<video>タグ

```
<video src="動画ファイルのパス" width="幅" height="高さ" controls></video>
```

動画ファイルのフォーマットにはいろいろな種類がありますが、主要なブラウザすべてで再生できる MP4形式（.mp4）を用意するのがよいでしょう。

サンプルでは、「assets/」フォルダの「travel-video.mp4」をコントローラーつきで表示します。また、動画がダウンロードされる前に表示されるポスターフレーム（poster属性）も設定しています。CSS も適用して、親要素のサイズに合わせて伸縮できるようにもしてあります。▶▶060

■HTML

067/index.html

```html
<div class="video">
  <video src="assets/travel-video.mp4" poster="assets/posterframe.jpg" width="960" height="540" controls></video>
</div>
```

■CSS

067/css/style.css

```css
video {
  max-width: 100%;
  height: auto;
}
```

▼ **ブラウザ表示**（左：スマホ、右：PC）

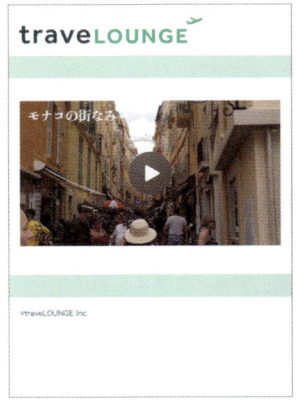

176

068 動画を自動・ループ再生したい

利用シーン
- ●動画が自動再生されるようにしたいとき
- ●動画をループ再生させたいとき

要素／プロパティ

HTML

<video src="動画ファイルのURL" width="幅" height="高さ"></video>
—— 動画を表示する ▶▶ 067

　ページが読み込まれたあとに動画を自動再生するには、<video>にautoplay属性に加えて、muted属性もつけておく必要があります。さらに、モバイルSafariで自動再生するにはplaysinline属性も必要です。

　サンプルでは、前節と同じ動画を自動再生させています。ループ再生もオンにして、コントローラーは非表示にしてあります。前節と同じCSSも適用して、伸縮するようにしています。

■HTML

068／index.html

```
<div class="video">
  <video src="assets/travel-video.mp4" poster="assets/posterframe.jpg" width="960"
height="540" autoplay muted loop playsinline></video>
</div>
```

▼ ブラウザ表示（左：スマホ、右：PC）

069 音声を再生したい

利用シーン **ページに音声ファイルを載せたいとき**

要素/プロパティ

HTML

`<audio src="音声ファイルのURL" controls></audio>` —— 音声を掲載する

音声のみのファイルをページに掲載するには、<audio>タグを使用します。<video>タグの属性 ▶▶ 067 のうち、右のものは<audio>タグでも使用します。

音声ファイルをコントローラーつきでページに掲載する標準的なHTMLタグは右のようになります。

音声ファイルのフォーマットにもいろいろな種類がありますが、MP3形式（.mp3）を用意します。

- autoplay
- controls
- loop
- muted
- preload
- src

● **書式** 音声を掲載する基本的な<audio>タグ

```
<audio src="動画ファイルのパス"
controls></audio>
```

サンプルでは、「assets/」フォルダの「relaxing.mp3」をコントローラーつきで表示します。CSSは使用していません。

■**HTML**   069/index.html

```
<p>音楽を再生する</p>
<audio src="assets/relaxing.mp3" controls></audio>
```

▼ **ブラウザ表示**（左:スマホ、右:PC）

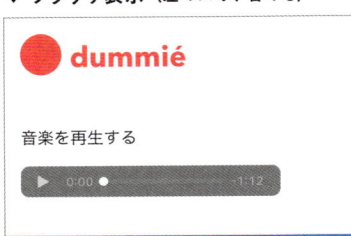

ページ全体に適用するデザインのテクニック

本格的にデザインを組み立てる前から書いておく必要がある、ページ全体に作用するCSSを紹介します。

Chapter **4**

070 ウィンドウ外周のマージンをなくしたい

利用シーン **ほとんどすべてのページに適用**

要素 / プロパティ

CSSプロパティ

margin: 上 右 下 左;
—— 四辺のマージンを設定する ▸▸085

　ブラウザのデフォルトCSS ▸▸007 では、ウィンドウの四辺に8pxのマージンがついています。このマージンはページのデザインを作り込むうえでは邪魔になるので、どんなデザインにするかにかかわらず、ほとんどの場合ゼロにします。

　ウィンドウ外周のマージンをゼロにするには、<body>に適用されるスタイルに「margin: 0;」を指定するだけです。

　このサンプルではmarginプロパティの値を省略形で記述しています。marginプロパティ、paddingプロパティの省略形については、詳しくは ▸▸084 を参照してください。

<body>には四辺に8pxのマージンがついている

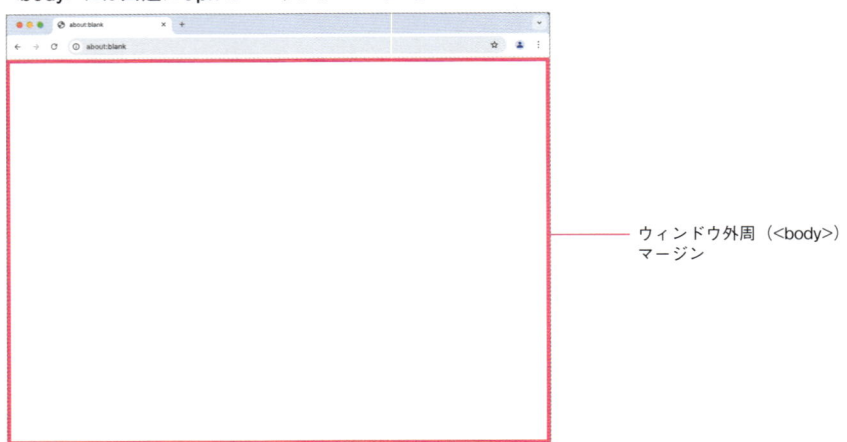

ウィンドウ外周（<body>）
マージン

■HTML

070/index.html

```
<body>
  <div>横幅100%のボックス</div>
</body>
```

■CSS

070/css/style.css

```
body {
  margin: 0;
}
div {
  background-color: #FEC22D;
}
```

▼ **ブラウザ表示**（左：スマホ、右：PC）

<body>のマージンが0
要素がウィンドウの端に接触している

<body>のデフォルトマージン
要素がウィンドウの端に接触していない

<body>のマージンが0のときと8px（デフォルト）のとき

071 ページ全体のフォントを設定したい

利用シーン ブラウザ間の表示の違いを少しでもなくすために、ページ全体のフォントを設定したいとき

要素/プロパティ

CSSプロパティ

font-family: フォント名, フォント名, …… ;

━━ フォントを設定する

　「font-family」は、テキストの表示に使用するフォントを指定するプロパティです。値にはフォント名、またはフォントの種類を表す「総称ファミリー名」と呼ばれるキーワードを指定します。フォント名を指定するときは、各フォント名をクォート（"）でくくります。

　値はカンマ（,）で区切って複数指定できます。複数のフォントが指定されていた場合、ブラウザは最初のものから順に検索して、最初に見つかったフォントで表示します。そのため、総称ファミリー名は最後に記します。

● **書式**　フォント名を指定する例

```
font-family: "Roboto", "Hiragino Sans", sans-serif;
```

　ページ全体のフォントを統一したい場合は、一般的には以下のようにして、標準的なサンセリフ（日本語ではゴシック体）を指定します。

● **書式**　標準的なサンセリフで表示

```
font-family: sans-serif;
```

　ページを開いているOSのメニューやダイアログボックスで使われているフォントを指定したいときは、次のようにします。値の「system-ui」はシステムがUIの表示に使用しているフォントを指すキーワードです。

● **書式** システム用の標準フォントで表示

```
font-family: system-ui, sans-serif;
```

　ページのデザインによっては、より細かく、特定のフォントを指定する場合もあります。現在のWebデザインでは、「これをやっておけば大丈夫」というような、定番のフォントファミリーの指定方法はありませんが、管理しやすいように、フォントファミリーを変数にするケースが多いようです。

　サンプルでは、変数でフォントファミリーにsans-serifのみを指定しています。これをスタート地点として、プロジェクトに合わせて値をカスタマイズしてください。

■HTML 071/index.html

```
<h1>ページ全体のフォント設定</h1>
<p>&lt;html&gt;など親要素にfont-family
プロパティを適用しておくと、すべての要素の
フォントを設定できます。</p>
```

■CSS 071/css/style.css

```
html, ::before, ::after {
  font-family: sans-serif;
}
```

▼ ブラウザ表示（左：スマホ、右：PC）

ページ全体のフォント設定

<html>など親要素にfont-familyプロパティを適用しておくと、すべての要素のフォントを設定できます。

072 よく使うCSSの値を変数で管理したい

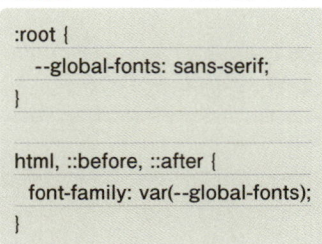 **利用シーン**
- ●CSSでよく使う値を変数で管理したいとき
- ●頻繁に修正・更新される値を一括で管理したいとき

要素／プロパティ

CSSセレクタ

:root
——— <html>を選択する（HTMLドキュメント内の最上位要素を選択する）

CSSプロパティ

--変数名：値；
——— 変数を定義する

CSSの値

var(--変数名)
——— 定義した変数の値を使用する

　CSSのカスタムプロパティ（変数）は、プロパティの値に名前をつけて保存しておける機能です。基本的な使い方は ▶▶009 で説明しています。

　ページ全体で使用するフォントを指定するときに、値を変数にするのはよく行われています。あとは、使用する色、スペースを作るマージン、パディングの数値などを変数にすることも多いです。

　サンプルで指定するフォントは前節と変わりませんが、変数を使用する指定方法を紹介しています。HTMLは同じなのでCSSだけを掲載します。

■CSS　　　072/css/style.css

```
:root {
    --global-fonts: sans-serif;
}

html, ::before, ::after {
    font-family: var(--global-fonts);
}
```

▼ ブラウザ表示

073 ページ全体の背景色を設定したい

利用シーン　ページ全体を単一の背景色で塗りつぶしたいとき

要素/プロパティ

CSSプロパティ

background-color: 色;
―― 要素の背景色を設定する ▶▶094

　ページ全体に背景色を塗るときは、<body>に適用されるスタイルに、background-colorプロパティ、またはbackgroundプロパティを追加し、値に色を表す値を指定します。なお、背景はマージン領域を塗りつぶさないので、<body>の四辺のマージンは「0」にします。

　サンプルでは、背景色に「#73C86C」を指定しています。

■**HTML**　　　　　　073/index.html

```
<body>
  <div>横幅100％のボックス</div>
</body>
```

■**CSS**　　　　　　073/css/style.css

```
body {
  margin: 0;
  background-color: #73C86C;
}
```

▼ ブラウザ表示

074 ページ全体を背景画像で塗りつぶしたい

ページ全体に背景画像を表示したいとき

要素 / プロパティ

CSSプロパティ

background-image: url(背景画像のパス);

—— 要素の背景を設定する ▶▶095

　ページ全体に背景画像を繰り返し表示して塗りつぶしたいときは、`<body>`に適用されるスタイルに、background-imageプロパティ、またはbackgroundプロパティを追加します。これらのプロパティの書式などについては ▶▶095 で詳しく説明していますので、そちらもご覧ください。

　背景画像は、とくに設定しないかぎり、領域を塗りつぶすように繰り返し、実サイズで表示されます。

　背景画像の繰り返し方法ついては ▶▶099 ～ ▶▶101 、表示サイズを変更する方法については ▶▶096 で解説しています。

　サンプルでは、右のような100×100pxの画像を、繰り返し表示しています。

背景に使用した画像

■**HTML**　　　　　　　074/index.html

```html
<body>
  <div class="logo">
    <img src="assets/travelounge-logo.
svg" alt="traveLOUNGE" width="254"
height="38">
  </div>
</body>
```

■**CSS**　　　　　　　074/css/style.css

```css
body {
  background-image: url(../assets/
stripe-base.png);
}
```

▼ **ブラウザ表示**

075 最低限のリセットCSSを知りたい

利用シーン

- ●どんなWebサイトを構築するときも最低限適用して
おきたいCSSを知りたいとき
- ●大がかりなリセットCSSライブラリを使用したくないとき

要素／プロパティ

CSSセレクタ

box-sizing: border-box;

—— 要素のボックスモデルを「border-box」にする ▶▶ 006

「リセットCSS」とは、もともとは、ブラウザ間で表示の差が大きかった時代に、どのタグを使っても見た目が変わらないようにすべてのデフォルトCSSをリセットするCSSを書くこと、またはそうしたCSSを読み込むことを指していました。

しかし現在のHTML、CSSは標準化が進んでいます。各ブラウザも標準に準拠するように開発が進められているので、表示の違いは実際にはほとんどありません。そのため、次節で取り上げるライブラリをわざわざ読み込まず、ここで紹介する最低限のCSSを適用するだけ、というケースも増えています。

適用する最低限のCSSには、実践的なWebデザインを制作し、レスポンシブデザインに対応するために必要不可欠なものが含まれています。

最低限のCSSを適用する場合、必要なのは次の5点です。

- ・ページ全体で使用するフォントをサンセリフ（ゴシック体）にする
- ・ページ全体の標準フォントサイズを16pxにする
- ・ボックスモデルを「border-box」にする
- ・<body>の四辺のマージンを0にする
- ・<img>で表示される画像を伸縮可能にする

サンプルは、上記の5点に対応したCSSを適用しています。CSSのみを掲載します。

■CSS 075/css/style.css

```css
html, ::before, ::after {
  font-family: sans-serif;
  font-size: 16px;
}
*, ::before, ::after {
  box-sizing: border-box;
}
body {
  margin: 0;
}
img {
  max-width: 100%;
  height: auto;
  vertical-align: bottom;
}
```

076 リセットCSSを適用したい

利用シーン リセットCSSを使いたいとき

要素/プロパティ

HTML

<link rel="stylesheet" href="CSSファイルのパス">
—— CSSファイルを読み込む ▶▶ 013

　前節で説明したとおり、現在のブラウザではリセットCSSの使用は必須ではありません。多くの場合、前節で紹介したCSSを適用していれば、あまり困ることはないでしょう。

　しかし、もっと細かく、ブラウザ間の表示差をなくしたいときなどには、公開されているリセットCSS用のファイルを読み込みます。代表的なリセットCSSには次のようなものがあります。

●bootstrap-reboot.css

　Bootstrapという有名なCSSライブラリがあります※。このライブラリと一緒に配布されるリセットCSSです。このリセットCSSだけ単体で使うこともできます。

> ※ HTMLをコピーするだけですぐに使える、ページを構成する多数のパーツが用意されたHTML/CSSコードのセット。

Bootstrap Reboot
【URL】https://github.com/twbs/bootstrap/blob/
　　　main/dist/css/bootstrap-reboot.css

●normalize.css

　昔からあるライブラリです。ブラウザ間の表示差をなくすことに特化しています。「box-sizing: border-box;」などが指定されていないので、▶▶ 075 と組み合わせて使います。

Normalize.css
【URL】https://necolas.github.io/normalize.css/

■リセットCSSライブラリを使うときの注意点

リセットCSSを使用するときは、ページ用のCSSなどよりも先に読み込みます。リセットCSSをあとに読み込んでしまうと、ページ用のCSSを上書きしてしまう可能性があるからです。

● **HTML**　　　　　　　　　複数のCSSファイルがあるときは、リセットCSSを先に読み込む

```
<link rel="stylesheet" href="css/normalize.css"> ── リセットCSS（normalize.css）を先に読み込む
<link rel="stylesheet" href="css/style.css"> ──── ページ用のCSS
```

サンプルでは、リセットCSSがどういうものか確認するために、normalize.cssを読み込んだ「index.html」と、何も読み込まない「defaultcss.html」の2枚のファイルを用意してあります。このふたつのファイルを見ながら、違いを確認してみてください。normalize.cssでは\<body\>のマージンが0になっていたり、行間が狭まっていたり、多少の表示差があることがわかります。

■**HTML**　　　　　　　　　　　　　　　　　　　076/index.html

```html
<!DOCTYPE html>
<html lang="ja">
<head>
  <meta charset="UTF-8">
  <meta name="viewport" content="width=device-width, initial-scale=1.0">
  <title>リセットCSSを適用したい（normalize.css適用）</title>
  <link rel="stylesheet" href="css/normalize.css">
</head>
<body>
  <!-- サンプル ここから -->
  <p>normalize.cssを読み込んだページの表示</p>
  <h3>見出し</h3>
  <h1>&lt;h1&gt;見出し 1&lt;/h1&gt;</h1>
  <h2>&lt;h2&gt;見出し 2&lt;/h2&gt;</h2>
  <h3>&lt;h3&gt;見出し 3&lt;/h3&gt;</h3>
  <h4>&lt;h4&gt;見出し 4&lt;/h4&gt;</h4>
```

中略

```
<!-- サンプル ここまで -->
</body>
</html>
```

▼ ブラウザ表示

normalize.cssを読み込んだページの表示

見出し

<h1>見出し 1</h1>

<h2>見出し 2</h2>

<h3>見出し 3</h3>

<h4>見出し 4</h4>

<h5>見出し 5</h5>

<h6>見出し 6</h6>

段落

<p>通常の段落</p>

<blockquote>複数行にまたがる引用。</blockquote>

<pre>整形済みテキスト。
複数行のプログラムコードなどを載せるのに使用
</pre>

<address>連絡先</address>

箇条書き

- <ul>
- <li>非序列（番号なし）箇条書き</li>
- <li>非序列（番号なし）箇条書き</li>
- </ul>

1. <ol>
2. <li>序列（番号つき）箇条書き</li>
3. <li>序列（番号つき）箇条書き</li>
4. </ol>

- <menu>
- <li>メニュー</li>
- <li>メニュー</li>
- </menu>

<dl>説明リスト
<dt>（説明が必要な）用語
<dd>用語の説明
</dl>

図

<figure>
図
<figcaption>図のキャプション
</figure>

ルーラー

<hr>

normalize.css

ライブラリを読み込まない、デフォルトCSSでのページの表示

見出し

<h1>見出し 1</h1>

<h2>見出し 2</h2>

<h3>見出し 3</h3>

<h4>見出し 4</h4>

<h5>見出し 5</h5>

<h6>見出し 6</h6>

段落

<p>通常の段落</p>

<blockquote>複数行にまたがる引用。</blockquote>

<pre>整形済みテキスト。
複数行のプログラムコードなどを載せるのに使用
</pre>

<address>連絡先</address>

箇条書き

- <ul>
- <li>非序列（番号なし）箇条書き</li>
- <li>非序列（番号なし）箇条書き</li>
- </ul>

1. <ol>
2. <li>序列（番号つき）箇条書き</li>
3. <li>序列（番号つき）箇条書き</li>
4. </ol>

- <menu>
- <li>メニュー</li>
- <li>メニュー</li>
- </menu>

<dl>説明リスト
<dt>（説明が必要な）用語
<dd>用語の説明
</dl>

図

<figure>
図
<figcaption>図のキャプション
</figure>

ルーラー

<hr>

デフォルト CSS

ボックスを整形する
基本テクニック

HTMLが形成するボックスのうち、おもにブロックボックスの作成と、ボックスを整形する基本的なCSSテクニックを紹介します。ボックスモデルの調整と背景の適用、よく使う装飾的なスタイルの設定方法を中心に解説します。

Chapter 5

077

基本のボックスを作成したい

利用シーン
- ●複数の要素をグループ化するとき
- ●枠線を引く、背景色を塗るなど、グループ化した要素に CSSを適用したいとき

要素 / プロパティ

HTML

`<div>～</div>` ── 複数の要素をグループ化する。ブロックボックスを作成する ▶▶022

ボックスの基本的な操作方法を確認します。

このサンプルで使用する`<div>`タグは、それ自身は何の意味も持たず、ほかの要素をグループ化するために使います。ヘッダー、フッター、サイドバー、さらに分割すればサブナビゲーションやバナー広告まで、Webページはいくつもの「部品」で構成されています。こうした、ひとつひとつの部品を作るために、複数の要素をグループ化するのが`<div>`タグの役割です。おもにCSSを適用しやすくするためにグループ化します。

サンプルでは、`<h1>`や`<p>`を`<div class="forecast">`～`</div>`で囲んでグループ化しています。`<div>`にはCSSも適用しています。使用しているCSSプロパティについては、▶▶082 以降で詳しく取り上げます。

■HTML　　　　　077/index.html

```
<div class="forecast">
  <h1>今日の東京地方の天気予報</h1>
  <p>晴れ時々曇り。<br>
  最高気温は20度、最低気温は14度。</p>
  <p>日中は過ごしやすいでしょう。</p>
</div>
```

■CSS　　　　　077/css/style.css

```
.forecast {
  border: 5px solid #FFCB14;
  padding: 25px;
  width: 360px;
}
```

▼ **ブラウザ表示**（上：スマホ、下：PC）

078 「記事」「セクション」の ボックスを作成したい

 利用シーン　グループ化する要素に、「記事」や「セクション」と、はっきり意味づけをしたいとき

要素 / プロパティ

HTML

<article>～</article>
━━━ 記事全体、もしくは独立したコンテンツをまとめる

<section>～</section>
━━━ ページ全体の一部分や、記事の節（セクション）をまとめる

<article>は、「記事」を意味するタグです。タグの仕様上の定義としては「それだけで独立するコンテンツ」を意味します。基本的には、「その部分だけコピー＆ペーストしても意味が通じる」場合には<article>で囲みます。ニュースやブログの記事をはじめ、SNSのひとつの投稿なども、<article>で囲んでかまいません。

<section>は、「ページ全体の一部分」や「記事の一部分（節）」などを意味するタグです。<h1>見出しと、それに続く段落やコンテンツ（<p>など）をまとめて囲むのが基本ですが、必ず<h1>や<p>を含めなければならないというわけではなく、自由にHTMLを書いてかまいません。

<article>や<section>内に含める<h1>に関しては注意点があります。

<article>や<section>、<nav>、<aside>のなかにある<h1>は「中見出し」と位置づけられていて、デフォルトCSSの設定によりフォントサイズがだんだん小さくなっていきます※。<article>や<section>を使うときは、HTMLの書き方も気をつけておいたほうがよいでしょう。

サンプルでは、ひとつの<article>内に、ふたつの<section>を含めています。

※ HTML Standard 15.3.6 Sections and headings ━━━ https://html.spec.whatwg.org/#sections-and-headings

■HTML

078/index.html

```
<h1>サポート</h1>
<article>
  <h1>サーバーメンテナンス・障害情報</h1>
  <section>
```

Chap **5** ボックスを整形する基本テクニック

```
  <h1>メール送受信障害</h1>
  <p>7月20日1時24分から2時10分まで、ABC01サーバーにてメールの送受信がしづらい状
態が発生しておりました。ご利用の皆様には大変ご迷惑をおかけいたしました。</p>
  </section>
  <section>
  <h1>サーバーメンテナンスのお知らせ</h1>
  <p>8月10日2時00分から5時00分の間、セキュリティ対策のためサーバーメンテナンスを行
います。対象のサーバーはABC01、ABC02、ABC03、ABC04、ABC05です。ご利用中の皆様
にはご迷惑をおかけしますが、ご理解のほどお願い申し上げます。</p>
  </section>
</article>
```

▼ ブラウザ表示

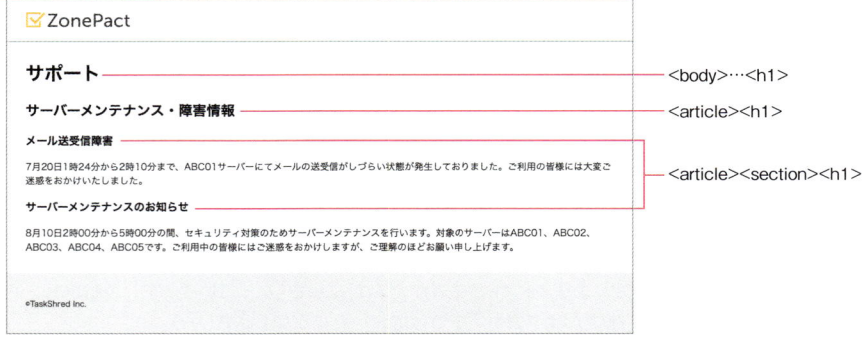

<h1>が<article>や<section>の子要素になるとだんだん小さく表示される

079 中心的なコンテンツが含まれるボックスを作成したい

 **利用シーン** そのページの「中心的なコンテンツ」を
明確に意味づけするとき

要素 / プロパティ

HTML

<main>〜</main>

━━ ページの中心的なコンテンツをまとめる

　ページの中心的なコンテンツは、<main>〜</main>で囲むことができます。<div>だけでなく、<main>や前節で紹介した<article>タグ、<section>タグなどを正しく使い分けると、HTMLが読みやすくなり、メンテナンス性が向上します。とくに<main>は、<article>などと比べて意味が明確で使いやすいといえます。

　ただし、<main>の使用にあたってはふたつ注意点があります。

- <main>は、1ページにつき1回しか使用できない（ただし、hidden属性※がついている<main>は除く）
- <main>は、<html>、<body>、<div>、<form>のいずれかの子要素でなくてはならない（それ以外の、たとえば<section>などの子要素にしてはいけない）。

※ 要素を非表示にするブール属性。

■**HTML**　　　　　　　　　　　　　　　　　　　　　079/index.html

```
<main>
  <div class="container limit">
    <h1>サポート</h1>
    <article>
      <h1>サーバーメンテナンス・障害情報</h1>
      <section>
        <h1>メール送受信障害</h1>
        <p>7月20日1時24分から 中略 おかけいたしました。</p>
```

079

中心的なコンテンツが含まれるボックスを作成したい

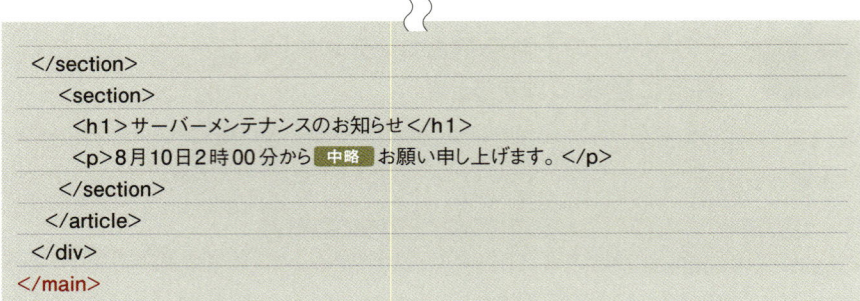

```
    </section>
     <section>
      <h1>サーバーメンテナンスのお知らせ</h1>
      <p>8月10日2時00分から 中略 お願い申し上げます。</p>
     </section>
    </article>
   </div>
  </main>
```

▼ ブラウザ表示（左：スマホ、右：PC）

☑ ZonePact

サポート

サーバーメンテナンス・障害情報

メール送受信障害

7月20日1時24分から2時10分まで、ABC01サーバーにてメールの送受信がしづらい状態が発生しておりました。ご利用の皆様には大変ご迷惑をおかけいたしました。

サーバーメンテナンスのお知らせ

8月10日2時00分から5時00分の間、セキュリティ対策のためサーバーメンテナンスを行います。対象のサーバーはABC01、ABC02、ABC03、ABC04、ABC05です。ご利用中の皆様にはご迷惑をおかけしますが、ご理解のほどお願い申し上げます。

☑ ZonePact

サポート

サーバーメンテナンス・障害情報

メール送受信障害

7月20日1時24分から2時10分まで、ABC01サーバーにてメールの送受信が
迷惑をおかけいたしました。

サーバーメンテナンスのお知らせ

8月10日2時00分から5時00分の間、セキュリティ対策のためサーバーメンテ
ABC03、ABC04、ABC05です。ご利用中の皆様にはご迷惑をおかけします

©TaskShred Inc.

080 図とキャプションを表示したい

利用シーン
- ●図とキャプションを表示するとき
- ●写真やバナーとキャプションを表示するとき
- ●その他、図や写真と説明するテキストをまとめて表示するとき

要素 / プロパティ

HTML

<figure> ～ </figure>
――― 図とキャプション

<figcaption> ～ </figcaption>
――― キャプション。<figure> ～ </figure>のなかに含める

<figure>は「図」を意味するタグです。<figure> ～ </figure>のなかにはどんなタグでも含めることができます。画像で作成したグラフなどの図や写真でもかまいませんし、HTMLで作成したテーブルでもかまいません。

また、図や写真にキャプションのテキストをつけるときは、<figure> ～ </figure>のなかに、<figcaption>タグを含めます。<figcaption>は、図の上に追加しても、下に追加してもかまいません。

<figure>を使った基本的なHTMLとして、このサンプルでは、画像1枚と、その下にキャプションテキストを表示しています。また、CSSで画像のサイズを幅480pxにして、キャプションのフォントサイズを設定しています。

■**HTML**   080 / index.html

```
<figure>
  <img src="assets/photo.webp" alt="" width="960" height="641">
  <figcaption>カラフルな住宅が並ぶイタリアの風景</figcaption>
</figure>
```

080

図とキャプションを表示したい

■CSS　080/css/style.css

```css
figure {
  img {
    max-width: 480px;
    height: auto;
  }
  figcaption {
    margin-top: 0.5rem;
    font-size: 0.875rem;
  }
}
```

▼ ブラウザ表示

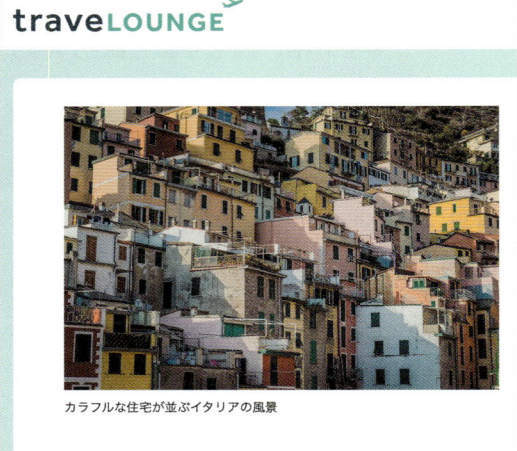

注意

<figure> はデフォルト CSS に注意

図とキャプションを掲載するケースは多く、<figure>はとても便利に使えます。ただ、<figure>にはデフォルトで少し特殊なCSSが適用されているため、レイアウトには注意が必要です。

<figure>のデフォルトCSSには、上下に1em、左右に40pxのマージンがついています。Webサイトのデザインにもよりますが、多くの場合CSSで調整する必要があるでしょう。

<figure> のデフォルト CSS のマージン

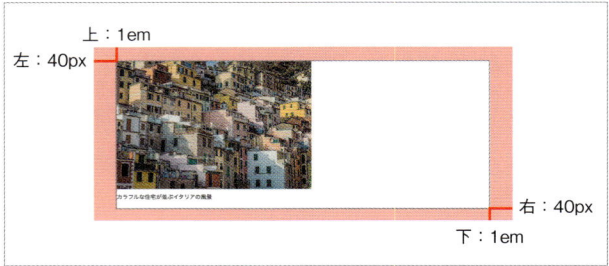

081 ページ内にほかのHTMLを表示したい

 **利用シーン** ページ内にほかのHTMLを読み込みたいとき

要素/プロパティ

HTML

<iframe src="読み込むHTMLのパス" width="幅" height="高さ"></iframe>
━━━ ほかのHTMLを読み込む

　<iframe>タグは、HTMLファイル内に別のHTMLファイルを読み込んで表示するときに使用します。読み込むHTMLファイルは、<iframe>のsrc属性で指定します。

　また、<iframe>で読み込まれるHTMLの表示サイズは、width属性、height属性で指定できます。幅や高さをとくに指定する必要がなければ省略してかまいませんが、画像と同様、ページの表示が速くなるので、できる限り指定します。

　なお、<iframe>には終了タグ（</iframe>）があります。しかし、開始タグと終了タグの間には何も含めません。

　ここで紹介するサンプルでは、ベースのHTML（081/index.html）に、サブHTML（081/sub/sub.html）を読み込んでいます。

　サブHTMLにCSSを適用する場合は、専用のCSSファイルを用意し、それをサブHTMLに読み込みます。このサンプルでは「css」フォルダに「sub.css」を作成し、sub.htmlに読み込んでいます。

■HTML　　　　　　081/index.html

```
<h1>サポート</h1>
<iframe
  src="sub/sub.html"
  name="support-iframe"
  id="support-iframe"
  width="500"
  height="300">
</iframe>
<p><a href="sub/sub.html#contact" target="support-iframe">サポートに関する連絡先</a></p>
```

■CSS　　　　　　081/css/style.css

```
#support-iframe {
  margin-top: 1rem;
  margin-bottom: 1rem;
  padding: 8px;
  width: 100%;
}
```

■HTML　　081/sub/sub.html

```html
<!DOCTYPE html>
<html lang="ja">
<head>
  <meta charset="UTF-8">
  <title>sub</title>
  <link rel="stylesheet" href="../css/
sub.css">
</head>
<body class="report">
  <main>
    <ul class="report-list">
      <li><a href="#0810">サーバーメン
テナンスのお知らせ（8/10）</a></li>
      <li><a href="#0720">メール送受
信障害（7/20）</a></li>
    </ul>
    <section id="0810">
      中略
    </section>
    <div id="contact">
      <h2>管理会社</h2>
      <p><a href="https://studio947.
net" target="_top">株式会社Studio947
</a></p>
    </div>
  </main>
</body>
</html>
```

■CSS　　081/css/sub.css

```css
/* sub.htmlに読み込まれるCSS */
.report {
  font-family: sans-serif;
}
```

||| 注意

<iframe>を使用する際の注意

本書の範囲を超えるため詳しく説明はしませんが、<iframe>にはセキュリティ上の懸念があり、ページを閲覧しているユーザーの操作を悪意のある第三者に乗っ取られる危険性があります※。危険性を回避するにはWebサーバー側で適切な対策を講じておく必要があります。<iframe>を使用する際はくれぐれも注意が必要です。

※「クリックジャッキング」という攻撃手法が知られています。詳しくはネットなどで検索してください。

▼ ブラウザ表示

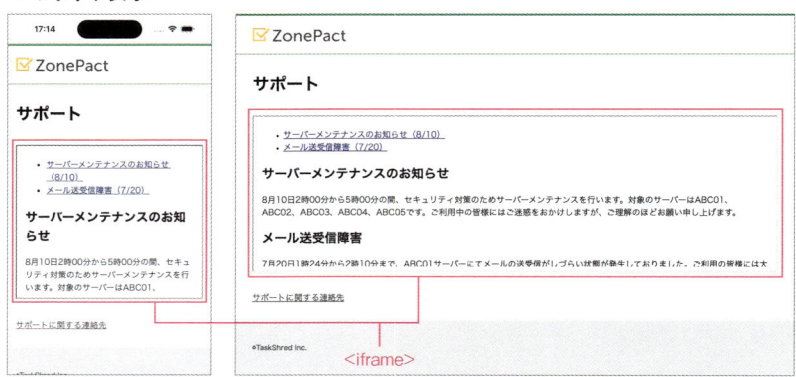

サブHTMLにリンクが含まれているときの注意

<iframe>で読み込まれるサブHTMLに含まれるリンクをクリックすると、リンク先はその<iframe>のなかに表示されます。

<iframe>内のHTMLのリンクをクリックすると、リンク先は<iframe>内に表示される

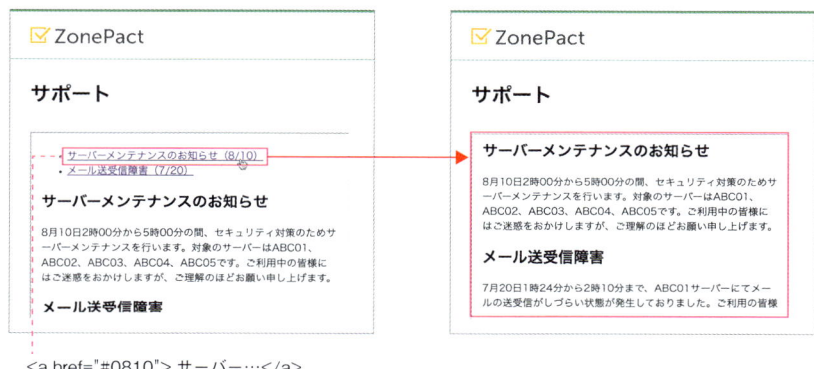

<a href="#0810"> サーバー…</a>

もし、<iframe>内のHTMLに含まれるリンクをクリックして、リンク先をベースHTMLのほうに表示したいときは、そのリンクの<a>に「target="_top"」を追加します。

● **書式**　リンク先をベースHTMLのほうに表示するときの<a>

<a href="リンク先のパス" target="_top">リンクテキスト</a>

「target="_top"」があると、リンク先はベースHTMLのほうに表示される

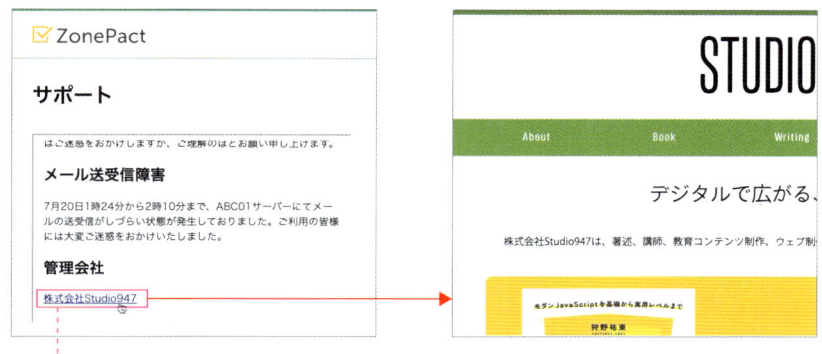

<a href="https://studio947.net" target="_top">…</a>

082 ボックスにボーダー（枠線）を引きたい

 **利用シーン** **ボックスに枠線を引くとき**

CSSプロパティ

border: 太さ 形状 色 ; ——要素のボックスにボーダー（線）を引く

要素のボックスの四辺にボーダー（外枠線）を引くには、borderプロパティを適用します。このborderプロパティには、太さ、形状、色の、3種類の値を半角スペースで区切って指定します。半角スペースで区切ってさえいれば、順序はどうでもかまいません。それぞれの値は次のように設定します。

●太さ

ボーダーの太さは、「数値＋単位」で指定します。単位には「px」を使うことがほとんどです。「%」は使えません。たとえば、太さを10ピクセルにするなら、「10px」と書きます。

●形状

ボーダーの形状には、以下の表にあるキーワードから選んで指定します（参考：082/border-style.html）。hiddenとnoneはどちらも枠線が非表示で、太さのスペースも確保しません。

ボーダーの形状の値

値	説明	表示例	値	説明	表示例
solid	実線	一日中晴れるでしょう。	ridge	出っ張り	一日中晴れるでしょう。
dotted	点線	一日中晴れるでしょう。	inset	へこみ	一日中晴れるでしょう。
dashed	破線	一日中晴れるでしょう。	outset	台形	一日中晴れるでしょう。
double	二重線。太さ3px以上が必要	一日中晴れるでしょう。	hidden	非表示	一日中晴れるでしょう。
groove	溝	一日中晴れるでしょう。	none	非表示	一日中晴れるでしょう。

●色

色は、テキスト色などを指定するのと同じ方法で設定します。 ▶▶026

■HTML

082/index.html

```
<div class="forecast">
  <h1>今日の東京地方の天気予報</h1>
  <p>晴れ時々曇り。<br>
  最高気温は20度、最低気温は14度。</p>
  <p>日中は過ごしやすいでしょう。</p>
</div>
```

■CSS

082/css/style.css

```
.forecast {
  border: 5px solid #FFCB14;
}
```

▼ ブラウザ表示 （左：スマホ、右：PC）

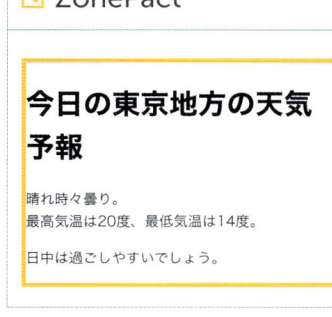

083 見出しに下線を引きたい

 利用シーン
見出しを目立たせるために装飾をしたいとき

要素/プロパティ

CSSプロパティ

border-bottom: 太さ 形状 色; —— ボックスの下辺に線を引く ▸▸082

四辺に枠線を引くときはborderプロパティを使いますが、一辺にのみ線を引くこともできます。各辺にのみ線を引くときは、次の各プロパティを使用します。

- ・border-top（上）
- ・border-bottom（下）
- ・border-right（右）
- ・border-left（左）

値の設定方法はborderプロパティと同じです。もちろん、ふたつ以上のプロパティを使って、二辺、三辺に線を引くことも可能です。

サンプルではborder-bottomプロパティを使って、<h1>に下線を引いています。

■HTML　　　　083/index.html

```
<h1 class="campaign-title">最新のE8
無風サーキュレーター、モニター募集</
h1>
<p>風がないのに空気が循環する、身体に
優しいE8無風サーキュレーター。中略 お
試しいただけるチャンスです。</p>
```

■CSS　　　　083/css/style.css

```
.campaign-title {
  border-bottom: 1px solid #FA452C;
}
```

▼ ブラウザ表示（上：スマホ、下：PC）

伊八製作所
E8 MANUFACTURING

**最新のE8無風サーキュ
レーター、モニター募集**

風がないのに空気が循環する、身体に優しいE8無
風サーキュレーター。さらに進化した最新モデル
の発売を記念して、製品モニターを募集！ これま
で使っていた方も、はじめて使う方も、この不思
議なサーキュレーターをお試しいただけるチャン
スです。

伊八製作所
E8 MANUFACTURING

最新のE8無風サーキュレーター、モニター募集

風がないのに空気が循環する、身体に優しいE8無風サーキュレーター。さらに進化した最新モデ
これまで使っていた方も、はじめて使う方も、この不思議なサーキュレーターをお試しいただける

©E8 Manufacturing Inc.

084 ボーダーとコンテンツの間に スペースを作りたい

利用シーン

- ●ボックスのボーダーとコンテンツがくっつかないように、両者の間にスペースを作りたいとき
- ●ボーダーがない場合でも、コンテンツと親要素などとの間にスペースを作りたいとき

要素/プロパティ

CSSプロパティ

padding: 上 右 下 左; ── 四辺のパディングを設定する
padding-top: 上パディングの大きさ; ── 上パディングを調整する
padding-right: 右パディングの大きさ; ── 右パディングを調整する
padding-bottom: 下パディングの大きさ; ── 下パディングを調整する
padding-left: 左パディングの大きさ; ── 左パディングを調整する

　パディングとは、ボックスのコンテンツとボーダーとの間のスペースを指します。▶▶006　このスペースはpaddingプロパティを使って調整します。

　paddingプロパティには、ボックスの上、右、下、左の順、つまり上から時計回りに、それぞれを半角スペースで区切ってパディングの大きさを設定します。

● **書式**　paddingプロパティ

padding: 上 右 下 左;

　paddingプロパティの値の単位には、一般に「px」もしくは「em」を使用します。まれに「%」にすることもあります。

　単位を「em」にすると、そのボックスに指定されているフォントサイズを「1em」とした大きさが指定されます。たとえば、「2em」と指定したら「2文字分」のパディングが作られることになります。

　サンプルでは、<div class="forecast">にボーダーを引き、ボーダーとコンテンツの間に四辺とも1em（1文字分）のパディングを設定しています。

Chap **5**
ボックスを整形する基本テクニック

■HTML

084/index.html

```html
<div class="forecast">
  <h1>今日の東京地方の天気予報</h1>
  <p>晴れ時々曇り。<br>
  最高気温は20度、最低気温は14度。</p>
  <p>日中は過ごしやすいでしょう。</p>
</div>
```

■CSS

084/css/style.css

```css
.forecast {
  border: 5px solid #FFCB14;
  padding: 1em 1em 1em 1em;
}
```

▼ ブラウザ表示（左：スマホ、右：PC）

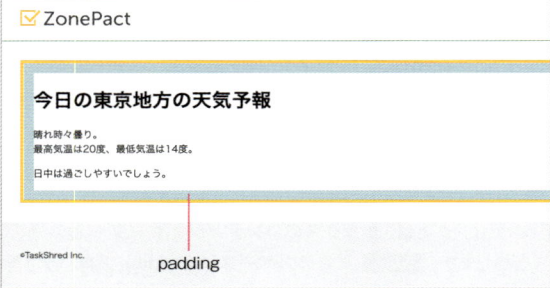

@ column

padding、margin の省略形

paddingプロパティには、ボックスの四辺それぞれに個別の大きさを指定するプロパティもあります。

- padding-top ── 上パディングを設定するプロパティ
- padding-right ── 右パディングを設定するプロパティ
- padding-bottom ── 下パディングを設定するプロパティ
- padding-left ── 左パディングを設定するプロパティ

これら4つの値を一括で設定できるのが、サンプルで使用したpaddingプロパティです。paddingプロパティに指定する4つの値は、省略することができます。値をひとつだけにすると、四辺に同じ大きさのパディングを設定できます。

paddingプロパティに値をひとつ設定すると、四辺に同じ値が設定される

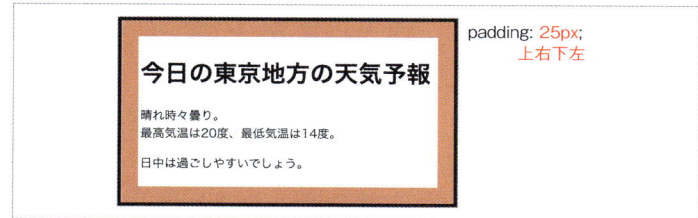

padding: 25px;
　　　　　上右下左

また、値を2つ、3つ、4つ設定すると、図のようにパディングが設定されます。なお、値を「0」にするときは単位を省略できます。

paddingに値を2つ〜4つ設定したとき

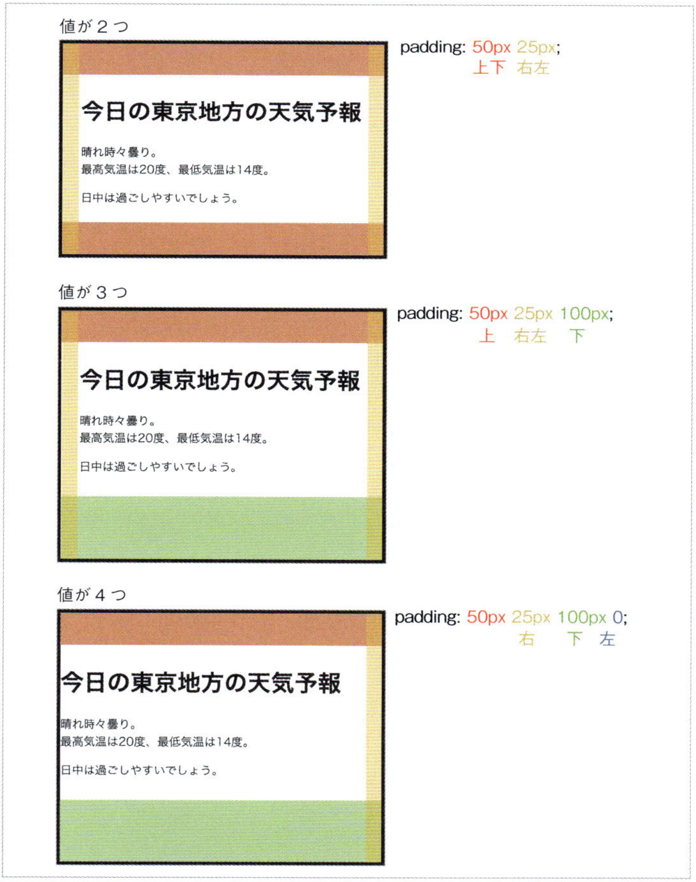

値が2つ

padding: 50px 25px;
　　　　　上下　右左

値が3つ

padding: 50px 25px 100px;
　　　　　上　右左　下

値が4つ

padding: 50px 25px 100px 0;
　　　　　　　右　下　左

ここではpaddingプロパティの値の設定方法を説明しましたが、次節で紹介するmarginプロパティの値も同じ方法で省略できます。

085 ボックスとボックスの距離を調整したい

●上下左右に並ぶボックスとボックスの間にスペースを作りたいとき
●親要素のボックスと子要素のボックスとの間にスペースを作りたいとき

要素／プロパティ

CSSプロパティ

margin: 上 右 下 左; —— 四辺のマージンを設定する
margin-top: 上マージンの大きさ; —— 上マージンを調整する
margin-right: 右マージンの大きさ; —— 右マージンを調整する
margin-bottom: 下マージンの大きさ; —— 下マージンを調整する
margin-left: 左マージンの大きさ; —— 左マージンを調整する

「マージン」とは、ボックス四辺のボーダーの外側に作られる余白を指します。▶▶006　ボックスの上下左右に隣接するボックス、または親要素のボックスとの間の距離を調整するのに使用します。

marginプロパティの値の設定方法はpaddingプロパティと同じです。値の単位には「px」や「em」を使うことが多いですが、「%」にすることもあります。単位を「%」にした場合、マージンの大きさはボックスの親要素の幅、または高さに対するパーセンテージになります。

サンプルでは、HTMLのふたつの<div class="forecast">の四辺に、30pxのマージンを設定しています。

■HTML　085／index.html

```
<div class="forecast">
  <h1>今日の東京地方の天気予報</h1>
  <p>晴れ時々曇り。<br>
  最高気温は20度、最低気温は14度。</p>
  <p>日中は過ごしやすいでしょう。</p>
</div>
<div class="forecast">
  <h2>明日の東京地方の天気予報</h2>
  <p>曇り。<br>
```

```
  最高気温は16度、最低気温は11度。</p>
  <p>肌寒くなるでしょう。</p>
</div>
```

■CSS　085／css/style.css

```
.forecast {
  margin: 30px;
  border: 5px solid #FFCB14;
  padding: 1em;
}
```

▼ ブラウザ表示

上下マージンの「たたみ込み」

上下にある別のボックス同士のマージンが隣接しているときや、親・祖先要素と子要素の上下マージンが隣接するときは、どちらか大きいほう――値が同じ場合は片方だけ――が採用されます。これを「マージンのたたみ込み」といいます※。

たとえば、今回のサンプルでは、ふたつの<div class="forecast">に上下左右30pxのマージンを設けています。このふたつが隣接する部分のマージンは、本来なら30＋30pxで60pxのマージンが設定されるはずですが、30pxしか空いていません。上下のマージンが隣接しているので、たたみ込みが発生しているのです。ブラウザの開発ツールで確認してみます。[要素] タブをクリックして、<div class="forecast">を選んでみます。ひとつ目の<div……>の下マージンと、ふたつ目の<div……>の上マージンが重なっているのがわかります。

※「相殺」と呼ばれることもあります。

ふたつの <div……> の上下マージンが重なっている。これがマージンのたたみ込み

1 つ目の <div class="forecast">　　　　　　　2 つ目の <div class="forecast">

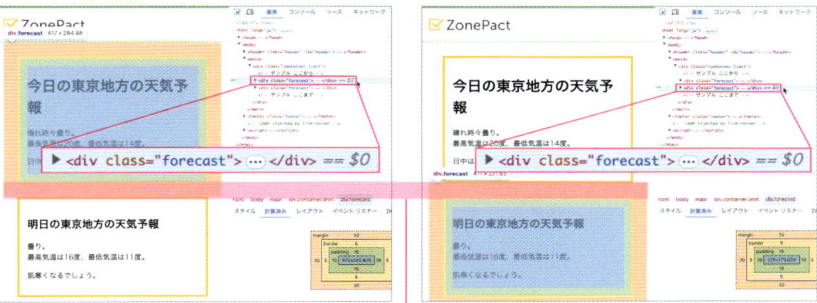

マージンが重なっている（片方だけが採用される）

実は、ひとつ目の<div class="forecast">の上マージンは、2階層親の<header class="header" id="header">の下マージンとも隣接していて、より大きい、<header……>のマージンが採用されています。

1階層上、2階層上の下マージンとの関係

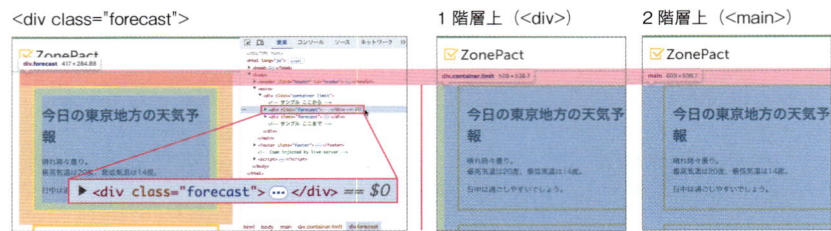

<div class="forecast">　　　　　　　　　　　1階層上（<div>）　　　2階層上（<main>）

1階層上、2階層上の親要素の下マージンが0なので、
<div class="forecast">の上マージンが採用される

ここで、<main>の兄要素の<header class="header" id="header">には、下マージン32pxがついています。<header……>の下マージンと、<div class="forecast">の上マージンが隣接することになり、より大きい<header……>の下マージンが採用されます。

最終的に<header……>の下マージンが採用される

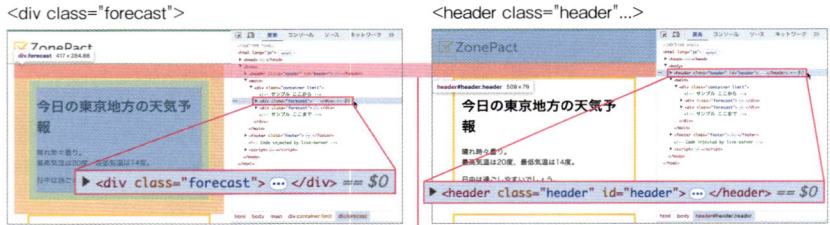

<div class="forecast">　　　　　　　　　　　　　　　<header class="header"...>

わずかだが<header...>の下マージンの
ほうが大きいので採用される

このように、マージンのたたみ込みはかなり複雑な動作をします。「思いどおりのレイアウトにならない!」と苦労するのは、原因がこの「たたみ込み」であることも多く、特性をよく理解しておくことが大事です。
なお、左右に隣接するマージンはたたみ込まれません。また、マージンが隣接するボックスのどちらか片方にポジション、フレックスボックス、グリッド、overflowプロパティ、フロートなどが適用されている場合、マージンはたたみ込まれません。

086 ボックスの幅と高さを設定したい

 利用シーン **ボックスの幅と高さを指定して、サイズを固定したいとき**

要素／プロパティ

CSSプロパティ

width: 幅;
—— ボックスの幅を設定する

height: 高さ;
—— ボックスの高さを設定する

　ボックスの幅を指定するにはwidthプロパティ、高さを指定するにはheightプロパティを使用します。ボックスの幅や高さを指定できるのは、すべてのブロックボックスと、一部のインラインボックス（<img>、<input>など）だけです。通常のインラインボックスにはwidth、heightを使用できません。

　値には、どちらも「数値＋単位」、もしくはキーワードやプロパティファンクション[※1]を指定できます。ここでは「数値＋単位」を指定する、最も基本的な方法を説明します。

　値の単位には「px」や「em」を使用することが多く、「%」にすることもあります。単位を「%」にしたときの幅や高さは、親要素の幅または高さを100％としたときのパーセンテージになります[※2]。ページ全体のレイアウトを作るときなどは、単位を「%」にすることがよくあります。

　今回紹介するサンプルでは、ボックスの幅を500px、高さを300pxに固定しています。

※1 ▶▶026 Note「()がつく値のことを「プロパティファンクション」という」参照。

※2 <img>を除く。

■**HTML**　　　　　　　　　　　　　086／index.html

```
<div class="sale-box">
  <h1>SALE</h1>
  <p>最大60％OFF！</p>
  <p>7／1〜7／14<br>
    オンラインストアにて実施</p>
</div>
```

211

■CSS

086/css/style.css

```
.sale-box {
  padding: 20px;
  width: 500px;
  height: 300px;
  background: #FCC838;
  text-align: center;


  h1 {
    font-size: 50px;
  }
}
```

▼ ブラウザ表示

087

ボックスを左右中央に配置したい

 **利用シーン** ボックスを親要素の左右中央に配置したいとき

要素 / プロパティ

CSSプロパティ

margin: 0 auto;

幅が指定されたボックスを親要素の左右中央に配置する

　widthプロパティで幅が指定されたボックスは、marginを適用しない、初期状態では親要素に対して左揃えで配置されます。

　親要素の左右中央に配置するには、ボックスの左右マージンの値を「auto」にします。左右のマージンの大きさが等しくなり、その結果ボックスが中央に配置されます。ページレイアウトを作るときによく使われる基本テクニックです。

　サンプルでは、幅500pxに設定したボックス(<div class="sale-box">)を、親要素(<div class="container limit">)の左右中央に配置しています。

■HTML
087 / index.html

```
<div class="container limit">
  <div class="sale-box">
    <h1>SALE</h1>
    <p>最大60％OFF！</p>
    <p>7／1～7／14<br>
    オンラインストアにて実施</p>
  </div>
</div>
```

213

ボックスを左右中央に配置したい

■CSS 087/css/style.css

```css
.sale-box {
  margin: 0 auto;
  padding: 20px;
  width: 500px;
  height: 300px;
  background: #FCC838;
  text-align: center;

  h1 {
    font-size: 50px;
  }
}
```

▼ ブラウザ表示

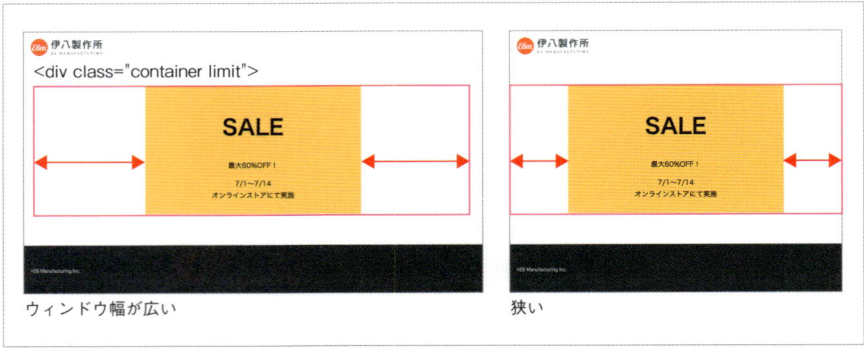

ウィンドウ幅が広い　　　　　　　　　狭い

ウィンドウ幅が広くても狭くても、ボックスは常に中央に配置される

214

088 レイアウトのためのボックスの作り方を知りたい

利用シーン レスポンシブデザインに対応できるボックスを作るとき

要素／プロパティ

CSSプロパティ

margin: 上 右 下 左; —— 四辺のマージンを設定する ▶▶085
padding: 上 右 下 左; —— ボックスの周囲にパディングを設定する ▶▶084
max-width: 幅; —— 伸縮するブロックボックスの最大幅を設定する

CSSの値

min(値1, 値2, ……) —— ()内の値のうち、もっとも小さい値をプロパティの値とする

前節で紹介したテクニックをページレイアウトに応用する際の、基本的なコーディングのパターンを見てみます。

次の図のような、典型的なWebページを考えてみます。

ヘッダー、メインコンテンツ、フッターがある典型的なページ

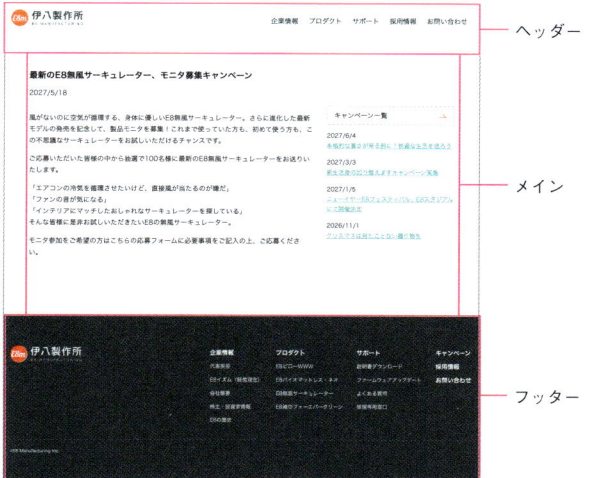

ヘッダー

メイン

フッター

ヘッダーとフッターは、ビューポート／ウィンドウ幅（以降まとめてウィンドウ）いっぱいまで広がっていて、ウィンドウに合わせて伸縮します。しかし、そのコンテンツはウィンドウの端にくっつくことはありません。

ヘッダー、フッターは伸縮するが、コンテンツは端にくっつかない

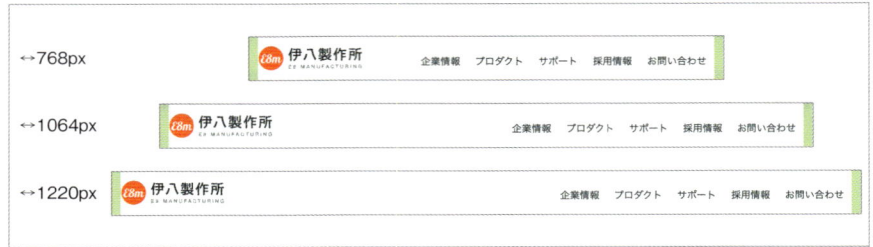

　この特性から、ヘッダーやフッター部分のボックスには、ふたつの特徴があるといえます。こうした特徴を持つボックスのことを、ここでは「ヘッダータイプのボックス」ということにします。

・ウィンドウの幅いっぱいに広がるように伸縮する
・ボックスの左右にはパディングがあって、コンテンツがウィンドウの端にくっつくことはない

　それに対し、ページのメイン部分は、ウィンドウが狭いとそれに合わせて狭まりますが、ある程度以上は広がらなくなっています。メイン部分も、ウィンドウ幅が狭くてもコンテンツは端にくっつきません。

メイン部分も伸縮するが、ある程度以上は広がらない

　この特性から、メイン部分のボックスには、ふたつの特徴があるといえます。こうした特徴を持つボックスのことを、ここでは「メインタイプのボックス」ということにします。また、ヘッダータイプ、メインタイプ、両方合わせて「レイアウトボックス」と呼ぶことにします。

・ウィンドウの幅に合わせて伸縮するが、上限がある（ある程度以上には広がらない）
・ボックスの左右にはパディングがあって、コンテンツがウィンドウの端にくっつくことはない

　ヘッダータイプのボックスも、メインタイプのボックスも、作り方には決まったパターンがあります。まず、HTMLは、どちらの場合もブロックボックスを二重にします。

● **HTML**　　　　　　　　　　　　　　　　　　　ヘッダータイプ、メインタイプのボックスを作るHTML

```
<div>
  <div class="container">
    コンテンツ
  </div>
</div>
```

　親要素のタグには、<div>、<header>、<footer>、<main>などをおもに使います。親要素には、背景を適用するなど、デザイン上必要なときに限り、CSSを適用します。
　子要素の側のボックスには<div>を使います。ヘッダー、フッター、メインの中身を構成するすべてのコンテンツは、このコンテナのコンテンツに含めます。
　子要素のボックスは「コンテナ」と呼ばれることが多く、ボックスの幅やパディングといったレイアウト上必要不可欠なCSSを適用することから、必ずclass名を追加します。例ではそのclass名を「container」にしています。
　CSSのほうも説明します。
　ヘッダータイプのボックスの場合、コンテナのほうに、左右中央揃えにするマージンと、左右パディングを設定します。
　メインタイプのボックスの場合はそれらに加えて、幅を設定します。ただ、メインタイプのボックスも伸縮し、広がる上限だけを設定するので、いままでのサンプルで使ってきたwidthプロパティではなく、max-widthプロパティを使います。
　どちらの場合も、上下にマージンが必要な場合は、親要素に指定します。
　サンプルのソースコードを見てみましょう。表示上わかりやすいように、コンテナにグレーの背景色を塗っています。また、親ボックスにグレーの実線、コンテナに点線を引いています。ウィンドウを広げたり狭めたりして動作を試してみてください。

■ **HTML**　　　　　　　　　　　　　　　　　　　　　　　　　088/index.html

```
<p>ヘッダータイプ：幅を設定しない（width: 100%）</p>
<div class="parent">
  <div class="container">
    コンテンツ
  </div>
</div>

<p>メインタイプ：上限幅を設定する（max-width: 1000px）</p>
<div class="parent">
```

217

```
<div class="container width1000">
  コンテンツ
</div>
</div>
```

■CSS

088 / css/style.css

```
/* ヘッダータイプ、メインタイプ共通 */
.parent { ——— 親ボックス
  margin: 32px 0; ——— レイアウトボックスの上下にマージン
}


.container { ——— コンテナ（子ボックス）
  margin: 0 auto; ——— 中央揃え
  padding: 0 min(4%, 16px); ——— 左右パディングを設定
}

/* メインタイプ専用 */
.width1000 {
  max-width: 1000px; ——— 幅の上限を設定
}

/* レイアウトボックスに
  わかりやすくパディングとアウトラインを設定。
  通常は設定する必要なし */
.parent {
  outline: 3px solid #D9D9D9;
}
.container {
  outline: 3px dashed #999;
  background-color: #EFEFEF;
}
```

▼ ブラウザ表示

ヘッダータイプ：幅を設定しない（width: 100%）	
コンテンツ	

メインタイプ：上限幅を設定する（max-width: 1000px）

コンテンツ	

幅1064pxで撮影

■使用したCSSのプロパティと値

padding: 0 min(4%, 16px);

左右パディングに設定した値「min(4%, 16px)」は、カンマで区切った値の、いずれか小さいほうが採用されます。今回のサンプルではパディングの大きさを設定するのに使いましたが、ほかのプロパティでも利用できます。

「4%」※と設定したのは画面サイズの小さいスマートフォンのためで、とくに小さいスマートフォンでは、左右のパディングを16pxより狭めるように（＝できるだけコンテンツの表示面積が広くなるように）しています。

※ パディングの値を「%」にすると、親要素の幅に対するパーセンテージになります。ここでは親要素が<div class="parent">なので、常にウィンドウ幅に対するパーセンテージになります。

● 書式 min()

min(値1, 値2, ……)

max-width: 値;

max-widthは、ボックスの最大幅を設定するプロパティです。値は、通常はpxかemにします。

レスポンシブデザインのページは、そこに含まれるほとんどのボックスがビューポート／ウィンドウサイズに合わせて伸縮するように作ります。max-widthは、伸縮するボックスの最大幅を決めたいときに使用します。使用頻度の高い重要プロパティです。

outlineプロパティ

outlineは、borderと同じ場所に枠線を引くプロパティです。値の設定方法もborderと同じです。

borderと違って、outlineで引かれた線はスペースを取りません。ボックスモデルのサイズに影響を与えることなく、線が引けます。フォーム部品のスタイル調整など特殊なケースを除いて実際のWebサイトで使うことはほとんどありませんが、HTML/CSSを表示を図示したり、解説したりするのに利用します。

089 幅を指定し、かつスマートフォンの画面に収めたい

●スマートフォンとPCでボックスの幅を変えたいとき
●メディアクエリを使わず、CSSのコードを
　シンプルに保ちたいとき

要素/プロパティ

CSSの値

min(値1, 値2, ……)

———() 内の値のうち、もっとも小さい値をプロパティの値とする ▶▶088

　ボックスの幅を設定し、かつ、スマートフォンのような狭い画面のときは親要素に合わせて伸縮するようにするには、値に min() を使うのが手軽です。

　サンプルでは、500×300px のボックスを、500px よりも小さいビューポート／ウィンドウ幅のときは伸縮するようになっています。

■HTML　　　　　　　　　　　　089/index.html

```
<div class="sale-box">
  <h1>SALE</h1>
  <p>最大60％OFF！</p>
  <p>7/1～7/14<br>
  オンラインストアにて実施</p>
</div>
```

■CSS　　　　　　　　　　　　089/css/style.css

```
.sale-box {
  margin: 0 auto;
  padding: 20px;
  width: min(500px, 100％);
  height: 300px;
  background: #FCC838;
  text-align: center;
```

```
h1 {
  font-size: 50px;
}
}
```

▼ ブラウザ表示（左：スマホ、右：PC）

ボックス幅は500pxか100％か、どちらか狭いほうになる

090 ボックスの高さを固定して、スクロール可能にしたい

利用シーン ボックスの高さを指定したいが、コンテンツが
収まりきらないとき

要素/プロパティ

CSSの値

height: 高さ; ── ボックスの高さを設定する ▶086
overflow: auto; ── ボックスを横／縦方向にスクロール可能にする
overflow-x: auto; ── ボックスを横方向にスクロール可能にする
overflow-y: auto; ── ボックスを縦方向にスクロール可能にする

通常、要素のボックスはそのコンテンツが収まるように高さが調節されます。そのため、コンテンツの量が少なければボックスの高さは短くなり、逆に多ければ長くなります。

しかし、heightプロパティを使ってボックスの高さを固定したときに、もしコンテンツの量が多くて収まりきらなかったらどうなるのでしょう？　その場合、コンテンツはボックスからはみ出してでもすべて表示されます。

コンテンツの量が多くてボックスからはみ出す場合に、そのはみ出す部分をどうやって表示するかを決めるのが「overflowプロパティ」です。overflowは、ボックスを横方向、縦方向にスクロール可能にするかどうかを決めるプロパティです。次の書式のとおり値をふたつ、半角スペースで区切って指定しますが、ひとつだけにすると横方向、縦方向、両方のスクロールを同じ設定にします。

● **書式**　overflowプロパティ

overflow: 横方向のスクロール 縦方向のスクロール;
overflow: 横・縦方向のスクロール;

heightが指定してあってもコンテンツは
すべて表示される

overflowの値を「scroll」にすると、ボックスにスクロールバーがつくようになります。値を「auto」にすると、スクロールバーが必要なときにだけ、スクロールバーを表示します。

サンプルでは、<div class="sale-box">のoverflowを「auto」にしています。

■**HTML**　　　　　090/index.html

```html
<div class="sale-box">
  <h1>SALE</h1>
  <p>最大60%OFF！</p>
  <p>7/1～7/14<br>
    オンラインストアにて実施</p>
  <p>《セール予定商品》<br>
    E8バイオマットレス・クラシック<br>
    E8リサイクルフュールKU<br>
    E8エンドレスE-ToothPaste ほか
  </p>
  <p>※セール期間中でも商品がなくなり次
第終了します。</p>
</div>
```

■**CSS**　　　　　090/css/style.css

```css
.sale-box {
  overflow: auto;
  padding: 20px;
  width: 100%;
  height: 300px;
  background: #FCC838;
  text-align: center;

  h1 {
    font-size: 50px;
  }
}
```

▼ ブラウザ表示

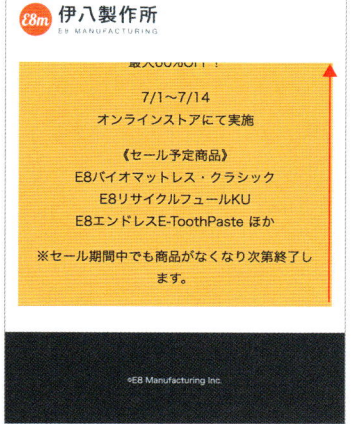

ボックス内のコンテンツをスクロールできる

091

ボックスに収まらない
コンテンツを非表示にしたい

利用シーン コンテンツを表示することよりも、
ボックスの高さを固定することが優先されるとき

要素/プロパティ

CSSプロパティ

height: 高さ;

—— ボックスの高さを設定する ▶▶086

overflow: hidden;

—— ボックスに収まりきらないコンテンツを非表示にする

　コンテンツを表示することよりも高さを揃えることを優先したいケースがときどきあります（▶▶184 など）。その場合は、ボックスに「overflow: hidden;」を適用します。そうすれば、ボックスからはみ出すコンテンツを見えなくすることができます。

　サンプルでは、はみ出したテキストコンテンツを非表示にしています。CSSだけ掲載します。HTMLは前節と同じです。

■CSS　　　　　091 / css/style.css

```
.sale-box {
  overflow: hidden;
  padding: 20px;
  width: 100%;
  height: 300px;
  background: #FCC838;
  text-align: center;

  h1 {
    font-size: 50px;
  }
}
```

▼ ブラウザ表示

ボックスからはみ出したコンテンツは表示されず、スクロールもできない

092 ボックスの幅をコンテンツの幅に合わせたい

利用シーン ビューポートや親要素の幅いっぱいに広がらない、コンテンツが収まるだけのコンパクトなブロックボックスを作るとき

要素/プロパティ

CSSの値

fit-content
ボックスの幅や高さをコンテンツが収まるサイズにする。widthやheightの値に設定

min(値1, 値2, ……)
()内の値のうち、もっとも小さい値をプロパティの値とする ▶▶088

ボックスの幅を、そのボックスに含まれるコンテンツの幅に合わせる値があります。それが「fit-content」です。この値を使うと、ウィンドウ幅いっぱいに広がらないブロックボックスを簡単に作ることができ、大変便利に使えます。

サンプルでは、<figure class="figure">の幅を、「width: fit-content;」で設定しています。<figure>は本来ブロックボックスで、そのままだと親要素の幅いっぱいに広がります。それを適切な幅で収めるために、「fit-content」を使用しました。

サンプルの<figure>には画像が含まれていて、最大480pxで表示されるようになっています。<figure>の幅はその画像の表示サイズに合わせて決まることになります。

■HTML　　　　　　　　　　　　　　　　　　　　092/index.html

```
<figure class="figure">
  <img src="assets/photo.webp" alt="" width="960" height="641">
  <figcaption>カラフルな住宅が並ぶイタリアの風景</figcaption>
</figure>
```

■CSS　　　　　　　　　　　　　　　　　　　　092/css/style.css

```
.figure {
  margin-left: 0;
  margin-right: 0;
  border: 1px solid #0FBFAA;
```

092

ボックスの幅をコンテンツの幅に合わせたい

```
padding: 8px;
width: fit-content;
img {
  width: min(480px, 100%); ——— 画像は最大480pxで表示。親要素がそれより小さければ伸縮
  height: auto;
}
figcaption {
  margin-top: 0.5rem;
  font-size: 0.875rem;
  color: #0E4253;
  text-align: center;
  }
}
```

▼ ブラウザ表示（左：スマホ、右：PC）

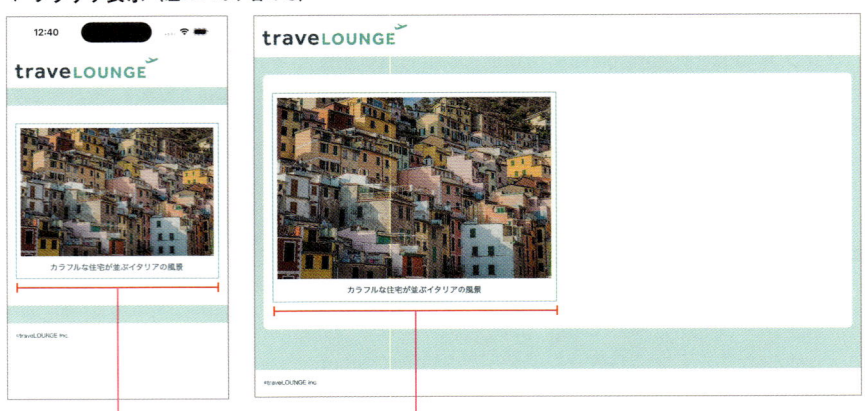

親要素が480px以下
なら伸縮

最大480px＋左右パディング

093 縦横比を決めてボックスを作成したい

 **利用シーン** ボックスの幅と高さの比率を設定したいとき

要素 / プロパティ

CSSプロパティ

aspect-ratio: 幅 / 高さ
──── ボックスの縦横比を「横：縦」にする

CSSの値

fit-content
──── ボックスの幅や高さをコンテンツが収まるサイズにする。widthやheightの値に設定

「aspect-ratio」プロパティを使うと、縦横比を決めてボックスを作成できます。正方形のボックスを作ったり、縦横比を維持して伸縮させたりすることができます。

aspect-ratioの値は、ボックスの「幅（横）の比率」「高さ（縦）の比率」の順に、スラッシュ（/）で区切って指定します。

● **書式**　aspect-ratio

```
aspect-ratio: 幅の比率 / 高さの比率；
```

サンプルでは、幅100pxの正方形のボックスを描くパターンと、コンテンツに合わせた幅のボックスを、横：縦＝3：2で表示するパターンと、ふたつ紹介しています。

■HTML　　　　　　　　　　　　　　　　　　　093/index.html

```
<p>正方形のボックス<code>aspect-ratio: 1 / 1;</code></p>
<div class="box square"></div>

<p><code>width: fit-content;</code> + <code>aspect-ratio: 3 / 2;</code></p>
<div class="box ar3_2">
  <p>aspect-ratio: 3 / 2;</p>
</div>
```

227

093

縦横比を決めてボックスを作成したい

■CSS　　　　093/css/style.css

```
/* 縦横比を決めてボックスを作成したい */
/* 2つのボックスに共通 */
.box {
  margin-top: 1em;
  margin-bottom: 1em;
  padding: 16px;
  text-align: center;
}

/* 正方形のボックス */
.square {
  width: 100px;          ──── 幅を100pxに
  aspect-ratio: 1 / 1;
  background-color: #FFCA7A;
}

/* 3:2のボックス */
.ar3_2 {
  width: fit-content;    ──── 幅をfit-contentに
  aspect-ratio: 3 / 2;
  background-color: #FFFB7A;
}
```

▼ ブラウザ表示

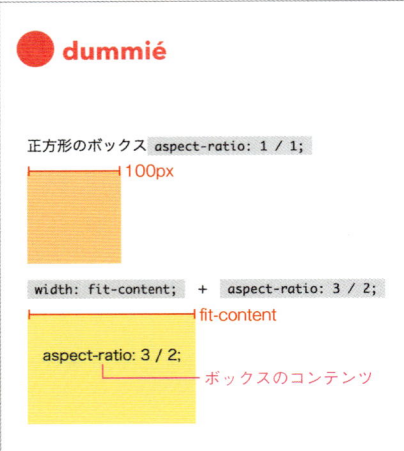

aspect-ratio は、表示したい画像の実際の縦横比と、画像を表示するボックスの縦横比が異なる場合に役立ちます。詳しくは ▶▶199 で取り上げます。

094

ボックスの背景色を設定したい

 利用シーン　ボックスに色をつけたいとき

要素/プロパティ

CSSプロパティ

background: 背景の設定;
──── 要素の背景を設定する

background-color: 色;
──── 要素の背景色を設定する

　要素のボックスに背景色を設定するには、backgroundプロパティか、background-colorプロパティで色を指定します。色の指定には ▶▶026 で紹介した方法が使えます。背景色は、\<div\>や\<p\>などのブロックボックスだけでなく、\<span\>などのインラインボックスにも適用できます。
　サンプルでは、3つのブロックボックス（\<p\>）と、インラインボックス（\<span\>）に、さまざまな色指定の方法を使って背景色を設定しています。

■HTML
094/index.html

```
<p>ブロックボックスに背景色を設定</p>
<p class="block hex">新たな一杯がここに。毎日のひとときを、特別な時間に。小さなコーヒー
ショップで、ほっと一息つきませんか？　8月30日（木）10時より営業開始</p>
<p class="block rgb">新たな一杯がここに。毎日のひとときを、特別な時間に。小さなコーヒー
ショップで、ほっと一息つきませんか？　8月30日（木）10時より営業開始</p>
<p class="block hsl">新たな一杯がここに。毎日のひとときを、特別な時間に。小さなコーヒー
ショップで、ほっと一息つきませんか？　8月30日（木）10時より営業開始</p>
<p>インラインボックスに背景色を設定</p>
<p>
  <span class="inline hsl">深煎り</span>
  <span class="inline hex">ロースト感</span>
  <span class="inline rgb">豊かな苦み</span>
</p>
```

ボックスの背景色を設定したい

■CSS

```css
/* ブロックボックス、インラインボックス共通設定 */
.block {
  padding: 1em;
}
.inline {
  margin-left: 0.25rem;
  margin-right: 0.25rem;
  padding-left: 0.5rem;
  padding-right: 0.5rem;
}

/* 背景色の設定 */
.hex {
  background-color:#FFFB7A;
}
.rgb {
  background: rgb(255 202 122);
}
.hsl {
  background: hsl(34.9 182.9% 48%);
}
```

▼ ブラウザ表示

● dummié

ブロックボックスに背景色を設定

新たな一杯がここに。毎日のひとときを、特別な時間に。小さなコーヒーショップで、ほっと一息つきませんか？ 8月30日（木）10
時より営業開始

新たな一杯がここに。毎日のひとときを、特別な時間に。小さなコーヒーショップで、ほっと一息つきませんか？ 8月30日（木）10
時より営業開始

新たな一杯がここに。毎日のひとときを、特別な時間に。小さなコーヒーショップで、ほっと一息つきませんか？ 8月30日（木）10
時より営業開始

インラインボックスに背景色を設定

深煎り　ロースト感　豊かな苦み

<p class="block ...">

<span class="inline ...">

Mockup Web App

230

095 ボックスの背景に画像を適用したい

利用シーン
- ●ボックスの背景に画像を表示したいとき
- ●ボックスの背景に画像を繰り返し表示したいとき

要素/プロパティ

CSSプロパティ

background: 背景の設定; —— 要素の背景を設定する
background-image: url(背景画像のパス); —— 背景画像を指定する
background-repeat: 背景画像の繰り返し; —— 背景画像の繰り返しを設定する

　ボックスに背景画像を指定するには、backgroundプロパティか、background-imageプロパティを使用します。

　サンプルでは、<main>に背景画像を適用しています。画像は「assets」フォルダの「stripe.png」を使用します。背景画像はデフォルトでは縦横に繰り返すので、ボックスの領域全体が塗りつぶされることになります。

stripe.png

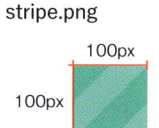

■HTML　　　　　　095/index.html

```
<main>
  <div class="container limit">
    中略
  </div>
</main>
```

■CSS　　　　　　095/css/style.css

```
main {
  background: url(../assets/stripe.png);
}
```

▼ ブラウザ表示

<main>の領域に背景画像
が繰り返し表示される

背景を設定するCSS

ボックスの背景は、背景色または背景画像で塗りつぶすことができます。デフォルトの設定では、ボーダー領域とその内側が塗りつぶされますが、さまざまな設定ができるようになっています。
背景関連のプロパティは全部で12種類あります。少し複雑で覚えるのも大変なので、ここでまとめて紹介します。実際に使うときの参考にしてください。

① background-color ── 背景色の設定
② background-image ── 背景画像の設定
③ background-position ── 背景画像の位置の設定
④ background-position-x ── 背景画像のX軸方向の位置の設定
⑤ background-position-y ── 背景画像のY軸方向の位置の設定
⑥ background-size ── 背景画像の表示サイズの設定
⑦ background-repeat ── 背景画像の繰り返しの設定
⑧ background-attachment ── 背景画像の固定／スクロールの設定
⑨ background-clip ── 背景の塗りつぶし位置の設定
⑩ background-origin ── 背景画像の開始位置の設定
⑪ background-blend-mode ── 複数の背景画像の混合の設定
⑫ background ── 背景の一括設定

▶ ① background-color プロパティ（背景色の設定）
ボックスを単色で塗りつぶすには、background-colorプロパティを使用します。値に指定するのは「色」です。また、色の代わりに「transparent」というキーワードを指定すると、背景色がつかなくなります。

● 書式　background-color プロパティ

background-color: 色 ;

▶ ② background-image プロパティ（背景画像の指定）
背景画像を設定します。値には「url()」の()内に、使用する画像のパスを指定します。また、画像ではなくグラデーションを指定する場合にもbackground-imageプロパティを使用します。グラデーションについて詳しくは ▶▶097 ▶▶098 で取り上げます。

● 書式　background-image プロパティ

background-image: url(背景画像のパス);

▶ ③ background-position プロパティ（背景画像の表示位置の指定）
背景画像は、デフォルトではボックスの左上を起点にして配置されます。background-positionプロパティを使えば、表示する位置を細かく指定できます。書式は次ページの図のようになっています。

background-position プロパティの指定方法

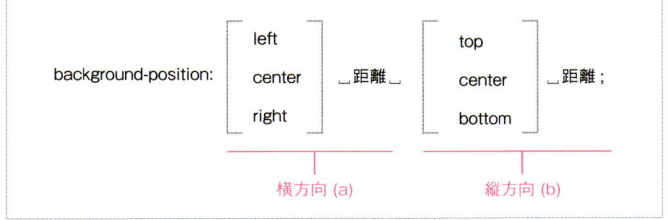

「横方向（a）」の位置と、「縦方向（b）」の位置を半角スペースで区切って指定します。
（a）の部分には、ボックスの左端（left）／中央（center）／右端（right）からの「距離」を指定します。距離は「数値＋単位」のかたちで指定します。単位には px、em、％がよく使われます。
（b）の部分には、ボックスの上端（top）／中央（center）／下端（bottom）からの距離を指定します。
たとえば、背景画像を左に 60 px、上から 30 px の位置に配置する場合は次のように書きます。

● **書式** background-position の使用例

```
background-position: left 60 px top 30 px;
```

表示例

背景画像の位置を調整するために③はよく使いますが、書式が複雑なので注意が必要です。具体的な使用例は `102` `103` で紹介します。

▶ **④ background-position-x プロパティ（背景画像の横方向の位置の設定）**
③（background-position）の、横方向の設定だけを個別にできるプロパティです。書式は③の（a）の部分と同じです。

▶ **⑤ background-position-y プロパティ（背景画像の縦方向の位置の設定）**
③（background-position）の、縦方向の設定だけを個別にできるプロパティです。書式は③の（b）の部分と同じです。

▶ **⑥ background-size プロパティ（背景画像の表示サイズの指定）**
背景画像を、その画像の実際の大きさではなく、拡大／縮小して表示したいときは、background-size プロパティを使用します。
レスポンシブデザインでは、スマートフォンなど高解像度のディスプレイできれいに見えるように、実際の画像サイズの 1/2 ～ 1/3 程度に縮小して表示することがあります。そのようなケースでよく使われるプロパティです。また、背景画像をボックスの大きさに合わせて適切なサイズに縮小するときにも使用します。
background-size プロパティの値には「contain」か「cover」というキーワード、もしくは表示サイズを「数値＋単位」のかたちで指定します。具体的な使用例は `096` `102` `104` などで取り上げます。

● **書式** background-size プロパティ

```
background-size: contain または cover; /* 背景画像をボックスに合わせてリサイズ */
background-size: 50 px 100 px; /* 背景画像を 50×100 px のサイズで表示 */
```

▶ ⑦background-repeat（背景画像の繰り返し）
background-repeatプロパティは、ボックスよりも
背景画像が小さいときに、画像を繰り返し表示する
方法を設定します。値には次表にあるキーワードを
指定します。

● **書式**　background-repeatプロパティ

background-repeat: 表の値のどれか;

background-repeatの値

値	説明	表示例
repeat	縦横に繰り返す（デフォルト値）	
no-repeat	繰り返さない	
repeat-x	横方向にだけ繰り返す	
repeat-y	縦方向にだけ繰り返す	

▶ ⑧background-attachmentプロパティ
　　（背景画像の固定）
通常、背景画像はページのスクロールに合わせて
移動します。しかし、background-attachmentプ
ロパティを使うと、ページをスクロールしても背景
画像は移動しない設定にできます。値には次表の
キーワードを指定します。このプロパティの実際の
使用例は ▶▶286 で確認できます。

● **書式**　background-attachmentプロパティ

background-attachment: 表の値のどれか;

background-attachmentのおもな値

値	説明
scroll	ページに合わせてスクロール（デフォルト値）
fixed	背景画像の位置を固定

▶ ⑨background-clip
　　—— 背景の塗りつぶし位置の設定
背景で塗りつぶすボックスの領域を設定するプロ
パティです。値には次表のキーワードを指定します。

● **書式**　background-clipプロパティ

background-clip: 表の値のどれか;

background-clipのおもな値

値	説明
border-box	ボーダー領域の内側を塗りつぶす
padding-box	パディング領域の内側を塗りつぶす
content-box	コンテンツ領域の内側を塗りつぶす
text	コンテンツのテキストで切り抜く

値を「text」にすると、背景画像がボックスに含まれるテキストで切り抜かれます。たとえば右のような表現が可能です。

background-clip: text;

▶ ⑩ background-origin
―― 背景画像の開始位置の設定

背景画像の開始位置を設定します。background-origin で設定した値は、background-position の起点となる位置を設定します。値には次表のキーワードを指定します。

● **書式 background-origin** プロパティ

background-origin: 表の値のどれか;

background-origin のおもな値

値	説明
border-box	ボーダー領域の左上を起点 (left 0, top 0) にする
padding-box	パディング領域の左上を起点にする
content-box	コンテンツ領域の左上を起点にする

▶ ⑪ background-blend-mode プロパティ

ひとつの要素に複数の背景 (画像・色) をしたとき、重なる背景の混合モード (Photoshop でいうレイヤーの描画モード) を設定します。

▶ ⑫ background プロパティ

ここまで、背景色・背景画像を設定するためのプロパティを 11 種類紹介してきました。「background」は、これら各種プロパティのうち、⑪ (background-blend-mode) を除くすべての設定を一括で行えるプロパティです。

ただ、すべてのプロパティを書く必要はなく、最低限、① (background-color) か、② (background-image) のどちらかの値が設定されていれば、あとは省略できます。また、一度に多くの設定値を書こうとすると複雑な記述ルールに従わないといけないこともあり、一般には以下のような書き方をするケースが多いです。残りのプロパティは個別に設定します。

● **書式** background プロパティの典型的な記述方法。値は半角スペースで区切る

background: ①; /* 背景色だけ指定 */
background: ②; /* 背景画像だけ指定 */
background: ② ⑦; /* 背景画像と繰り返しを指定 */
background: ② ③ ⑦; /* 背景画像と配置位置、繰り返しを指定 */

096 背景に高精細な画像を使用したい

●背景に高精細な画像を使用し、繰り返し表示させるとき
●背景の画質を向上させたいとき

利用シーン

要素/プロパティ

CSSプロパティ

background: 背景の設定; —— 要素の背景を設定する

background-size: 幅 高さ; —— 背景画像の表示サイズを指定する

　背景画像は、デフォルトでは実サイズで、縦横に繰り返し表示されます。しかし、<img>で表示する画像と同様、背景画像を実サイズで表示すると、高解像度ディスプレイではぼやけて見えます。▶▶059

　背景画像がぼやけて見えるのを解消するには、<img>の画像と同じく、1/2以下に縮小して表示することです。<img>の場合は画像のサイズをwidthプロパティ、heightプロパティで調整しましたが、背景画像の場合はbackground-sizeプロパティを使用します。背景画像の表示サイズを設定するときの書式は右のとおりで、値の「幅」と「高さ」は「数値＋単位」で指定します。

　サンプルでは前節で使用した100×100pxの画像を、50×50pxに縮小して繰り返し表示しています。HTMLは同じなのでCSSのみ掲載します。

● **書式**　背景画像のサイズを指定する

```
background-size: 幅 高さ;
```

■**CSS**　　096/css/style.css

```
main {
  background: url(../assets/
stripe.png);
  background-size: 50px 50px;
}
```

▼ ブラウザ表示

本サンプル　　　　　　　　　　　前節のサンプル

097 ボックスの背景に線状グラデーションをかけたい

 **利用シーン** ボックスの背景を線状グラデーションで塗りつぶしたいとき

要素/プロパティ

CSSプロパティ

background: 背景の設定 ; —— 要素の背景を設定する

background-image: グラデーション ; —— 要素の背景をグラデーションで塗る

CSSの値

linear-gradient(グラデーションの設定) —— 線状グラデーションを適用

　要素のボックスにグラデーションを適用するには、backgroundプロパティ、もしくはbackground-imageプロパティの値に「linear-gradient()」を指定します。()内にはグラデーションの設定を記述します。何とおりかの書き方がありますが、標準的な書式を説明します。

　()内は、ひとつ目にグラデーションの角度を単位「deg」で指定します。その後は経過色を「色 距離％」というかたちで、カンマで区切って指定します。「距離％」は、「0％」(グラデーションが開始した直後＝開始色)と、「100％」(グラデーションが終了するとき＝終了色)の場合は省略できます。

　開始色と終了色の、単純な2色のグラデーションの場合の書式は次のとおりです。

● **書式**　開始色と終了色の2色の線状グラデーション

```
background: linear-gradient( 角度 deg, 開始色, 終了色 );
```

　グラデーションの中間色がほしい場合は、開始色に続き、中間色を「色 ○％」を、カンマで区切って指定します。

● **書式**　中間色がある場合の線状グラデーション

```
background: linear-gradient( 角度 deg, 開始色, 中間色 ○％, ……, 終了色 );
```

　線状グラデーションの角度は、「0deg」のとき真下から真上に、「180deg」とき真上から真下にかかります。

Chap **5**

ボックスを整形する基本テクニック

グラデーションに設定する傾き

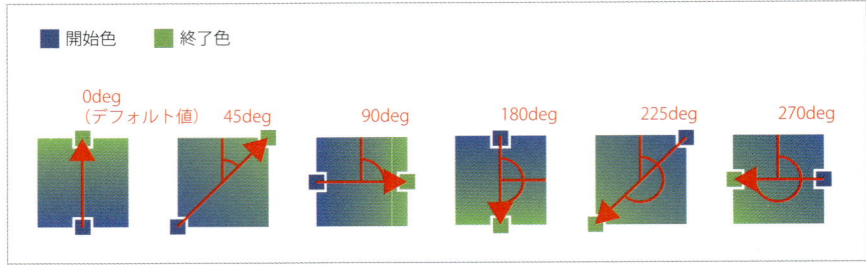

サンプルでは、<main>に2色の線状グラデーションをかけています。

■HTML

097／index.html

```
<div class="column">
  <section class="content">
    <p class="breadcrumb">
      <span><a href="#">ホーム</a></span><span><a href="#">キャンペーン</a></span>
    </p>
    <h1>世界一周旅行ペアご招待キャンペーン</h1>
    中略
</div>
```

■CSS

097／css/style.css

```
main {
  background: linear-gradient(150deg, #2775B4,#89BE70);
}
```

▼ ブラウザ表示

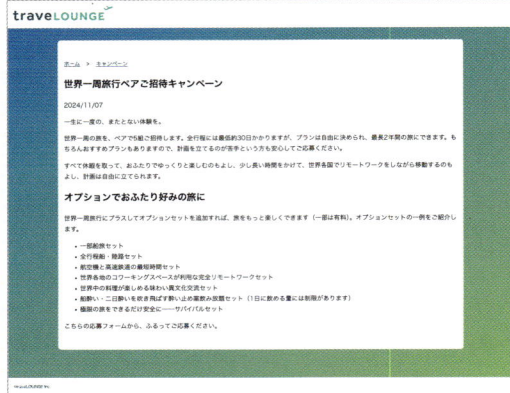

ボックスの背景に放射状グラデーションをかけたい

利用シーン ボックスの背景を放射状グラデーションで塗りつぶしたいとき

要素/プロパティ

CSSプロパティ

background: 背景の設定;
—— 要素の背景を設定する

background-image: グラデーション;
—— 要素の背景をグラデーションで塗る

CSSの値

radial-gradient(グラデーションの設定);
—— 放射状グラデーションを適用

　CSSのグラデーションには線状グラデーションだけでなく、放射状グラデーション、円錐グラデーション[1]をかけることもできます。放射状グラデーションを適用する際は、background（またはbackground-image）プロパティの値に「radial-gradient()」を、円錐グラデーションは「conic-gradient()」を使用します。

※1「扇形グラデーション」と呼ばれることもあります。

● **書式** ボックスの中心から円形に放射する放射状グラデーション

```
background: radial-gradient(開始色, 終了色);
```

● **書式** ボックスの中央上から時計回りに回転する円錐グラデーション

```
background: conic-gradient(開始色, 終了色);
```

　サンプルでは放射状グラデーション、円錐グラデーションの簡単な例を紹介します。図の矢印はグラデーションの方向を表しています。

■HTML
098／index.html

```
<p>放射状グラデーション</p>
<div class="square radial"></div> ── グラデーションを適用する要素
<p>円錐グラデーション</p>
<div class="square conic"></div>
```

■CSS
098／css/style.css

```
.square {
  width: 200px;
  aspect-ratio: 1 / 1;
}

.radial {
  background: radial-gradient(#C9ECFF, #0090E1);
}
.conic {
  background: conic-gradient(#C9ECFF, #0090E1);
}
```

▼ ブラウザ表示

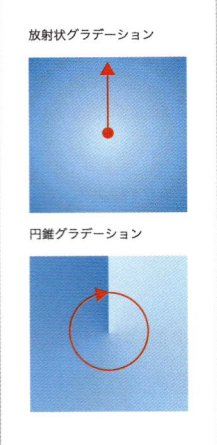

@ Column

グラデーションはアプリやサービスを使うと便利

線状グラデーション、放射状グラデーション、円錐グラデーションと3種類のCSSグラデーションを紹介しましたが、正式な書式は本書で紹介しているよりもさらに複雑です。

グラデーションの書式は複雑で手入力では難しく、現実的でないので、実際のWebデザインで使用する際はアプリもしくはWebサービスの使用をおすすめします。アプリではFigmaやPhotoshopなどからCSSコードをコピーできます※。

Figmaの場合は、グラデーションを適用したオブジェクトを右クリック［Copy/Paste as］－［Copy as code］－［CSS］の順に選びます。CSSコードがコピーされるので、テキストエディタなどにペーストします。

※ ただし、Photoshop 2025が出力するCSSコードは互換性を考慮してか古いです。

Figmaでオブジェクトのソースコードをコピーする

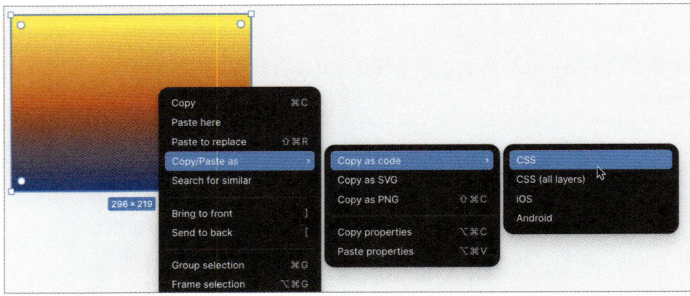

背景画像を横方向にだけ繰り返したい

🍲 利用シーン　**要素や区切り線の装飾として画像を使用したいとき**

要素／プロパティ

CSSプロパティ

background: 背景の設定;
—— 要素の背景を設定する

background-image: url(背景画像のパス);
—— 背景画像を指定する ▶▶095

background-repeat: 繰り返しの方法;
—— 背景画像の繰り返しを設定する ▶▶095

CSSの値

repeat-x
—— 背景画像を横方向にだけ繰り返す。background-repeatの値として使用

　背景画像を横方向にだけ繰り返すときは、backgroundプロパティ、またはback ground-repeatプロパティの値を「repeat-x」にします。backgroundプロパティを使用するときは「repeat-x」に加え、「url(画像のパス)」で背景画像も指定します。

　サンプルで使用している画像は「assets」フォルダの「summer-bg.png」です。この画像を横方向に繰り返します。

背景画像のsummer-bg.png

背景画像を横方向にだけ繰り返したい

■HTML

```
<div class="column">
  中略
  <aside class="sidebar">
    <div class="banner summer-tour">
      <div class="banner-title">自然体験教室ツアー</div>
      <p>野山に入り、虫や野草の観察。ご家族の思い出作りにいかがですか。</p>
    </div>
    中略
  </aside>
</div>
```

■CSS

```
中略
/* 背景画像を横方向にだけ繰り返したい */
.summer-tour {
  background: #F6F2DA url(../assets/summer-bg.png) repeat-x;
  background-size: 100px 50px;
}
```

▼ ブラウザ表示

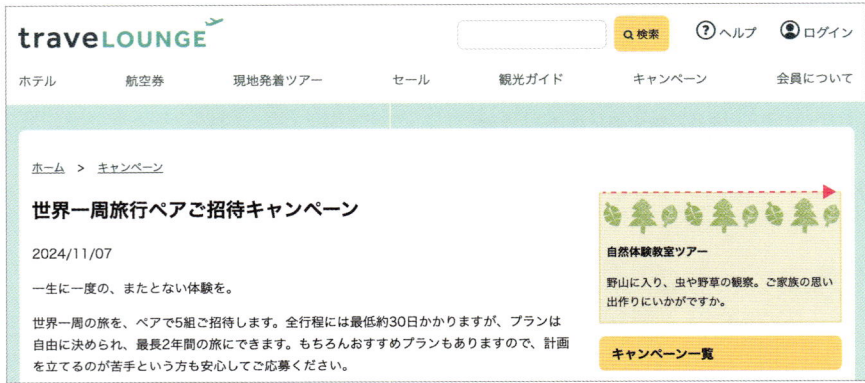

背景画像が横方向に繰り返している

100 背景画像を縦方向にだけ繰り返したい

利用シーン ボックスに縦方向に繰り返す画像を適用したいとき

要素/プロパティ

CSSプロパティ

background: 背景の設定; ——— 要素の背景を設定する
background-image: url(背景画像のパス); ——— 背景画像を指定する ▶▶095
background-repeat: 繰り返しの方法; ——— 背景画像の繰り返しを設定する ▶▶095

CSSの値

repeat-y
——— 背景画像を縦方向にだけ繰り返す。background-repeatの値として使用

　背景画像を縦方向にだけ繰り返すときは、backgroundプロパティ、または background-repeatプロパティの値を「repeat-y」にします。backgroundプロパ ティを使用するときは「repeat-y」に加え、少なくとも「url(画像のパス)」で背景画 像も指定します。

　サンプルで使用している元の画像は「assets」フォルダの「kyoto-bg.jpg」です。 この画像を縦方向に繰り返します。

背景画像の
kyoto-bg.jpg

■HTML 100/index.html

```
中略
<aside class="sidebar">
  中略
  <div class="banner kyoto">
    <div class="banner-title">近畿の寺社巡り</div>
    <p>京都〜奈良〜和歌山の寺社を巡る、自分を見つめ直す旅</p>
  </div>
  中略
</aside>
中略
```

■CSS

```
中略
.kyoto {
  border-color: #F78995;
  padding: 8px 8px 0 38px;
  background: #FFE2E6 url(../assets/kyoto-bg.jpg) repeat-y;
  background-size: 30px 60px;
}
```

▼ ブラウザ表示

背景画像が縦方向に繰り返している

101 背景画像が繰り返さないようにしたい

利用シーン
- ●ボックスの背景に大きな画像を使用したいとき
- ●背景画像を一度だけ表示したいとき

要素/プロパティ

CSSプロパティ

background: 背景の設定；
—— 要素の背景を設定する

background-image: url(背景画像のパス)；
—— 背景画像を指定する ▶▶095

background-repeat: 繰り返しの方法；
—— 背景画像の繰り返しを設定する ▶▶095

CSSの値

no-repeat
—— 背景画像を繰り返さない。background-repeatの値として使用

　背景画像を繰り返さないようにするときは、backgroundプロパティ、またはbackground-repeatプロパティの値を「no-repeat」にします。backgroundプロパティを使用するときは「no-repeat」に加え、「url(画像のパス)」で背景画像も指定します。
　サンプルで使用している画像は「assets」フォルダの「lunch-bg.png」です。この画像を繰り返さず、一度だけ表示します。

背景画像のlunch-bg.png

■HTML

101/index.html

中略
```
<aside class="sidebar">
```
中略
```
  <div class="banner lunch">
    <div class="banner-title">お花見ランチ</div>
    <p>桜のよく見えるテラス席で、厳選の味わいランチをお楽しみください。</p>
  </div>
```
中略
```
</aside>
```

■CSS

101/css/style.css

中略
```
.lunch {
  padding: 18px 8px 0 8px;
  border-color: #AFEBF4;
  background: url(../assets/lunch-bg.png) no-repeat;
  background-size: 50%;
}
```

▼ ブラウザ表示

102 背景画像をボックスの真ん中に表示したい

 **利用シーン** 繰り返さない背景画像を、ボックスの特定の位置に配置するとき

要素／プロパティ

CSSプロパティ

background: url(画像のパス) center center no-repeat;
—— 背景画像をボックスの中央に配置する ▶▶095

background-image: url(背景画像のパス); —— 要素の背景画像を設定する ▶▶095
background-position: center center; —— 背景画像を中央に配置する ▶▶095
background-repeat: no-repeat; —— 背景画像を繰り返さない

背景画像をボックスの中央に配置するには、backgroundプロパティ、もしくはbackground-positionプロパティを使用します。background-positionプロパティの設定方法は ▶▶095 で説明していますが、背景画像をボックスの中央に配置することに限っていえば、値は「center center」にします※。

サンプルではbackground-positionプロパティを使っていますが、backgroundプロパティを使って一括で書くこともできます。

※ 実際には次の書き方でも中央に配置されます。どれでも好きなものを使ってかまいません（値のみ）。
・background-position: left 50％ top 50％;
・background-position: 50％ 50％;
・background-position: 50％;

● **書式** 背景画像、位置、繰り返しを一括で指定

```
background: url(../assets/bg.png) center center no-repeat;
```

■HTML

102/index.html

```
<div class="box">
  早割ポイント3倍 <br>
  キャンペーン中!
</div>
```

■CSS

```
.box {
    中略
    background: url(../assets/bg.png) no-repeat;
    background-size: 221px 209px;
    background-position: center center;
}
```

▼ ブラウザ表示（左:スマホ、右:PC）

background-positionの値の省略

background-positionの値は省略可能です。値が4つあって、いちいち書くのが面倒なのでよく省略します。省略しない正式な書式を確認します。

● 書式　background-positionの正式な書式

background-position: left/center/right 距離 top/center/bottom 距離；

▶「距離」が「0」のとき
横方向、縦方向とも、距離が「0」のとき、値を省略できます。サンプルでも「center center」と書いていましたが、これは距離を省略したからです。たとえば、画像を右下に配置したいなら次のように書けます。

248

背景画像をボックスの真ん中に表示したい

● **書式**　背景画像を右下に配置する

```
background-position: right bottom;
```

▶「left top」のとき
起点が「left top」のとき、これらのキーワードを省略できます。

● **書式**　左から40px、上から30pxに配置する

```
background-position: left 40px top 30px;
↓
background-position: 40px 30px;
```

● **書式**　× これは動作しない

```
background-position: 40px bottom 30px;
```

キーワードを省略できるのは「left top」のときのみです。「left bottom」でleftだけ省略するなどはできません。

▶「left top」で、距離が同じとき
起点が「left top」で、かつ距離が同じとき、値をひとつだけにできます。

● **書式**　左から40％、上から40％に配置する

```
background-position: left 40% top 40%;
↓
background-position: 40% 40%;
↓
background-position: 40%;
```

慣れないうちは省略する必要はありません。ただ、人が書いたソースコードなどを見るときは、省略形を知っていると役に立ちます。

▶「left top」で、距離が「0」
起点が「left top」で、かつ距離が「0」なのはbackground-positionのデフォルト値です。完全に省略できます。

背景画像の表示位置を数値で指定したい

利用シーン **位置を細かく指定して背景画像を配置したいとき**

要素 / プロパティ

CSSプロパティ

background: url(画像のパス) 横方向の位置 縦方向の位置 no-repeat;
—— 背景画像をボックスの中央に配置する ▶▶095

background-image: url(背景画像のパス); —— 要素の背景画像を設定する ▶▶095
background-position: 横方向の位置 縦方向の位置; —— 背景の位置を設定する ▶▶095
background-repeat: no-repeat; —— 背景画像を繰り返さない

　背景画像の表示位置を細かく指定する、具体的な使用例を見てみましょう。サンプルではボックスの左から40px、上から30pxの位置に背景画像を表示しています。

■HTML　　　　　　103/index.html

```
<div class="box">
 <h1>Gift Selections</h1>
 <p>ギフトにぴったりの商品を、年齢別、
シーン別にご紹介。</p>
 <p>誕生日、アニバーサリー、 中略 </p>
</div>
```

▼ ブラウザ表示

■CSS　　　　　　103/css/style.css

```
.box {
 中略
 background: #1B90AA url(../assets/
bg.png) no-repeat; ——— ※
 background-size: 104px 108px;
 background-position: left 40px top
30px;
 中略
}
```

※ CSS記述上の少し細かい話になりますが、複数の背景（画像、色）を適用したいときは、原則としてそれぞれの背景の設定を「,」で区切って指定します。▶▶105 しかし、背景画像をひとつしか使わない場合は、backgroundプロパティで背景色と背景画像を一括指定できます。

104 ボックスに合わせて背景画像を伸縮させたい

利用シーン
●ボックス全体を覆うように背景画像のサイズを調整したいとき
●背景画像全体が映るようにサイズを調整したいとき

要素/プロパティ

CSSプロパティ

background-size: cover または contain; —— 背景画像の表示サイズを設定する

background: url(画像のパス) 横方向の位置 縦方向の位置 no-repeat;
—— 背景画像の位置を細かく指定して配置する ▶▶095

background-image: url(背景画像のパス); —— 要素の背景画像を設定する ▶▶095

background-repeat: no-repeat; —— 背景画像を繰り返さない ▶▶095

▶▶096 では、background-sizeプロパティを使って背景画像のサイズを指定して表示しました。

このプロパティには別の使い方があります。ボックスのサイズに合わせて画像を伸縮させることもできるのです。

ボックスのサイズに合わせて画像を伸縮させるときは、次のふたつの値のいずれかを指定します。

• background-size: cover; —— ボックス全体を覆うサイズで背景画像を表示する。この場合、画像が一部切りとられるかもしれない

• background-size: contain; —— 画像全体が表示されるサイズに縮小する。この場合、ボックスの一部が塗りつぶされないかもしれない

それぞれの値のときにどのように表示されるか、サンプルを見てみましょう。元の画像は1920×1280pxの大きな画像です。この画像を、<div class="box cover">、および<div class="box contain">の背景画像に使用します。ちなみに、このふたつのボックスの最大幅は1000pxで伸縮します。高さは300px固定です。

■HTML   104/index.html

```
<p>元の画像（1920px × 1280px、幅最大300pxで表示）</p>
<div class="original">
  <img src="assets/photo.jpg" alt="" width="1920" height="1280">
</div>
```

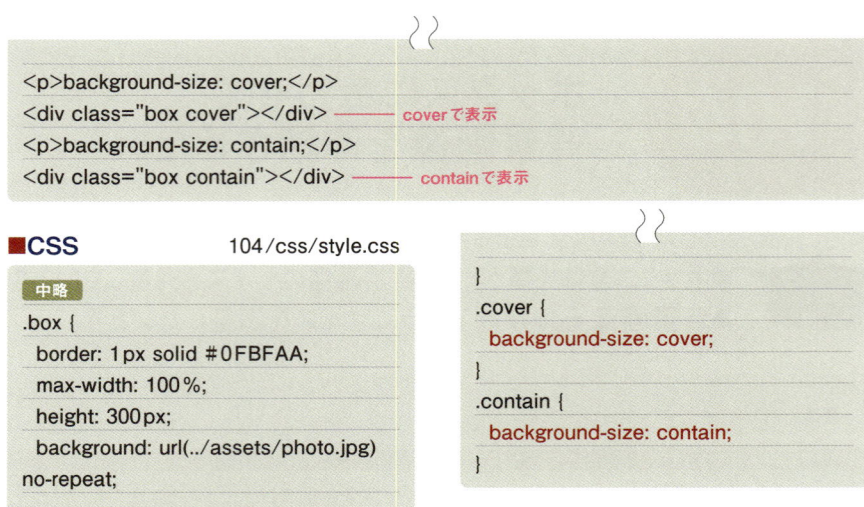

```
<p>background-size: cover;</p>
<div class="box cover"></div> ——— coverで表示
<p>background-size: contain;</p>
<div class="box contain"></div> ——— containで表示
```

■CSS　　　　　104/css/style.css

```
中略
.box {
  border: 1px solid #0FBFAA;
  max-width: 100%;
  height: 300px;
  background: url(../assets/photo.jpg)
no-repeat;
```

```
}
.cover {
  background-size: cover;
}
.contain {
  background-size: contain;
}
```

▼ ブラウザ表示

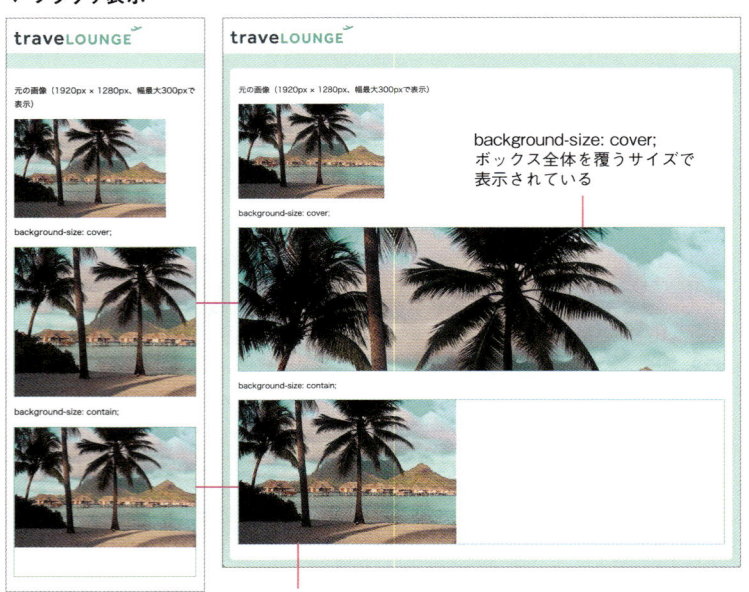

background-size: cover;
ボックス全体を覆うサイズで
表示されている

background-size: contain;
画像全体が表示される。ボックスの一部に塗りつぶされない場所ができる

　coverとcontainの表示の違いがわかります。ブラウザのウィンドウ幅を縮めたり、スマートフォンプレビューでも確認してみてください。ボックスのサイズが変わるのに連動して、背景サイズも変化することがわかります。
　background-sizeは、現代的なWebデザインでよく使うプロパティです。特性をマスターしておくと役に立ちます。

252

105 複数の背景画像を使いたい

利用シーン
ボックスに複数の背景を適用して、より複雑なイメージを作成したいとき

要素/プロパティ

CSSプロパティ

background: 背景の設定; ── 要素の背景を設定する ▶▶094

background-size: 幅 高さ; ── 背景画像の表示サイズを指定する ▶▶096

background-position: 横方向の位置 縦方向の位置; ── 背景画像の位置を設定する ▶▶095

background-repeat: 背景画像の繰り返し; ── 背景画像の繰り返しを設定する ▶▶095

　ひとつの要素に複数の背景（画像、色）を適用して、重ねて表示できます。複数の背景を使用する際は、backgroundプロパティ、または背景を設定する各種プロパティに、「,」で区切って複数の値を指定します。

　複数の背景を指定すると、先に指定されたものほど上に重なるように表示されます。そのため、ボックス全体を塗りつぶす背景色は必ず最後に指定します。

　サンプルでは<div class="box">の背景画像に、「assets」フォルダにある「birds.gif」（アニメーションGIF）と「lake.jpg」を指定しています。それぞれの画像の位置、サイズを調整して、どちらも繰り返さない設定で表示しています。

　背景色も指定していますが、ほとんど見えません。

■HTML
105/index.html

```html
<div class="box"></div>
```

■CSS
105/css/style.css

```css
.box {
  border: 1px solid #0FBFAA;
  width: 100%;
  height: 600px;
```

```
background:
  url(../assets/birds.gif) left 0 top -100px,
  url(../assets/lake.jpg),
  #0FBFAA;

background-repeat: no-repeat, no-repeat;
background-size: contain, cover;
}
```

▼ ブラウザ表示（左：スマホ、右：PC）

複数背景を指定するCSSの書き方

複数の背景を指定すると、値がどうしても横に長くなってしまいます。横に長くなって読みづらいと思ったら、「:」や「,」の後ろで改行してかまいません。

また、サンプルではbackgroundプロパティで個々の画像のURLと位置を一括で指定し、それ以外の、繰り返しと表示サイズを個別のプロパティで設定しています。個別のプロパティを使用するときも値を「,」で区切り、背景画像を指定したのと同じ順序で値を設定します。

● CSS　　　　　個別のプロパティの値はURLと同じ順序で書く（一部省略）

```
background:
  url(../assets/birds.gif),
  url(../assets/lake.jpg),
/* 以下はbirds.gif、lake.jpgの順に適用される */
background-repeat: no-repeat, no-repeat;
background-size: contain, cover;
```

106 ボックスを角丸四角形にしたい

利用シーン　ボーダー、もしくは背景画像・背景色が適用されているボックスの四辺の角を丸くしたいとき

要素／プロパティ

CSSプロパティ

border-radius: 角丸の半径；　──ボックスの角を丸くする

　ボックスの角を丸くするにはborder-radiusプロパティを使います。値には角の丸さの半径を指定します。値をひとつだけ指定すると、ボックスの四辺が同じように丸くなります。
　サンプルでは<div class="hotel-list">の四辺を半径12pxの円に丸めています。

■HTML

106／index.html

```
<div class="hotel-list">
  <div class="thumb">
    <img src="assets/photo.webp" alt="" width="960" height="641">
  </div>
  <p>カラフルな住宅が並ぶイタリアの風景</p>
</div>
```

■CSS

106／css/style.css

```
.hotel-list {
  border-radius: 12px;
  padding: 12px;
  max-width: 480px;
  background-color: #FFF;

  p {
    margin-top: 0.5rem;
    margin-bottom: 0;
    font-size: 0.875rem;
  }
}
```

▼ ブラウザ表示

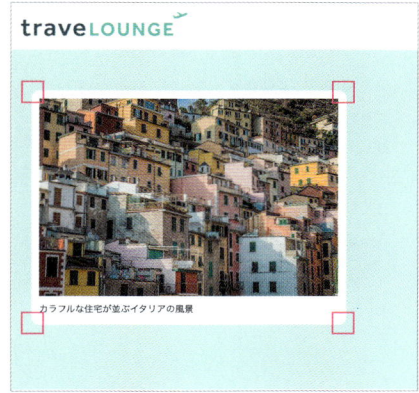

107 ボックスの上半分だけ角を丸くしたい

利用シーン タブのような、ボックスの上半分の角が丸くなっている
形状を作りたいとき

要素/プロパティ

CSSプロパティ

border-radius: 左上 右上 右下 左下；
—— ボックスの角の丸さをひとつずつ設定する

ボックスの角の丸みはひとつずつ個別に設定できます。個別に設定する場合は、角の半径を左上から時計回りに、半角スペースで区切って4つ指定します。marginプロパティ、paddingプロパティ同様、値の省略もできます。

border-radiusの値と角の関係

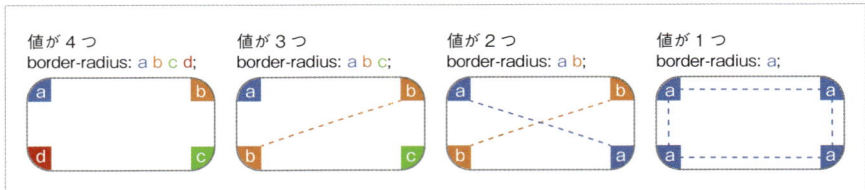

値が4つ
border-radius: a b c d;

値が3つ
border-radius: a b c;

値が2つ
border-radius: a b;

値が1つ
border-radius: a;

サンプルでは左上と右上の角を半径12px、右下と左下の角を0pxにして、上部が丸い四角形にしています。HTMLは前節と同じなので、CSSだけ掲載します。

■CSS　　　　107/css/style.css

```
.hotel-list {
  border-radius: 12px 12px 0 0;
  padding: 12px;
  max-width: 480px;
  background-color: #FFF;

  p {
    margin-top: 0.5rem;
    margin-bottom: 0;
    font-size: 0.875rem;
  }
}
```

▼ ブラウザ表示

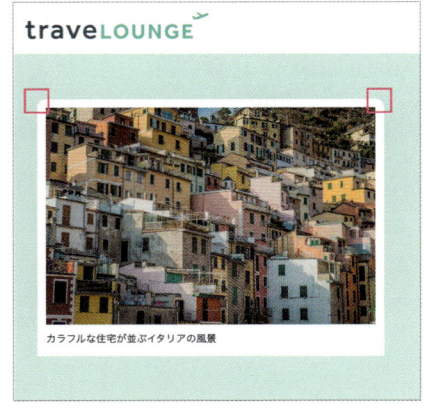

カラフルな住宅が並ぶイタリアの風景

108 ボックス全体を半透明に したい

利用シーン　ボックス全体を常時半透明にしたいとき。とくに「いまはクリックできない・利用できない」状態を表現するのに効果的

要素/プロパティ

CSSプロパティ

opacity: 透明度 ; ── 要素の透明度を設定する ▶▶056

▶▶056 では、マウスがホバーしたときにテキストや画像を半透明にする例を紹介しましたが、ボックス全体を半透明にすることもできます。
　サンプルでは、\<div class="hotel-list"> にopacityプロパティを適用しています。中身のコンテンツごとボックスが半透明になります。

■HTML

108/index.html

```
<div class="hotel-list">
  <div class="thumb">
    <img src="assets/photo.webp" alt="" width="960" height="641">
  </div>
  <p>イタリアのホテル：現在ご予約は承っておりません。</p>
</div>
```

■CSS

108/css/style.css

```
.hotel-list {
  border-radius: 12px;
  padding: 12px;
  max-width: 480px;
  background-color: #FFF;
  opacity: 0.5;
  中略
}
```

▼ ブラウザ表示

257

109

ボックスにドロップシャドウをかけたい

 **利用シーン** **ボックスを目立たせるために、周囲に影を落としたい**

要素/プロパティ

CSSプロパティ

box-shadow: 影の設定；
———ドロップシャドウをかける

box-shadowプロパティを使うと、ボックスに影（ドロップシャドウ）をかけて、浮き上がったような視覚的効果をつけることができます。box-shadowは比較的よく使われるプロパティで、少し複雑ですが値の設定方法を説明します。

box-shadowプロパティの書式は次のようになっています。

● **書式** ボックスにドロップシャドウをかける

> box-shadow: a（横方向のずれ）b（縦方向のずれ）c（ぼかし量）d（拡張量）e（色）；

a・b ― 横方向のずれ・縦方向のずれ

box-shadowプロパティのはじめのふたつの値には影をずらす量を、横方向、縦方向の順に半角スペースで区切って指定します。一般的に単位は「px」を使用します。

c ― ぼかし量

3番目の値は「影のぼかし量」です。この値も一般的に単位は「px」で指定します。この値の数値が大きいほど、ぼんやりとした影が、小さいほどはっきりした影が落ちるようになります。この値が「0」のとき、影はまったくぼやけません。

d ― 拡張量

4番目の値は「スプレッド」といい、「ボックスよりもどれだけ影を大きくするか」を指定します。「拡張量」に指定する数値の分だけ、ボックスよりも大きい影になります。

e ― 色

5番目の値には影の色を指定します。サンプルではrgb()を使用していますが、16進数やカラーキーワードなどでも指定できます。

box-shadowプロパティの値の設定

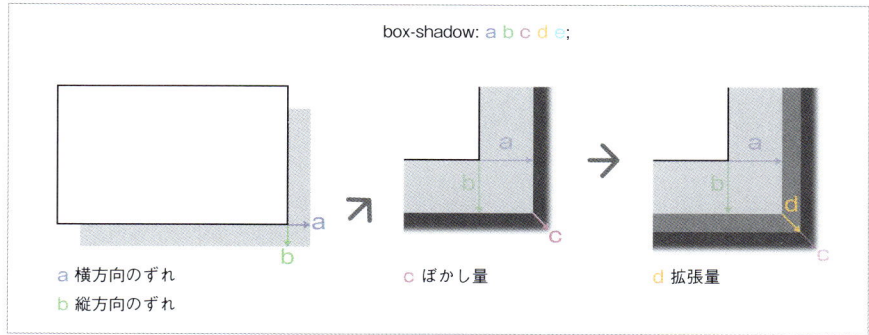

box-shadow: a b c d e;

a 横方向のずれ
b 縦方向のずれ
c ぼかし量
d 拡張量

サンプルでは<div class="hotel-list">にドロップシャドウをかけています。影の色は黒で、透明度25％（0.25）にしています。

■**HTML**　　　　　　　109／index.html

```
<div class="hotel-list">
  <div class="thumb">
    <img src="assets/photo.webp" alt=""
width="960" height="641">
  </div>
  <p>カラフルな住宅が並ぶイタリアの風景</p>
</div>
```

■**CSS**　　　　　　　109／css/style.css

```
.hotel-list {
  border-radius: 12px;
  padding: 12px;
  max-width: 480px;
  background-color: #FFF;
  box-shadow: 0 0 6px 2px rgb(0 0 0 / 0.25);
  中略
}
```

▼ ブラウザ表示

110

ボックスの内側にシャドウを つけたい

🍲 利用シーン ボックスの内側に影をつけて、へこんだように見せたいとき

要素/プロパティ

CSSプロパティ

box-shadow: inset 影の設定；

━━ ボックスの内側に影を落とす ▶ 109

　box-shadowの値の先頭に「inset」という キーワードをつけると、ボックスの内側にドロッ プシャドウをかけて、へこんだように見せること ができます。そのほかの値は、ボックスの外側 につけるドロップシャドウのときと同じです。

　サンプルでは<div class="hotel-list">の 内側にドロップシャドウをかけています。 HTMLは前節と同じなのでCSSだけ掲載しま す。

■CSS　　　　　110/css/style.css

```
.hotel-list {
  border-radius: 12px;
  padding: 12px;
  max-width: 480px;
  background-color: #FFF;
  box-shadow: inset 0 0 6px 2px rgb(0
0 0 / 0.5);
  中略
}
```

▼ ブラウザ表示

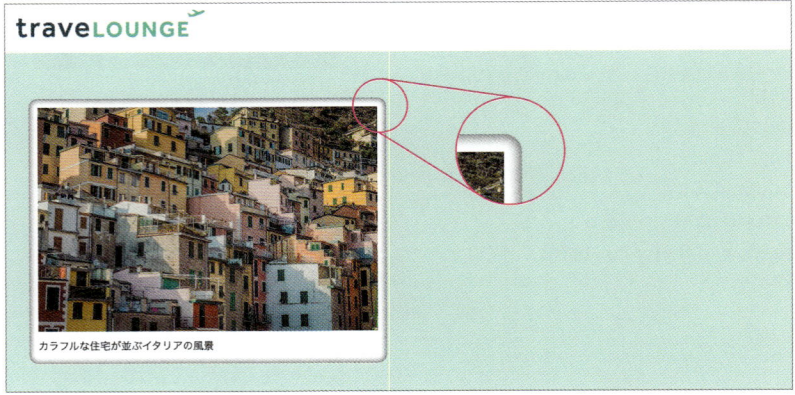

カラフルな住宅が並ぶイタリアの風景

テーブルの
デザインテクニック

テーブルは一般的なWebサイトではあまり使われませんが、Webアプリケーションでは多用します。本章ではWebアプリケーションで使われることを想定したデザインのテーブルを中心に、多数のHTML/CSSテクニックを紹介します。

Chapter 6

111 テーブルの基本的な HTMLコードを知りたい

🍲 利用シーン **テーブル（表）を作成したいとき**

要素/プロパティ

HTML

\<table\> 〜 \</table\>
—— テーブルの親要素

\<tr\> 〜 \</tr\>
—— テーブル行

\<td\> 〜 \</td\>
—— テーブルセル

\<th\> 〜 \</th\>
—— 見出しセル

　テーブルのHTMLには決まりきったパターンがあります。そのパターンを一度覚えてしまえば、あとはどんなテーブルでも作成できます。

　テーブルの作成はまず、全体を\<table\> 〜 \</table\>タグで囲みます。さらに、テーブル行を\<tr\> 〜 \</tr\>で作成し、そのなかに必要な数だけテーブルセル（列）の\<td\> 〜 \</td\>を挿入します。見出しセルを作る場合は\<td\>タグの代わりに\<th\>タグを使用します。

　\<tr\> 〜 \</tr\>の各行には、原則として同じ数のセルを作ります。行によってセルの数が違うと列が揃わなくなるので、うまくテーブルが表示されなくなります。

　サンプルでは11行7列、1行目が見出しになっているテーブルを作成します。コードは長いので一部省略しています。

テーブルの基本構造

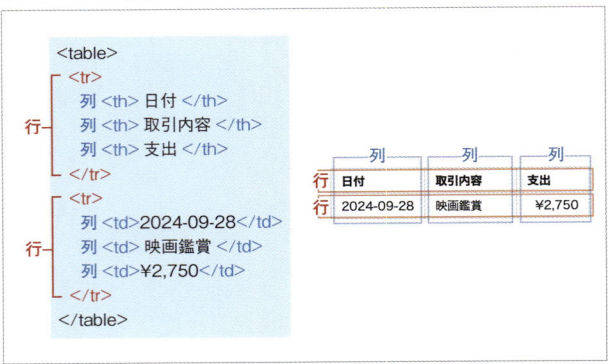

```
<table>
  <tr>
    <th>日付</th>
    <th>取引内容</th>
    <th>支出</th>
    <th>収入</th>
    <th>残額</th>
    <th>メモ</th>
    <th>メモを編集</th>
  </tr>
  <tr>
    <td>2024-09-28</td>
    <td>映画鑑賞</td>
    <td>¥2,750</td>
    <td> </td>
    <td>¥641,583</td>
    <td> </td>
    <td><span><img src="assets/edit.svg" alt="" width="16" height="16"></span>
</td> ——— セルにアイコン画像を挿入
  </tr>
  中略
</table>
```

▼ ブラウザ表示

☑ ZonePact

日付	取引内容	支出	収入	残額	メモ	メモを編集
2024-09-28	映画鑑賞	¥2,750		¥641,583		✎
2024-09-29	家電購入	¥38,500		¥603,083		✎
2024-09-29	交通費	¥3,200		¥599,883	タクシー代	✎
2024-09-30	給料		¥383,200	¥983,083	9月度	✎
2024-09-30	外食	¥7,200		¥975,883		✎
2024-09-30	書籍購入	¥3,000		¥972,883		✎
2024-10-01	エブリマート	¥5,000		¥967,883	食料品	✎
2024-10-01	通信費	¥4,290		¥963,593		✎
2024-10-02	医療費	¥6,600		¥956,993	歯科診療	✎
2024-10-03	家賃	¥98,000		¥858,993	10月分	✎

Chap **6**

テーブルのデザインテクニック

112 テーブルに標準的な罫線をつけたい

 **利用シーン** テーブルを作成するときにはほぼ毎回使用する必須のCSS

要素/プロパティ

HTML

`<table>〜</table>`
—— テーブルの親要素

`<td>〜</td>`
—— テーブルセル

`<tr>〜</tr>`
—— テーブル行

`<th>〜</th>`
—— 見出しセル

CSSプロパティ

`border-collapse: collapse;`
—— セルとセルの間の罫線を1本にする

`border: 太さ 形状 色;`
—— 要素のボックスにボーダーを引く ▶▶082

　前節のサンプルの表示を見るとわかりますが、テーブルはCSSを適用しない限り罫線も引かれません。せめて罫線くらいは引きたいので、テーブルを作成するときにはほぼ毎回適用するCSSがあります。そのひとつが、`<table>`に適用する「border-collapse」プロパティです。

　border-collapseプロパティは、「セルとセルの間の罫線を1本にするか、それともセルごとにボーダーラインを引くか」を決めます。セルとセルの間の罫線を1本にするなら、値を「collapse」にします。セルごとにボーダーラインを引く場合は、値を「separate」(デフォルト値)にします。

「border-collapse: collapse;」と「separate」の違い

border-collapse: collapse;

日付	取引内容	支出
2024-09-28	映画鑑賞	¥2,750
2024-09-29	家電購入	¥38,500
2024-09-29	交通費	¥3,200

border-collapse: separate;

日付	取引内容	支出
2024-09-28	映画鑑賞	¥2,750
2024-09-29	家電購入	¥38,500
2024-09-29	交通費	¥3,200

　テーブルに罫線を引くには、`<td>`または`<th>`にborderプロパティを適用します。

■HTML

112/index.html

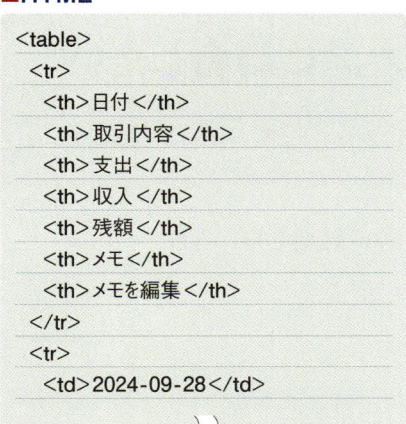

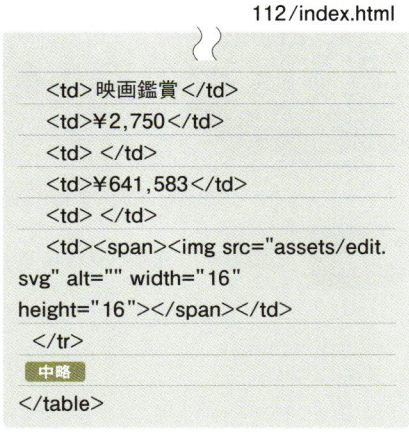

■CSS

112/css/style.css

```
table {          ——— <table>に適用
  border-collapse: collapse;
  font-size: 0.875rem;

  th, td {          ——— テーブルセルに適用
    border: 1px solid #D9D9D9;
  }
}
```

▼ ブラウザ表示

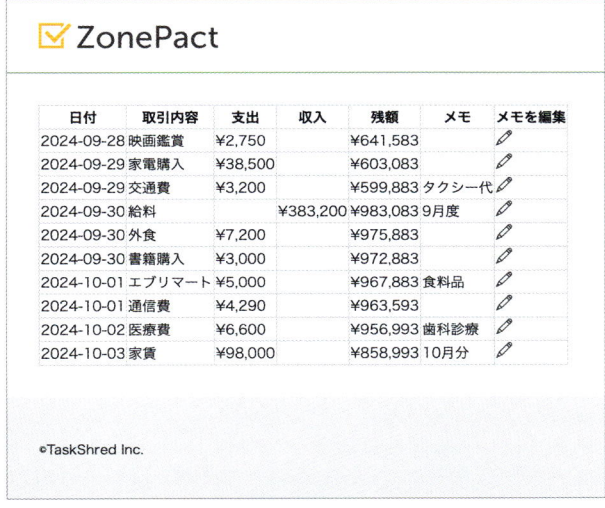

Chap **6**

テーブルのデザインテクニック

113 セルを横方向に結合したい

 **利用シーン** 隣りあう複数のセルを横方向に結合したいとき

要素 / プロパティ

`HTML`

`<td colspan=" 結合するセルの数 ">～</td>` ────── セルを横方向に結合する

　`<td>`または`<th>`にcolspan属性を追加すると、セルを横方向に結合できます。colspan属性の値には結合するセルの数を指定します。セルを結合したときは、その分セルを減らす必要があることにも注意が必要です。

　サンプルでは、テーブル1行目のHTMLから、7列分ある`<th>`の最後のセルを削除して6列にし、6列目に「colspan="2"」を追加しています。

■HTML

113/index.html

```
<table>
 <tr>
  <th>日付</th>
  <th>取引内容</th>
  <th>支出</th>
  <th>収入</th>
  <th>残額</th>
  <th colspan="2">メモ</th>        ← セルが6個
 </tr>
 <tr>
  <td>2024-09-28</td>
```

```
  <td>映画鑑賞</td>
  <td>¥2,750</td>
  <td> </td>
  <td>¥641,583</td>
  <td> </td>
  <td><span><img src="assets/edit.
svg" alt="" width="16"
height="16"></span></td>
 </tr>                           ← 2行目以降はセル7個
      中略
</table>
```

▼ ブラウザ表示

日付	取引内容	支出	収入	残額	メモ
2024-09-28	映画鑑賞	¥2,750		¥641,583	✏
2024-09-29	家電購入	¥38,500		¥603,083	✏
2024-09-29	交通費	¥3,200		¥599,883	タクシー代 ✏

1行目の最後の列が結合

114 セルを縦方向に結合したい

利用シーン 隣りあう複数のセルを縦方向に結合したいとき

要素 / プロパティ

HTML

`<td rowspan="結合するセルの数">〜</td>`
──── セルを縦方向に結合する

　`<td>`または`<th>`にrowspan属性を追加すると、セルを縦方向に結合できます。rowspan属性の値には結合するセルの数を指定します。縦方向にセルを結合した場合は、結合する行からセルを減らす必要があります。もし手入力をするのであれば、かなり注意深い操作が必要になります。

　サンプルでは、3行目〜5行目（3行分）、6行目と7行目（2行分）の第1列を縦方向に結合しています。

■HTML

114 / index.html

```
<table>
  中略
  <tr>
    <td>2024-09-28</td>
    <td>映画鑑賞</td>
    <td>¥2,750</td>
    <td> </td>                        ── 結合しない行。7列（セル7個）
    <td>¥641,583</td>
    <td> </td>
    <td><span> 中略 </span></td>
  </tr>
  中略
  <tr>
    <td rowspan="3">2024-09-29</td>       ── ここから3行結合
```

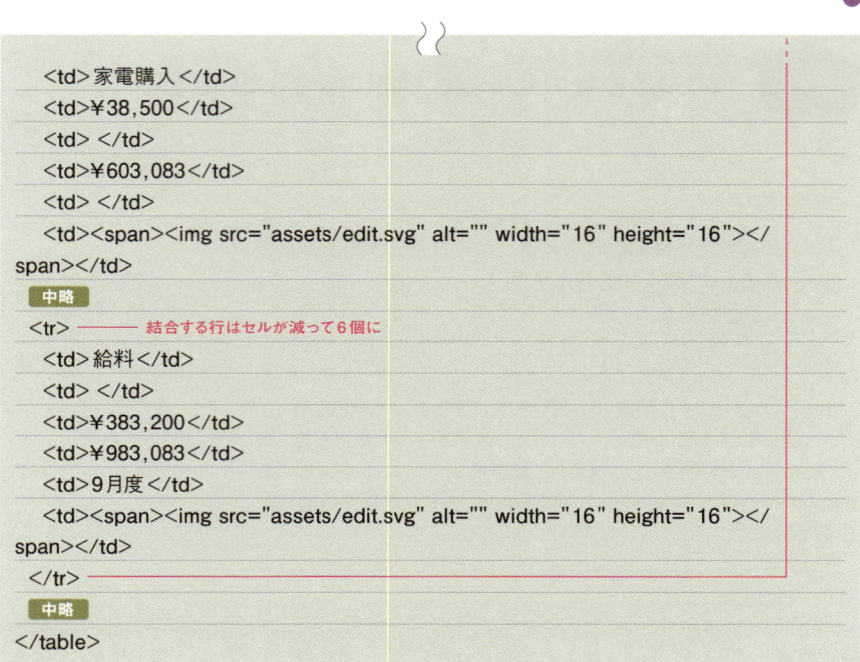

```
            <td>家電購入 </td>
            <td>¥38,500</td>
            <td> </td>
            <td>¥603,083</td>
            <td> </td>
            <td><span><img src="assets/edit.svg" alt="" width="16" height="16"></
span></td>
```
中略
```
        <tr>        ——— 結合する行はセルが減って6個に
            <td>給料 </td>
            <td> </td>
            <td>¥383,200</td>
            <td>¥983,083</td>
            <td>9月度 </td>
            <td><span><img src="assets/edit.svg" alt="" width="16" height="16"></
span></td>
        </tr>
```
中略
```
    </table>
```

▼ ブラウザ表示

日付	取引内容	支出	収入	残額	メモ	
2024-09-28	映画鑑賞	¥2,750		¥641,583		✎
2024-09-29	家電購入	¥38,500		¥603,083		✎
	交通費	¥3,200		¥599,883	タクシー代	✎
	給料		¥383,200	¥983,083	9月度	✎
2024-09-30	外食	¥7,200		¥975,883		✎
	書籍購入	¥3,000		¥972,883		✎
2024-10-01	エブリマート	¥5,000		¥967,883	食料品	✎
2024-10-02	通信費	¥4,290		¥963,593		✎
2024-10-03	医療費	¥6,600		¥956,993	歯科診療	✎
2024-10-04	家賃	¥98,000		¥858,993	10月分	✎

3〜5行目、6〜7行目第1列が結合

115 テーブル行をヘッダー、ボディ、フッターに分けたい

 利用シーン

●役割に合わせてテーブル行をグループ化したいとき
●効率的にテーブルのCSSを適用したいとき

要素 / プロパティ

HTML

<thead> ～ </thead> ━━━ テーブルのヘッダー行
<tbody> ～ </tbody> ━━━ テーブルのボディ行
<tfoot> ～ </tfoot> ━━━ テーブルのフッター行

　テーブルのヘッダー行を<thead>、ボディ行(データ行)を<tbody>、フッター行を<tfoot>で囲んで、グループ化できます。

　これらのタグを使用しても即座にテーブルのスタイルが変わることはありません。その代わり、ヘッダーやフッターがグループ化されることでCSSが適用しやすくなりますし、HTMLコードも読みやすくなります。

　サンプルではこれらのタグを使ってテーブルをヘッダー行、ボディ行、フッター行に分け、CSSでヘッダー行に背景色をつけています。

■HTML
115/index.html

```
<table>
 <thead>
  <tr>
   <th>日付</th>
   <th>取引内容</th>
    中略
  </tr>
 </thead>
 <tbody>
  <tr>
   <td>2024-09-28</td>
   <td>映画鑑賞</td>
```

```
    中略
   </tr>
    中略
 </tbody>
 <tfoot>
  <tr>
   <td>期間計</td>
   <td> </td>
    中略
  </tr>
 </tfoot>
</table>
```

■CSS

115/css/style.css

```css
table {
  border-collapse: collapse;

  th, td {
    border: 1px solid #D9D9D9;
  }
  thead {
    background: #FFCB14;

  }
}
```

▼ ブラウザ表示

	日付	取引内容	支出	収入	残額	メモ	
`<thead>`							
	2024-09-28	映画鑑賞	¥2,750		¥641,583		
	2024-09-29	家電購入	¥38,500		¥603,083		
	2024-09-29	交通費	¥3,200		¥599,883	タクシー代	
	2024-09-30	給料		¥383,200	¥983,083	9月度	
`<tbody>`	2024-09-30	外食	¥7,200		¥975,883		
	2024-09-30	書籍購入	¥3,000		¥972,883		
	2024-10-01	エブリマート	¥5,000		¥967,883	食料品	
	2024-10-01	通信費	¥4,290		¥963,593		
	2024-10-02	医療費	¥6,600		¥956,993	歯科診療	
	2024-10-03	家賃	¥98,000		¥858,993	10月分	
`<tfoot>`	期間計		¥168,540	¥383,200	¥858,993	10月分	

270

116 テーブルにキャプションをつけたい

 利用シーン
- ●テーブルにキャプションをつけるとき
- ●アクセシビリティを向上させたいとき

要素/プロパティ

HTML

`<caption>～</caption>` ━━━ テーブルのキャプション

テーブルにキャプションをつけたいときは、`<table>～</table>` の1行目（コメントを除く）に `<caption>` を追加します。`<caption>～</caption>` のなかにはテキストだけでなく、ほかの要素を含めることができます。CSSも適用できます。

サンプルではテーブル上部にキャプションを追加し、マージンなどを調整しています。

■**HTML** 116/index.html

```html
<table>
 <caption>2024-09-28～2024-10-03
収支明細</caption>
 <thead>
  <tr>
   <th>日付</th>
   <th>取引内容</th>
   中略
 </tfoot>
</table>
```

■**CSS** 116/css/style.css

```css
table {
  border-collapse: collapse;
  font-size: 0.875rem;

  caption {
    margin: 1em 0;
    font-weight: bold;
  }
  th, td {
    border: 1px solid #D9D9D9;
  }
}
```

▼ ブラウザ表示

日付	取引内容	支出	収入	残額	メモ	
2024-09-28	映画鑑賞	¥2,750		¥641,583		✎
2024-09-29	家電購入	¥38,500		¥603,083		✎
2024-09-29	交通費	¥3,200		¥599,883	タクシー代	✎

2024-09-28～2024-10-03 収支明細

Chap 6 テーブルのデザインテクニック

271

■キャプションをテーブルの下部に表示するには

キャプションをテーブル下部に表示するには、<caption>に適用されるスタイルに「caption-side: bottom;」を追加します。このcaption-sideは<caption>専用のプロパティで、キャプションをテーブル上部に表示するか、下部に表示するかを設定します。

●**HTML**　　　　　　　　　　　　　　　　　　　　116/caption-side.html

```
<table>
  <caption>2024-09-28～2024-10-03 収支明細</caption> ——— <caption>は必ず1行目
  中略
```

●**CSS**　　　　　　　　　　　　　　　　　　　116/css/caption-side.css

```
table {
  中略
  caption {
    caption-side: bottom;
    margin: 1em 0;
    font-weight: bold;
  }
  中略
}
```

キャプションがテーブル下部に表示される

2024-10-01	通信費	¥4,290		¥963,593		✎
2024-10-02	医療費	¥6,600		¥956,993	歯科診療	✎
2024-10-03	家賃	¥98,000		¥858,993	10月分	✎
期間計		¥168,540	¥383,200	¥858,993	10月分	✎

→ **2024-09-28～2024-10-03 収支明細**

<caption>はアクセシビリティを向上させるのに有効

おもに視覚障害者が使用する、画面上のテキストを音声で読み上げる「スクリーンリーダー」というアプリやOSの機能があります。このスクリーンリーダーは、テーブルのセルを左上から順に読み上げます。しかし、キャプションがないとそれが何のテーブルなのか、音声を聞いているだけではなかなかわかりません。

しかし、キャプションがあればテーブルの意味がすぐにわかるので、内容が理解しやすくなります。アクセシビリティ※を向上させる対策としては簡単なので、可能な限り<caption>は使ったほうがよいでしょう。

※ 健常者でも、障害者でも、高齢者でも、誰でも等しく情報を得たり、操作できるように配慮すること。

117 セル内のテキストの行揃えを変更したい

利用シーン
- ●見出しセル（<th>）や通常セル（<td>）の横方向の行揃えを変更するとき
- ●セルの縦方向の行揃えを変更するとき

要素/プロパティ

CSSセレクタ

E:nth-child(n)
セレクタEで選択される要素のうち、n番目の兄弟要素を選択する

CSSプロパティ

text-align: 行揃え;
テキストの行揃えを変更する **▶▶033**

vertical-align: キーワードまたは数値;
セルの縦方向の行揃えを変更する

　テーブルのセルには、デフォルトCSSで行揃えがあらかじめ設定されています。見出しセルの<th>の場合は、横方向には「中央揃え」、縦方向には「上下中央揃え」に設定されています。また、通常セルの<td>は、それぞれ左揃え、上下中央揃えに設定されています。

　セルに含まれるテキストの行揃えを変更するには、横方向には「text-align」プロパティ、縦方向には「vertical-align」プロパティを使用します。

　サンプルでは、1行目の<th>（見出しセル）を左揃えに、2行目以降の<td>のうち値段が入っているセル（class属性が「account」）を右揃えにします。また、日付が入っている1列目のセルを上端揃えにします。なお、本節のサンプル以降、<table>にクラス（record）を追加し、個別のテーブルに特有のスタイルだけ分けて記述します。

■HTML　　　　　　　　117/index.html

```
<table class="record">
 <thead>
  <tr>
   <th>日付</th>
   <th>取引内容</th>
   <th>支出</th>
   <th>収入</th>
   <th>残額</th>
```

■CSS　　　　　　　　117/css/style.css

```
table {
  border-collapse: collapse;
  font-size: 0.875rem;

  th, td {
    border: 1px solid #D9D9D9;
  }
}
```

```
      <th colspan="2">メモ</th>
    </tr>
  </thead>
  <tbody>
    <tr>
      <td>2024-09-28</td>
      <td>映画鑑賞</td>
      <td class="account">¥2,750</td>
      <td class="account"> </td>
      <td class="account">¥641,583</td>
      <td> </td>
      <td><span><img src="assets/edit.svg" alt="" width="16" height="16"></span></td>
    </tr>
    中略
  </tbody>
</table>
```

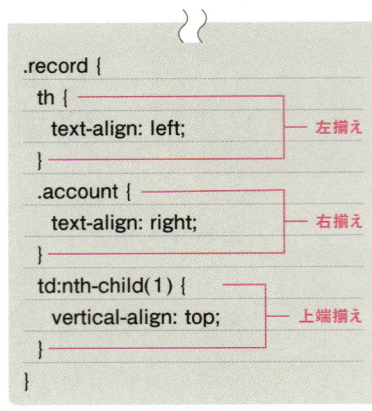

```
.record {
  th {                    ─── 左揃え
    text-align: left;
  }
  .account {              ─── 右揃え
    text-align: right;
  }
  td:nth-child(1) {       ─── 上端揃え
    vertical-align: top;
  }
}
```

▼ ブラウザ表示

左揃え ── / 上端揃え ──

日付	取引内容	支出	収入	残額	メモ	
2024-09-28	映画鑑賞	¥2,750		¥641,583		✎
2024-09-29	家電購入	¥38,500		¥603,083		✎
	交通費	¥3,200		¥599,883	タクシー代	✎
2024-09-30	給料		¥383,200	¥983,083	9月度	✎
2024-09-30	外食	¥7,200		¥975,883		✎
	書籍購入	¥3,000		¥972,883		✎
2024-10-01	エブリマート	¥5,000		¥967,883	食料品	✎
	通信費	¥4,290		¥963,593		✎
2024-10-02	医療費	¥6,600		¥956,993	歯科診療	✎
2024-10-03	家賃	¥98,000		¥858,993	10月分	✎

右揃え

■vertical-alignプロパティ

テーブルセルの垂直方向の行揃えを調整するには、<td>または<th>に、vertical-alignプロパティを適用します。

テーブルセルにvertical-alignプロパティを適用する場合には、右のキーワードが使えます。

vertical-alignプロパティに使用できる値

値	説明
top	上端揃え
middle	上下中央揃え
bottom	下端揃え

E:nth-child(n)とその仲間のセレクタ

今回のサンプルでは、テーブルの1列目の<td>を選択するのに「E:nth-child(n)」セレクタを使用しました。
このセレクタは、セレクタEで選択される兄弟要素のうち、n番目に出てくる要素を選択します。

サンプルのセレクタでは、.recordクラスに含まれるすべての<td>のうち、<tr>〜</tr>で囲まれる各子要素の1番目の<td>を選択します。

● CSS　　　　E:nth-child(n)のEの部分

```
.record td
```

「.record td:nth-child(1)」で選択される要素

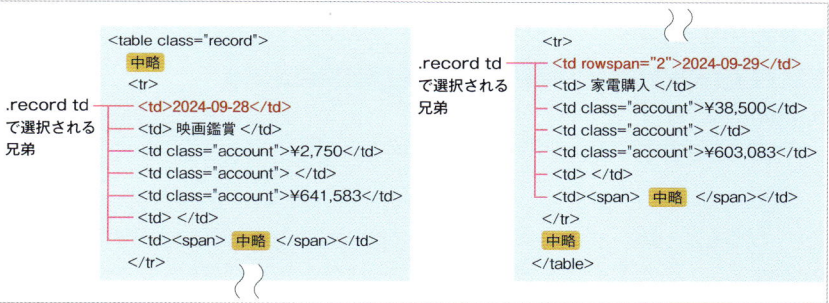

▶ 簡単な数式が使える

:nth-child(n)の()の部分は、今回のように数値でもかまいませんし、nを使った、掛け算と足し算の数式にすることもできます。nは、0、1、2、3……と、0以上の整数を指します。たとえば「3n+1」

● CSS　　　　li:nth-child(3n+1)

```
/* <li>の兄弟要素の1、4、7、10…番目を選択 */
li:nth-child(3n+1)
```

と書いたら、「3×n+1」、つまり「1、4、7、10……番目」の要素が選択されることになります。
要素は1からカウントされます。

数式でなく、「:nth-child(even)」「:nth-child(odd)」と、キーワードにすることも可能です。「even」の場合は偶数番目の兄弟要素、「odd」の場合は奇数番目の兄弟要素を取得します。

▶ :nth-last-child(n)

:nth-child(n)に似たセレクタがいくつかあります。そのうちのひとつ、「:nth-last-child(n)」は、最後の兄弟要素から数えてn番目の要素を取得します。▶▶120で使用します。

▶ :first-child、:last-child

「:first-child」というセレクタもあります。これは最初の兄弟要素を選択します。「:nth-child(1)」と書くのと同じです。▶▶173で使用します。
「:last-child」は最後の兄弟要素を選択します。「:nth-last-child(1)」と書くのと同じです。▶▶120で使用します。

Chap **6**

テーブルのデザインテクニック

118 セル内のコンテンツと罫線の間にスペースを作りたい

利用シーン **テーブルのレイアウトにゆとりを持たせたいとき**

要素/プロパティ

CSSプロパティ

padding: 上 右 下 左;
—— ボックスの周囲にパディングを設定する ▶▶084

　テーブルセルの罫線（ボーダー）とコンテンツの間にスペースを作るには、<th>もしくは<td>に
paddingプロパティを設定します。サンプルでは、すべてのセルの上下に4px、左右に12pxのパディングを設けています。

||| N o t e

テーブルのセルにマージンはない

テーブルに「border-collapse: collapse;」が設定されているとき
▶▶112 <tr>、<th>、<td>にマージン領域はありません。もちろん
marginプロパティも適用できません。

■HTML

118/index.html

```
<table class="record">
 <thead>
  <tr>
   <th>日付 </th>
   <th>取引内容 </th>
   <th>支出 </th>
   <th>収入 </th>
   <th>残額 </th>
   <th colspan="2">メモ</th>
  </tr>
 </thead>
 <tbody>
```

```
        <tr>
        <td>2024-09-28</td>
        <td>映画鑑賞</td>
        <td class="account">¥2,750</td>
        <td class="account"> </td>
        <td class="account">¥641,583</td>
        <td> </td>
        <td><span><img src="assets/edit.svg" alt="" width="16" height="16"></span>
</td>
        </tr>
        中略
      </tbody>
    </table>
```

■CSS

118/css/style.css

```
中略
.record {
  th, td {
    padding: 4px 12px;
  }
  th {
    text-align: left;
  }
  .account {
    text-align: right;
  }
}
```

▼ ブラウザ表示

日付	取引内容	支出	収入	残額	メモ	
2024-09-28	映画鑑賞	¥2,750		¥641,583		✎
2024-09-29	家電購入	¥38,500		¥603,083		✎
2024-09-29	交通費	¥3,200		¥599,883	タクシー代	✎
2024-09-30	給料		¥383,200	¥983,083	9月度	✎
2024-09-30	外食	¥7,200		¥975,883		✎
2024-09-30	書籍購入	¥3,000		¥972,883		✎
2024-10-01	エブリマート	¥5,000		¥967,883	食料品	✎
2024-10-01	通信費	¥4,290		¥963,593		✎
2024-10-02	医療費	¥6,600		¥956,993	歯科診療	✎
2024-10-03	家賃	¥98,000		¥858,993	10月分	✎

各セルにスペースが空き、ゆとりができた

利用シーン

●**テーブルの各行に下線だけを引きたいとき**
●**テーブルの各列に区切り線を引きたいとき**

要素 / プロパティ

CSSプロパティ

border-top: 太さ 形状 色;
　──ボックスの上辺に線を引く

border-bottom: 太さ 形状 色;
　──ボックスの下辺に線を引く

border-right: 太さ 形状 色;
　──ボックスの右辺に線を引く

border-left: 太さ 形状 色;
　──ボックスの左辺に線を引く

　テーブルの罫線の引き方のバリエーションを紹介します。セルの四辺を囲まず、各行に下線を引くには、\<th\>・\<td\>ではなく、\<tr\>にボーダーを適用します。HTMLは前節と同じなのでCSSだけ掲載します。

■CSS　　119/css/style.css

```
中略
.record {
  tr {
    border-bottom: 1px solid #D9D9D9;
  }
  th, td {
    padding: 8px 12px;
  }
  th {
    text-align: left;
  }
  .account {
    text-align: right;
  }
}
```

▼ ブラウザ表示

日付	取引内容	支出	収入
2024-09-28	映画鑑賞	¥2,750	
2024-09-29	家電購入	¥38,500	
2024-09-29	交通費	¥3,200	
2024-09-30	給料		¥383,200
2024-09-30	外食	¥7,200	
2024-09-30	書籍購入	¥3,000	
2024-10-01	エブリマート	¥5,000	
2024-10-01	通信費	¥4,290	
2024-10-02	医療費	¥6,600	
2024-10-03	家賃	¥98,000	

120

特定のセルの罫線を調整したい

利用シーン　部分的にセルの罫線を消したり、形状を変えたりしたいとき

要素/プロパティ

CSSセレクタ

:nth-last-child(n) ── 後ろから数えてn番目の兄弟要素にスタイルを適用 ▶▶117

:last-child ── 最後の兄弟要素を選択

　「すべての <th>・<td> の四辺にボーダーを引くけれども、最後の列だけ縦線を消したい」「最後の行だけ二重線にしたい」など、部分的に罫線を変えたいときには、セレクタを工夫して、狙った要素をうまく選択するのがポイントです。

　サンプルでは、各行の最後の <td> の左縦線、最後から2番目の <td> の右縦線を消して、ふたつのセルがつながっているように見せます。HTMLは前節と同じなので、CSSのみ掲載します。CSSコードでは、一度すべての <th>・<td> の四辺にボーダーを引き①、各行最後から2番目のセルの右縦線②、同じく最後の左縦線③を消しています。

■CSS 120/css/style.css

```
 中略 
.record {
 th, td {
  border: 1px solid #D9D9D9;  ──①
  padding: 4px 12px;
 }
 中略 
 td:nth-last-child(2) { ──②
  border-right: none;
 }
 td:last-child { ──③
  border-left: none;
 }
}
```

▼ ブラウザ表示

日付	取引内容	残額	メモ	↓
2024-09-28	映画鑑賞	¥641,583		✎
2024-09-29	家電購入	¥603,083		✎
2024-09-29	交通費	¥599,883	タクシー代	✎
2024-09-30	給料	¥983,083	9月度	✎
2024-09-30	外食	¥975,883		✎
2024-09-30	書籍購入	¥972,883		✎
2024-10-01	エブリマ	¥967,883	食料品	✎
2024-10-01	通信費	¥963,593		✎
2024-10-02	医療費	¥956,993	歯科診療	✎
2024-10-03	家賃	¥858,993	10月分	✎

矢印の部分の縦線が消えている

121 セル内のコンテンツを整列したい

利用シーン テーブルセル内で両端揃えをするなど、複雑なレイアウトを実現するとき

要素 / プロパティ

CSSプロパティ

display: flex; ━━━ 子要素をフレックスボックスモードで並べる

justify-content: space-between; ━━━ 子要素（フレックスアイテム）を両端揃えにする

gap: キャップの大きさ; ━━━ フレックスアイテム間の距離を指定する

<th>・<td>内のHTMLはテキストだけでなく、自由にタグを使うことができます。そこで今回は、最後から数えてふたつのセルのコンテンツ（メモのテキストと鉛筆アイコン）をひとつのセルに入れて、それぞれを<span>で囲み、セル内で両端揃えにします。前節までのテーブルから1列減らし、6列にします。

ふたつの<span>をセル内で両端揃えにするために、CSSのフレックスボックスという機能を使います。フレックスボックスについては ▶▶168 以降で詳しく解説します。

■**HTML**　　　　　　　　　　　　　　　　　　　　　　122/index.html

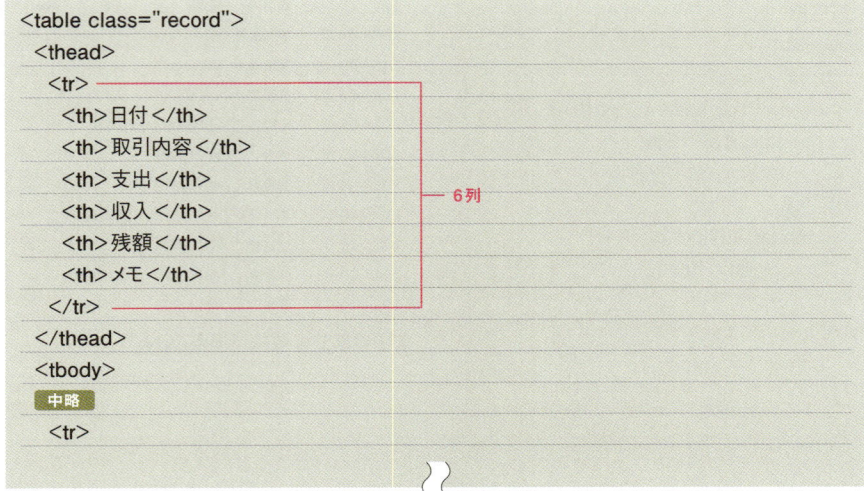

```
<table class="record">
  <thead>
    <tr>
      <th>日付</th>
      <th>取引内容</th>
      <th>支出</th>                    6列
      <th>収入</th>
      <th>残額</th>
      <th>メモ</th>
    </tr>
  </thead>
  <tbody>
中略
    <tr>
```

```
    <td>2024-10-03</td>
    <td>家賃</td>
    <td class="account">¥98,000</td>
    <td class="account"> </td>
    <td class="account">¥858,993</td>
    <td class="note">
      <div class="fb">
       <span>10月分</span>
       <span><img src="assets/edit.svg" alt="" width="16" height="16"></span>
      </div>
    </td>
   </tr>
   中略
  </tbody>
</table>
```

■**CSS**   121/css/style.css

```
.record {
  th, td {
    border: 1px solid #D9D9D9;
    padding: 4px 12px;
  }
  th {
    text-align: left;
  }
  .account {
    text-align: right;
```

```
  }
  .note {
    .fb {
      display: flex;
      justify-content: space-between;
      gap: 16px;
    }
  }
}
```

▼ ブラウザ表示

日付	取引内容	支出	収入	残額	メモ	
2024-09-28	映画鑑賞	¥2,750		¥641,583		✎
2024-09-29	家電購入	¥38,500		¥603,083		✎
2024-09-29	交通費	¥3,200		¥599,883	タクシー代	✎
2024-09-30	給料		¥383,200	¥983,083	9月度	✎
2024-09-30	外食	¥7,200		¥975,883		✎
2024-09-30	書籍購入	¥3,000		¥972,883		✎
2024-10-01	エブリマート	¥5,000		¥967,883	食料品	✎
2024-10-01	通信費	¥4,290		¥963,593		✎
2024-10-02	医療費	¥6,600		¥956,993	歯科診療	✎
2024-10-03	家賃	¥98,000		¥858,993	10月分	✎

各行最後の列のテキストとアイコンが両端揃えになっている

122 セルの幅を固定したい

🍲 **利用シーン** 特定のセルだけ幅や高さを指定したいとき

要素 / プロパティ

CSSプロパティ

width: 幅 ; ——— ボックスの幅を指定する

:nth-child(n); ——— n番目の子要素を選択する ▶▶126

　テーブル各セルの幅は、CSSで指定しないかぎりコンテンツ量に合わせて自動的に調整されます。

　一部のセルの幅を固定したいときは、<th>や<td>にwidthプロパティを適用して、サイズを指定します。サンプルでは2列目のセルの幅を300pxにしています。HTMLは前節と同じなので、CSSだけ掲載します。

■CSS 　　122/css/style.css

```css
.record {
  th, td {
    border: 1px solid #D9D9D9;
    padding: 4px 12px;

    &:nth-child(2) {
      width: 300px;
    }
  }
  中略
}
```

▼ ブラウザ表示

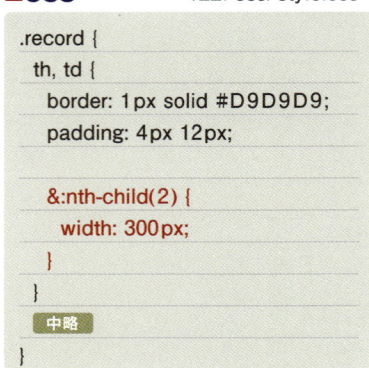

日付	取引内容	支出
2024-09-28	映画鑑賞	¥2,750
2024-09-29	家電購入	¥38,500
2024-09-29	交通費	¥3,200
2024-09-30	給料	
2024-09-30	外食	¥7,200
2024-09-30	書籍購入	¥3,000
2024-10-01	エブリマート	¥5,000
2024-10-01	通信費	¥4,290
2024-10-02	医療費	¥6,600
2024-10-03	家賃	¥98,000

300px

テキストが折り返さないようにしたいときは

セルの幅が狭くてテキストが改行するのを防ぎたいときは、セルの幅を設定するのではなく、べつの方法を検討しましょう。詳しくは ▶▶128 で取り上げます。

123 テーブル全体の幅を指定したい

利用シーン

●テーブル全体の幅を固定したいとき
●とくに、狭く表示されるテーブルの幅を広げたいとき

要素/プロパティ

CSSプロパティ

width: 幅; ──── ボックスの幅を設定する ▶▶086

ひとつひとつのテーブルセル同様、テーブル全体の幅も、CSSで指定しないかぎりコンテンツ量に合わせて自動的に調整されます。テーブル全体の幅を固定したいときは、<table> に適用されるスタイルに width プロパティを追加します。

サンプルでは、テーブル全体の幅を100％に設定し、親要素の幅いっぱいに広がるようにしています。HTML は ▶▶121 と同じなので、CSSだけ掲載します。

■CSS   123/css/style.css

```
中略

.record {
  width: 100%;

th, td {
  border: 1px solid #D9D9D9;
  padding: 4px 12px;
```

```
  &:nth-child(2) {
    width: 300px;
  }
}
中略
}
```

▼ ブラウザ表示

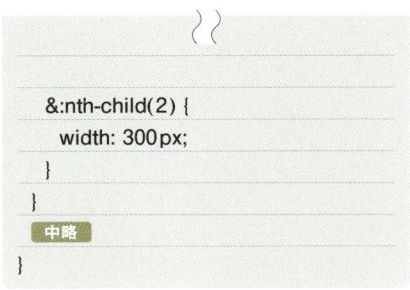

日付	取引内容	支出	収入	残額	メモ	
2024-09-28	映画鑑賞	¥2,750		¥641,583		✎
2024-09-29	家電購入	¥38,500		¥603,083		✎
2024-09-29	交通費	¥3,200		¥599,883	タクシー代	✎
2024-09-30	給料		¥383,200	¥983,083	9月度	✎
2024-09-30	外食	¥7,200		¥975,883		✎
2024-09-30	書籍購入	¥3,000		¥972,883		✎
2024-10-01	エブリマート	¥5,000		¥967,883	食料品	✎

☑ ZonePact

Chap **6** テーブルのデザインテクニック

124 セルの幅を均等にしたい

利用シーン セルの幅（列の幅）を自動調整に任せるのではなく、すべて均等にしたいとき

要素/プロパティ

CSSプロパティ

table-layout: fixed; ——— 列幅を均等にする

　テーブルセルの幅は、そのセルのコンテンツ量に応じて自動調整されます。しかし、`<table>`のCSSに「table-layout: fixed;」を適用すると、すべての列幅が均等になります。「table-layout: fixed;」を有効にするためには、`<table>`全体の幅を指定しておく必要があります。

　サンプルでは`<table>`の幅を100%、列幅を均等にしたうえで、2列目の幅だけ300pxに設定しています。幅を指定したセルがある列はその幅に設定され、残りの列の幅が均等になります。HTMLは前節と同じなので、CSSだけ掲載します。

■CSS　　　　124/css/style.css

```
中略
.record {
  width: 100%;
  table-layout: fixed;

  th, td {
    border: 1px solid #D9D9D9;
    padding: 4px 12px;
```

```
  &:nth-child(2) {
    width: 300px;   ——— 2列目300px
  }
}
中略
}
```

▼ ブラウザ表示

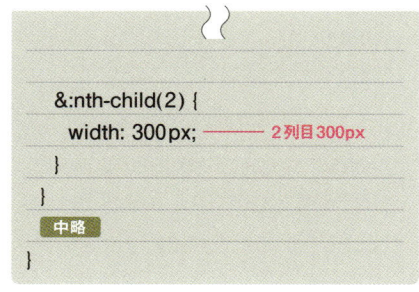

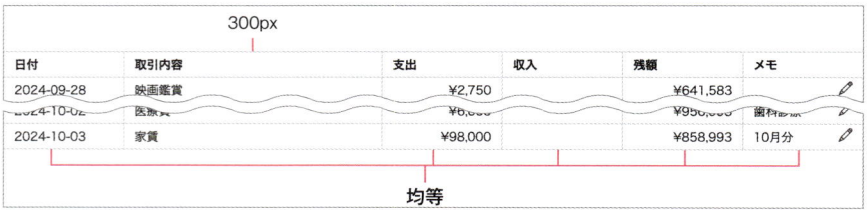

125 見出し行に背景を設定したい

利用シーン 見出し行と通常の行を区別しやすくするとき

要素/プロパティ

CSSプロパティ

background: 背景の設定; ━━ 要素の背景を設定する

　見出し行など特定の行にだけスタイルを適用したいときは、<th>や<td>に対してではなく<tr>にCSSを適用するのが効率的です。<thead>・<tbody>・<tfoot>を使用している場合は、それらに適用してもかまいません。

　サンプルでは、<thead>にbackground-colorプロパティを適用して見出し行を背景色で塗りつぶし、下線を引いています。それ以外の行には別の色の下線を引きます。

　HTMLは前節と同じなので、CSSだけ掲載します。

■CSS 125/css/style.css

```
.record {
  width: 100%;

thead {
  border-bottom: 1px solid #46A968;
  background-color: #EDEDED;
}
tbody tr {
  border-bottom: 1px solid #D9D9D9;
}
```

```
th, td {
  padding: 4px 12px;

  &:nth-child(2) {
    width: 300px;
  }
}
中略
}
```

▼ ブラウザ表示

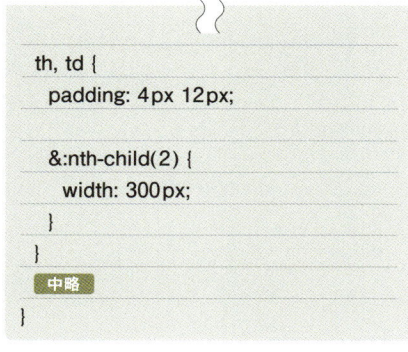

日付	取引内容	支出	収入	残額	メモ	
2024-09-28	映画鑑賞	¥2,750		¥641,583		✎
2024-09-29	家電購入	¥38,500		¥603,083		✎
2024-09-29	交通費	¥3,200		¥599,883	タクシー代	✎
2024-09-30	給料		¥383,200	¥983,083	9月度	✎
2024-09-30	外食	¥7,200		¥975,883		✎

126 テーブルの背景色を奇数行と偶数行で塗りわけたい

利用シーン
- ●奇数行と偶数行で交互に色を変え、しましまのテーブルを作るとき
- ●横に長い（列数が多い）テーブルを見やすくしたいとき

要素/プロパティ

CSSセレクタ

:nth-child(n);
―― n番目の子要素を選択する ▶▶117

CSSプロパティ

background-color: 色;
―― 要素の背景色を設定する ▶▶094

　「:nth-child(n)」セレクタを使って奇数行または偶数行を選択してスタイルを適用すれば、テーブル行を交互に塗り分けることができます。よく使われるテクニックで、とくに列数が多く横に長いテーブルに用いると読みやすくなって効果的です。

　サンプルでは`<tbody>`内の偶数行に背景色を塗っています。HTMLは前節と同じなので、CSSだけ掲載します。

■CSS　126/css/style.css

```
.record {
  width: 100%;

  thead {
    border-bottom: 1px solid #46A968;
    background-color: #EDEDED;
  }
  tbody tr {
```

```
    border-bottom: 1px solid #EFF8E3;

    &:nth-child(2n) {
      background-color: #EFF8E3;
    }
  }
中略
}
```

▼ ブラウザ表示

日付	取引内容	支出	収入	残額	メモ	
2024-09-28	映画鑑賞	¥2,750		¥641,583		✎
2024-09-29	家電購入	¥38,500		¥603,083		✎
2024-09-29	交通費	¥3,200		¥599,883	タクシー代	✎
2024-09-30	給料		¥383,200	¥983,083	9月度	✎
2024-09-30	外食	¥7,200		¥975,883		✎
2024-09-30	書籍購入	¥3,000		¥972,883		✎

127 マウスが重なった行の背景色を変更したい

- **どの行を見ているのかがわかりやすくしたいとき**
- **列にも行にも項目数が多い、規模の大きいテーブルを見やすくしたいとき**

要素/プロパティ

CSSセレクタ

:hover
———— マウスポインタがホバーした状態の要素を選択　▶054

CSSプロパティ

background: 背景の設定;　———— 要素の背景を設定する
cursor: カーソルの形状;　———— カーソルの形状を設定する

　テーブル行にマウスポインタがホバーしたときだけ、その行のスタイルを変更します。前節同様よく使われるテクニックで、とくに列数・行数の多いテーブルを少しでも読みやすくするのに効果的です。
　ポイントは<tr>の「:hover」擬似クラスにスタイルを適用する点です。
　サンプルではテーブル行にマウスポインタが重なったときだけ、背景色を変更します。HTMLは前節と同じなので、CSSだけ掲載します。

■CSS　　127/css/style.css

```css
.record {
  width: 100%;
}

thead {
  border-bottom: 1px solid #46A968;
  background-color: #EDEDED;
}
tbody tr {
  border-bottom: 1px solid #EDEDED;
}
```

```css
  &:hover {
    background-color: #EFF8E3;
    cursor: default;
  }
}
th, td {
  padding: 4px 12px;
}
中略
}
```

Chap 6 テーブルのデザインテクニック

287

▼ ブラウザ表示

日付	取引内容	支出	収入	残額	メモ	
2024-09-28	映画鑑賞	¥2,750		¥641,583		✎
2024-09-29	家電購入	¥38,500		¥603,083		✎
2024-09-29	交通費	¥3,200		¥599,883	タクシー代	✎
2024-09-30	給料		¥383,200	¥983,083	9月度	✎
2024-09-30	外食	¥7,200		¥975,883		✎
2024-09-30	書籍購入	¥3,000		¥972,883		✎
2024-10-01	エブリマート	¥5,000		¥967,883	食料品	✎
2024-10-01	通信費	¥4,290		¥963,593		✎
2024-10-02	医療費	¥6,600		¥956,993	歯科診療	✎
2024-10-03	家賃	¥98,000		¥858,993	10月分	✎

ホバーした行だけ背景色が変わる

column

セルにホバーしたときのカーソル

セルにテキストが含まれている行にマウスポインタが重なると、テキスト選択が可能であることを示す「Iビームカーソル」に変わります。そのままでも実用上問題はありませんが、このサンプルではカーソルを「矢印カーソル」にしています。

「cursor」プロパティはポインタの表示を制御するプロパティで、値には以下の表のキーワードを指定します。キーワード以外にurl()プロパティファンクションを使うこともでき、ポインタに画像を指定できます※。

※ cursorプロティの値に使用できるキーワードはこれ以外にもたくさんあります。詳しくは次のWebページを参照してください。

cursor - CSS: カスケーディングスタイルシート | MDN
https://developer.mozilla.org/ja/docs/Web/CSS/cursor

cursorプロパティの値に使用できるおもなキーワード

値	説明	使用例
auto	OSの自動カーソル	状況による
default	OSの標準カーソル（通常は矢印）	映画鑑賞 ▲
none	カーソルを表示しない	なし
help	ヘルプカーソル	映画鑑賞 ?
pointer	指ポインタ	映画鑑賞 👆
wait	処理中であることを示すポインタ	映画鑑賞 ▲ / 家電購入
crosshair	十字カーソル（画像編集に使用）	映画鑑賞 ✛
text	Iビームカーソル（テキスト編集に使用）	映画鑑賞 I

288

128 テキストが折り返さないセルを作りたい

🍲 **利用シーン** テーブルの幅が狭くなっても、改行させたくないテキストがあるとき

要素/プロパティ

CSSプロパティ

white-space: 改行を制御するキーワード; ━━━ テキストの改行を調整する

　列の幅が狭いときでもテキストを改行させたくないセルには、そのセルに「white-space: nowrap;」を適用します。

　サンプルでは1列目（日付）と2列目（取引内容）のテキストを改行させないようにしています。そこで、各行ひとつ目とふたつ目の `<td>` に「class="nowrap"」を追加し、そのクラスに適用されるCSSを記述しています。

■HTML　　　　128/index.html

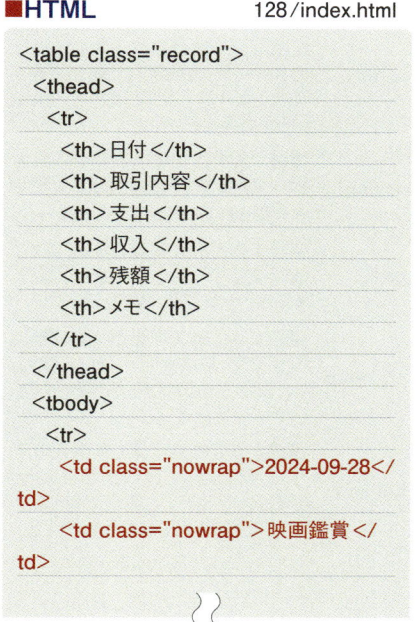

```
<table class="record">
 <thead>
  <tr>
   <th>日付</th>
   <th>取引内容</th>
   <th>支出</th>
   <th>収入</th>
   <th>残額</th>
   <th>メモ</th>
  </tr>
 </thead>
 <tbody>
  <tr>
   <td class="nowrap">2024-09-28</td>
   <td class="nowrap">映画鑑賞</td>
```

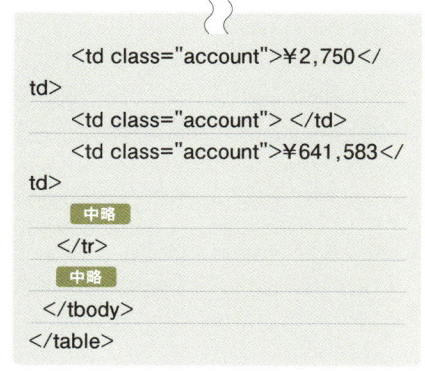

```
   <td class="account">¥2,750</td>
   <td class="account"> </td>
   <td class="account">¥641,583</td>
   中略
  </tr>
  中略
 </tbody>
</table>
```

■CSS　　　　128/css/style.css

```
.record {
 中略
 .nowrap {
  white-space: nowrap;
 }
}
```

▼ ブラウザ表示

日付	取引内容	支出	収入	残額	メモ	
2024-09-28	映画鑑賞	¥2,750		¥641,583		✎
2024-09-29	家電購入	¥38,500		¥603,083		✎
2024-09-29	交通費	¥3,200		¥599,883	タクシー代	✎
2024-09-30	給料		¥383,200	¥983,083	9月度	✎
2024-09-30	外食	¥7,200		¥975,883		✎
2024-09-30	書籍購入	¥3,000		¥972,883		✎
2024-10-01	エブリマート	¥5,000		¥967,883	食料品	✎
2024-10-01	通信費	¥4,290		¥963,593		✎
2024-10-02	医療費	¥6,600		¥956,993	歯科診療	✎
2024-10-03	家賃	¥98,000		¥858,993	10月分	✎

1行目・2行目はテーブルが狭くなっても改行しない

日付	取引内容	支出	収入	残額	メモ	
2024-09-28	映画鑑賞	¥2,750		¥641,583		✎
2024-09-29	家電購入	¥38,500		¥603,083		✎
2024-09-29	交通費	¥3,200		¥599,883	タクシ一代	✎
2024-09-30	給料		¥383,200	¥983,083	9月度	✎
2024-09-30	外食	¥7,200		¥975,883		✎
2024-09-30	書籍購入	¥3,000		¥972,883		✎
2024-10-01	エブリマート	¥5,000		¥967,883	食料品	✎
2024-10-01	通信費	¥4,290		¥963,593		✎
2024-10-02	医療費	¥6,600		¥956,993	歯科診療	✎
2024-10-03	家賃	¥98,000		¥858,993	10月分	✎

■white-space プロパティ

「white space＝ホワイトスペース」は日本語で「空白文字」と呼ばれ、半角スペース、タブ、改行（Enter）などの見えない文字を指します。

white-space プロパティは、そうした空白文字の扱いと、テキストが領域に収まらないときに折り返すかどうかを決めます。

<th>・<td> に限らず、要素に含まれるテキストを「折り返さない」ようにするには、white-space の値を「nowrap」にします。

それ以外にも、次の表にある値を使用できます。

white-space プロパティの値

値	説明
normal	スペースが連続するなど空白文字が続くとき、半角スペース1文字分のスペースだけが空く。表示できるスペースが限られているとき、テキストは改行される
nowrap	連続する空白文字は1文字分のスペースだけ空く。表示できるスペースが限られていても改行しない
pre	連続する空白文字をそのまま表示。改行文字（Enter）や
で改行するが、それ以外では改行しない
pre-wrap	連続する空白文字をそのまま表示。改行文字（Enter）や
で改行し、表示できるスペースが限られていても改行する
pre-line	連続する空白文字は1文字分のスペースだけ空く。改行文字（Enter）や
で改行し、表示できるスペースが限られていても改行する

フォームの
デザインテクニック

フォーム関連のHTML/CSSを紹介します。CMSやフレームワークなど、
サーバーサイドで動作するプログラムを使用する現代のWebデザインを
想定し、フォームの基本的な動作と基礎知識、HTMLを編集せずにCSS
を適用するテクニックを中心に解説します。

Chapter **7**

129 フォームの基本的なHTMLを知りたい

利用シーン **どんなフォームを作るときも重要なHTMLのパターン**

要素/プロパティ

HTML

```
<form action="送信先URL" method="送信メソッド">〜</form>
```
―――― フォームの親要素

```
<input type="text" name="入力欄の名前">
```
―――― テキストフィールド

```
<input type="submit" value="送信ボタンの名前">
```
―――― 送信ボタン

　フォームとは、ユーザーの入力を受け付ける機能です。入力された内容は、多くの場合Webサーバーに送信され、Webサーバー側のプログラムでデータベースに保存するなどの処理が行われます。

　現在フォームのHTMLはWebサーバー側で動作するプログラムやWebアプリケーション、フレームワークを使って作成することが多く、Webデザイナーが公開用のフォームHTMLを記述する機会は多くありません。

　Webデザイナーとしてむしろ必要になるのは、次のような知識とスキルです。

* サーバーサイドのエンジニアと共同作業するために、HTMLを理解できること
* 自分でHTMLが編集できないときでも、CSSを駆使して狙いどおりのデザインを実現すること

　そこで、本章ではフォームの基本的なHTMLと、デザインを実現するためのCSSに焦点を当てて、各種テクニックを紹介します。

■フォームの基本構造

　フォームのHTMLは、<form>〜</form>を親要素として、そのなかに、テキストフィールドなどのフォーム部品を追加していくのが基本的なパターンです。

　<form>タグには、action属性やmethod属性など、さまざまな属性を追加します。action属性の値にはフォームの送信先URLを指定し、method属性の値には「GET」か「POST」を指定します。これらはフォームに入力された内容をWebサーバーに送信するための情報を提供する属性です。

● **書式**　<form> の基本構造

```
<form action=" 送信先 URL" method="GET/POST">
  <!-- 入力を受け付けるフォーム部品はすべてここに記述 -->
</form>
```

　ユーザーからの入力を受け付けるフォーム部品は、すべて<form> ～ </form> のなかに記述します。ちなみに<form> 内にはフォーム部品だけでなく、どんなタグでも入れることができます。
　ただし、フォームのなかには、ユーザーの入力内容をサーバーに送信せず、ブラウザ側で動作するJavaScriptプログラムで処理するものもあります。そうしたフォームは<form> で囲まれないこともあります。

フォーム部品のHTML

　多くの場合、ひとつのフォームには、複数のフォーム部品が含まれます。
　送信ボタンなど一部の例外を除き、フォーム部品ひとつにつき、フォーム部品本体を表す要素と、「そこに何を入力するか」を示すラベル要素と、ふたつの要素が必要になります。

フォーム部品とラベル。送信ボタンにラベルは不要

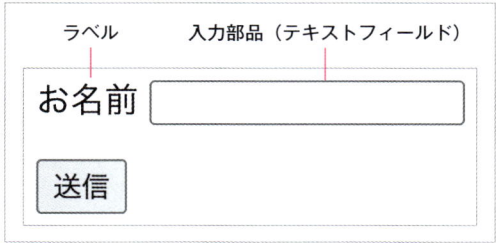

　フォーム部品本体とラベル、ふたつの要素はグループ化します。グループ化する方法はある程度パターン化されていて、次のようなパターンがよく使われます。

- ひとつのフォーム部品とラベルのセットを <p> で囲む
- 複数のフォーム部品を <ul><li> で並べる
- ひとつのフォーム部品とラベルのセットを <dl><dt><dd> で囲む
- テーブルを作る

　このうち、テーブルはレスポンシブデザインに対応するのが少し難しくなるので、スマートフォンでも使用するフォームを作るときは避けたほうがよいでしょう。

フォームの基本的なHTMLを知りたい

ここでは、<p>を使ってラベルとフォーム部品を記述する典型的なHTMLを紹介します。サンプルでは、「お名前欄」と「送信」ボタンがあるフォームを作成しています。

■**HTML**   129/index.html

```
<form id="form" name="form" action="#" method="POST">
  <p><label>お名前 <input type="text" name="name"></label></p>
  <p><input type="submit" value="送信"></p>
</form>
```

▼ **ブラウザ表示**（左：スマホ、右：PC）

ラベルは<label>タグで、フォーム部品は<input>など各種タグで記述します。ラベルの詳しい使い方は ▶▶132 ▶▶133 で、フォーム部品のHTMLについては ▶▶134 ▶▶135 で取り上げます。

130 テキストフィールドを作りたい

利用シーン
- ●フォーム部品の最も基本的なHTMLを知りたいとき
- ●名前、住所、ユーザーID、記事のタイトルなど、短いテキストを入力する欄を作成したいとき

要素/プロパティ

HTML

```
<input type="text" name="送信時の名前">
```
———— テキストフィールド

```
<label>
```
———— フォーム部品にラベルをつける

　HTMLにはさまざまなフォーム部品が用意されています。そのなかでも最も基本の「テキストフィールド」を例に、フォーム部品のHTMLを説明します。

　テキストフィールドは、名前やユーザーIDなど、短いテキストを入力するのに適したフォーム部品です。改行はできません。

　テキストフィールドを作成するには<input>タグを使います。<input>タグに終了タグはありません。

■<input>の属性

　<input>タグにはさまざまな属性があります。

　そのひとつがtype属性です。この値を変えると、さまざまなフォーム部品が作れます。テキストフィールドの場合は「text」にします。

　もうひとつ、とくに重要なのがname属性です。値には、Webサーバーにユーザーが入力した内容を送信するときに、それが何のデータであるかを識別するための「名前」をつけます。

　テキストフィールドの場合は、value属性も追加することがあります。これはフォームの初期値を決める属性です。value属性があると、テキストフィールドにその値があらかじめ入力された状態で、ページが表示されます。

　その他、さまざまな用途で使用するためにid属性をつけることもあります。

● **書式**　テキストフィールド

```
<input type="text" name="送信時の名前" value="初期値" id="id名">
```

■<label>タグ

フォーム部品には「ラベル」と呼ばれる、何を入力すればよいのかを示す短いテキストをつけます。ラベルをつけるには<label>タグを使います。

サンプルでは、「お名前」というラベルがついたテキストフィールドを設置しています。<label>タグの書き方・使い方についてはあとで詳しく説明します。

●HTML   130／index.html

```
<form id="form" name="form" action="#" method="POST">
 <p>
  <label>お名前 <input type="text" name="name" value="上武太郎"></label>
 </p>
</form>
```

▼ ブラウザ表示

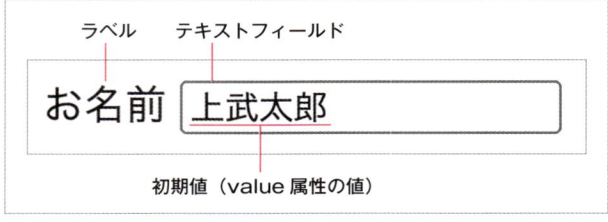

ラベル テキストフィールド

お名前　上武太郎

初期値（value 属性の値）

131 スタイル調整しやすい フォーム部品を作りたい

利用シーン どんなレイアウトにも対応しやすいような、フォーム部品の HTMLを書きたいとき

要素/プロパティ

HTML

`<input type="text" name="送信時の名前">`
——— テキストフィールド **▶▶134**

`<label>`
——— フォーム部品にラベルをつける **▶▶132** **▶▶133**

▶▶129 では、ラベルと入力部品を記述する典型的なHTMLコード のパターンが4つあることを説明しました。ここではそのうち3つ、`<p>` のパターン、`<ul><li>`のパターン、`<dl><dt><dd>`のパターンを紹 介します。

`<p>`、`<ul><li>`のパターン

`<p>`～`</p>`に、ラベルと入力部品の両方を含めます。入力部品 が増えるごとに、`<p>`を増やします。

`<ul><li>`の場合、`<li>`～`</li>`にラベルと入力部品の両方を含め、 部品を追加するときは`<li>`を増やします。

`<dl><dt><dd>`のパターン

`<dt>`にラベルを、`<dd>`にフォーム部品を含めます。そのうえで、 `<dt><dd>`を`<div>`で囲みます。部品を追加するときは、`<div>`～ `</div>`ごと増やします。

サンプルでは、3つのパターンでテキストフィールドを作成していま す。CSSでスタイルの調整はしていません。

スタイル調整しやすいフォーム部品を作りたい

■HTML

```html
<form id="form" action="#" method="POST">
  <p><strong>&lt;p&gt;を使用するパターン</strong></p>
  <p><label>お名前<input type="text" name="name"></label></p>

  <p><strong>&lt;ul&gt;&lt;li&gt;を使用するパターン</strong></p>
  <ul>
    <li><label>ニックネーム<input type="text" name="nickname"></label></li>
  </ul>

  <p><strong>&lt;dl&gt;/&lt;dt&gt;/&lt;dd&gt;を使うパターン</strong></p>
  <dl>
    <div>
      <dt><label for="fullname">住所</label></dt>
      <dd><input type="text" name="address"></dd>
    </div>
  </dl>
  <p><input type="submit" value="送信"></p>
</form>
```

▼ ブラウザ表示（左：スマホ、右：PC）

132 フォーム部品にラベルを つけたい①

利用シーン フォーム部品とラベルを関連づけて、ユーザビリティを向上させる

要素/プロパティ

HTML

\<label\>

━━ フォーム部品にラベルをつける

フォーム部品には、そこに何を入力すればよいかがわかる「ラベル」をつける必要があります。\<label\>は、フォーム部品とラベルのテキストを関連づけるタグです。

\<label\>でフォーム部品とラベルテキストを関連づける方法は2種類あります。そのうちのひとつが、ラベルテキストとフォーム部品のタグを\<label\>〜\</label\>で囲む方法です。

● **書式** ラベルとフォーム部品を関連づける

\<label\>ラベルテキスト \<inputなどのフォーム部品\>\</label\>

サンプルでは、ラベルテキストの「お名前」とテキストフィールドを\<label\>タグで囲み、関連づけています。

■**HTML**　　　　　　　　　　　132/index.html

```
<p>
  <label>お名前<input type="text" name="name"></label>
</p>
```

▼ ブラウザ表示（左：スマホ、右：PC）

<label>の効果

<label>を使ってラベルテキストとフォーム部品を関連づけておくのは、ユーザビリティ※やアクセシビリティの向上に効果があります。

ラベルテキストをクリックすると、関連するフォーム部品が選択され、入力可能になります。ラジオボタンやチェックボックスであれば、ラベルテキストをクリックして「チェックをつける／外す」操作が可能になります。クリックできる領域が広がり、ユーザーにとって使いやすいフォームになります。

また、視覚障害者が使用するスクリーンリーダーの一般的な動作では、「ラベルテキスト」を読み上げたあと、すぐに関連するフォーム部品が選択され、入力可能になります。フォームへの入力がしやすくなり、アクセシビリティが向上します。

フォーム部品を作成するときには、必ず<label>タグを使うようにしましょう。

※1「ユーザビリティ」は情報の取得のしやすさや操作のしやすさなど、ユーザーにとっての使いやすさを指します。

ラベルテキストをクリックすると関連するテキストフィールドが選択される

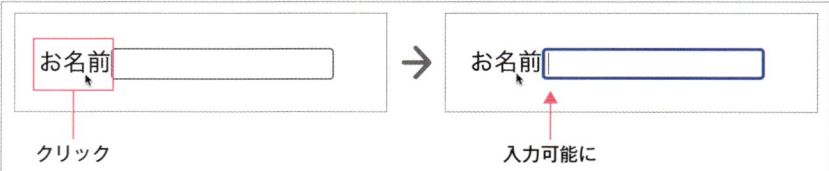

133 フォーム部品にラベルを つけたい②

利用シーン

- ●フォーム部品とラベルを関連づけて、ユーザビリティを向上させる
- ●ラベルとフォーム部品を<label>タグで囲めないとき

要素／プロパティ

HTML

<label>

━━━ フォーム部品にラベルをつける

　前節でも紹介していますが、ラベルテキストとフォーム部品を関連づける方法は2種類あります。ここで紹介するのは、<label>タグのfor属性を使用する方法です。for属性には、そのラベルテキストに関連するフォーム部品のid属性を指定します。

● **書式**　ラベルとフォーム部品を関連づける

```
<label for="関連するフォーム部品のid名">ラベルテキスト</label>
<input id="id名">
```

　前節の方法と今回取り上げるfor属性を使う方法に機能上の違いはなく、どちらも正しくラベルとフォーム部品を関連づけることができます。どちらでも、好きなほうを使ってかまいません。
　ただし、HTMLの構造によっては、<label>～</label>でラベルテキストとフォーム部品を囲めないときがあります。たとえばラベルとフォーム部品をグループ化するのに<dl><dt><dd>や ▶▶131 、テーブルを使っているときはfor属性を使うしかありません。

● **HTML**　　　　　　　　　　　　　　テーブルの場合フォーム部品を<label>で囲めない

```
<table>
 <tr>
  <td><label>お名前</label></td>
  <td><input type="text" name="name" id="name"></td>
 </tr>
</table>
```

　サンプルでは、<label>とフォーム部品を、for属性とid属性を使って関連づけています。

フォーム部品にラベルをつけたい②

■HTML

```html
<form id="form" action="#" method="POST">
  <p>
    <label for="name1">お名前</label>
    <input type="text" name="name" id="name1">
  </p>
</form>
```

▼ ブラウザ表示

134 inputタグで作れる フォーム部品を知りたい

 **利用シーン** **適切なフォーム部品を選びたいとき**

要素 / プロパティ

HTML

\<input type=" 種類 " name=" 入力欄の名前 "\>

—— 各種フォーム部品。「種類」を変えれば、20種類以上の部品から選べる

フォーム部品の種類と、基本のHTMLの書き方を説明します。

2025年現在、フォーム部品を表示するタグは5種類定義されています。そのなかでも\<input\>は、type属性の値を変えることで、22種類の部品を表示し分けることができます。

次の表は、type属性に設定できる値とフォーム部品の一覧です。

\<input\>のtype属性

type属性の値	フォーム部品の特徴と入力できる値	表示例
text	汎用テキストフィールド。短いテキストの入力に最適。改行できない。type属性を省略したときの初期値	鈴木太郎
email	メールアドレス	email@example.com
tel	電話番号	09001239876
url	URL	https://studio947.net
search	検索テキスト。基本的にはテキストフィールドと同じだが、検索に便利なように入力を消す［×］ボタンが表示される	HTMLフォーム ✕
password	パスワード。入力した文字が「●」で表示される	••••••••••
hidden	非表示。入力できない。ブラウザのフォームから何らかの情報をWebサーバーに送るために使用	なし
date	日付	2024/11/11 📅
datetime-local	日時	2024/11/11 17:44 📅

type 属性の値	フォーム部品の特徴と入力できる値	表示例
month	月	2024年11月
week	週	2024年第46週
time	時間	19:42
checkbox	チェックボックス	
radio	ラジオボタン	
file	ファイル選択	ファイルを選択 選択されていません
color	色の選択	
number	数値	108
range	数値の範囲	
button	送信ボタンではない一般的なボタン。基本的にはJavaScriptと一緒に使って何らかの機能を組み込むのに使用	ボタン
submit	送信ボタン	送信
image	ボタンに画像を使用。通常のボタンにCSSを適用すれば同じことができるため使用しない	Go →
reset	フォームに入力された内容をすべて消去するボタン。ボタンのサイズからユーザーの言語環境が推測できてしまうプライバシー上の問題があることや、ユーザビリティを損なう機能のため非推奨	消去

　サンプルではすべてのフォーム部品を表示しています。HTMLのソースコードは長いので抜粋します。実際に使いたいときは、サンプルデータをご確認ください。CSSはレイアウトを調整するために使用しています。フォーム部品自体にはCSSを適用せず、デフォルトのまま表示しています。

■HTML　　　　　　　　　　　　　　　　　　　　　　134/index.html

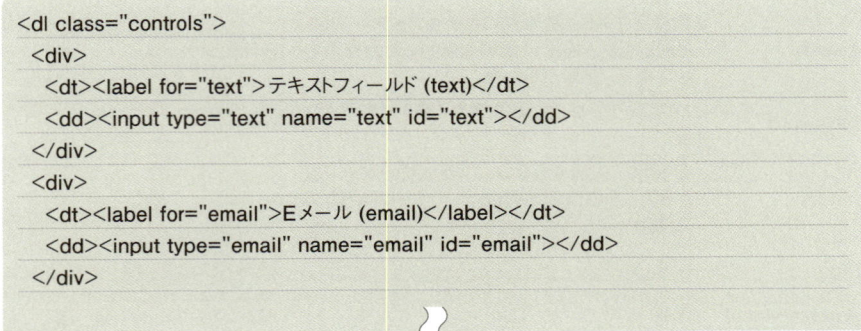

```
<dl class="controls">
  <div>
    <dt><label for="text">テキストフィールド (text)</dt>
    <dd><input type="text" name="text" id="text"></dd>
  </div>
  <div>
    <dt><label for="email">Eメール (email)</label></dt>
    <dd><input type="email" name="email" id="email"></dd>
  </div>
```

```html
<div>
  <dt><label for="tel">電話番号 (tel)</label></dt>
  <dd><input type="tel" name="tel" id="tel"></dd>
</div>
<div>
  <dt><label for="url">URL (url)</label></dt>
  <dd><input type="url" name="url" id="url"></dd>
</div>
<div>
  <dt><label for="search">検索 (search)</label></dt>
  <dd><input type="search" name="search" id="search"></dd>
</div>
中略
</div>
```

■CSS 　　134/css/style.css

```css
.controls {
  div {
    display: flex;
    margin-bottom: 0.5em;

    dt {
      min-width: 250px;
    }

    &:hover {
      background-color: #C9ECFF;
    }
  }
}
```

▼ ブラウザ表示

● **dummié**

<input> () 内はtype属性値

テキストフィールド (text)	
Eメール (email)	
電話番号 (tel)	
URL (url)	
検索 (search)	
パスワード (password)	
非表示 (hidden)	
日付 (date)	年 /月/日 🗓
日時 (datetime-local)	年 /月/日 --:-- 🗓
月 (month)	----年--月 🗓
週 (week)	----年第--週 🗓
時間 (time)	--:-- 🕐
チェックボックス (checkbox)	☑ ☐
ラジオボタン (radio)	◉ ○
ファイル (file)	ファイルを選択 選択されていません
カラー (color)	■
数値 (number)	
レンジ (range)	●━━
ボタン (button)	ボタン
送信 (submit)	送信

<input> 使用しない

イメージボタン (image)	**Go ➡**
リセット (reset)	消去

●Mockup Web App

135 inputタグ以外の フォーム部品を知りたい

利用シーン
- ●<input>タグ以外のフォーム部品を知りたいとき
- ●適切なフォーム部品を選びたいとき

要素/プロパティ

HTML

```
<textarea name="入力欄の名前"></textarea>    テキストエリア
<select name="入力欄の名前">～</select>    ドロップダウンメニュー
<option value="送信される値">～</option>    ドロップダウンメニューの選択項目
<button>～</button>    ボタン
<meter>～</meter>    メーター
<progress>～</progress>    プログレスバー
```

フォーム部品には、<input>で作れるもの以外にも5種類あります。
このなかでもとくに重要なのは<textarea>、<select>、<option>、
<button>です。

<textarea></textarea>（テキストエリア）

長いテキストを入力できるフォーム部品です。
テキストフィールド（<input type="text">）は
改行できませんが、テキストエリアなら改行でき
ます。自由記述欄などを作るのに適しています。
詳しい使い方は ▶▶142 で取り上げます。

テキストエリア

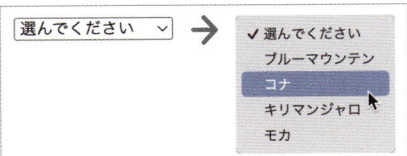

<select>と<option>（ドロップダウンメニュー）

<select>と<option>を組み合わせて作る
のが「ドロップダウンメニュー」です。複数の項
目からひとつを選ぶフォーム部品です。

multiple属性を使うことによって、複数の項
目を選択する「セレクトリスト」も作れます。
▶▶141

ドロップダウンメニューの詳しい使い方は ▶▶140 で取り上げます。

ドロップダウンメニュー

\<button\>～\</button\>（ボタン）

フォームの送信ボタンではなく、汎用的なボタンを作ります。\<input type="button"\>と同じ役割で、基本的にはJavaScriptと一緒に使って何らかの機能を組み込むのに使用します。

\<button\>には終了タグがあります。\<button\>～\</button\>のなかに記述したテキストが、ボタン上のラベルとして表示されます。

ボタン

\<meter\>～\</meter\>（メーター）

グラフのような表示で、数値を表します。ユーザーは何も入力できません。JavaScriptで操作することが多い要素です。

メーター

● **書式** \<meter\>の基本的なHTML

```
<meter min="0" max="100" value="42">42℃</meter>
```

\<progress\>～\</progress\>（プログレスバー）

作業や処理の進行状況を示す部品です。\<meter\>同様、ユーザーは何も入力できません。こちらもJavaScriptで操作することが多い要素です。

プログレスバー

● **書式** \<progress\>の基本的なHTML

```
<progress max="100" value="43">43%</progress>
```

サンプルでは、紹介した5種類のフォーム部品を表示しています。

■HTML

135/index.html

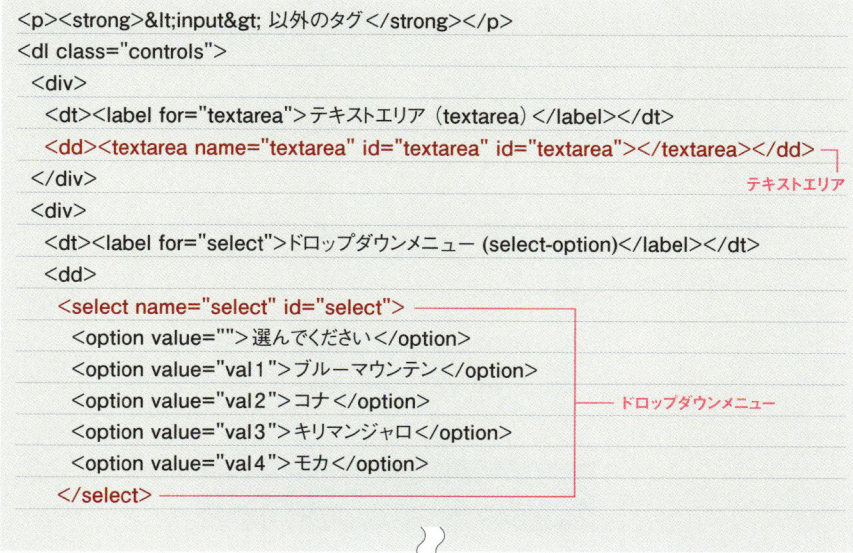

```
<p><strong>&lt;input&gt; 以外のタグ</strong></p>
<dl class="controls">
 <div>
  <dt><label for="textarea">テキストエリア（textarea）</label></dt>
  <dd><textarea name="textarea" id="textarea" id="textarea"></textarea></dd>  ← テキストエリア
 </div>
 <div>
  <dt><label for="select">ドロップダウンメニュー (select-option)</label></dt>
  <dd>
   <select name="select" id="select">
    <option value="">選んでください</option>
    <option value="val1">ブルーマウンテン</option>
    <option value="val2">コナ</option>
    <option value="val3">キリマンジャロ</option>
    <option value="val4">モカ</option>
   </select>
```

ドロップダウンメニュー

```
    </dd>
  </div>
  <div>
    <dt><label for="btn">ボタン (button)</label></dt>
    <dd><button id="btn">ボタン</button></dd>  ──── ボタン
  </div>
  <div>
    <dt><label for="progress">メーター (meter)</label></dt>
    <dd><meter min="0" max="100" value="85">85℃ </meter></dd>  ──── メーター
  </div>
  <div>
    <dt><label for="progress">プログレスバー (progress)</label></dt>
    <dd><progress id="progress" max="100" value="75">75%</progress></dd> ─┐
  </div>                                                              プログレスバー
</dl>
```

■CSS

135/css/style.css

```
.controls {
  div {
    margin-bottom: 0.5em;

    dt {
      min-width: 250px;
    }
    dd {
      margin: 0;
    }
```

```
    @media (width >= 768px) {
      & {
        display: flex;
      }
    }
  }

  div:hover {
    background-color: #C9ECFF;
  }
}
```

▼ ブラウザ表示 （左：スマホ、右：PC）

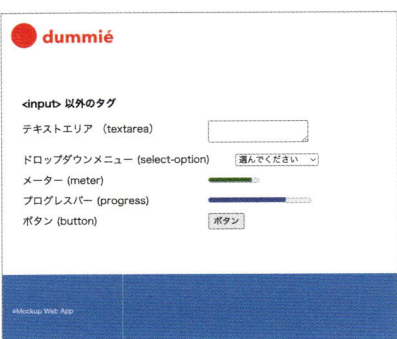
```
```

136 必須入力項目にしたい

利用シーン フォーム部品を入力必須にするとき

要素/プロパティ

HTML属性

required ━━━ 必須入力項目にする。<input>などフォーム部品につけるブール属性

　フォーム部品タグに「required」属性を追加すると、必須入力項目になります。必須入力項目に何も入力せずに送信ボタンをクリックすると、警告が出て送信されません。
　サンプルでは「お名前」欄と「メールアドレス」欄を必須入力項目にしています。

■**HTML** 136/index.html

```
<h1>お問い合わせ</h1>
<form action="#" method="POST">
 <p>
   <label for="realname">お名前（必須）</label>
   <input type="text" name="realname" id=
"realname" required>
 </p>
 <p>
   <label for="mail">メールアドレス（必須）</
label>
   <input type="email" name="mail" id="mail"
required>
 </p>
 <p>
   <label for="phone">電話番号</label>
   <input type="tel" name="phone" id="phone">
 </p>
 <p><input type="submit" value="送信"></p>
</form>
```

■**CSS** 136/css/style.css

```
label {
  display: block;
}
```

▼ ブラウザ表示

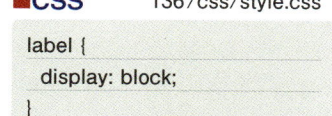

入力せずに送信ボタンをクリックすると警告が出る

309

■**ラベルとフォーム部品を改行する方法**

　<label>も、<input>や<textarea>などのフォーム部品も、どちらもデフォルトCSSではインラインボックスとして表示されます。その結果、ラベルとフォーム部品のHTMLタグを連続して書くと、横一列に並びます。

　PCで表示するときは横一列になっても問題ありませんが、スマートフォンでは画面が狭くてレイアウトが崩れる可能性があります。

　<label>とフォーム部品のHTMLで改行するのにいちばん簡単なのは、<label>のCSSに「display: block;」を適用することです。

　displayプロパティは、要素の表示状態を変更するのに使います。値を「block」にすると、要素がブロックボックスとして表示されます。

● **書式**　要素をブロックボックスとして表示する

```
display: block;
```

　逆に、ブロックボックスをインラインで表示したいときは、displayプロパティの値を「inline」にします。

● **書式**　要素をインラインボックスとして表示する

```
display: inline;
```

ブール属性

required属性には値がありません。この属性をタグに含めるかどうかで、入力必須かどうかが切り替わります。

required属性の有無だけでオートフォーカスのオン・オフが切り替わる

```
<input type="text" required>　―――――― 入力必須になる
<input type="text">　――――――――――― 入力必須にならない
```

このrequired属性のように、属性のなかには値がなく、タグに含まれているかどうかだけでオン・オフが切り替わるものがあります。こうした属性のことを「ブール属性」といいます。

137 テキストフィールドに入力の ヒントを表示したい

利用シーン

- ●何を入力すればよいかヒントをユーザーに伝えたいとき
- ●テキストフィールド内にプレイスホルダーテキストを表示したいとき

要素/プロパティ

HTML属性

placeholder="テキスト"

—— テキストフィールド、テキストエリアなどに入力のヒントとなるテキストを表示する

　テキストフィールドなど、テキストを入力するフォーム部品には、フィールド内にテキストを表示させておくことができます。このテキストは「プレイスホルダー」と呼ばれ、ユーザーに入力のヒントを提示するのに使用します。ただし、プレイスホルダーテキストはスクリーンリーダーが読み上げられないので、ラベルの代わりにはなりません。

　プレイスホルダーテキストは、`<input>`タグのplaceholder属性で指定します。placeholder属性は、通常のテキストフィールドだけでなく、メールアドレスフィールドや電話番号フィールドでも使用できます。サンプルでは、お名前欄、メールアドレス欄にplaceholder属性を追加しています。

■**HTML**　　　　　　　　　　　　　　　　　　　　　137/index.html

```
<h1>お問い合わせ</h1>
<form action="#" method="POST">
 <p>
  <label for="realname">お名前（必須）</label>
  <input type="text" name="realname" id="realname" placeholder="例）上武太郎"
required>
 </p>
 <p>
  <label for="mail">メールアドレス（必須）</label>
  <input type="email" name="mail" id="mail" placeholder="例）web@example.com"
required>
```

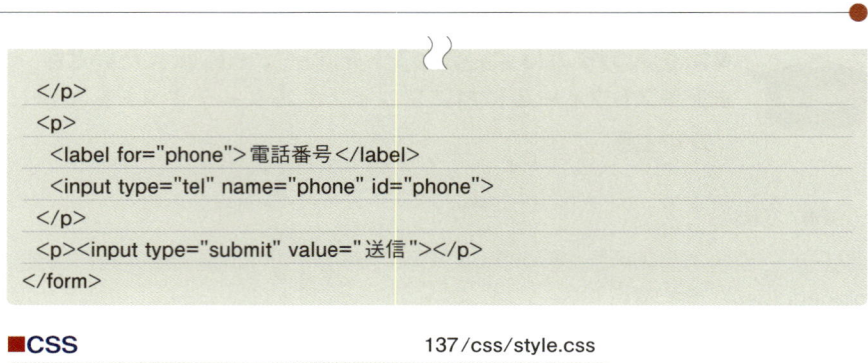

```
  </p>
  <p>
    <label for="phone">電話番号</label>
    <input type="tel" name="phone" id="phone">
  </p>
  <p><input type="submit" value="送信"></p>
</form>
```

■CSS

137/css/style.css

```
label {
  display: block;
}
```

▼ ブラウザ表示（左：スマホ、右：PC）

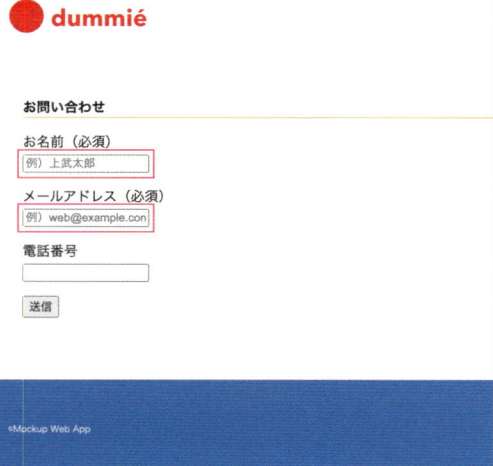

138 ラジオボタンを設置したい

 **利用シーン** 数種類の選択肢からひとつを選ばせたいとき

要素/プロパティ

HTML

`<input type="radio" name="入力欄の名前" value="送信される値">`
——— ラジオボタン

HTML 属性

checked ——— ページが表示されたときにはじめから選んでおく選択肢

ラジオボタンを表示するには、`<input type="radio">`タグを追加します。ラジオボタンを正しく機能させるためには、name属性とvalue属性の設定が重要です。

ラジオボタンで作る選択肢は、複数のラジオボタンを使ってひとつの設問を作ることになります。同じ設問に対するラジオボタンには、同じ値のname属性を追加します。

また、ラジオボタンには必ずvalue属性を追加します。フォームを送信したとき、Webサーバーには「選択されたラジオボタンのvalue属性の値」が送られます。

ひとつの設問に関連するラジオボタンのコード例

---

name 属性の値は同じにする

`<input type="radio" name="recommend" value="yes"> 友達にすすめる`
`<input type="radio" name="recommend" value="no"> 友達にすすめない`

value 属性の値はそれぞれ別にする

ラジオボタンやチェックボックス ▶▶139 には「checked」属性を含めることができます。checked属性が追加されたタグは、ページが表示されたときからチェックがついている状態になります。

サンプルでは3つの設問から選べるラジオボタンを作成しています。ひとつ目の選択肢にchecked属性がついていて、はじめからチェックがついた状態になっています。CSSでは見出しや箇条書きのスタイルを設定していますが、ラジオボタンやラベルのスタイルは変更していません。

■HTML

```html
<h1>Settings</h1>
<form action="#" method="POST" id="settings">
 <h2>日付の表示形式</h2>
 <ul class="form-list">
  <li>
    <label><input type="radio" name="date-format" value="format1" checked>2030
年10月16日</label>
  </li>
  <li>
    <label><input type="radio" name="date-format" value="format2">2030-10-16</label>
  </li>
  <li>
    <label><input type="radio" name="date-format" value="format3">2030/10/16</label>
  </li>
 </ul>
 <p><input type="submit" value="適用"></p>
</form>
```

■CSS   138／css/style.css

```css
.form-list {
  padding: 0;
  list-style: none;
}
```

▼ ブラウザ表示 （左：スマホ、右：PC）

139 チェックボックスを設置したい

 **利用シーン** 複数回答ができる選択肢を作りたいとき

要素／プロパティ

HTML

`<input type="checkbox" name="入力欄の名前" value="送信される値">`
━━━ チェックボックス

　チェックボックスを表示するには、`<input type="radio">`タグを追加します。基本的なHTMLコーディングと属性の役割はラジオボタンと同じで、name属性とvalue属性の設定が欠かせません。
　サンプルではひとつの設問に対して3つのチェックボックス項目を設置しています。CSSでは見出しや箇条書きのスタイルを設定していますが、チェックボックスやラベルのスタイルは変更していません。

■HTML　　　　　　　　　　　　　　　　　　　　　　139／index.html

```
<h1>Settings</h1>
<form action="#" method="POST" id="settings">
中略
<h2>メール配信設定</h2>
<ul class="form-list">
  <li>
    <label><input type="checkbox" name="mail" value="mail1">目標達成メールを受け
取る</label>
  </li>
  <li>
    <label><input type="checkbox" name="mail" value="mail2">支出が設定額を超えた
ときにメールを受け取る</label>
  </li>
  <li>
```

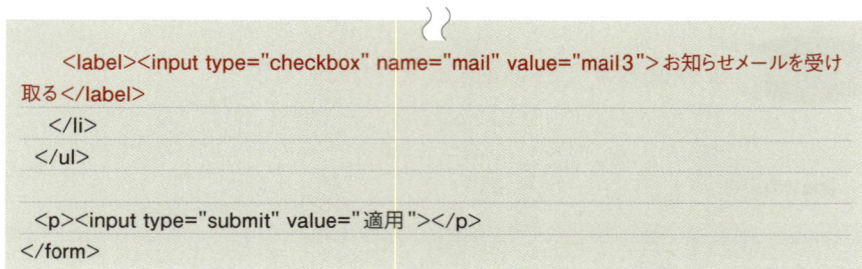

```
    <label><input type="checkbox" name="mail" value="mail3">お知らせメールを受け
取る</label>
    </li>
  </ul>

  <p><input type="submit" value="適用"></p>
</form>
```

▼ ブラウザ表示（左：スマホ、右：PC）

140

ドロップダウンメニューを設置したい

利用シーン

- ●複数の選択肢からひとつを選ばせたいとき
- ●選択肢が多い、または選択肢のテキストが長くて、ラジオボタンでは表示面積が広くなりすぎるとき

要素/プロパティ

HTML

`<select name="入力欄の名前">～</select>` ━━━ ドロップダウンメニュー
`<option value="送信される値">～</option>` ━━━ ドロップダウンメニューの選択項目

HTML属性

selected ━━━ ページが表示されたときにはじめから選んでおく選択肢

　クリック／タップするとメニューが開き、選択肢が表示されるものを「ドロップダウンメニュー」といいます。機能としてはラジオボタンに似ていて、複数の選択肢のなかからひとつだけ選べます。

　ドロップダウンメニューは、メニュー全体を囲む`<select>`～`</select>`と、その子要素として、ひとつひとつの選択肢を示す`<option>`～`</option>`を組み合わせて作成します。

　属性は、name属性を`<select>`に、value属性はひとつひとつの`<option>`に追加します。ただし、`<option>`にvalue属性がない場合、そのコンテンツがWebサーバーに送信されます。

　また、`<option>`には「selected」属性を含めることができます。selected属性が追加されている`<option>`は、ページが表示されたときに選択された状態になります。

● **書式**　ドロップダウンメニュー

```
<select name="送信時の名前" id="id名">
 <option value="value1" selected>選択肢1</option> ━━━ ①
 <option>選択肢2</option> ━━━ ②
</select>
```

①データ送信時、Webサーバーにはvalue属性の値（value1）が送られる
②value属性がないので、Webサーバーにはコンテンツ（選択肢2）が送られる

　サンプルでは、7つの項目を持つドロップダウンメニューを作成しています。CSSは全体のレイアウト調整に使用しています。

317

■HTML　140/index.html

```
<h1>手動で入力</h1>
<form action="#" method="POST" id="input"
name="input">
  中略
  <label for="expense">項目</label>
  <select name="expense" id="expense">
   <option value="exp1" selected>食費</option>
   <option value="exp2">医療費</option>
   <option value="exp3">住居・住宅</option>
   <option value="exp4">衣服</option>
   <option value="exp5">水道光熱費</option>
   <option value="exp6">交際費</option>
   <option value="exp7">娯楽</option>
  </select>
  中略
</form>
```

■CSS　140/css/style.css

```
#input {
  border-radius: 8px;
  padding: 8px 16px;
  background: #EDEDED;

p {
  font-size: 0.875rem;
}
label {
  margin-right: 0.5em;
}
}
```

▼ ブラウザ表示（左：スマホ、右：PC）

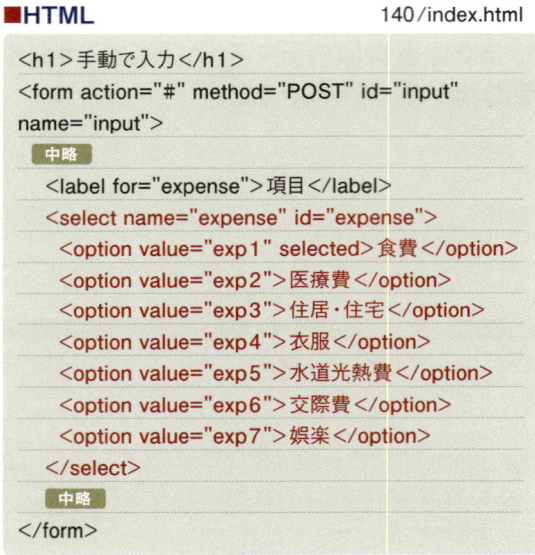

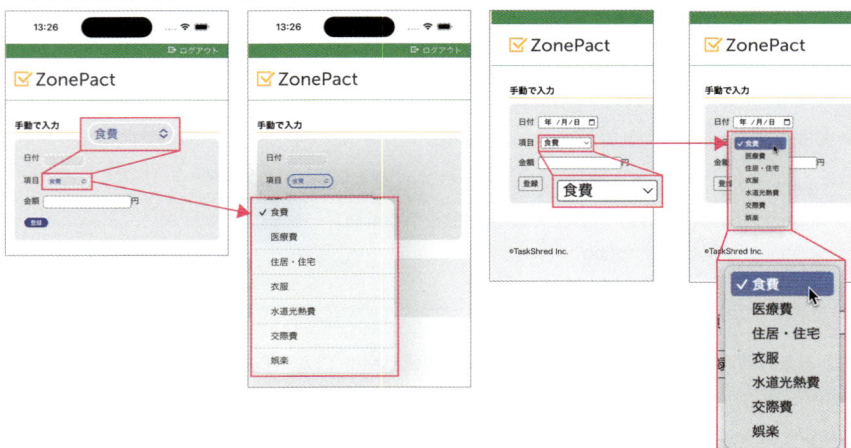

141 複数の項目を選択できる リストを表示したい

利用シーン
- ●選択肢のなかから複数の項目を選択できる設問を作るとき
- ●選択肢を一覧表示したいとき

要素/プロパティ

HTML

<select name="入力欄の名前" multiple>～</select>
———— 選択肢のリスト表示（セレクトリスト）

<option value="送信される値">～</option> ———— セレクトリストの選択項目

<select>タグに「multiple」属性を追加すると、選択肢のなかから複数の項目を選択できる「リスト」を表示できます。

スマートフォン（Android、iOS）では、チェックボックスを操作するような感覚で項目を選択できます。PCでは ctrl キー（macOSの場合は ⌘ キー）を押しながらリスト項目をクリックして、複数の選択肢を選びます。

サンプルでは、7項目から複数選択できるリストを作成しています。見出し（<h1>）のスタイルを調整するためにCSSを使用していますが、フォームにCSSは適用していません。

■HTML

141/index.html

```html
<h1>都市で検索</h1>
<form action="#" method="POST">
 <p>
  <label for="area">旅行したい地域（複数選択可）</label><br>
  <select name="area" id="area" multiple size="7">
   <option value="">ヨーロッパ</option>
   <option value="">アフリカ</option>
   <option value="">中東・西アジア</option>
   <option value="">東南アジア</option>
   中略
  </select>
 </p>
 <p><input type="submit" value="検索"></p>
</form>
```

▼ ブラウザ表示 （左・中：スマホ、右：PC）

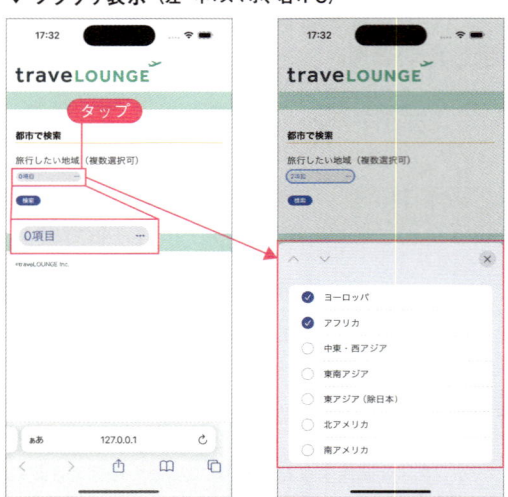
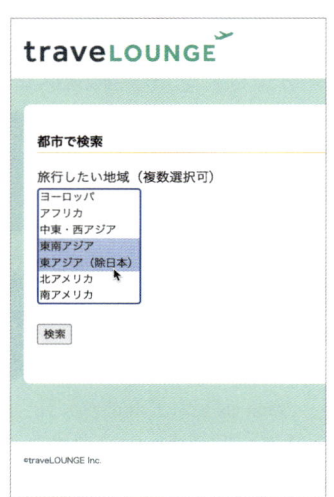

フォーム部品、どうやって選ぶ?

ラジオボタン、チェックボックス、ドロップダウンメニュー、セレクトリストは、どれも「候補から選択する」フォーム部品です。機能が似ていてどれを使えばよいのか迷うときは、ユーザーにとって最も使いやすく、入力しやすいものを選びます。そのためには、各部品の特徴を把握しておくことが大事です。

▶ ラジオボタン ── 複数選択肢からひとつ選択。入力必須項目に使う
ラジオボタンは、複数の選択肢からひとつだけ選択できるフォーム部品です。すべての選択肢がページ上に表示されるので、選択肢が一目で把握しやすいという特徴があります。
ただし、一度どれかの選択肢を選んでしまうと、全部選択を解除することができません。そのため、事実上回答必須の設問に使用します。全部解除できないことから選択肢がひとつの設問には使えません。

一度選ぶと全解除できない

141

複数の項目を選択できるリストを表示したい

ラジオボタンはスマートフォンではタップできる面積が狭く、操作しづらい点も考慮する必要があります。近年だいぶ改善されてきてはいますが、それでもドロップダウンメニューと比べると部品が小さいのは否めません。

▶ チェックボックス —— 複数選択可。選択肢がひとつだけのときにも使える

チェックボックスは、複数の選択肢を持つ設問が作れて、複数回答（選択）もできるのが特徴です。ラジオボタンと違って、一度選択したあとも全部解除することが可能なので、回答が必須でない設問にも使えます。全部解除できることから、選択肢がひとつだけの設問にも使えます。

選択―解除が交互にできる

☑利用規約を読み、承諾します。 ◀━━━━━━▶ ☐利用規約を読み、承諾します。

難点は、ラジオボタン同様部品が小さく、スマートフォンで操作しづらいことです。スマートフォン向けに複数選択可能な設問を作るときは、セレクトリストを検討するのも手です。

▶ ドロップダウンメニュー —— 複数選択肢からひとつ選択、端末問わず扱いやすい

ドロップダウンメニューは、複数の選択肢からひとつだけ選択できるという点で、ラジオボタンに似ています。また「選択しない」という選択肢が作れるので、回答必須でない設問にも使えます。

クリック／タップしないと選択肢が見えないので、選択肢の一覧性は劣ります。しかし、スマートフォンでは大きく表示され、操作しやすいのが特徴で、端末問わず操作しやすいフォーム部品といえます。

▶ セレクトリスト —— 複数選択可。端末によって操作難易度が変わる

セレクトリストは、複数の選択肢を持つ設問が作れて、複数回答ができるため、チェックボックスに似ています。

セレクトリストの弱点は、端末によって操作の難易度が変わることです。

PCでは複数選択の際に修飾キーを押さないといけないので、操作に慣れない人には向いていません。PCで使用する場合は、Webアプリケーションの管理画面など、操作に慣れた人が使う場面での利用に適しています。しかし、スマートフォンでは話が別です。セレクトリストは「大型のチェックボックス」のように表示されるので、操作に不慣れな人でも安心して使えます。スマートフォン専用サイトでは積極的に検討したい部品です。

スマートフォンで大きく表示され、操作しやすい

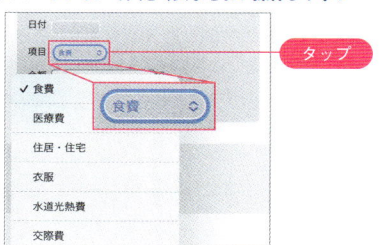

スマートフォンでは操作しやすい

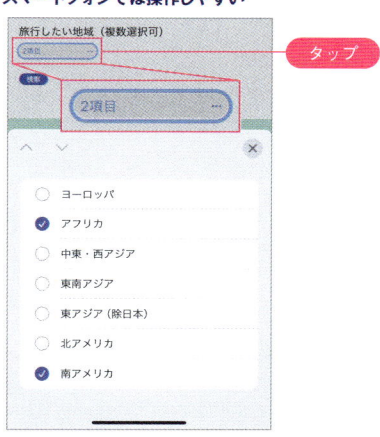

142 テキストエリアを設置したい

 利用シーン　お問い合わせの内容や記事に対するコメントなど、長いテキストを入力するのに適したフォーム部品が必要なとき

要素 / プロパティ

HTML

`<textarea name="入力欄の名前"></textarea>` ━━━ テキストエリア

　「テキストエリア」は、テキストフィールドと違って途中で改行できる、長いテキストを入力するのに適したフォーム部品です。

　テキストエリアを作成するには`<textarea>`タグを使います。`<textarea>`には終了タグ（`</textarea>`）があることに注意が必要です。開始タグと終了タグの間にテキストを含めると、初期値としてテキストエリア内に表示されます。その代わり、`<textarea>`にvalue属性は使えません。

　サンプルではひとつのテキストエリアを表示しています。テキストエリアにCSSは適用していないので、ブラウザのデフォルトで表示されます。

■HTML　　　142/index.html

```
<h1>手動で入力</h1>
<form action="#" method="POST"
id="input" name="input">
  中略
  <p>
    <label for="note">メモ</label><br>
    <textarea name="note" id="note"
placeholder="メモ（任意）">おやつ代</
textarea>
  </p>
  中略
</form>
```

▼ ブラウザ表示 （上：スマホ、下：PC）

手動で入力

日付

金額　　　　　　　円

メモ
おやつ代

登録

☑ ZonePact

手動で入力

日付　年 /月/日

金額　　　　円

メモ
おやつ代

登録

143 ファイルをアップロードできる
ようにしたい

🍲 **利用シーン** Webアプリケーションなどで、ファイルのアップロード機能を作成するとき

要素/プロパティ

HTML

`<input type="file" name="入力欄の名前">` ━━ アップロードボタンの表示

`<input type="file">`は、ファイルをアップロードできるフォーム部品です。ブログや動画配信システム、SNS、さまざまなWebアプリケーションで幅広く使われています。

ファイルアップロードにはaccept属性があります。この属性は選択できるファイルの種類を設定するもので、ファイル拡張子やMIMEタイプ※をカンマ区切りで指定します。サンプルでは、MIMEタイプを使ってPNG、JPEGファイルを選択できるようにしています。

※ MIMEタイプとは、ファイルの種類を示す識別子（名前）のことです。

■HTML
143/index.html

```
<h1>手動で入力</h1>
<form action="#" method="POST" id="input" name="input">
  中略
  <p>
    <label for="receipt">レシート/領収書をアップロードして自動入力</label>
    <input type="file" name="receipt" id="receipt" accept="image/png, image/jpeg">
  </p>
  中略
</form>
```

▼ ブラウザ表示（左：スマホ、右：PC）

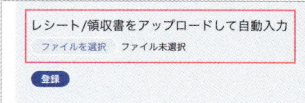

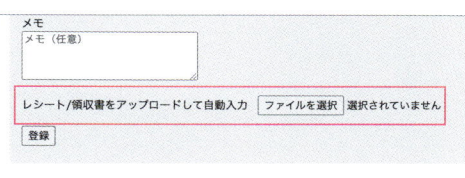

144 数値やレンジに入力できる範囲を指定したい

利用シーン　**数値フィールドやレンジフィールドで、入力できる値を制限する必要があるとき**

要素 / プロパティ

HTML

`<input type="number" name=" 入力欄の名前 ">`
──── 数値フィールド `▶▶134`

`<input type="range" name=" 入力欄の名前 ">`
──── レンジフィールド `▶▶134`

HTML 属性

min=" 値 " ──── 入力できる最小値

max=" 値 " ──── 入力できる最大値

step=" 値 " ──── ステップ数

　数値を入力できるフォーム部品に、数値フィールド（`<input type="number">`）とレンジフィールド（`<input type="range">`）があります。

数値フィールドとレンジフィールド

　このふたつのフォーム部品には min 属性、max 属性、step 属性を追加可能で、それぞれ最小値、最大値、ステップ数を指定して、入力できる値を制限できます。
　たとえば、数値フィールドに入力できる値を最小値0、最大値10にするとしたら、次のようなHTMLを書きます。

●**HTML**　　　　　　　　　　　　　　　　数値フィールドに入力できる値を0以上10以下にする

```
<input type="number" name="num" min="0" max="10">
```

　レンジフィールドは、スライダーを一番左にドラッグすると最小値、一番右にドラッグすると最大

値を入力できます。初期値（スライダーが最初にある場所）はvalue属性で指定できます。

　min属性、max属性、value属性を設定しなかった場合、最小値0、最大値100、初期値50になります。

　次の例は、レンジフィールドに入力できる値の最小値を0、最大値を255、初期値を127にしています。

● HTML　　　　　　　　　　　　　　レンジフィールドに入力できる値を0以上255以下にする

```
<input type="range" name="range" min="0" max="255" value="127">
```

　サンプルでは、4つのフォーム部品を表示しています。レイアウトのためにCSSを適用していますが、フォーム部品のスタイルは変更していません。

　下の［送信］ボタンをクリックすると、範囲外の数値が入力されていたときに警告が出ます。また、スライダーの横には選択中の数値が表示されています。この数値はJavaScriptで出力しています。

■ HTML　　　　　　　　　　　　　　　　　　　　　　　　144/index.html

```
<p class="desc">&lt;input type=&quot;number&quot;&gt;</p>
<form action="#" name="form" id="form">
  <div class="controls">
    <p>
      <label for="num-initial">設定なし</label><br>        数値。制限なし。初期値0
      <input type="number" name="num-initial" id="num-initial" value="0">
    </p>
    <p>
      <label for="num-step">最小0 / 最大100 / 10ステップ</label><br>
      <input type="number" name="num-step" id="num-step" value="0"
      min="0"
      max="100"
      step="10"
      >        数値。最小0、最大100。ステップ10。初期値0
    </p>
  </div>

  <p class="desc">&lt;input type=&quot;range&quot;&gt;</p>
  <div class="controls">
```

325

```
<p>
  <label for="r1">設定なし（最小0 / 最大100）</label><br>
  <input type="range" name="r1" id="r1"> ——— レンジ。制限なし
  <output for="r1" name="result-initial" value="0">50</output>
</p>
<p>
  <label for="r2">最小-100 / 最大100 / 10ステップ</label><br>
  <input type="range" name="r2" id="r2" min="-100" max="100" step="10"
value="60"> ——— レンジ。最小-100、最大100、ステップ10、初期値-100
  <output for="r2" name="result-step">0</output>
</p>
</div>
<p><button type="submit">送信</button></p>
</form>
```

▼ ブラウザ表示

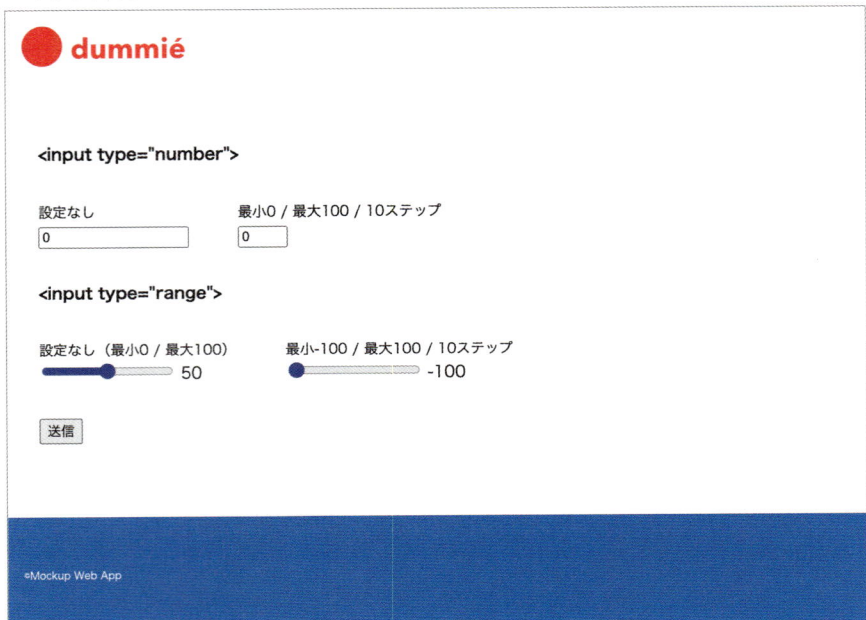

145 通常の要素を 編集可能にしたい

 **利用シーン** フォーム部品ではない、通常の要素を編集可能にするとき

要素 / プロパティ

HTML属性

contenteditable="true, false, または plaintext-only"
━━━ 要素のコンテンツを編集可能にする

　contenteditable属性を使うと、<p>や<span>など通常の要素を編集可能にできます。Webアプリケーションでよく使われる機能です。
　contenteditable属性の値には「true」（編集可）、「false」（編集不可）、「plaintext-only」（プレーンテキストのみ編集可）のいずれかにします。プレーンテキストとはスタイル情報がないテキストのことです。
　サンプルでは、テーブルに含まれる<span>を、プレーンテキストのみ編集可に設定しています。

■**HTML**　　　　　　　　　　　　　　　　　　　　145／index.html

```
<table class="record">
 <thead>
  <tr>
   <th>日付</th>
   <th>取引内容</th>
   <th>支出</th>
   <th>収入</th>
   <th>残額</th>
   <th>メモ</th>
  </tr>
 </thead>
 <tbody>
  <tr>
   中略
```

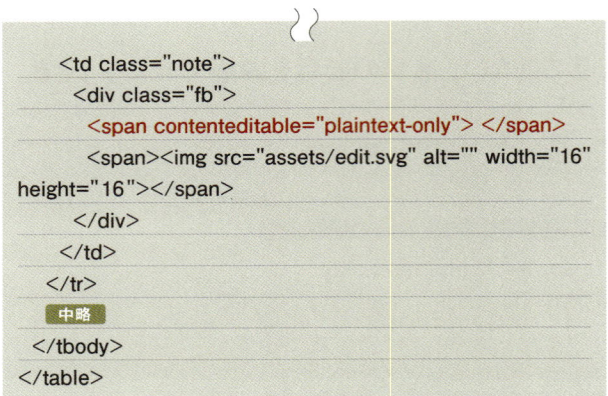

```
<td class="note">
    <div class="fb">
        <span contenteditable="plaintext-only"> </span>
        <span><img src="assets/edit.svg" alt="" width="16"
height="16"></span>
    </div>
</td>
</tr>
中略
</tbody>
</table>
```

▼ ブラウザ表示

メモ欄をクリックすると編集可能になる

146 送信ボタンを設置したい

利用シーン **ほとんどのフォームで使用する**

要素 / プロパティ

HTML

`<input type="submit" value="送信ボタンの名前">`
—— 送信ボタン

`<button type="submit">ボタンのテキスト</button>`
—— 送信ボタン

　Webサーバーにデータを送信するフォームには、送信ボタンが必要です。送信ボタンを設置するには、`<input type="submit">`か、もしくは`<button type="submit"></button>`のいずれかを使用します。どちらでも機能は変わりません。

　ところで、ボタンのラベルテキストは、できるだけ「次に何が起こるか」がわかるようにするのがより親切です。たとえば次に確認のページが出てくるなら「確認」、次のフォームに移るのであれば「次へ」などにすることを検討しましょう。ラベルは`<input>`ならvalue属性、`<button>`なら開始タグと終了タグの間のコンテンツで設定できます。

　ここまでも送信ボタンは何度か出てきているので、今回は記述例がわかるようなサンプルにしました。ボタンにCSSは適用していません。

■HTML
146/index.html

```
<form action="#" name="form1" id="form1">
 <p class="desc">&lt;input type=&quot;submit&quot;&gt;</p>
 <p>
  <input type="submit" value="入力内容を確認">
 </p>
</form>

<form action="#" name="form2" id="form2">
```

```
<p class="desc">&lt;button type=&quot;submit&quot;&gt;</p>
<p>
  <button type="submit">支払い情報の入力へ</button>
</p>
</form>
```

▼ ブラウザ表示（左：スマホ、右：PC）

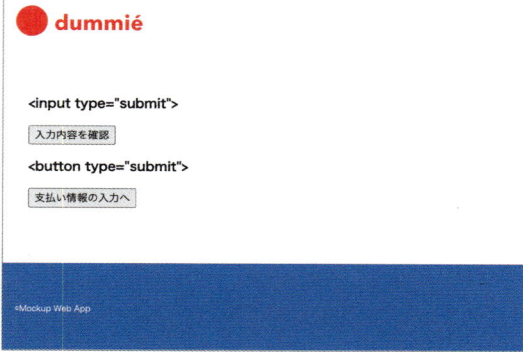

147 汎用的なボタンを作成したい

利用シーン **送信ボタン以外にもボタンが必要なとき**

要素／プロパティ

HTML

`<button>`ボタンのテキスト`</button>` ━━━ 汎用ボタン

　フォームの送信ボタンではなく、汎用的なボタンを作成するときは`<button>`タグを使います。`<button>`〜`</button>`の間に、ボタンの上に表示されるラベルテキストを含めます。

　`<button>`は、クリック／タップしたときにJavaScriptプログラムを実行するのに使用します。プログラムが実行できるように、id属性を追加するのが一般的です。

　サンプルでは、住所を自動入力するボタンを設置しています（動作はしません）。

■HTML　　　　147／index.html

```html
<h1>チケット送付先を入力</h1>
<form action="#" method="POST">
 <p>
   <label for="postal">〒</label>
<input type="text" name="postal" id=
"postal">
   <button id="fill-address">郵便番号か
ら自動入力</button>
 </p>
 <p>
   <label for="address">住所</label>
<br>
   <input type="text" name="address"
id="address">
 </p>
 <p><input type="submit" value="次
へ"></p>
</form>
```

▼ ブラウザ表示（上：スマホ、下：PC）

14:21

traveLOUNGE

チケット送付先を入力

〒 [　　　　　　　] 郵便番号から自動入力

traveLOUNGE

チケット送付先を入力

〒 [　　　　　　　] 郵便番号から自動入力

148 最初のフォーム部品を自動で選択したい

利用シーン　ユーザビリティを向上させたいとき

要素/プロパティ

HTML属性

autofocus ━━━ ページが表示されたときに、この属性があるフォーム部品を自動で入力可能にする。ブール属性

　ページが表示されたときに、ユーザーがクリックしなくても自動的にフォーム部品を選択し、入力できる状態──フォーカス状態──にしてくれる属性があります。それが「autofocus」属性です。この属性は、<input>タグや<textarea>タグなど、フォーム部品のタグに追加できるブール属性です。 ▶▶136

　autofocus属性を使えばユーザーの操作を減らせるので、多少なりともユーザビリティの向上につながります。

　サンプルでは、ページが読み込まれた直後に一番上の「郵便番号」欄がフォーカスされます。

■**HTML**　　　　　　　　148/index.html

```
<h1>チケット送付先を入力</h1>
<form action="#" method="POST">
 <p>
   <label for="postal">〒</label>
<input type="text" name="postal" id=
"postal" autofocus>
   <button id="fill-address">郵便番号か
ら自動入力</button>
   </p>
   中略
</form>
```

▼ **ブラウザ表示**（上：スマホ、下：PC）

郵便番号欄がフォーカスされる

149 コピーできるが入力できない フォーム部品を作りたい

利用シーン

- ●情報を表示するだけのフォーム部品を作りたいとき
- ●入力はできないが、テキストの選択はできるテキストフィールドを作りたいとき

要素 / プロパティ

HTML

```
<input type="url" name=" 入力欄の名前 ">
```
—— URLを入力・表示するためのフィールド

HTML属性

```
value=" 値 "
```
—— フォーム部品の初期値

```
readonly
```
—— フォーム部品を読み出し（表示）専用にする。ブール属性

「readonly」属性が追加されたフォーム部品は、入力はできないけれども、表示されているテキストの選択はできるようになります。Webアプリケーションなどで情報を表示することだけを目的にしたフォームを作成するときや、テキストをコピーしてほしいときに使われます。

サンプルでは、テキストフィールドにURLを表示させています。

■HTML

149/index.html

```
<p>URLをコピー：<input type="url" value="https://studio947.net" readonly></p>
```

▼ ブラウザ表示

URLをコピー： https://studio947.net → URLをコピー： https://studio947.net

入力できないが選択できる。コピーもできる

150 ドロップダウンメニューの項目をグループ化したい

利用シーン **ドロップダウンメニューの選択肢を整理して見せたいとき**

要素/プロパティ

HTML

\<select name="入力欄の名前">～\</select>
━━ドロップダウンメニュー

\<option value="送信される値">～\</option>
━━ドロップダウンメニューの選択項目

\<optgroup label="グループ名">～\</optgroup>
━━ \<option>を囲み、選択肢をグループ化する

\<optgroup>は、ドロップダウンメニューの選択肢が多くて整理したいときに使用します。グループ化したい選択肢（\<option>）を、\<optgroup>～\</optgroup>で囲みます。

\<optgroup>には「label」属性が必須で、値には「グループ名」を設定します。このグループ名がドロップダウンメニューのなかに表示されます。

● **書式** ドロップダウンメニューの選択肢を整理する

```
<select>
 <optgroup label="グループ名">
  <option>選択肢1</option>
  <option>選択肢2</option>
  中略
 </optgroup>
</select>
```

サンプルでは、世界の都市をグループにまとめたドロップダウンメニューを作成しています。

```
<h1>都市で検索</h1>
<form action="#" method="POST">
 <p>
  <label for="area">都市を選んでください</label><br>
  <select name="destination" id="destination">
   <optgroup label="北米">
    <option value="la">ロサンゼルス</option>
    中略
   </optgroup>
   <optgroup label="ヨーロッパ">
    <option value="fr">パリ</option>
    中略
   </optgroup>
   <optgroup label="ハワイ・オセアニア">
    <option value="hi">ホノルル</option>
    中略
   </optgroup>
  </select>
 </p>
 <p><input type="submit" value="検索"></p>
</form>
```

▼ **ブラウザ表示**（左：スマホ、右：PC）

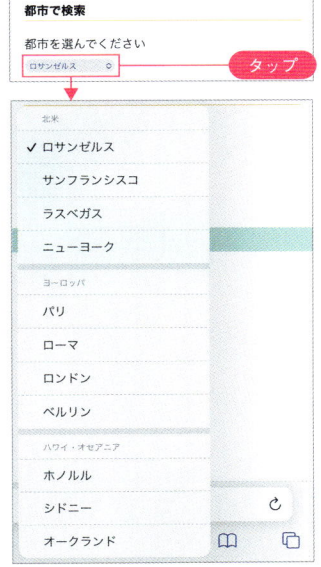

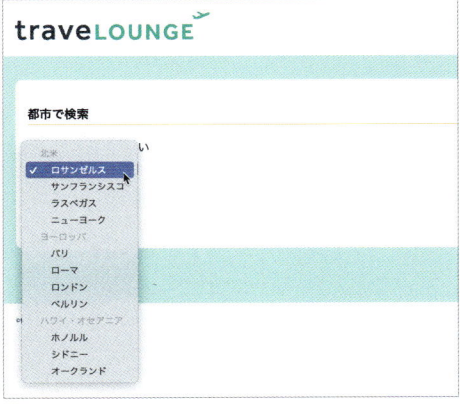

151 ドロップダウンメニューの項目に区切り線を入れたい

 **利用シーン** **ドロップダウンメニューの選択肢を整理して見せたいとき**

要素/プロパティ

HTML

`<select name="入力欄の名前">～</select>` ━━ ドロップダウンメニュー
`<option value="送信される値">～</option>` ━━ ドロップダウンメニューの選択項目
`<hr>` ━━ 区切り線 ▶001 ▶281

　主要ブラウザの2023年末～2024年初頭にリリースされたバージョンでは、`<select>`～`</select>`のなかに`<hr>`を含めて、区切り線が引けるようになりました。
　サンプルでは、都道府県が選択できるドロップダウンメニューに、地方ごとに区切り線を引いています。

■HTML 151/index.html

```
<label for="pref">都道府県</
label><br>
<select name="prefecture" id="pref">
 <option value="" selected>選択してく
ださい</option>
 <option value="1">北海道</option>
 <hr>
 <option value="2">青森県</option>
 <option value="3">岩手県</option>
 中略
 <hr>
 <option value="8">茨城県</option>
 <option value="9">栃木県</option>
 中略
</select>
```

▼ ブラウザ表示（左：スマホ、右：PC）

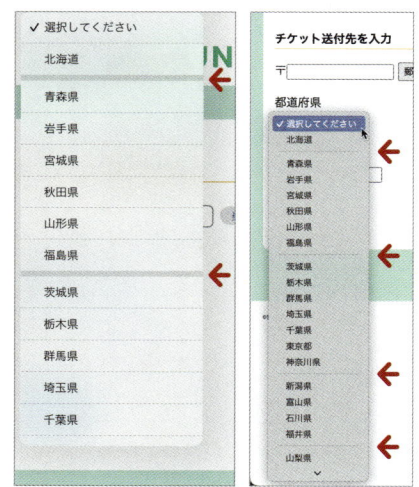

336

152 テキストフィールド・テキストエリアのスタイルを調整したい

🍲 利用シーン **フォーム部品のデザインをカスタマイズしたいとき**

要素／プロパティ

CSSセレクタ

[属性 =" 値 "] ━━━ タグについている属性やその値で要素を選択する。属性セレクタ

CSSプロパティ

margin: 上 右 下 左 ; ━━━ 四辺のマージンを設定する ▶▶085
border: 太さ 形状 色 ; ━━━ 要素のボックスにボーダーを引く ▶▶082
padding: 上 右 下 左 ; ━━━ ボックスの周囲にパディングを設定する ▶▶084
width: 幅 ; ━━━ ボックスの幅を設定する ▶▶086
font-size: フォントサイズ ; ━━━ フォントサイズを指定する ▶▶028

　テキストフィールドやテキストエリアには多くのCSSプロパティが適用できます。widthやheight、font-sizeはもちろん、マージン、ボーダー、パディング、背景の設定もできます。フォーム部品はインラインボックスで表示されるのに、上下マージンも適用できます。 ▶▶006

　サンプルでは、テキストフィールド、テキストエリアに次のCSSを適用しています。

- マージン・ボーダー・パディング
- 幅・高さ（テキストエリアのみ）
- フォントサイズ
- リサイズ可・不可（テキストエリアのみ）

　テキストエリアには「resize: none;」を適用して、テキストエリアのリサイズ機能をオフにしています。テキストエリアはデフォルトCSSではユーザーが右隅をドラッグしてサイズ調整ができるのですが※、その機能をオフにしています。

テキストエリアのリサイズ機能

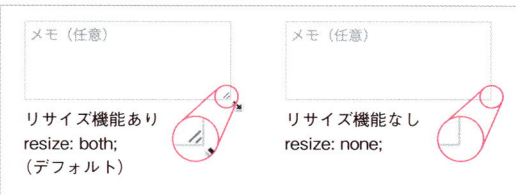

リサイズ機能あり
resize: both;
（デフォルト）

リサイズ機能なし
resize: none;

※ iOSにはそもそもリサイズ機能がありません。

```html
<form action="#" method="POST" id="input" name="input">
  <p><label for="date">日付</label><input type="date" name="date" id="date"></p>
  <p><label for="payment">金額<br>
  </label><input type="text" name="payment" id="payment">円</p>
  <p>
    <label for="note">メモ</label><br>
    <textarea name="note" id="note" cols="30" rows="4" placeholder="メモ（任意）">
</textarea>
  </p>
  <p><input type="submit"  value="登録"></p>
</form>
```

中略

```css
input[type="text"] {
  margin: 0.5em 0.5em 0.5em 0;
  border: 1px solid #C9C9C9;
  padding: 4px;
  font-size: 1rem;
}

textarea {
  margin: 0.5em 0.5em 0.5em 0;
  border: 1px solid #C9C9C9;
  padding: 4px;
  width: 210px;
  height: 4.8em;          ──── （行数×1.2）emにするとよい
  font-size: 1rem;
  resize: none;
}
```

▼ ブラウザ表示 （左：スマホ、右：PC）

手動で入力

日付

金額
□ 円

メモ

メモ（任意）

登録

手動で入力

日付
年 /月 /日 □

金額
□ 円

メモ

メモ（任意）

登録

column

属性セレクタ

属性セレクタは、指定した属性、または属性値を持つタグ（要素）にスタイルを適用します。属性セレクタにはいくつかのバリエーションがあって、柔軟に要素を選択できます。おもな属性セレクタを紹介します。

▶ [属性="属性値"]

「属性」の値が「属性値」の要素を選択します。たとえば、<a>タグに「target="_blank"」があるときにだけスタイルを適用するには、右のように書きます。

● 書式 <a target="_blank">にスタイルを適用

a[target="_blank"] { …… }

▶ [属性]

指定した「属性」がついている要素を選択します。フォーム部品の<input>タグなどで使われる「ブール属性」 ▶▶136 の有無を評価するのによく使われます。たとえば、<input>タグにrequired属性がついているときにだけスタイルを適用するには、右のように書きます。

● 書式 <input required>にスタイルを適用

input[required] { …… }

▶ [属性^="始まりの文字列"]

「属性」の値が「始まりの文字列」で始まっている要素を選択します。たとえば、<a>のhref属性の値が「https://」で始まっているときにだけスタイルを適用するには、右のように書きます。

● 書式 <a href="https://……">にスタイルを適用

a[href^="https://"] { …… }

▶ [属性$="終わりの文字列"]

「属性」の値が「終わりの文字列」で終わっている要素を選択します。たとえば、<a href="……..zip">と、ZIPファイルにリンクしているときにだけスタイルを適用するには、右のように書きます。

● 書式 <a href="…….zip">にスタイルを適用

a[href$="zip"] { …… }

153 テキストフィールドのなかに アイコンを表示したい

 利用シーン **入力するためのヒントをわかりやすく表示したいとき**

要素 / プロパティ

HTML

<input type="text" name="入力欄の名前">

―― テキストフィールド ▶▶130

CSS セレクタ

[属性 =" 値 "]

―― タグについている属性やその値で要素を選択する。属性セレクタ

CSS プロパティ

background: 背景の設定;

―― 要素の背景を設定する ▶▶095

text-indent: 空けたい大きさ;

―― 段落の 1 行目の始まりをずらす ▶▶038

　テキストフィールドなどには背景画像が適用できるので、それを利用してフィールド内にアイコン画像を表示します。アイコン画像と入力した文字が重ならないように、「text-indent」プロパティでテキストの開始位置を調整します。
　サンプルでは「assets」フォルダの「icon-search.svg」を、テキストフィールド内に表示しています。

■**HTML**　　　　　　　　　　　　　　153／index.html

```
<p class="icon">
 <label for="icon">検索</label>
 <input type="text" name="search" id="search">
</p>
```

■CSS

153/css/style.css

```
input[name="search"] {
  margin: 0.5em 0.5em 0.5em 0;
  border: 1px solid #CCC;
  border-radius: 4px;
  padding: 6px;
  width: 280px;
  font-size: 1rem;

  text-indent: 20px;
  background: url(../assets/icon-search.svg) left 8px center no-repeat;
}
```

▼ ブラウザ表示

検索 🔍 　　　　　　　　　　検索 🔍 フォーム CSS

通常時　　　　　　　　　　　　　　　入力時

テキストを入力してもアイコンに重ならない

Chap 7

フォームのデザインテクニック

154 選択されたフォーム部品のスタイルを変更したい

利用シーン テキストフィールド・テキストエリアが選択されたらハイライトしたいとき

要素 / プロパティ

CSS セレクタ

:focus-visible
━━ ボタンなど一部を除き、フォーカスが当たっている（選択されている・入力可能になっている）要素を選択

:focus
━━ 要素にフォーカスが当たっている（選択されている・入力可能になっている）要素を選択

テキストフィールドやテキストエリアが選択され、入力可能になった状態のことを「フォーカス状態」といいます。このフォーカス状態のとき、いまどこが入力可能になっているのかがわかるように、ブラウザのデフォルトCSSでは枠線で囲まれます。この線のことを「フォーカスリング」といいます。

フォーカスリング

金額
| 円

フォーカス状態になったフォーム部品のスタイルを調整するには、:focus-visible擬似クラスにスタイルを適用します。

サンプルでは、日付フィールド、テキストフィールド、テキストエリアがフォーカス状態になったとき、フォーカスリングをオレンジ色にして、フォーム部品に背景色をつけています。注意が必要なのは、フォーカスリングのスタイルを変更する際はborderプロパティでなく、outlineプロパティを使うということです。borderプロパティではフォーカスリングのスタイルが変わりません。

■HTML 154／index.html

```
<form action="#" method="POST" id="form" name="form">
  <p><label for="date">日付</label><input type="date" name="date" id="date"></p>
  <p><label for="payment">金額
  </label><input type="text" name="payment" id="payment">円</p>
  <p>
    <label for="note">メモ</label>
```

```
    <textarea name="note" id="note" cols="30" rows="4" placeholder="メモ（任意）">
</textarea>
  </p>
  <p><input type="submit" value="登録"></p>
</form>
```

■CSS

154/css/style.css

```css
input:focus-visible,
textarea:focus-visible {
  background-color: #FEE794;
  caret-color: #46A968;
  outline: 2px solid #FFCB14;
}
```

▼ ブラウザ表示

メモ	メモ
メモ（任意）	メモ（任意）

通常時　　　　　　　　　　　フォーカス時

column

:focus擬似クラスと:focus-visible擬似クラス

フォーカス状態（＝入力可能な状態）の要素を選択するセレクタには、:focusと:focus-visibleがあります。フォーカスは、ボタンとすべてのフォーム部品に発生します。実はリンク（<a>）にも発生します。

▶ :focus擬似クラス

:focusは古くからある擬似クラスで、フォーカス状態になった要素を選択します。ボタンやリンクも選択するので、それらをタップ／クリックすると――ボタンやリンクにとってフォーカス状態とはタップ／クリックした瞬間です――スタイルが適用されます。

実例がわかるサンプルを用意しました。「154/focus.html」を開き、「:focus」と書かれているリンク、テキストフィールド、ボタンをクリックして選択してみてください※。これらには「:focus」にスタイルを適用していて、クリックするとすべての要素にスタイルが適用され、枠線で囲まれます。

※ Safariは:focusでも:focus-visibleと同じ動作をします。Safari以外のブラウザで試してください。

● HTML

154/focus.html

```html
<section id="focus">
  <h1>:focus</h1>
  <p><a href="#">リンクテキスト :focus</a>
</p>
  <p><input type="text" name="tf-focus"
value=":focus" id="tf-focus"></p>
  <p><button>:focus</button></p>
</section>
```

● CSS

154/css/focus.css

```css
:root {
  --ring: 2px solid #E10051;
}
#focus {
  *:focus {
    outline: var(--ring);
  }
}
```

クリックするとリンクにもボタンにもスタイルが適用される

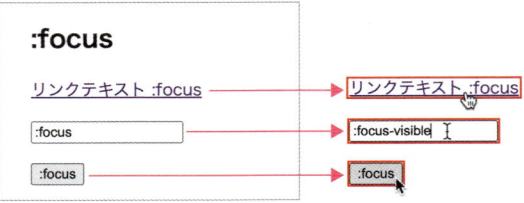

▶ :focus-visible 擬似クラス

:focusの動作を見て、リンクやボタンには「フォーカスリング、いらないんじゃないか」と思った方もいらっしゃるでしょう。クリックしているのだから選択しているのは当たり前だし、美しくないと感じたかもしれません。
リンクやボタンにフォーカスリングが表示されることを避けるために、新しく作られたのが:focus-visible 擬似クラスです。
この擬似クラスは、フォーカス状態になった要素のうち、フォーカス状態であることが視覚的に認識できる必要があるもののみ、選択します。視覚的に認識できる必要がないと考えられる、ボタンやリンクがフォーカス状態になっても選択しません。
サンプルの「:focus-visible」と書かれているリンク、テキストフィールド、ボタンをクリックしてみてください。

●**HTML**　　　　　　154/focus.html

```html
<section id="focus-visible">
 <h1>:focus-visible</h1>
 <p><a href="#">リンクテキスト
:focus-visible</a></p>
 <p><input type="text" name="tf-fv"
value=":focus-visible" id="tf-
focus"></p>
 <p><button>:focus-visible</
button></p>
</section>
```

●**CSS**　　　　　　154/css/focus.css

```css
#focus-visible {
 *:focus-visible {
  outline: var(--ring);
 }
}
```

リンクとボタンにはスタイルが適用されない

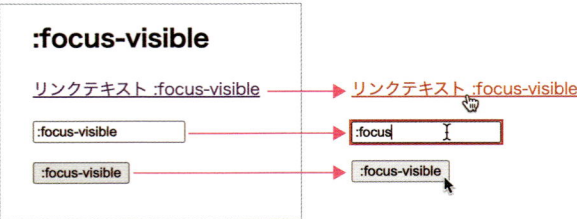

しかし、:focusでも:focus-visibleでも、キーボード操作で要素を選択しているときは、どちらもフォーカス状態の要素を選択します。そうすることで、いまどの要素が入力可能かがわかるようになっています。
上記のサンプルでも tab キーを何度か押して要素を選択すると、すべての要素にスタイルが適用されます。

155 選択されたフォーム部品の ラベルを太字にしたい

 **利用シーン** **フォーム部品を選択したら、関連するラベルテキストのスタイルを変更したいとき**

要素／プロパティ

CSS セレクタ

:focus-within

——— フォーカス状態の子孫要素を持つ要素を選択

「E:focus-within」は、セレクタEで選択される要素の子孫要素が フォーカス状態になったとき、Eにスタイルを適用します。たとえば次 の図ようなHTMLとCSSがあるとき、子要素の<input>がフォーカス 状態になれば、<label>や<p>にスタイルが適用されます。

「:label-within」でスタイルが適用される要素

<input> がフォーカス状態のとき <label> にスタイル適用

```
<label>
  住所：<input type="text" name="address">
</label>
```

```
label:focus-within {
  /* スタイル */
}
```

<input> がフォーカス状態のとき <p> にスタイル適用

```
<p>
  <label for="address"> 住所 </label>
  <input type="text" name="address" id="address">
</p>
```

```
p:focus-within {
  /* スタイル */
}
```

サンプルでは、フォーム部品がフォーカス状態になったとき、親要 素の<p>〜</p>に含まれるテキストを太字にしています。

選択されたフォーム部品のラベルを太字にしたい

■HTML

```html
<form action="#" method="POST" name="form" id="form">
 <p>
   <label for="name">お名前</label>
   <input type="text" name="name" id="name">
 </p>
 <p>
   <label for="mail">メールアドレス</label>
   <input type="email" name="email" id="email" required>
 </p>
 <p>
   <input type="checkbox" name="accept" id="accept">
   <label for="accept">個人情報保護方針を読みました。</label>
 </p>
</form>
```

■CSS

```css
#form p:focus-within {
  font-weight: bold;
}
input {
  padding: 4px;
  font-size: 1rem;
}
```

▼ ブラウザ表示

お名前 波野伊九 ／ メールアドレス ／ □ 個人情報保護方針を読みました。

お名前 波野伊九 ／ メールアドレス ／ ☑ 個人情報保護方針を読みました。

156 送信ボタン・汎用ボタンの スタイルを変更したい

 **利用シーン** 送信ボタンのデザインをカスタマイズしたいとき

> **要素 / プロパティ**

CSSセレクタ

input[type="submit"]
———— 属性セレクタ

:hover
———— マウスポインタがホバーした状態の要素を選択 ▶▶054

:active
———— クリックした状態の要素を選択 ▶▶054

　送信ボタン（<input type="submit">）やボタン（<button></button>）にはさまざまなCSSを適用できます。:hoverをはじめとする擬似クラスも使えるので、マウスホバー時のデザインを作ることもできます。
　サンプルでは、ボタンのフォントサイズ、テキスト色、背景色などを変更し、ホバー時、アクティブ時に背景色を変えています。

■**HTML**　　　　　　　　　　　　　　　　　　　　　　156／index.html

```
<form action="#" id="filter" name="filter">
 <p>期間を選択</p>
 <p>
  <input type="date" name="start" id="start"> ～ <input type="date" name="end" id="end">
  <input type="submit" value="検索">
 </p>
</form>
```

送信ボタン・汎用ボタンのスタイルを変更したい

■CSS

```css
input[type="submit"] {
  margin: 0 0.5rem;
  border: none;
  border-radius: 4px;
  padding: 5px 24px;
  background-color: #46A968;
  color: #FFF;
  font-size: 1rem;

  &:hover {
    background-color: #4DBE75;
  }
  &:active {
    background-color: #3F975E;
  }
}
```

▼ ブラウザ表示

157 ボタンにアイコンを表示したい

 **利用シーン** ボタンの上に画像を表示したいとき

要素 / プロパティ

HTML

<button>ボタンのテキスト</button>
——— 汎用ボタン

<button type="submit">〜</button>
——— 送信ボタン ▸▸146

<img src="画像のパス" alt="代替テキスト" width="幅" height="高さ">
——— 画像 ▸▸058

　<button>タグは、送信ボタン（<input type="submit">）以上にデザインのカスタマイズができます。ボタンの上に表示するラベルを<button>〜</button>の間に書けるため、単純なテキストだけでなくHTMLタグも使えて、自由度が高いからです。
　サンプルでは、<img>タグを使って<button>のラベルとしてアイコン画像を表示させています。

■HTML
157/index.html

```
<form action="#" id="filter" name="filter">
 <p>期間を選択</p>
 <p>
  <input type="date" name="start" id="start"> 〜 <input type="date" name="end" id
="end">
  <button type="submit">
   <img src="assets/icon-btn.svg" alt="" width="16" height="16">検索
  </button>
 </p>
</form>
```

ボタンにアイコンを表示したい

■CSS

```
button[type="submit"] {
  margin: 0 0.5rem;
  border: none;
  border-radius: 4px;
  padding: 5px 24px;
  background: #46A968;
  color: #FFF;
  font-size: 1rem;

  &:hover {
    background-color: #4DBE75;
  }

  &:active {
    background-color: #3F975E;
  }
}
```

▼ ブラウザ表示

158 ドロップダウンメニューの スタイルを変更したい

 利用シーン　ドロップダウンメニューのデザインをカスタマイズしたいとき

要素 / プロパティ

CSSプロパティ

appearance: none;

—— ブラウザが提供するデフォルトのデザインを非表示にする

ドロップダウンメニューはブラウザによってもともとの見た目が違いますし、適用できるCSSプロパティにも制限があり、スタイルが適用しづらいフォーム部品です。

それでも、<select>に適用されるスタイルに「appearance: none;」を適用すると、多くのCSSプロパティが使えるようになります。

appearanceは、フォーム部品などの要素を、ブラウザが提供するもともとのデザインで表示するかどうかを決めるプロパティです。値を「none」にすると、<select>にはデフォルトCSSのスタイルが適用されなくなる代わりに、多くのCSSプロパティが使用できるようになります。

サンプルでは、ドロップダウンメニュー（<select name="menu" id="menu">）のボーダー色、背景色、テキスト色などを変更し、背景画像（assets/more.svg）を右端に表示しています。

■**HTML**　　　　　　　　　　　　　　　　　　　　　　　158/index.html

```
<p>
 <label for="menu">費用の項目</label>
 <select name="menu" id="menu">
  <option value="exp1">食費</option>
  <option value="exp2">医療費</option>
  <option value="exp3">住居・住宅</option>
  <option value="exp4">衣服</option>
  <option value="exp5">水道光熱費</option>
```

Chap **7**

フォームのデザインテクニック

ドロップダウンメニューのスタイルを変更したい

```html
    <option value="exp6">交際費</option>
    <option value="exp7">娯楽</option>
  </select>
</p>
```

■CSS

158/css/style.css

```css
#menu {
  appearance: none;
  border: 2px solid #0090E1;
  border-radius: 6px;
  padding: 8px;
  width: 200px;
  background: #73BCE5 url(../assets/more.svg) no-repeat;
  background-position: center right 8px;
  color: white;
  font-size: 1rem;
}
```

▼ ブラウザ表示

費用の項目　食費

背景画像

159 テキストフィールドやチェックボックスの選択色を変更したい

利用シーン

フォームのデザインに統一感を出したいとき

要素／プロパティ

CSSセレクタ

::placeholder

――フォーム部品のプレイスホルダーテキストを選択

CSSプロパティ

accent-color

――フォーム部品のアクセント色を設定する

caret-color

――テキストフィールド、テキストエリアのキャレット色を設定する

チェックボックスやラジオボタン、プレイスホルダーテキストの色は変更できるようになっています。

チェックボックス、ラジオボタンをチェックしたときの色は、accent-colorプロパティで変更できます。

テキストフィールドやテキストエリアを選択して入力可能になったキャレット(「|」のこと)の色は、caret-colorで変更できます。

また、テキストフィールドなどに表示されるプレイスホルダーテキストは、「::placeholder」擬似要素で選択でき、各種CSSプロパティを適用することができます。

サンプルでは、これらのCSSプロパティや擬似要素を使用して、次の3つのスタイルを適用しています。

- テキストフィールドのキャレット色を変更
- テキストフィールドに表示されるプレイスホルダーのテキスト色を変更
- チェックボックス／ラジオボタンの選択色を変更

■HTML　159/index.html

```
<form action="#" id="form" name="form">
  <p>
```

テキストフィールドやチェックボックスの選択色を変更したい

```
    <label for="tf">テキストフィールドのキャレット色</label>
    <input type="text" name="tf" id="tf" placeholder="プレイスホルダー">
  </p>
  <p>
    <input type="checkbox" name="cb" id="cb">
    <label for="cb">チェックボックス</label>
  </p>
  <p>
    <input type="radio" name="rd" id="rd">
    <label for="rd">ラジオボタン</label>
  </p>
</form>
```

■CSS

```
input[type="text"] {
  caret-color: #E10051;          キャレット色を変更

  &::placeholder {          プレイスホルダーを選択
    color: #F2A8C3;
  }
}
input:where([type="checkbox"], [type="radio"]) {
  accent-color: #E10051;          選択色を変更
}
```

▼ ブラウザ表示

テキストフィールドのキャレット色

プレイスホルダー

☑ チェックボックス

◉ ラジオボタン

複数のボックスを
配置するテクニック

複数の要素を配置するのに使う、ポジション／フレックスボックス／グリッドレイアウトのテクニックとデザインアイディアを紹介します。複雑なレイアウトを組み立て、かつレスポンシブデザインを実現するのに欠かせない、これらの機能を徹底解説します。

Chapter 8

●画像の上に別の画像を重ねたいとき
●座標を指定して要素を自由に配置したいとき

要素／プロパティ

CSSプロパティ

position: relative; —— ポジション配置したい要素の親要素に指定する

position: absolute; —— ポジション配置したい要素自身に指定する

top: 大きさ; —— 「position: relative;」が指定されている親要素の上端からの距離

left: 大きさ; —— 「position: relative;」が指定されている親要素の左隅からの距離

「ポジション配置」と呼ばれるCSSの機能を使うと、画像などの要素の上に、別の要素を重ねられます。

ポジション配置とは、座標を指定して要素を自由に配置する機能のことで、positionプロパティやtopプロパティ、leftプロパティなど、関連する複数のプロパティを使用して実現します。ポジション配置機能の解説は次のコラムでしますので、まずはサンプルの概要を説明します。

サンプルは、ポジション配置の基本例です。<div class="thumb">〜</div>に含まれるふたつの画像、「assets/e8ism.webp」と「assets/e8ism.svg」を重ねて配置します。HTMLでは「e8ism.svg」があとに出てくるので、先に出てくる「e8ism.webp」の上に重なります。

■HTML
160/index.html

```
<div class="thumb">
  <img src="assets/e8ism.webp" alt="" width="640" height="403" class="photo">
  <img src="assets/e8ism.svg" alt="E8ism" width="118" height="38" class="copy">
</div>
```

■CSS
160/css/style.css

```
.thumb {
  position: relative;
  width: 300px;
  /* 絶対位置指定 */
```

```
.copy {
  position: absolute;
  top: 0;
  left: 0;
 }
}
```

▼ ブラウザ表示

e8ism.svg

e8ism.webp

Column

positionプロパティ～要素の自由配置～

通常、HTMLの要素は、タグが書かれた順に、インラインボックス（<span>、<strong>、<input>など）であれば左から右へ、ブロックボックス（<div>、<h1>、<p>など）であれば上から下へ配置されます。

要素とボックスの関係、通常配置の場合

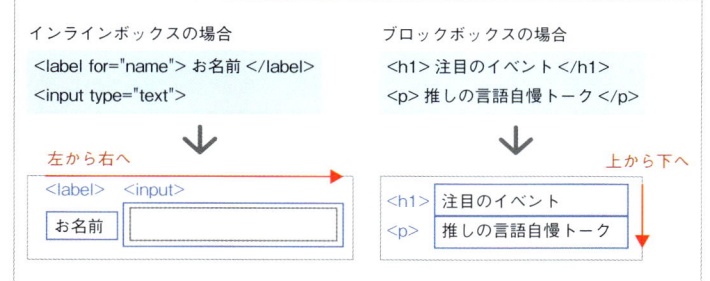

CSSのポジション機能を使うと、この通常配置をキャンセルして、要素を自由な場所に配置できるようになります。

まずは最も基本的なテクニックとして、連続する兄弟要素を重ねる手法を説明します。

▶ ポジション配置のHTMLとCSS

ふたつ以上の要素を重ねるには、以下のような構造のHTMLを作ります。親要素があり、そのなかの兄弟要素をポジション配置します。例では<div>と<img>を使っていますが、タグは何でもかまいません。

● HTML　　　　　　　　　　　　　　　ポジション配置をするシンプルなHTML

```
<div class="thumb">
  <img class="photo">
  <img class="copy">
</div>
```

CSSは、親要素には「position: relative;」を、2番目以降の兄弟要素には「position: absolute;」を適用します。2番目以降の兄弟要素には、次節以降で説明する配置位置を指定するプロパティ(top、leftなど)も適用します。

1番目の兄要素には何も適用しません。これがポイントです。

● CSS　　　　　　　　　　　　　　　ポジション配置の最もシンプルなCSS

```
.thumb {
  position: relative;
}
.copy {
  position: absolute;
  top: 0;
  left: 0;
}
```

・position: relative;

親要素に適用する「position: relative;」は、要素を通常配置からポジション配置に切り替えるプロパティで、「相対配置」と呼ばれます。相対配置の要素は、ポジション配置に切り替わりますが、通常配置されたときと同じ場所に配置されます。

また、相対配置となる要素は、その子・孫のうち、絶対配置になっている要素の位置を指定する際の「基点」となります。子孫要素の配置を制御する要素であることから「包含ブロック」とも呼ばれます。

・position: absolute;

2番目以降の兄弟要素に適用する「position: absolute;」は、要素を通常配置から「ポジション配置」に切り替えるプロパティで、「絶対配置」と呼ばれます。絶対配置の要素には、配置位置を指定するプロパティを適用して、位置を決める必要があります。

positionプロパティを指定した親要素と子要素の関係

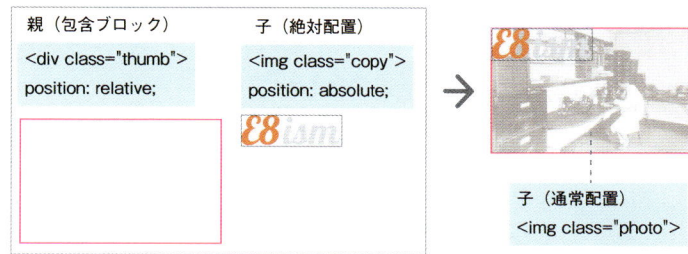

親（包含ブロック）

```
<div class="thumb">
position: relative;
```

子（絶対配置）

```
<img class="copy">
position: absolute;
```

子（通常配置）
`<img class="photo">`

▶ 絶対配置する要素の注意点

通常配置の場合、ブロックボックスの幅は親要素の幅いっぱいに広がります。しかし、絶対配置（「position: absolute;」）の要素は、それが<div>などのブロックボックスであっても、幅は親要素いっぱいには広がらず、自身のコンテンツが収まる最小限のサイズになります。

絶対配置のボックスのサイズ

「position: absolute;」が指定されると、たとえブロックボックスであってもコンテンツにフィットする幅と高さになる（width プロパティ、height プロパティで調整は可能）。

絶対配置の要素はレイヤーのような状態になっていて、ページに自身のコンテンツを表示する領域を確保しません。たとえば、1番目の兄要素（<img class="photo">）に「position: absolute;」を適用すると、表示領域を確保しなくなり、親要素（<div class="thumb">）の高さが0になります。

すると、<div class="thumb">の後続の要素（<footer>）が上がってくるので、結果的に絶対配置した要素に重なってしまいます。

1番目の兄要素を絶対配置にしてはいけない理由はここにあります。ポジション配置でやりがちなミスで、気をつけておきたい点です。

絶対配置の要素はHTMLの階層構造から外れる

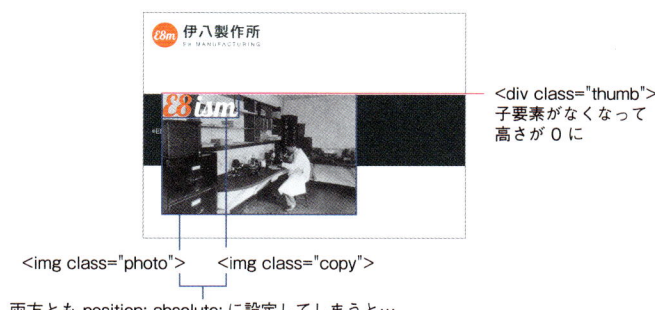

```
<div class="thumb">
子要素がなくなって
高さが 0 に
```

`<img class="photo">`　　`<img class="copy">`

両方とも position: absolute; に設定してしまうと…

161 重ねた画像の位置を調整したい

利用シーン　**ポジション配置した画像の位置を決めるとき**

要素/プロパティ

CSSプロパティ

position: relative; ── ポジション配置したい要素の親要素に指定する ▸▸160
position: absolute; ── ポジション配置したい要素自身に指定する ▸▸160
top: 大きさ; ──「position: relative;」が指定されている親要素の上端からの距離
right: 大きさ; ──「position: relative;」が指定されている親要素の右隅からの距離
bottom: 大きさ; ──「position: relative;」が指定されている親要素の下端からの距離
left: 大きさ; ──「position: relative;」が指定されている親要素の左隅からの距離

　ポジション配置された要素は、top、bottom、right、left、4つのプロパティを使って位置を調整できます。本節では、絶対配置にした要素の位置を調整する方法を説明します。
　位置を調整する4つのプロパティを、絶対配置にした要素に適用すると、直近の「position: relative;」が適用されている親・祖先要素のボックス（包含ブロック）の左上、または右下を基点（0, 0）とする座標に配置されます※。

※ 正確には包含ブロックのパディング領域の左上、右上が基点。

■top・left
　topプロパティ、leftプロパティを使用した場合は、包含ブロックの左上を基点とする位置に配置されます。

●**HTML**　　　　　　　　　　　　　　　　　　　　　　　　　　　　161/index.html

```
<div class="thumb">
  <img src="assets/e8ism.webp" alt="" width="640" height="403" class="photo">
  <img src="assets/e8ism.svg" alt="E8ism" width="118" height="38" class="t50l70">
</div>
```

● **CSS** 161/css/style.css

top: 50px・left: 70px

```
.thumb {
    position: relative;
    width: 300px;

    /* 絶対位置指定 */
    .t50l70 {
        position: absolute;
        top: 50px;
        left: 70px;
    }
    中略
}
```

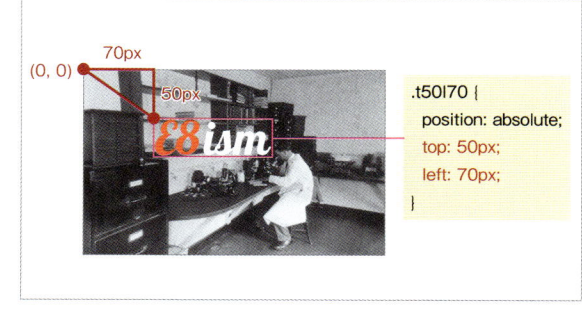

位置調整プロパティの値は、px以外にemや％も使えます。値を％にした場合は、

・left、rightは包含ブロックの幅
・top、bottomは包含ブロックの高さ

に対する割合になります。実際の表示は「161/index.html」で確認できます。

top: 50%・left: 50%

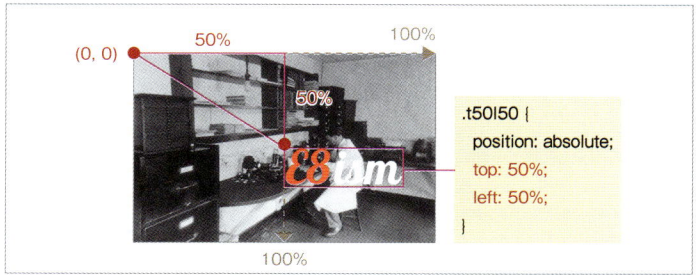

■bottom・right

rightプロパティ、bottomプロパティを使うと、包含ブロックの右下からの座標で位置を指定できます。

bottom: 40px・right: 100px

■top・right、bottom・leftの組み合わせもOK

top・left、bottom・rightの組み合わせでプロパティを使用してきましたが、topとright、bottomとleftの組み合わせもできます。次の例は、bottomとleftを組み合わせています。

bottom: 90 px・left: 20 px

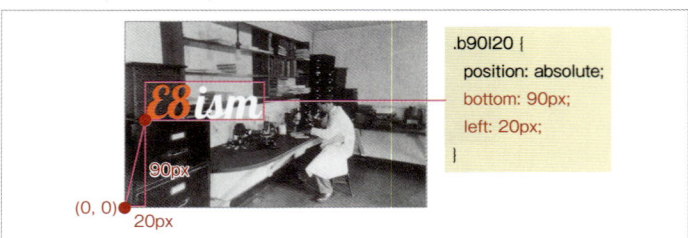

```
.b90l20 {
  position: absolute;
  bottom: 90px;
  left: 20px;
}
```

相対配置された要素の位置を調整すると

「position: relative;」が適用された要素の位置を設定すると、ポジション機能を使わずに、通常配置で配置される位置が基点になります。一般的には相対配置された要素の位置を調整することはしません。相対配置の要素に配置位置を指定したサンプルを例として紹介しておきます。

● **HTML**　　　　　161/relative.html

```
<div class="box">
  <div class="relative"></div>
</div>
```

● **CSS**　　　　　161/css/relative.css

```
.box {  ——— 通常配置
  outline: 3px dashed #0090E1;
  width: 320px;
  height: 200px;
}
.relative {  ——— 相対配置
  中略
  position: relative;
  top: 60px;
  left: 100px;
}
```

相対配置の要素に位置を指定した場合の表示

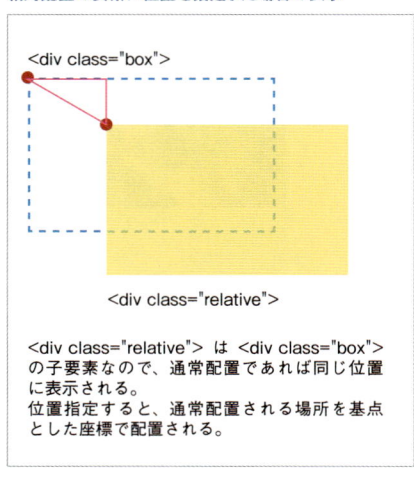

<div class="box">

<div class="relative">

<div class="relative"> は <div class="box">
の子要素なので、通常配置であれば同じ位置
に表示される。
位置指定すると、通常配置される場所を基点
とした座標で配置される。

もし、通常配置された要素の位置を移動したいなら、ポジションではなくtransformプロパティの使用をおすすめします。 ▸▸ 287

162 重ねた画像を中央に配置したい

利用シーン
ポジションで配置し、上に重ねた画像を、
親ボックスの上下左右中央に配置するとき

要素／プロパティ

CSSプロパティ

position: relative; ── ポジション配置したい要素の親要素に指定する ▶▶160

position: absolute; ── ポジション配置したい要素自身に指定する ▶▶160

top: 大きさ; ── 「position: relative;」が指定されている親要素の上端からの距離 ▶▶161

right: 大きさ; ── 「position: relative;」が指定されている親要素の右隅からの距離 ▶▶161

bottom: 大きさ; ── 「position: relative;」が指定されている親要素の下端からの距離 ▶▶161

left: 大きさ; ── 「position: relative;」が指定されている親要素の左隅からの距離 ▶▶161

inset: 上 右 下 左; ── 「position: relative;」が指定されている親要素の上端・右隅・下端・左隅からの距離を一括で指定

ポジション機能を使って、画像を親要素の中央に配置することができます。正確にいうと、幅と高さが決まっている絶対配置の子要素を、相対配置の親要素（包含ブロック）の上下左右中央に配置するテクニックがあります。

上下左右中央に配置するには、絶対配置の要素にtop、right、bottom、leftを4つとも指定し、値を「0」にします。さらに、「margin: auto;」も適用します。必要であれば幅と高さも指定し、サイズを固定します。

位置指定の4つのプロパティを一括で指定できるショートハンドがあります。それがinsetプロパティです。4つの値を上、右、下、左の順に半角スペースで区切って指定します。

さらに、margin、paddingと同じように値の省略ができます。右のCSSをinsetプロパティで書き換えるなら次のようになります。

■CSS 絶対配置の要素に適用するCSS

```
top: 0;
right: 0;
bottom: 0;
left: 0;
margin: auto;
width: 幅;
height: 高さ;
```

Chap 8 複数のボックスを配置するテクニック

重ねた画像を中央に配置したい

● **書式** top・right・bottom・left の値を0にする

```
inset: 0 0 0 0;
↓
inset: 0; /* 省略形 */
```

サンプルでは、前節と同じ画像を使って、上に重なる画像（assets/e8ism.svg）を親要素の上下左右中央に配置しています。

■HTML　　　　　　　　162/index.html

```
<div class="thumb">
  <img src="assets/e8ism.webp" alt=""
width="640" height="403" class=
"photo">
  <img src="assets/e8ism.svg" alt=
"E8ism" width="118" height="38"
class="copy">
</div>
```

■CSS　　　　　　　　162/css/style.css

```
.thumb {
  position: relative;
  width: 300px;

  .copy {
    position: absolute;
    inset: 0;
    margin: auto;

  }
}
```

▼ ブラウザ表示

163 重ねたテキストを中央に配置したい

利用シーン **ポジションで配置し、上に重ねたテキストを、親ボックスの上下左右中央に配置するとき**

要素/プロパティ

CSSプロパティ

position: relative; ―― ポジション配置したい要素の親要素に指定する ▶▶160

position: absolute; ―― ポジション配置したい要素自身に指定する ▶▶160

top: 大きさ; ―― 「position: relative;」が指定されている親要素の上端からの距離 ▶▶161

left: 大きさ; ―― 「position: relative;」が指定されている親要素の左隅からの距離 ▶▶161

text-wrap: nowrap; ―― テキストを改行しない

text-shadow: 影の設定; ―― テキストにドロップシャドウをかける ▶▶283

CSSの値

fit-content ―― ボックスの幅や高さをコンテンツが収まるサイズにする。widthやheightの値に設定 ▶▶092

画像の上に重ねるのが、画像ではなくテキストの場合も、前節と同じテクニックを使って上下左右中央に配置できます。ただし、少し工夫が必要です。

絶対配置をする要素のコンテンツがテキストの場合、ボックスのサイズが、テキストが収まる幅と高さになるため、サイズが確定しません。そこで、次のCSSを追加して明示的にサイズを指定します。

■CSS　　　　　　　　　　　　　　ボックスの幅と高さをコンテンツが収まるサイズにする

```
width: fit-content;
height: fit-content;
```

サンプルでは、画像の上にテキストを重ねて、親要素の上下左右中央に配置しています。テキストには、改行しない設定やドロップシャドウをかけています。 ▶▶283

■HTML　　　　　　　　　　　　　　　　　　　　　　　　163/index.html

```
<div class="thumb">
  <img src="assets/e8ism.webp" alt="" width="640" height="403" class="photo">
  <div class="copy">受け継がれる伊ハイズム</div>
</div>
```

Chap **8**

複数のボックスを配置するテクニック

重ねたテキストを中央に配置したい

■CSS

```css
.thumb {
  position: relative;
  width: 300px;

.copy {
  position: absolute;
  width: fit-content; ——— 幅を設定
  height: fit-content; ——— 高さを設定
  inset: 0;
  margin: auto;

  /* テキストのスタイル */
  text-wrap: nowrap; ——— テキストを改行しない
  text-align: center;
  font-size: 1.2rem;
  font-weight: bold;
  color: #FFF;
  text-shadow: -1px -1px 4px black;
  }
}
```

▼ ブラウザ表示

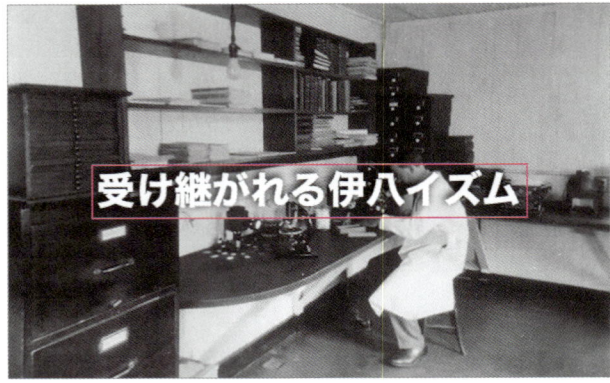

164 要素の重なり順を変更したい

 利用シーン　ポジション配置で重ねた画像の重なり順を変えたいとき

要素/プロパティ

CSSプロパティ

position: relative;
―― ポジション配置したい要素の親要素に指定する　▶▶160

position: absolute;
―― ポジション配置したい要素自身に指定する　▶▶160

z-index: 数値;
―― 要素の重なり順を設定

　ポジション配置された要素は、通常では親要素（包含ブロック）が一番下に、そこから兄要素、弟要素、その弟要素……と、HTMLで下に書かれたほうが上に表示されます。

　この重なり順を変更する場合は、重なり順を変更したい要素のCSSに「z-index」プロパティを追加します。このプロパティには整数が指定できます。負数でもかまいません。値が大きいほうが、要素の順に関係なく、上に重なります。

　z-indexの値が0以上の要素は、z-indexを適用していない要素よりも上に重なります。

　サンプルでは、<img class="copy">に「z-index: 10;」を適用しています。

■HTML　　　　　　　　　　　　　164/index.html

```
<div class="thumb">
 <img src="assets/e8pillow.svg" alt="E8Pillow" width=
"169" height="38" class="copy"> ―― 通常は下
 <img src="assets/e8pillow.webp" alt="" width="640"
height="427" class="photo"> ―― 通常は上
</div>
```

■CSS

164/css/style.css

```css
.thumb {
  position: relative;
  width: 300px;

  .copy {
    position: absolute;
    z-index: 10;
    inset: 0;
    margin: auto;
  }
}
```

▼ ブラウザ表示

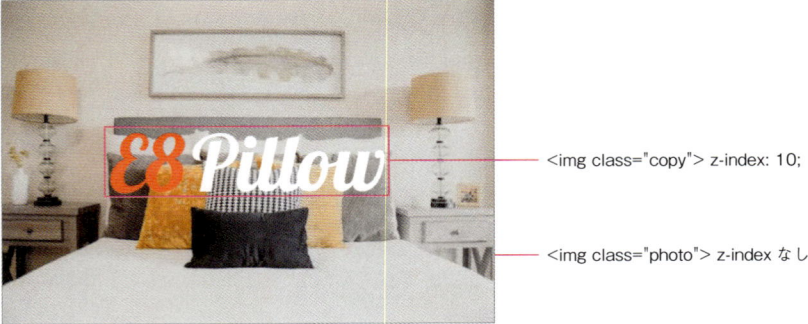

<img class="copy"> z-index: 10;

<img class="photo"> z-index なし

165 画像の上にキャプションを重ねたい

利用シーン
- ●写真の上にキャプションを重ねたいとき
- ●写真とキャプションを省スペースで見せたいとき

要素／プロパティ

CSSプロパティ

bottom: 大きさ;
——「position: relative;」が指定されている親要素の下端からの距離 ▶▶161

left: 大きさ;
——「position: relative;」が指定されている親要素の左隅からの距離 ▶▶161

width: 幅;
——ボックスの幅を設定する ▶▶086

CSSの値

min(値1, 値2, ……)
——()内の値のうち、もっとも小さい値をプロパティの値とする ▶▶088

　画像の上にキャプションを重ねる方法を考えます。記事のリンクや、トップページに掲載されるスライドショーなどでよく用いられるデザインです。
　サンプルでは、<figure>のなかにある画像の上に、<figcaption>を重ねています。<figcaption>を画像の下部に配置するため、位置の指定にbottomプロパティ、leftプロパティを使用します。

■**HTML**　　　　　　　　　　　　　　　165／index.html

```
<figure class="job">
  <img src="assets/job-1920.webp" width="1920"
height="1440" alt="">
  <figcaption>暮らしに寄り添うモノづくりをしてみませんか？</
figcaption>
</figure>
```

画像の上にキャプションを重ねたい

■**CSS**　　　　　　165/css/style.css

```
figure.job {
  position: relative;
  margin: 0 auto;
  width: min(600px, 100%);

  figcaption {
    position: absolute;
    bottom: 0;
    left: 0;

    padding-top: 16px;
    padding-bottom: 16px;
    width: 100%;

    background: rgb(0 0 0 / 0.5);
    color: white;
    text-align: center;
  }
}
```

▼ ブラウザ表示

<figure class="job">

暮らしに寄り添うモノづくりをしてみませんか？

<figcaption>

166 バッジを重ねて表示したい

利用シーン
- ●「新着」や「新規」といった意味の通知をしたいとき
- ●ボックスからはみ出すような位置にマークをつけて目立たせたいとき

要素 / プロパティ

CSSプロパティ

position: relative;
―― ポジション配置したい要素の親要素に指定する ▶160

position: absolute;
―― ポジション配置したい要素自身に指定する ▶160

top: 大きさ;
―― 「position: relative;」が指定されている親要素の上端からの距離 ▶161

right: 大きさ;
―― 「position: relative;」が指定されている親要素の右隅からの距離 ▶161

　ポジション機能を使って、ボックスの右上にバッジを表示させます。top・left・bottom・right各プロパティにはマイナスの数値を指定することができます。この特性を利用して、バッジをボックスの上部からはみ出す位置に配置します。

　サンプルではバッジ（<div class="badge">）を絶対配置にして、親要素（<div class="thumb">）の右上に表示しています。

■**HTML**　　　　　　　　　　　166/index.html

```
<div class="thumb">
 <div class="badge">No.1</div>
 <img src="assets/tour4.jpg" width="640" height="411"
alt="" class="photo">
 <div class="caption">
  フランス現地発着ツアー
 </div>
</div>
```

■CSS

166/css/style.css

```
.thumb {
  position: relative;

  border-radius: 8px;
  padding: 8px;
  width: 320px;
  background-color: white;

  .badge {
    position: absolute;
    top: -20px;
    right: 16px;
    中略
  }
  中略
}
```

▼ ブラウザ表示

167 画面の隅に要素を固定配置したい

利用シーン 決まった位置にコンテンツを配置したいとき

要素／プロパティ

CSSプロパティ

position: fixed;

—— 要素の位置を固定する

CSSの値

initial

—— プロパティのデフォルト値に戻す

positionプロパティには、相対配置のrelative、絶対配置のabsolute以外にも設定できる値があります。そのひとつが「fixed」です。

「position: fixed;」に適用された要素は、ビューポート／ウィンドウ（以降ウィンドウ）を基点に配置されます（固定配置）。つまり、top・leftに設定する値はウィンドウの左上から、bottom・rightに設定する値は同右下からの距離を示すことになります。

position: fixedが適用された要素はウィンドウを基点に配置される

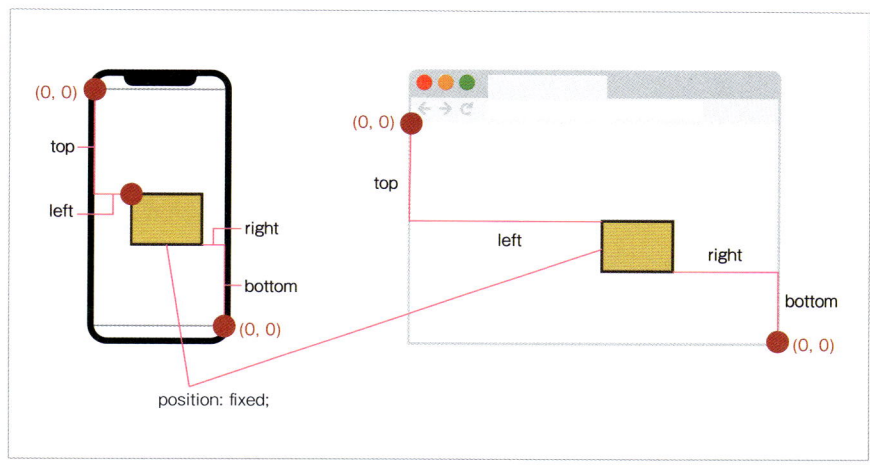

固定配置された要素はウィンドウに対する位置で配置されるので、結果的にページのスクロールには連動せず、その場にとどまったままになります。ウィンドウをドラッグしてサイズ変更すると、それに合わせて位置が移動します。

サンプルを見てみましょう。<div class="help-widget">を固定配置します。スマートフォンではビューポートの下のほうに、左右中央揃えで配置されます。PCでは、ブラウザウィンドウ右下に配置されます。

このサンプルでは、スマートフォンとPCで<div class="help-widget">の位置を調整するために、メディアクエリを使用しています。レスポンシブデザインについてはChapter 14の各サンプルをご覧ください。

なお、固定配置する要素は通常、<body>〜</body>の一番上か、一番下に記述します。サンプルでは一番下に記述しています。

■HTML
167/index.html

```html
<body>
  中略
  <div class="help-widget">
    <p>お困りですか? AIチャットがお答えします</p>
  </div>
</body>
```

■CSS
167/css/style.css

```css
.help-widget {
  position: fixed;
  bottom: 16px;          —— 下から16pxに配置
  left: 0;
  right: 0;              —— 左右中央に配置
  margin: auto;
  width: fit-content;
  height: fit-content;

  border: 5px solid #FFCB14;
  border-radius: 8px;
  padding: 16px 16px;
  background: white;
  box-shadow: 0 0 6px 2px rgba(0 0 0 / 0.25);
```

374

```
@media (width >= 768px) {  ——— PC表示
  & {
    bottom: 32px;
    right: 32px;
    left: initial;  ——— leftをデフォルト値に戻す
  }
}
}
```

▼ **ブラウザ表示**（左：スマホ、右：PC）

||| N o t e

デフォルト値に戻す「initial」

レスポンシブデザインでスマートフォン用にプロパティを設定し、PC用には値を元に戻すときなど、一度設定したプロパティの値を、デフォルト値に戻したいときがあります。

そんなときは、元に戻したいプロパティの値に「initial」を指定します。実際のデフォルト値を知らなくても戻せるので、知っていると便利です※。

※ ちなみにleftなど位置指定プロパティのデフォルト値は「auto」です。「0」ではありません。サンプルでも「left:0;」にすると表示が変わります。

168 フレックスボックスの基本的な動作を知りたい

 **利用シーン** フレックスボックスの性質と機能を知って、
基本的な使い方を把握したいとき

要素 / プロパティ

CSSプロパティ

display: flex;
━━━ フレックスボックスモードで子要素を配置する

flex-wrap: 改行の設定;
━━━ 一列に並んだフレックスアイテムを、改行するかどうかを設定する

　フレックスボックスは、ある要素の直接の子要素を、横一列に並べる機能です（プロパティの設定によっては縦に並べることもできます）。
　フレックスボックスを使わない通常の配置を確認しましょう。
　次のHTMLで、<div class="f">の子要素3つは、親要素の幅いっぱいに拡大し、縦に並びます。<div>がブロックボックスで表示されるからです。

■**HTML**　　　　　　　　　　　　　　　　　　　　　168/index.html

```
<p>通常、ブロックボックスは親要素の幅いっぱいに拡大し、縦に並ぶ</p>
<div class="f">
  <div>Item1</div>
  <div>Item2</div>
  <div>Item3</div>
</div>
```

▼ ブラウザ表示

```
Item1
Item2
Item3
```

<div>はブロックボックスで表示され、縦に並ぶ

　親要素（<div class="f flex-basic">）に、たった1行、「display: flex;」を適用してみます。直接の子要素の<div>が横に並びます。

376

```
<p>直接の子要素を横一列に並べる</p>
中略
<div class="f flex-basic">  ── display:flex
 <div>Item1</div> ──
 <div>Item2</div> ── 横一列に並ぶ
 <div>Item3</div> ──
</div>
```

```css
.flex-basic {
  display: flex;
}
```

▼ ブラウザ表示

親要素（<div class="f flex-basic">── display: flex;）

Item1 Item2 Item3

直接の子要素（<div>）

直接の子要素が横一列に並ぶ

このとき、3つのことが起こっています。

・「display: flex;」を適用した要素の直接の子要素が、横一列に並ぶ
・直接の子要素は親要素の幅いっぱいに拡大せず、コンテンツが収まるギリギリのサイズになる
・直接の子要素は左揃えで配置される

　この動作が、フレックスボックスの基本の配置方法です。ちなみに横一列に並ぶのは「直接の子要素」だけで、<div>内の要素は横一列になりません。

■親要素からはみ出してでも横一列に並ぶ

　もうひとつ、フレックスボックスには特徴があります。
　子要素がたくさんあって、横一列に配置したら親要素の幅に収まりきらなくなっても、何が何でも横一列に並びます。

```
<p>要素が多く、親要素のボックスからあふれても横一列に並ぶ</p>
<div class="f flex-basic">
 <div>Item1</div>
 <div>Item2</div>
 <div>Item3</div>
 中略
 <div>Item24</div>
</div>
```

Chap 8

複数のボックスを配置するテクニック

▼ ブラウザ表示

親要素の幅

Item1|Item2|Item3|Item4|Item5|Item6|Item7|Item8|Item9|Item10|Item11|Item12|Item13|Item14|Item15|Item16|Item17|Item18|Item19|Item

子要素がはみ出している

子要素は親要素からはみ出しても横一列に並ぶ

あふれた場合の処理もできる

フレックスボックスには、子要素が親要素からあふれそうになったら折り返す機能があります。「display: flex;」を適用した親要素に「flex-wrap: wrap;」を追加します。

● HTML   168/index.html

```
<p>フレックスアイテムが親要素からあふれる場合、flex-wrap: wrap を適用すれば折り返せる</p>
中略
<div class="f flex-wrap">
  <div>Item1</div>
  中略
  <div>Item24</div>
</div>
```

● CSS   168/css/style.css

```
.flex-wrap {
  display: flex;
  flex-wrap: wrap;
}
```

▼ ブラウザ表示

Item1|Item2|Item3|Item4|Item5|Item6|Item7|Item8|Item9|Item10|Item11|Item12|Item13|Item14|Item15|Item16|Item17|Item18|Item19
Item20|Item21|Item22|Item23|Item24

親要素の幅に収まるように子要素が折り返す

■フレックスボックスで使われる用語

フレックスボックスは、直接の子要素を横一列に並べるのが基本です。しかし、flex-wrapのようなプロパティがたくさん用意されていて、並び方や配置の方法を制御できるようになっています。次節から、実例を見ながらフレックスボックスの配置制御の機能とテクニックを見ていきます。

その前に、フレックスボックスで使用する用語を確認しておきます。

フレックスコンテナとフレックスアイテム

フレックスボックスでは、「display: flex;」を適用する親要素のことを「フレックスコンテナ」、横一列に並ぶ直接の子要素のことを「フレックスアイテム」と呼びます。次節以降はこの名前で呼ぶので覚えておいてください。

主軸と交差軸

　フレックスボックスは、フレックスアイテムが横方向に並ぶだけでなく、並んだアイテムの高さが揃います。 ▶▶172 　また、フレックスアイテムを横方向でなく、縦方向に並べることもでき、その場合は、フレックスアイテムの幅が揃います。

　このように、フレックスボックスは、並ぶ方向（横／縦）と、並ぶ方向に直交する大きさ（高さ／幅）を制御します※。

　フレックスボックスでは、並ぶ方向を「主軸」、それに直交する向きを「交差軸」と呼んでいます。

※ フレックスアイテムが並ぶ方向はflex-directionプロパティで切り替えます。 ▶▶171

主軸と交差軸

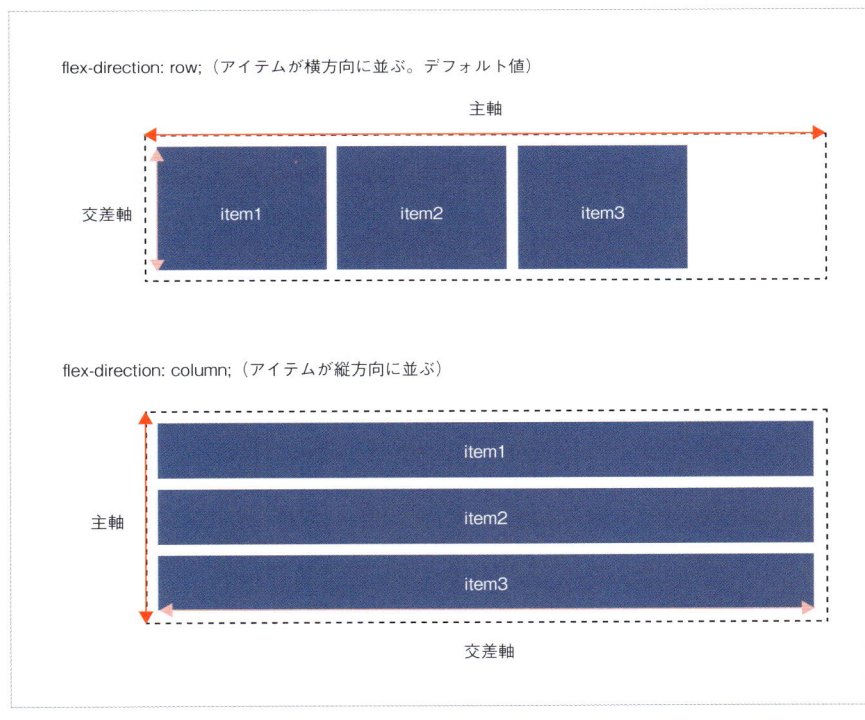

169 フレックスアイテムの行揃えを調整したい

利用シーン フレックスボックスで並んだ要素（フレックスアイテム）の行揃えを調整したいとき

要素/プロパティ

CSSプロパティ

display: flex; ── フレックスボックスモードで子要素を配置する ▸▸168

justify-content: 行揃えの設定; ── フレックスアイテムの行揃えを設定する

margin-left: auto;
── このプロパティを適用したフレックスアイテムの左側にスペースを空ける

margin-right: auto;
── このプロパティを適用したフレックスアイテムの右側にスペースを空ける

　前節で見たとおり、「display: flex;」を適用した要素（フレックスコンテナ）の直接の子要素（フレックスアイテム）は、デフォルトでは左揃えで横一列に並びます。この行揃えは「justify-content」プロパティで制御できます。

　なお、本節ではわかりやすさの観点から、フレックスアイテムが横一列に並んでいる──つまり、主軸が横方向──前提で説明します。

■justify-contentプロパティ

　justify-contentは、フレックスアイテムが並ぶ方向（主軸）の行揃えを調整します。このプロパティはフレックスコンテナに適用し、値にはキーワードを設定します。使用できるおもな値は次のとおりです。

justify-contentのおもな値

justify-content	フレックスアイテムの並び方
left	左揃え
center	中央揃え
right	右揃え
space-around	均等配置。先頭と末尾に、各アイテムの間隔の1/2のスペースが空く
space-between	均等配置。先頭は左端に、末尾は右端に、残りは均等に配置される
space-evenly	均等配置。各アイテムの左右に同じ大きさのスペースが空く

justify-contentの具体的な使用例はサンプルで確認できます。ソースコードには「justify-content: left;」の例を掲載します。

● **HTML**　　　　　　　169/index.html

```
<div class="f flex-left">
 <div>Item1</div>
 <div>Item2</div>
 <div>Item3</div>
</div>
```

● **CSS**　　　　　　　169/css/style.css

```
.flex-left {
 display: flex;
 justify-content: left;
}
```

▼ ブラウザ表示

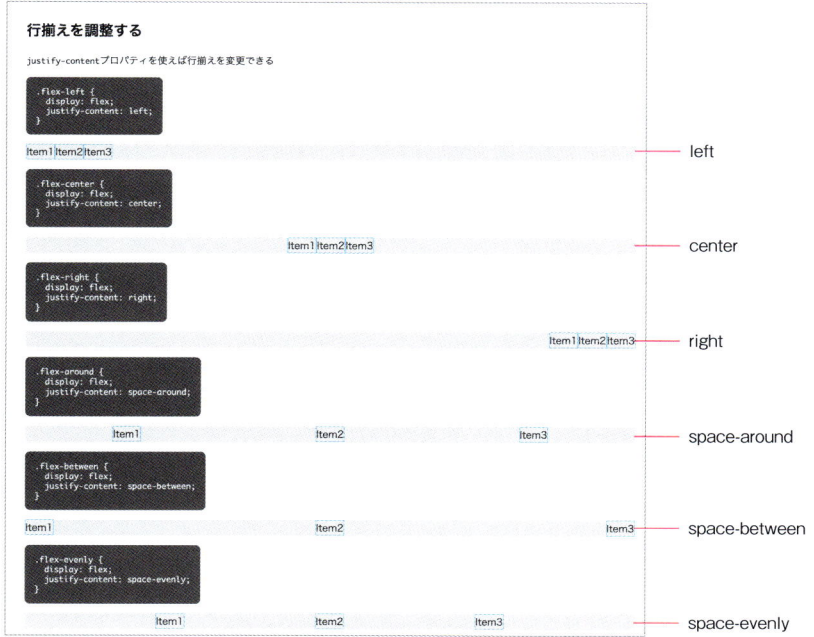

justify-contentの値とフレックスアイテムの整列の実例

■margin-right / margin-left

フレックスアイテムが横方向に並んでいるとき、ひとつのフレックスアイテムに「margin-right: auto;」または「margin-left: auto;」を適用すると、前後のフレックスアイテムとの間にスペースを作ることができます。

最初のフレックスアイテムに「margin-right: auto;」を適用すると、次のブラウザ表示のような配置になります。

● **HTML**　169/index.html

```
<div class="f flex-margin_right">
  <div class="margin-right">.margin-
right</div> ———— 右にスペースが空く
  <div>Item2</div>
  <div>Item3</div>
</div>
```

● **CSS**　169/css/style.css

```
.flex-margin_right {
  display: flex;

  .margin-right {
    margin-right: auto;
  }
}
```

▼ ブラウザ表示

```
.margin-right|────────────────────────────────────────►|Item2|Item3
              margin-right: auto;
```

　最後のフレックスアイテムに「margin-left: auto;」を適用すると、以下のブラウザ表示のような配置になります。

● **HTML**　169/index.html

```
<div class="f flex-margin_left">
  <div>Item1</div>
  <div>Item2</div>
  <div class="margin-left">.margin-left</div> ———— 左にスペースが空く
</div>
```

● **CSS**　169/css/style.css

```
.flex-margin_left {
  display: flex;

  .margin-left {
    margin-left: auto;
  }
}
```

▼ ブラウザ表示

```
|Item1|Item2|◄────────────────────────────────────────.margin-left|
                                          margin-left: auto;
```

170 フレックスアイテム間に スペースを作りたい

🍲 **利用シーン** フレックスアイテムの間にスペースを作りたいとき

┌─ 要素 / プロパティ ─┐

CSSプロパティ

display: flex;
── フレックスボックスモードで子要素を配置する ▶▶168

flex-wrap: 折り返しの設定;
── 一列に並んだフレックスアイテムを折り返すかどうかを決める ▶▶168

gap: アイテム間の距離;
── フレックスアイテム間の距離を設定する

gap: 行ギャップ 列ギャップ;
── 上下のフレックスアイテム間の距離 (行ギャップ)、左右の距離 (列ギャップ) を個別に設定する

フレックスアイテム同士は、デフォルトではスペースなくぴったりくっついて配置されます。

フレックスアイテムはすき間なくぴったりくっついて配置される

フレックスアイテム間のスペース (ギャップ) を作るには、フレックスコンテナに gap プロパティを適用します。gap プロパティには、フレックスアイテム同士の上下のギャップ、左右のギャップを、半角スペースを区切ってふたつ指定します。

● **書式** gap プロパティに値をふたつ指定する

┌─────────────────────────────────┐
│ gap: 行ギャップ 列ギャップ; │
└─────────────────────────────────┘

フレックスアイテム間にスペースを作りたい

値をひとつだけ指定すると、行ギャップ、列ギャップに同じ値が割り当てられます。

● **書式** gapプロパティに値をひとつ指定する

> gap: 行列ギャップ;

サンプルを見てみましょう。

フレックスコンテナ（`<div class="f flex-gap">`）の子要素には、たくさんのフレックアイテムがあります。このフレックスコンテナには「flex-wrap: wrap;」を適用して折り返すようにしています。

そこにgapプロパティを適用し、行ギャップ8px、列ギャップ16pxを設定します。

■**HTML**　　　　　　　　　　　　　　　　　　　　　　　　170/index.html

```
<div class="f flex-gap">
  <div>Item1</div>
  <div>Item2</div>
  中略
  <div>Item24</div>
</div>
```

■**CSS**　　　　　　　　　　　　　　　　　　　　　　　　170/css/style.css

```
.flex-gap {
  display: flex;
  flex-wrap: wrap;
  gap: 8px 16px;
}
```

▼ ブラウザ表示

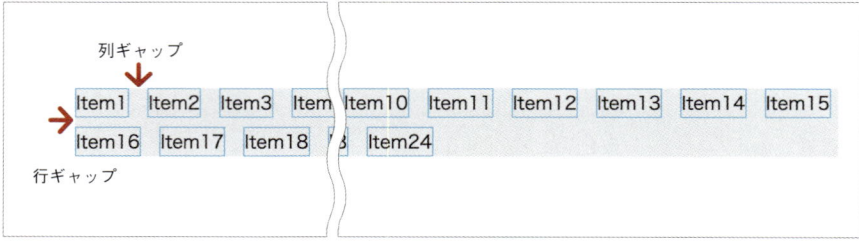

171 フレックスアイテムを縦に並べたい

 利用シーン

●フレックスアイテムを縦に並べたいとき
●レスポンシブデザインで、モバイル表示のときは縦、PC表示のときは横に並べたいとき。とくにナビゲーションで有効

要素 / プロパティ

CSSプロパティ

display: flex; —— フレックスボックスモードで子要素を配置する ▶▶168

flex-direction: columnまたはrow; —— フレックスアイテムを並べる方向（縦方向か横方向）を設定する

justify-content: 行揃えの設定; —— フレックスアイテムの行揃えを設定する ▶▶169

フレックスコンテナの主軸を変更し、デフォルトでは横一列に並ぶフレックスアイテムを縦に並べます。

主軸を変更するには、フレックスコンテナに「flex-direction」を適用し、縦方向に並べるなら値を「column」に、横方向に並べるなら値を「row（デフォルト値）」にします。

サンプルを見てみましょう。フレックスアイテムを縦に並べます。

■HTML 171/index.html

```html
<div class="f flex-column">
  <div>Item1</div>
  <div>Item2</div>
  <div>Item3</div>
  <div>Item4</div>
  <div>Item5</div>
</div>
```

▼ ブラウザ表示

Item1
Item2
Item3
Item4
Item5

■CSS 171/css/style.css

```css
.flex-column {
  display: flex;
  flex-direction: column;
}
```

■主軸を切り替えるのはレスポンシブデザインで有効

「フレックスアイテムが ＜div＞ ならもともと縦に並ぶはずなので、あまり意味がないのでは？」と思う方もいらっしゃるかもしれません。

フレックスボックスの主軸を切り替えられるのは、レスポンシブデザインで有効です。それは、「画面幅が狭いときは縦に、広いときには横に並べる」ことが簡単にできるからです。

もう一度サンプルを見てみましょう。今度は、画面幅が768pxより狭いときにはフレックスアイテムを縦に、768px以上なら横に並べます※。ブラウザウィンドウを広げたり狭めたりして動作を確認してみてください。

※ 使用するメディアクエリについては ▶▶262 で説明します。

●HTML　　　　　　　　　171／index.html

```
<div class="f flex-responsive">
  <div>Item1</div>
  <div>Item2</div>
  <div>Item3</div>
  <div>Item4</div>
  <div>Item5</div>
</div>
```

●CSS　　　　　　　　　171／css/style.css

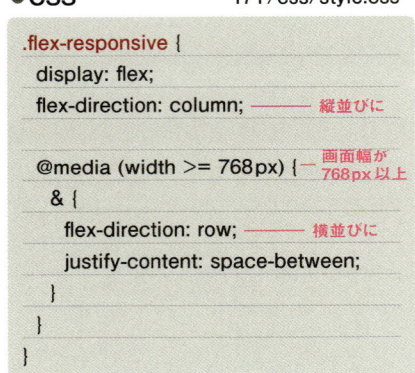

```
.flex-responsive {
  display: flex;
  flex-direction: column;          縦並びに

  @media (width >= 768px) {         画面幅が
                                    768px以上
  & {
    flex-direction: row;            横並びに
    justify-content: space-between;
    }
  }
}
```

▼ ブラウザ表示 （上：スマホ＝狭い、下：PC＝広い）

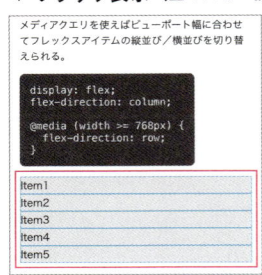

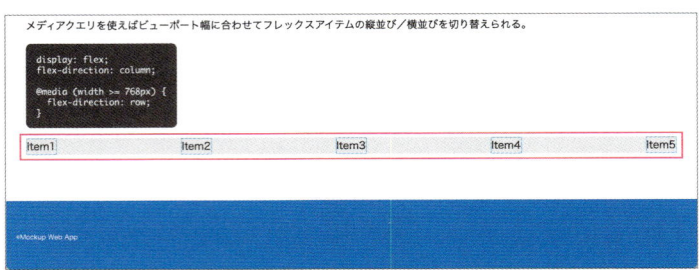

画面幅によってフレックスアイテムの並びの方向が変わる

386

172 横に並ぶフレックスアイテムの高さを設定したい

利用シーン 横に並ぶフレックスアイテムの高さを調整するとき

要素 / プロパティ

CSSプロパティ

align-items: キーワード;

—— 全フレックスアイテム／グリッドアイテムの高さと整列方法を設定する

　フレックスボックスは、フレックスアイテムを横／縦方向（主軸方向）に並べるだけでなく、並んだフレックスアイテムの交差軸——横方向なら高さ、縦方向なら幅——を、デフォルトCSSでは同じに揃えます。

　フレックスアイテムを横に並べた場合の、各アイテムの高さを調整するには「align-items」プロパティを使います。このプロパティはフレックスコンテナに適用し、値にはキーワードを指定します。使用できるおもな値は次のとおりです。

align-itemsのおもな値

align-items	フレックスアイテムの高さ（横一列に並ぶ場合）
stretch	フレックスアイテムの高さ（縦に並ぶ場合は幅）を揃える。デフォルト値
start	フレックスアイテムを上端揃えにする
center	フレックスアイテムを上下中央揃えにする
end	フレックスアイテムを下端揃えにする

　サンプルでalign-itemsの具体的な使用例と動作を確認しましょう。

　4つのフレックスコンテナ（<div class="flex ……">）があり、それぞれ3つのフレックスアイテム（<div class="photobox">）が含まれています。HTMLのソースコードには「<div class="flex stretch">」の例を掲載します。

■HTML

172/index.html

```
<div class="flex stretch">
 <div class="photobox">
  <img src="assets/photo2.jpg" alt="" width="640" height="427">
```

```
          〜〜
  </div>
  <div class="photobox">
    <img src="assets/photo1.jpg" alt="" width="640" height="960">
  </div>
  <div class="photobox">
    <img src="assets/photo3.jpg" alt="" width="640" height="360">
  </div>
</div>
```

■CSS　　172/css/style.css

```
.flex {
  display: flex;
  gap: 16px;
  中略
  &.stretch { ── <div class="flex stretch">
    align-items: stretch;
  }
  &.start { ──── <div class="flex start">
```
```
          〜〜
  align-items: start;
  }
  &.center { ── <div class="flex center">
    align-items: center;
  }
  &.end { ──── <div class="flex end">
    align-items: end;
  }
```

▼ ブラウザ表示

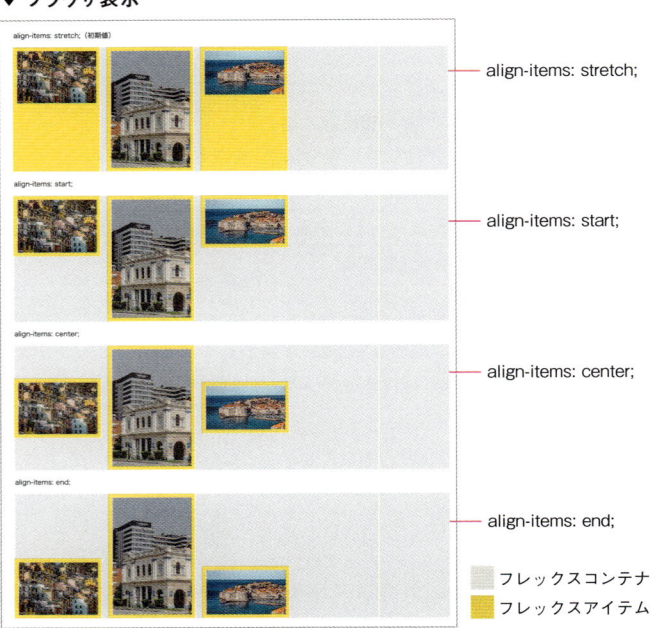

align-items: stretch;

align-items: start;

align-items: center;

align-items: end;

フレックスコンテナ
フレックスアイテム

388

173 フレックスアイテムの幅の伸縮設定をしたい

利用シーン
- ●フレックスアイテムの伸縮方法を設定するとき
- ●フレックスアイテムの伸縮の上限・下限を決めたいとき
- ●フレックスアイテムのサイズを固定したいとき

要素 / プロパティ

CSSプロパティ

flex: 伸長する比率 縮小する比率 ベースサイズ;

━━━ フレックスアイテムの伸縮設定

　個々のフレックスアイテムは、親要素のフレックスコンテナに合わせて伸びたり縮んだりします。初期状態では、コンテンツが収まるギリギリの幅になります※。

　フレックスアイテムには個別に伸縮の設定をすることができ、フレックスコンテナに合わせて伸縮したり、幅を固定したりすることができます。

　フレックスコンテナの伸縮設定をするには「flex」プロパティを、個々のフレックスアイテムに適用します。flexプロパティの書式は次のとおりで、3つの値を順番どおりに指定します。

※ フレックスアイテムが横に並んでいるとき。縦に並ぶとコンテンツが収まるギリギリの高さになります。

● **書式** フレックスアイテムの伸縮設定

> flex: 伸長率 収縮率 ベース幅;

　flexプロパティのデフォルト値は「flex: 0 1 auto;」です。これは、各フレックスアイテムに次の設定をしていることになります。

- ・0 ─── 「ベース幅」から伸長しない
- ・1 ─── 「ベース幅」を基準にすべてのフレックスアイテムが均等に収縮する
- ・auto ─ コンテンツが折り返さずに収まる幅をベースにする

　デフォルト値の状態（flexプロパティを適用しない状態）を見てみます。ここまでのサンプル ▶▶168 ～ ▶▶172 でも見慣れた表示です。コンテンツが収まる幅になるので、コンテンツが多い Item5だけ幅が広くなっています。

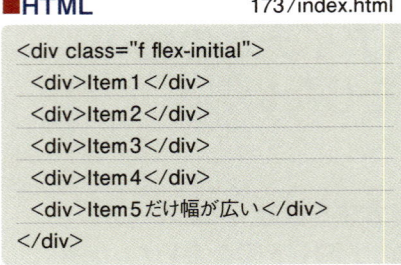

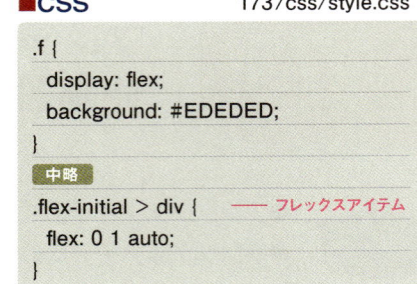

▼ ブラウザ表示

デフォルト値：コンテンツが収まる幅以上に伸長しない (0) / 収縮する (1) / ベース幅自動

`flex: 0 1 auto;`

Item1 Item2 Item3 Item4 Item5だけ幅が広い

フレックスアイテムの初期状態

■flexプロパティの値の意味と設定方法

それぞれの値にどんな意味があるのでしょう。理解しやすい「ベース幅」から説明します。

ちなみにサンプルでは、フレックスコンテナ（グレーの部分）が最大幅1000pxになるようにしてあります。

伸縮しないときの標準サイズを決める「ベース幅」

flexプロパティは、各フレックスアイテムが、フレックスコンテナに合わせて伸縮する設定をします。ベース幅には、フレックスアイテムが伸びも縮みもしないときの標準的な幅を、「数値＋単位」で指定します。

試しに、各アイテムが伸長せず、収縮もしない設定で、ベース幅300pxに設定してみます。CSSだけ掲載します。

フレックスアイテムが5つあると合計1500pxになり、フレックスコンテナからはみ出します。

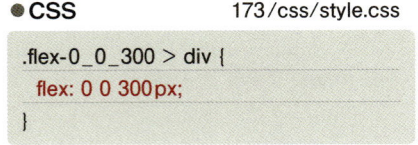

▼ ブラウザ表示

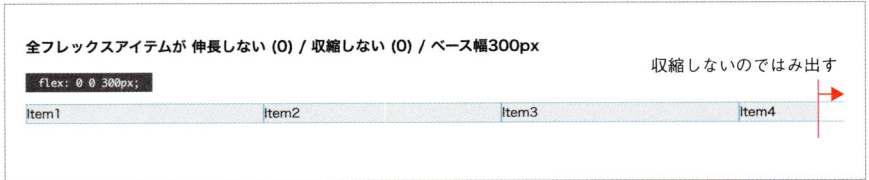

アイテムの幅が長すぎてコンテナからはみ出す

「ベース幅」は、フレックスアイテムが伸縮しないときの、標準的な幅を設定します。デフォルト値は「auto」で、フレックスアイテムはコンテンツが収まる幅になります。

縮む比率を決める「収縮率」

2番目の値は「収縮率」です。整数値を単位なしで指定し、「0」なら収縮せず、「1」以上なら収縮します。数値のより詳しい意味はあとで説明します（数値の意味はわからなくても実用上ほとんどの場合問題ないので大丈夫です）。

すべてのアイテムを、ベース幅300px、収縮率を「1」にしてみます。アイテムが5つの場合、ベース幅ではコンテナに収まらないので、収縮します。すべてのアイテムの収縮率が「1」なので、均等に縮まります。

同じ設定でアイテムが3つだと、コンテナに収まるので収縮しません。

● CSS　　　　　　　173/css/style.css

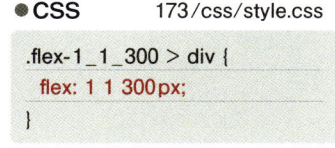

```
.flex-0_1_300 > div {
  flex: 0 1 300px;
}
```

▼ ブラウザ表示

全フレックスアイテムが 伸長しない (0) / 収縮する (1) / ベース幅300px

`flex: 0 1 300px;`

アイテムが 5 つ
均等に収縮して 200px に

フレックスアイテムが5つだと親要素に収まらないので300pxより収縮する

Item1	Item2	Item3	Item4	Item5

フレックスアイテムが3つだと、親要素に収まるので300pxになる。

Item1	Item2	Item3

アイテムが 3 つなら収まるので 300px のまま。収縮しない

コンテナに合わせてアイテムが収縮する

伸長する比率を決める「伸長率」

1番目の値は「伸長率」です。整数値を単位なしで指定し、「0」なら伸長せず、「1」以上なら伸長します。

先ほどの、「収縮率」を「1」にしたアイテムが3つのケースでは、コンテナの右端が余っていました。「伸長率」を1以上にすると、余りが出たときにアイテムが伸長し、コンテナと同じ幅になります。

すべてのアイテムを、ベース幅300px、伸長率を「1」にしてみます（収縮率は「1」のまま）。すべてのアイテムの伸長率が「1」なので、均等に伸びます。

● CSS　　　　　　　173/css/style.css

```
.flex-1_1_300 > div {
  flex: 1 1 300px;
}
```

▼ ブラウザ表示

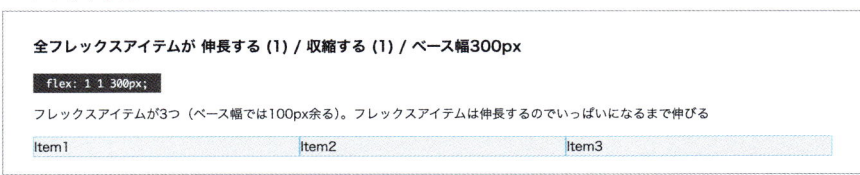

全フレックスアイテムが 伸長する (1) / 収縮する (1) / ベース幅300px

`flex: 1 1 300px;`

フレックスアイテムが3つ（ベース幅では100px余る）。フレックスアイテムは伸長するのでいっぱいになるまで伸びる

Item1	Item2	Item3

コンテナに合わせてアイテムが伸長する

アイテムによって伸縮比率を変える

ひとまず、伸長率・収縮率に「0」や「1」を設定したときの動作が理解できていれば、実用上はほとんど問題ありません。ここでは、伸長率、収縮率に指定した数値の意味を説明します。

コンテナに合わせてアイテムが伸縮するとき、各アイテムに設定した伸長率・収縮率の数値が大きいアイテムがより大きく伸縮します。

たとえば3つアイテムがあるとして、各アイテムの伸長率だけを見て、それが「2:1:1」だったとき、

- ひとつ目のアイテムは伸長すべき量の2/4
- ふたつ目、3つ目のアイテムは伸長すべき量の1/4

伸びます（「4」は3つのアイテムの伸長率の合計）。収縮率の場合も同じです。

例を見てみます。3つのアイテムがあって、2番目のアイテムだけ伸縮率が「3」、残りのアイテムは「1」になっています。

この場合、2番目のアイテムは伸縮すべき量の3/5、残りのアイテムは1/5、伸びたり縮んだりします。ブラウザウィンドウを狭くしたり広げたりして動作を試してみてください。

●CSS　　　　　　　173/css/style.css

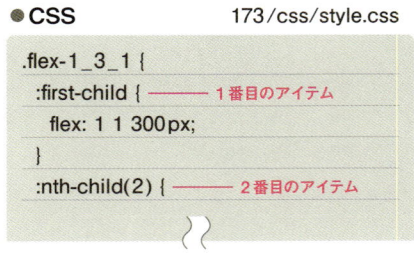

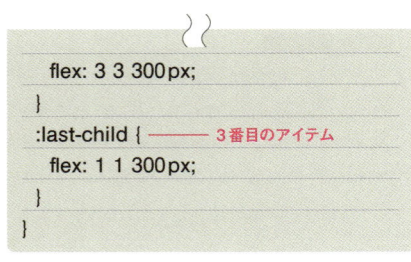

▼ ブラウザ表示

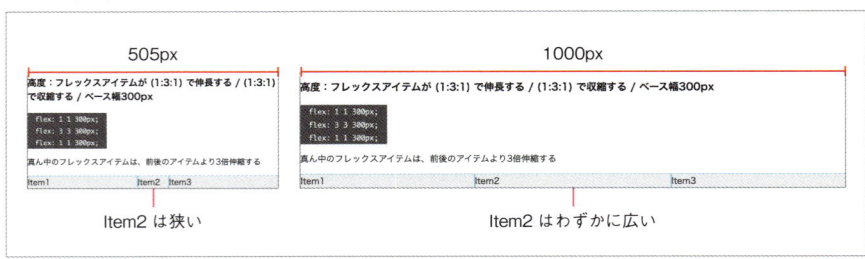

flexプロパティは何の役に立つ？

flexプロパティは、ページのコラムレイアウトを作るときになくてはならない機能になります。完璧に知っておく必要はありませんが、基本的な動作は理解しておくと役に立ちます。コラムレイアウトについてはChapter 12で取り上げます。

174 見出しとほかのテキストを横一列に並べたい

 利用シーン **フォントサイズが大きく違う複数のテキストを並べるとき**

要素／プロパティ

CSSプロパティ

display: flex;
———— フレックスボックスモードで子要素を配置する ▶▶168

justify-content: 行揃えの設定;
———— フレックスアイテムの行揃えを設定する ▶▶169

align-items: キーワード;
———— 全フレックスアイテム／グリッドアイテムの高さと整列方法を設定する ▶▶172

本節からフレックスボックスの実用例を見てみます。

フレックスボックスは、ページレイアウトに使うこともありますが、最もよく使われるのは、複数のテキストや、アイコンなど小さいパーツを並べるときです。メニューを並べたり、ブログについている「#タグ」を並べたり、用途はたくさんあります。

そうした用途の一例として、ページの見出しと、公開日を横に並べる例を紹介します。

<div class="title">〜</div>に含まれる<h1>と<p>を横に並べます。見出しと通常テキストではフォントサイズが大きく違うので、両方を下端揃えにします。

■**HTML**　　　　　　　　　　　　174/index.html

```
<div class="title">
  <h1>世界一周旅行ペアご招待キャンペーン</h1>
  <p>2024/11/07</p>
</div>
<p>一生に一度の、またとない体験を。</p>
中略
```

■CSS　　　　　　　　　　　　174/css/style.css

```
.title {
  display: flex;
  justify-content: space-between;
  gap: 32px;
  align-items: end;━━━ 下端揃えに

  border-bottom: 1px solid #FFDC61;

  h1, p {
    margin: 0;
  }
}
```

▼ ブラウザ表示（左：スマホ、右：PC）

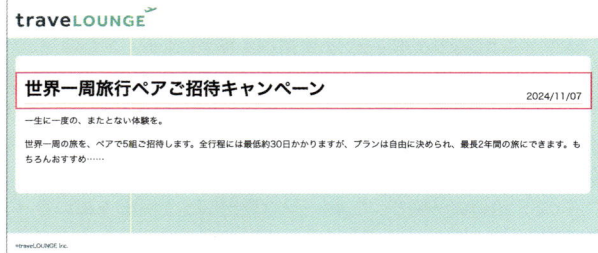

175 横一列にリンクテキストを並べたい

利用シーン ハッシュタグなど、短いテキストや小さなアイコンを横に並べたいとき

要素／プロパティ

CSSプロパティ

display: flex;
━━━ フレックスボックスモードで子要素を配置する ▶▶168

gap: アイテム間の距離；
━━━ フレックスアイテム間の距離を設定する ▶▶170

　記事などにつけるタグのような、短いテキストを横一列に並べます。
　一般に、タグひとつひとつのHTMLには<span>か、もしくは<a>を使うため、フレックスボックスを使わなくても横一列に並びます。しかし、そのままではタグ同士がくっついてしまいます。
　フレックスボックスを使えばgapプロパティが使えて、タグ間のスペース調整がしやすくなります。
　サンプルでは、記事の見出しと公開日の下に表示されるタグを、フレックスボックスで整列しています。

■HTML　　　　　　　　　　　　175／index.html

```
<div class="title">
  <h1>世界一周旅行ペアご招待キャンペーン</h1>
  <div class="titleinfo">
    <p>2024/11/07</p>
    <div class="tags"><a href="#">#campaign</a><a
href="#">#ticket</a></div>
  </div>
</div>
```

■CSS

175/css/style.css

```css
.tags {
  display: flex;
  gap: 0.25rem;
  padding: 0;
  font-size: 0.825rem;

  a {
    border-radius: 16px;
    padding: 0 0.5em;
    background: #0FBFAA;
    color: white;
    text-decoration: none;

    &:hover {
      background: #C0EAE5;
    }
  }
}
```

▼ ブラウザ表示

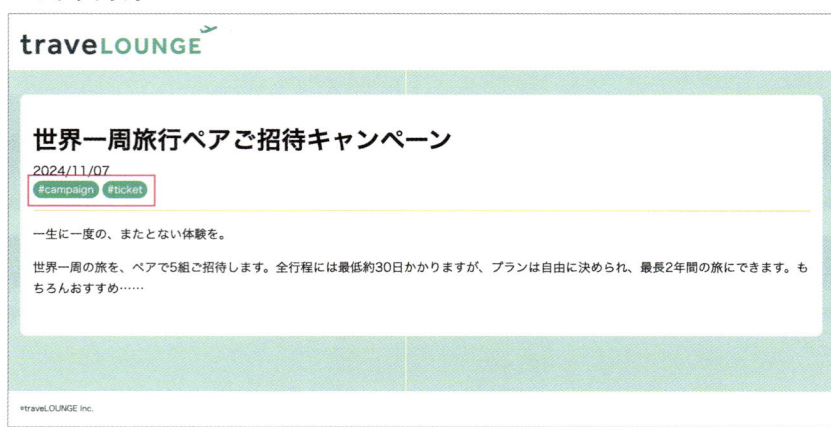

176 多数のリンクテキストを並べたい

利用シーン 短いテキストやリンクが大量にあるとき。横一列には収まりきらないほどのテキストをどう表示するかを決めたいとき

要素 / プロパティ

CSSプロパティ

display: flex;
━━ フレックスボックスモードで子要素を配置する ▶▶168

flex-flow: 並べる方向 改行の設定;
━━ flex-directionとflex-wrapを一括で設定できるショートハンド・プロパティ

　短いテキストリンクが大量にあって横一列に収まらないときは、フレックスコンテナに折り返す設定をします。

　折り返しの設定はflex-wrapプロパティでできますが ▶▶168 、今回はflex-flowプロパティを使用します。このプロパティは主軸の方向を決めるflex-direction ▶▶171 と、折り返しを設定するflex-wrapを、半角スペースで区切って同時に設定できるプロパティです。フレックスコンテナに適用します。

　値にはそれぞれのキーワードを半角スペースで区切ってふたつ並べます。値の順序はどちらが先でもかまいません。

　サンプルでは都道府県名が書かれたリンクを並べています。

■HTML　　　　　　　　　　　　　176/index.html

```html
<h3 class="page-head3">国内旅行のお得なニュース</h3>
<div class="prefs">
  <a href="#" class="tag">北海道</a>
  <a href="#" class="tag">青森県</a>
  中略
  <a href="#" class="tag">沖縄県</a>
</div>
```

```css
.prefs {
  display: flex;
  flex-flow: row wrap;
  gap: 0.5em;

  border: 1px solid #0FBFAA;
  padding: 1em;
  font-size: 0.825rem;

  a {
    border-radius: 16px;
    padding: 0 0.5em;
    border: 1px solid #0FBFAA;
    color: #3C5453;
    text-decoration: none;

    &:hover {
      border: 1px solid #C0EAE5;
      color: #0FBFAA;
    }
  }
}
```

▼ ブラウザ表示 （左：スマホ、右：PC）

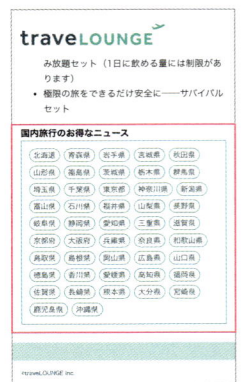

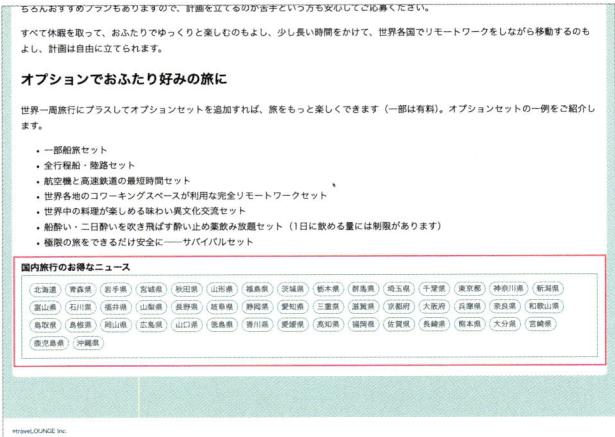

177 画像が含まれる複数の ボックスを横一列に並べたい

 **利用シーン** 比較的小さな画像を並べる、典型的なフレックスボックスの使用例

要素 / プロパティ

CSSプロパティ

display: flex;
━━━ フレックスボックスモードで子要素を配置する ▸▸168

justify-content: 行揃えの設定;
━━━ フレックスアイテムの行揃えを設定する ▸▸169

　サムネイルのような、比較的サイズの小さな画像を横一列に並べます。短いテキストを並べるのと同様、こちらもフレックスボックスの典型的な使用法のひとつです。

　サンプルでは、画像が含まれる3つのボックスを横に並べています。それぞれのボックスのつくり方は ▸▸162 で取り扱っています。

■HTML

177/index.html

```
<div class="concepts"> ━━━ フレックスコンテナ
 <div class="thumb"> ━━━ フレックスアイテム
  <img src="assets/e8ism.webp" alt="" width="640" height="403" class="photo">
  <img src="assets/e8ism.svg" alt="E8ism" width="118" height="38" class="copy">
 </div>
 <div class="thumb"> ━━━ フレックスアイテム
  <img src="assets/e8pillow.webp" alt="" width="640" height="403" class="photo">
  <img src="assets/e8pillow.svg" alt="E8ism" width="169" height="38" class="copy">
 </div>
 <div class="thumb"> ━━━ フレックスアイテム
  <img src="assets/e8mania.webp" alt="" width="640" height="403" class="photo">
  <img src="assets/e8mania.svg" alt="E8ism" width="178" height="38" class="copy">
 </div>
</div>
```

Chap **8**

複数のボックスを配置するテクニック

画像が含まれる複数のボックスを横一列に並べたい

■CSS   177/css/style.css

```css
.concepts {
  display: flex;
  justify-content: space-between;
  gap: 16px;
}

.thumb {
  position: relative;

  .copy {
    position: absolute;
    inset: 0;
    margin: auto;
  }
}
```

▼ ブラウザ表示

178 画面サイズに合わせて画像が並ぶ方向を変えたい

 **利用シーン** **複数の画像を、スマートフォンのときには縦、PCのときには横に並べたいとき**

要素/プロパティ

@ルール

@media (width >= サイズ) {〜}

━━ビューポート幅が「サイズ」以上のときにだけ適用されるCSSを
定義

CSSプロパティ

display: flex;

━━フレックスボックスモードで子要素を配置する ▶▶168

flex-direction: columnまたはrow;

━━フレックスアイテムを並べる方向（縦方向か横方向）を設定する
▶▶171

　フレックスボックスはレスポンシブデザインと非常に相性のいい機能です。本節では、フレックスボックスを使用したレスポンシブデザインの典型的なテクニックとして、画面幅に応じてフレックスアイテム（以降、アイテム）の並ぶ方向を切り替える手法を紹介します。

　アイテムの並ぶ方向は、flex-directionプロパティの値を切り替えることで制御します。まず、アイテムが縦に並んだ状態の表示を作り、その後メディアクエリを使って、画面幅が広いときにだけ横に並ぶようにします。

　サンプルでは、画面幅が768px以上のときだけ、アイテムが横に並ぶようにします。メディアクエリについては詳しくは ▶▶262 で解説します。

　HTMLは前節と同じです。CSSだけ掲載します。

画面サイズに合わせて画像が並ぶ方向を変えたい

■CSS

```
.concepts {  ———— 画面サイズに関係なく適用
  display: flex;
  flex-direction: column;  ———— フレックスアイテムを縦に並べる
  justify-content: space-between;
  gap: 16px;

  @media (width >= 768px) {  ———— 画面幅が768px以上のときだけ適用
    & {
      flex-direction: row;  ———— フレックスアイテムを横に並べる
    }
  }
}
中略
```

▼ ブラウザ表示 （左：スマホ、右：PC）

179 グリッドレイアウトの基本的な動作を知りたい

利用シーン グリッドレイアウトの基本的な性質と機能を知って、
どういうときに使えるのかを把握したいとき

要素/プロパティ

CSSプロパティ

display: grid;
──── グリッドレイアウトで子要素を配置する

grid-template-columns: 列の幅 列の幅 …… ;
──── 列テンプレートの設定。グリッドの列数と各列の幅を決定する

CSSの値

fr ──── グリッド列または行の、全体に対する比率を表す単位

　グリッドレイアウトは、ボックスを横方向にも縦方向にも並べる機能です。フレックスボックスが横方向または縦方向にボックスを配置するという、一次元的な動作をするのに対し、グリッドレイアウトは二次元的な動作をします。

　グリッドレイアウトは「display: grid;」が適用された要素の直接の子要素を、テンプレートに基づいて配置します。

■グリッドレイアウトの基本特性と列テンプレート

　グリッドレイアウトのもっとも基本的なHTMLとCSSを見てみましょう。<div class="g col3">～</div>に含まれる5つの<div>を、3列で配置します。「display: grid;」が適用された要素（親要素）のことを「グリッドコンテナ」、その直接の子要素を「グリッドアイテム」といいます。

●**HTML**　　　　　　　179/index.html

```
<div class="g col3"> ──── グリッドコンテナ
  <div><h2>One</h2></div> ┐
  <div><h2>Two</h2></div>
  <div><h2>Three</h2></div>
  <div><h2>Four</h2></div>
  <div><h2>Five</h2></div> ┘
</div>                    グリッドアイテム
```

●**CSS**　　　　　　　179/css/style.css

```
.col3 {
  display: grid;
  grid-template-columns: 1 fr 1 fr 1 fr;
}
```

▼ ブラウザ表示

グリッドレイアウトの基本

3列、均等幅のグリッド。最初に列数、列幅をテンプレートとして設定する。

```
.col3 {
  display: grid;
  grid-template-columns: 1fr 1fr 1fr;
}
```

One	Two	Three
Four	Five	

グレーの背景色がグリッドコンテナ、線で囲まれているのがグリッドアイテム

　グリッドコンテナに設定した「grid-template-columns」は、列テンプレートを作成するプロパティです。

　grid-template-columnsで設定するのは、列数と、各列の幅、この2点です。値の書き方は数種類あるのですが、最も基本的なのは次のとおりです。

● **書式**　列テンプレートを設定する

> grid-template-columns: 列1の幅 列2の幅 列3の幅 …… ;

　「列の幅」を示す値を、半角スペースで区切って列数分指定します。サンプルでは3つの値を指定したので、3列になったのです。

　列の幅には「数値＋px」なども使えますが、サンプルでは単位「fr」を使いました※。数値は0以上の数値（整数または小数）で、グリッドコンテナの幅に対する割合を示しています。

　サンプルで指定した値は次のようなものでした。

※ 英語でfractionの略で、「分数」や「分割」を意味します。

● **CSS**　　　　　　　　　　　　　　　　　　　サンプルで使用した列テンプレートの値

> 1 fr 1 fr 1 fr

　この場合、すべての列幅の合計が「3」です。列1の値は「1fr」なので、幅は「全体の1/3」という意味になります。2番目、3番目の値も「1fr」なので、すべての列が「全体の1/3」になります。このとき、列テンプレートは図のようになります。

　グリッドアイテムは、このテンプレートの四角く空いたスペースに、左から順番に収まります。

サンプルの列テンプレート

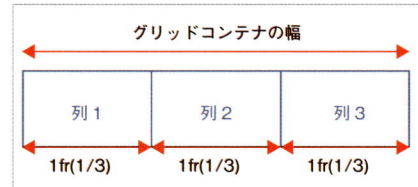

グリッド線とグリッドトラック

　ここで用語の説明をします。列テンプレートで引かれる線は「グリッド線」と呼ばれ、左から右に、上から下に、それぞれ1、2、……と、番号がつきます。また、グリッド線で囲まれた、四角いスペースのことを「グリッドトラック」といいます。

グリッド線とグリッドトラック

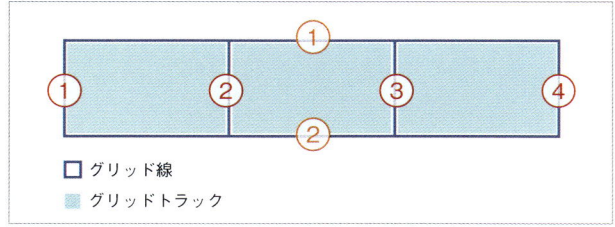

収まらないグリッドアイテムは折り返す

ところで、今回のサンプルではグリッドアイテムが5つあります。列テンプレートで定義されたグリッドトラックの数は3個なので、ふたつ収まりません。

収まらないグリッドアイテムは、折り返して、同じ列テンプレートを使って配置されます。グリッドアイテムがないトラックは空いたままになります。

収まらないグリッドアイテムは、次の行に同じ列テンプレートで配置される

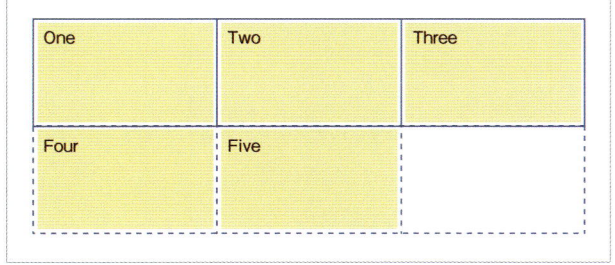

横に並ぶグリッドアイテムの高さは自動的に揃う

横に並ぶグリッドアイテムの高さは自動的に揃います。次のHTMLは、2番目のグリッドアイテムだけコンテンツ量が多く、高さが高くなっています。

その場合、横に並ぶグリッドアイテムの高さが揃います。

● **HTML**   179／index.html

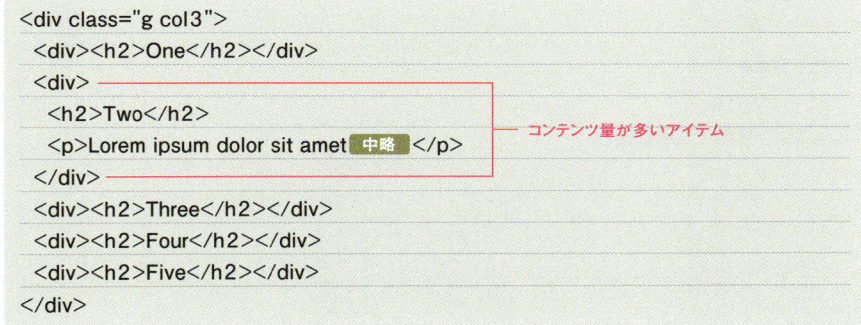

● CSS 179/css/style.css

```
.col3 {
  display: grid;
  grid-template-columns: 1fr 1fr 1fr;
}
```

▼ ブラウザ表示

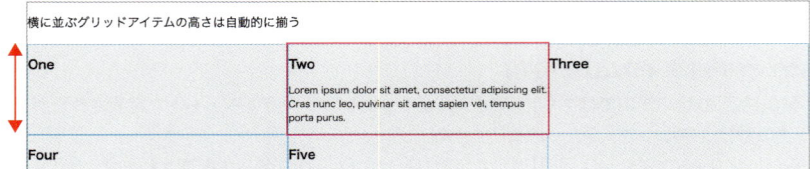

横に並ぶグリッドアイテムの高さが揃う

■列テンプレートの設定方法

　ここまで均等幅の列を例にグリッドレイアウトの特性を見てきましたが、列幅が異なる、列テンプレートの設定方法を3つ紹介します。

列の幅を変える

　ひとつ目は2列で、右列の幅を左列の2倍にする例です。列テンプレート右列の幅を「2fr」にすれば実現できます。

● HTML　　　　　179/index.html

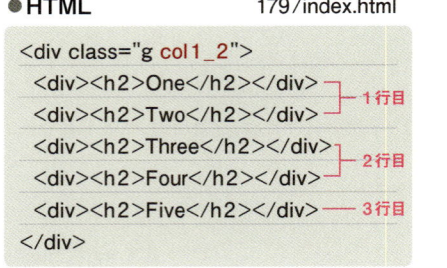

● CSS　　　　　179/css/style.css

```
.col1_2 {
  display: grid;
  grid-template-columns: 1fr 2fr;
}
```

▼ ブラウザ表示

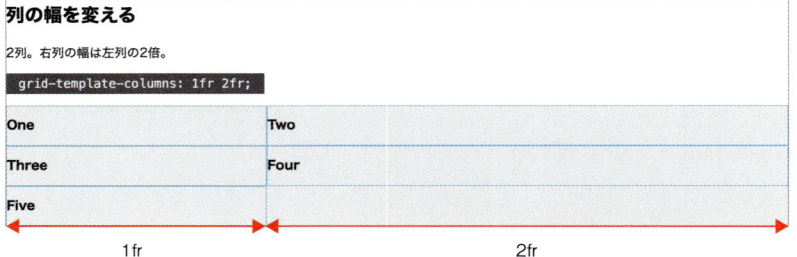

一部の列幅を固定

一部の列幅を固定して、残りをすべて別の列の幅に設定することもできます。

その場合、固定する列の幅は「数値+px」、残りの幅は「auto」または「1fr」にします。列テンプレートの値を「auto」にすると、グリッドコンテナの残りの幅が設定されます。

例では2列で、左列を300pxに固定しています。この方法はページのコラムレイアウトに使われます。

● HTML　　　　　　　　179/index.html

```
<div class="g col300_auto">
  <div><h2>One</h2></div> ── 300px
  <div><h2>Two</h2></div> ── auto
</div>
```

● CSS　　　　　　　179/css/style.css

```
.col300_auto {
  display: grid;
  grid-template-columns: 300px auto;
}
```

▼ ブラウザ表示

一部の列幅を固定、残りを均等幅に

一部の列幅を固定して、残りを「fr」で設定すると、グリッドコンテナの全幅のうち、固定されている幅を引いた残りの部分が分割されます。

例では3列で、左列の幅を50pxに固定、残り2列を均等幅（1fr）にしています。これもページのコラムレイアウトに使われる方法です。左にツールバーがあるようなページレイアウトが作れます。

● HTML　　　　　　　　179/index.html

```
<div class="g col50_2">
  <div><h2>One</h2></div> ──── 50px
  <div><h2>Two</h2></div> ┐
  <div><h2>Three</h2></div> ┘ 1fr
</div>
```

● CSS　　　　　　　179/css/style.css

```
.col50_2 {
  display: grid;
  grid-template-columns: 50px 1fr 1fr;
}
```

▼ ブラウザ表示

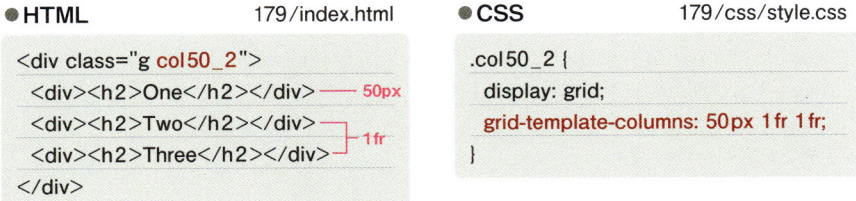

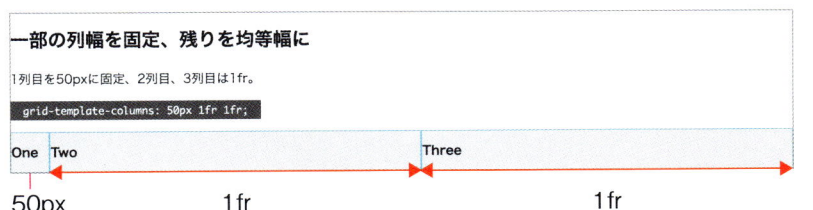

Chap 8　複数のボックスを配置するテクニック

407

180 グリッドアイテム間にスペースを作りたい

🍲 **利用シーン** グリッドアイテム間にスペースを作りたいとき

要素 / プロパティ

CSSプロパティ

gap: アイテム間の距離 ;
——グリッドアイテム間の距離を設定する

gap: 行ギャップ 列ギャップ ;
——上下のグリッドアイテム間の距離（行ギャップ）、左右の距離（列ギャップ）を設定する ▶▶170

　グリッドアイテム同士は、そのままの設定では互いにぴったりくっつきます。グリッドアイテム間にスペースを設けたいときは、フレックスボックスでも使用した gap プロパティを、グリッドコンテナに設定します。
　サンプルでは、3列（2行）で並ぶグリッドアイテムの列・行間に8pxのギャップを作っています。

■**HTML** 　　　　　180/index.html

```
<div class="g grid-gap">
  <div><h2>One</h2></div>
  <div><h2>Two</h2></div>
  <div><h2>Three</h2></div>
  <div><h2>Four</h2></div>
  <div><h2>Five</h2></div>
</div>
```

■**CSS** 　　　　　180/css/style.css

```
.grid-gap {
  display: grid;
  grid-template-columns: 1 fr 1 fr 1 fr;
  gap: 8px;
}
```

▼ ブラウザ表示

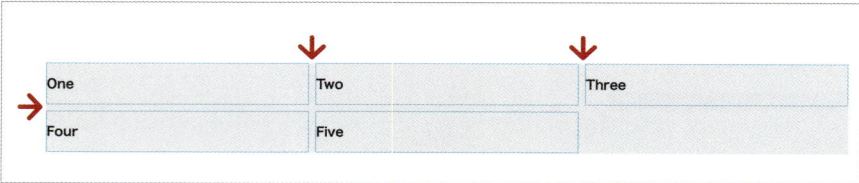

181 列テンプレートの効率的な書き方を知りたい

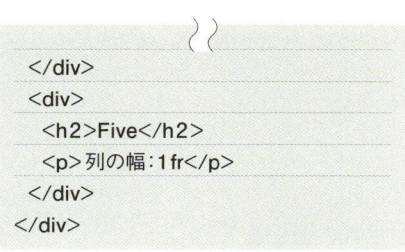

利用シーン グリッド列の値をもっと効率的に書きたいとき

要素/プロパティ

CSSプロパティ

grid-template-columns: グリッド列の設定;

――― グリッド列（横方向の分割）の設定をする

CSSの値

repeat(繰り返し, 値)

――― 「繰り返し」の回数分、「値」で指定される幅のグリッド列（またはグリッド行）を作る

　列テンプレートの値は、より効率的に書ける方法があります。まずは最も単純な書き方で、4列、均等幅のグリッドを作成してみます。

■HTML　　　　　181/index.html

```
<div class="g col4">
 <div>
  <h2>One</h2>
  <p>列の幅: 1fr</p>
 </div>
 <div>
  <h2>Two</h2>
  <p>列の幅: 1fr</p>
 </div>
 <div>
  <h2>Three</h2>
  <p>列の幅: 1fr</p>
 </div>
 <div>
  <h2>Four</h2>
  <p>列の幅: 1fr</p>
```

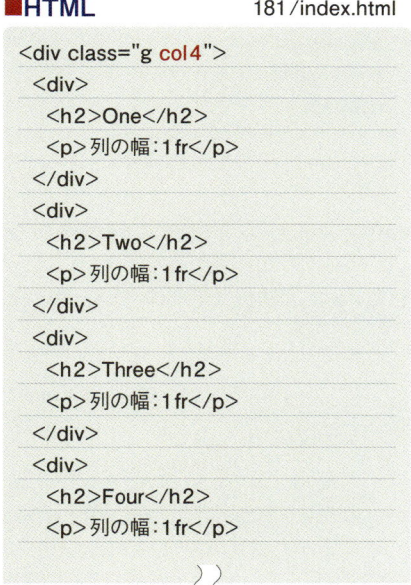

```
 </div>
 <div>
  <h2>Five</h2>
  <p>列の幅: 1fr</p>
 </div>
</div>
```

■CSS　　　　　181/css/style.css

```
.col4 {
 display: grid;
 grid-template-columns: 1fr 1fr 1fr 1fr;
 gap: 8px;
}
```

最も単純な書き方

4列、均等幅

`grid-template-columns: 1fr 1fr 1fr 1fr;`

One	Two	Three	Four
列の幅：1fr	列の幅：1fr	列の幅：1fr	列の幅：1fr

Five
列の幅：1fr

「1fr」を4回書かなくてはいけません。単純ではありますが、書くのが面倒です。それに、コードだけ見ても列数がわかりづらいという難点があります。

■repeat()プロパティファンクション

もっと効率的に書けて、列数がわかりやすい書き方があります。「repeat()」を使います。

● **書式**　テンプレート値を繰り返す

repeat(繰返し回数, 値)

()内に、カンマで区切ってふたつの値を入れます。ひとつ目が「繰返し回数」で、次の「値」で指定する列幅を繰り返す回数を指定します。ふたつ目の「値」には、列幅の値を指定します。

たとえば、先ほどと同じように4列、均等幅のグリッドを作るなら、次のCSSのようにします。HTMLはコンテナのクラス名以外は先ほどと同じです。ブラウザの表示結果も同じです。

● **HTML**　　　　　　　　　181/index.html

```
<div class="g col4_repeat">
  中略
</div>
```

● **CSS**　　　　　　　　　181/css/style.css

```
.col4_repeat {
  display: grid;
  grid-template-columns: repeat(4, 1fr);
  gap: 8px;
}
```

■複数の値を繰り返す

repeat()の「値」のほうを、ひとつの値ではなく複数の値を半角スペースで区切って指定することもできます。

例では4列のグリッドで、「90px 1fr」を2回繰り返しています。「90px 1fr 90px 1fr」と書くのと同じです。

● **HTML**　　　　　　　　　181/index.html

```
<div class="g col4_90_1fr">
  中略
</div>
```

```
.col4_90_1fr {
  display: grid;
  grid-template-columns: repeat(2, 90px 1fr);
  gap: 8px;
}
```

▼ ブラウザ表示

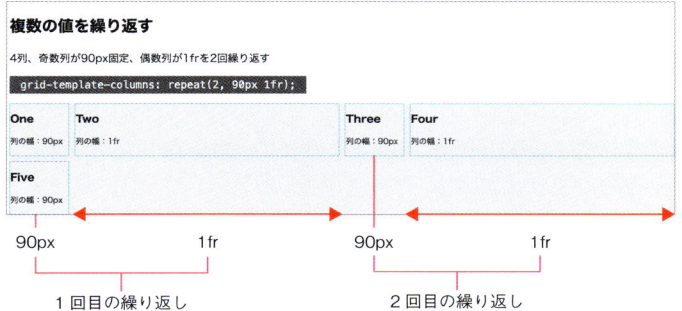

■repeat()と通常の値を組み合わせる

「同じ値を2回繰り返して、最後は別の値にする」というような設定をしたいときは、repeat()に続けて、半角スペースで区切って値を指定します。

例では4列のグリッドで、最初の3列を100pxに固定、4列目をautoにしています。「100px 100px 100px auto」と書くのと同じです。

●HTML 181/index.html

```
<div class="g col4_100_auto">
  中略
</div>
```

●CSS 181/css/style.css

```
.col4_100_auto {
  display: grid;
  grid-template-columns: repeat(3, 100px) auto;
  gap: 8px;
}
```

▼ ブラウザ表示

Chap 8 複数のボックスを配置するテクニック

行テンプレートの使い方を知りたい

 利用シーン　**グリッド行の高さを設定したいとき**

要素/プロパティ

CSSプロパティ

grid-template-rows: 行の高さ 行の高さ ……;

———行テンプレートの設定。グリッドの行数と各行の高さを決定する

grid-auto-rows: 行の高さ;

———1行分の行テンプレートを作成し、それをすべての行に適用する

CSSの値

minmax(最小値, 最大値)

———グリッドアイテムの幅もしくは高さを、「最小値」以上「最大値」以下にする

　グリッドテンプレートは、列テンプレートだけでなく行テンプレートもあります。行テンプレートはその名のとおり、行数と高さを設定します。

　行テンプレートの使い方を見る前にまず、グリッドコンテナの高さがどう決まるかを確認しましょう。

> **Note**
>
> **行テンプレートの設定は上級テクニック**
>
> 多くのデザインでは、行テンプレートがなくても正しくレイアウトできます。また、行テンプレートは、列テンプレートに比べて設定が複雑です。本節のトピックは高度で、いますぐ理解できなくても実用上はあまり問題にはなりません。必要になったときにもう一度見返せばよいでしょう。

■行の高さは、その行で一番高いグリッドアイテムに揃う

　行テンプレートを設定しない場合、各行の高さは、その行で一番高いグリッドアイテム（以降、アイテム）に揃います。

　次の例では、5つのアイテムのうち2番目と5番目のコンテンツが多く、高さが高くなっています。

　その結果、4列グリッドにした場合、1行目は2番目のアイテムの、2行目は5行目のアイテムの高さに揃います。

■HTML 182/index.html

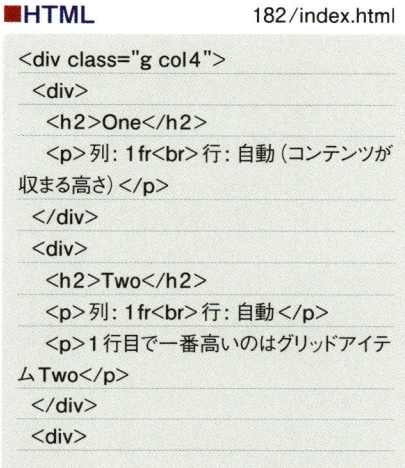

```
<div class="g col4">
  <div>
    <h2>One</h2>
    <p>列：1fr<br>行：自動（コンテンツが
収まる高さ）</p>
  </div>
  <div>
    <h2>Two</h2>
    <p>列：1fr<br>行：自動</p>
    <p>1行目で一番高いのはグリッドアイテ
ムTwo</p>
  </div>
  <div>
```

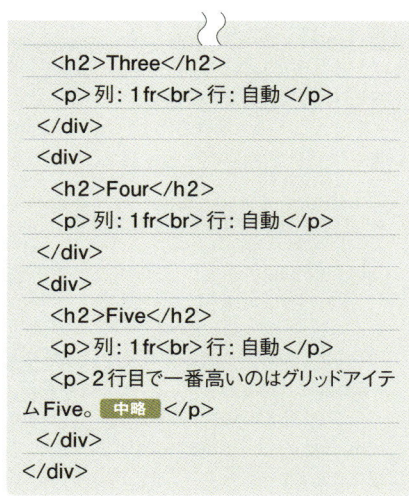

```
    <h2>Three</h2>
    <p>列：1fr<br>行：自動</p>
  </div>
  <div>
    <h2>Four</h2>
    <p>列：1fr<br>行：自動</p>
  </div>
  <div>
    <h2>Five</h2>
    <p>列：1fr<br>行：自動</p>
    <p>2行目で一番高いのはグリッドアイテ
ムFive。 中略 </p>
  </div>
</div>
```

■CSS 182/css/style.css

```
.col4 { /* 高さの設定なし */
  display: grid;
  grid-template-columns: 1fr 1fr 1fr 1fr;
  gap: 8px;
}
```

▼ ブラウザ表示

グリッドアイテムの高さ

グリッドアイテムは、コンテンツが収まる最低限の高さになる。横に並ぶグリッドアイテムは、一番高いグリッドアイテムの高さに揃う。
行テンプレートを設定しない場合、グリッドアイテムの高さは自動になる（grid-auto-rows: auto;）。

`grid-template-columns: 1fr 1fr 1fr 1fr;`

One	Two	Three	Four
列：1fr 行：自動（コンテンツが収まる高さ）	列：1fr 行：自動 1行目で一番高いのはグリッドアイテムTwo	列：1fr 行：自動	列：1fr 行：自動

Five
列：1fr
行：自動
2行目で一番高いのはグリッドアイテムFive。グリッドアイテムFiveはグリッドアイテムTwoより高いので、1行目より2行目のほうが高さが大きくなる。

413

■行ごとに高さを設定する

いま見てきたとおり、行の高さは自動で決まりますが、行テンプレートを用意すれば、行ごとの高さを設定することができます。

行テンプレートを作るには「grid-template-rows」プロパティを、グリッドコンテナに設定します。書式は列テンプレートと似ていて、各行の高さを、半角スペースで区切って指定します。

● **書式** 行テンプレートを設定する

> grid-template-rows: 行1の高さ 行2の高さ 行3の高さ …… ;

ただし、行の高さを設定するのに注意が必要なのは、各アイテムに含まれるコンテンツが収まる高さにしなければならない、ということです。

そこで、多くの場合、高さの設定には「minmax()」を使います。

minmax()は、最終的に適用する値を、()内にカンマ区切りで指定する「最小値」以上、「最大値」以下にします。

● **書式** 最小値以上、最大値以下の値にする

> minmax(最小値, 最大値)

minmax()を使えば、たとえば「高さが最低100px以上、コンテンツが収まる高さに設定する」というようなことができます。

行テンプレートを設定して、行ごとに高さを変える例を見てみましょう。9アイテム、3列3行のグリッドを作り、各行の設定を次のようにします。

・1行目は10px以上、コンテンツが収まる高さ以下（auto）
・2行目は300px以上、コンテンツが収まる高さ以下
・3行目は150px以上、コンテンツが収まる高さ以下

● **HTML**　　　　　　　　　　　　　　　　　　　　　　　　182/index.html

```
<div class="g col3_row3">
  <div>
    <h2>One</h2>                                          ┐
    <p>列: 1fr<br>行: 10px またはコンテンツが収まる高さ</p>  ├─ アイテム1
  </div>                                                  ┘
  <div><h2>Two</h2></div>                                 ── アイテム2
  <div><h2>Three</h2></div>                               ── アイテム3
  <div>                                                   ┐
    <h2>Four</h2>                                         │
    <p>列: 1fr<br>行: 300px またはコンテンツが収まる高さ</p> ├─ アイテム4
  </div>                                                  ┘
```

414

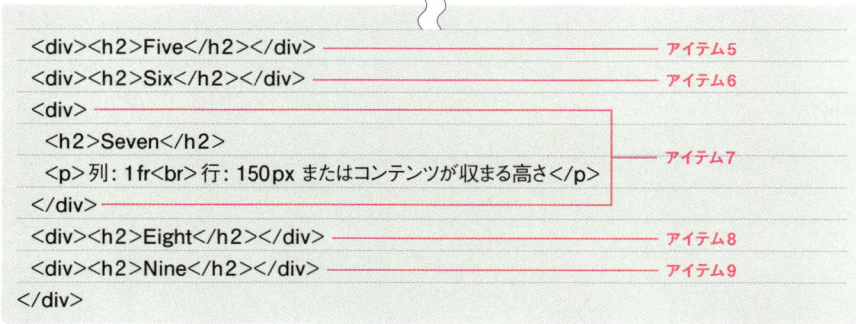

```
<div><h2>Five</h2></div> ──────────── アイテム5
<div><h2>Six</h2></div> ──────────── アイテム6
<div>
  <h2>Seven</h2>
  <p>列：1fr<br>行：150px またはコンテンツが収まる高さ</p>
</div> ──────────── アイテム7
<div><h2>Eight</h2></div> ──────────── アイテム8
<div><h2>Nine</h2></div> ──────────── アイテム9
</div>
```

● CSS   182／css/style.css

```
.col3_row3 {
  display: grid;
  grid-template-columns: 1fr 1fr 1fr;
  grid-template-rows: minmax(10px, auto) minmax(300px, auto) minmax(150px, auto);
}
```

行テンプレートの設定値と採用された値

■すべての行に同じテンプレートを設定する

　たとえば、検索結果やフォトギャラリーのようなページの場合、一体何件ヒットするのか、写真が何枚あるのか、事前にわかりません。したがってグリッドの行数も確定できません。

　何行になるかわからないグリッドの、すべての行に同じ設定ができるプロパティがあります。それが「grid-auto-rows」プロパティです。grid-template-rowsの代わりに使います。

● **書式**　各行に同じテンプレートを設定する

```
grid-auto-rows: 行の高さ;
```

次の例では、7アイテム、3列3行のグリッドを作成し、行の高さをすべて130px以上、コンテンツが収まる高さ以下に設定しています。

● HTML

182/index.html

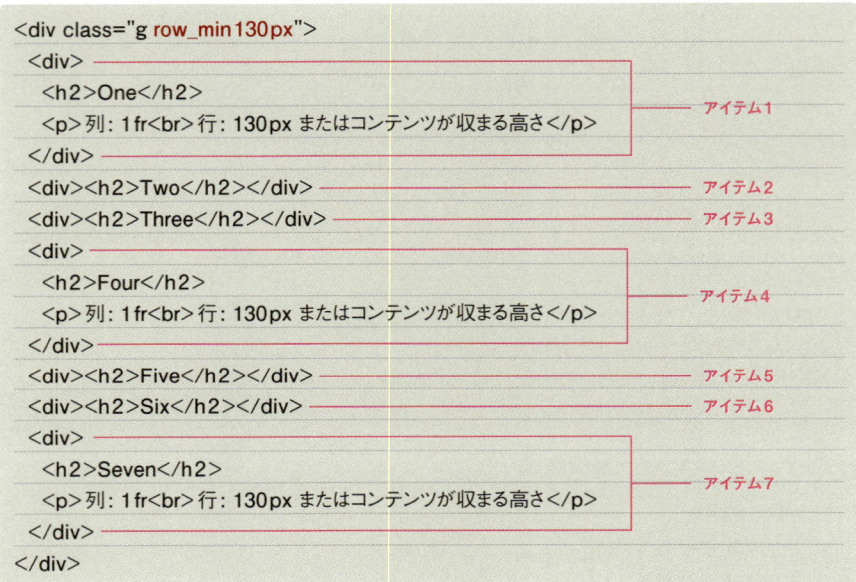

● CSS

182/css/style.css

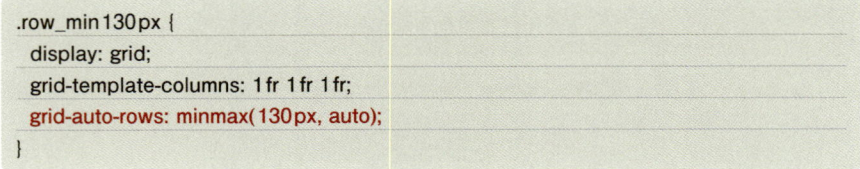

行テンプレートの設定値と採用された値

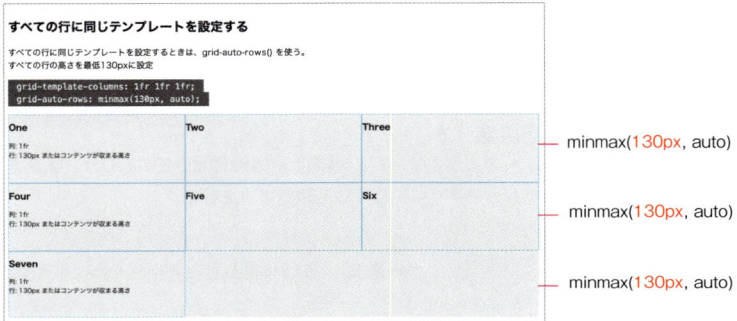

183 フォトギャラリーを作りたい

利用シーン
複数の写真を並べるフォトギャラリーレイアウトを作るとき

要素 / プロパティ

CSSプロパティ

display: grid;
——グリッドレイアウトで子要素を配置する ▶▶179

grid-template-columns: 列の幅 列の幅 …… ;
——列テンプレートの設定。グリッドの列数と各列の幅を決定する ▶▶179

gap: アイテム間の距離;
——グリッドアイテム間の距離を設定する ▶▶170

align-items: キーワード;
——全フレックスアイテム／グリッドアイテムの高さと整列方法を設定する ▶▶172

　複数の写真を縦横に並べるフォトギャラリーは、グリッドレイアウトの典型的な使用例のひとつです。使うのはグリッドレイアウトの基本的な機能のみで、作るのも難しくありません。

　サンプルでは、12枚の写真を4列×3行のグリッドで配置しています。表示する写真はサイズが異なりますが、そのまま表示します。

　横に並ぶ、高さの異なる写真を配置するために、グリッドアイテムを上下中央揃えにしています。フレックスボックスでも取り上げた、「align-items」を使用しています。 ▶▶172

■HTML
183/index.html

```html
<div class="gallery4x3">
  <div><img src="assets/photo01.webp" alt="" width="1920" height="2880"></div>
  <div><img src="assets/photo02.webp" alt="" width="1920" height="1080"></div>
  <div><img src="assets/photo03.webp" alt="" width="1920" height="1280"></div>
  <div><img src="assets/photo04.webp" alt="" width="1920" height="1280"></div>
  <div><img src="assets/photo05.webp" alt="" width="1920" height="3413"></div>
  <div><img src="assets/photo06.webp" alt="" width="1920" height="2880"></div>
```

```
<div><img src="assets/photo07.webp" alt="" width="1920" height="2879"></div>
<div><img src="assets/photo08.webp" alt="" width="1920" height="1282"></div>
<div><img src="assets/photo09.webp" alt="" width="1920" height="1280"></div>
<div><img src="assets/photo10.webp" alt="" width="1920" height="1280"></div>
<div><img src="assets/photo11.webp" alt="" width="1920" height="1281"></div>
<div><img src="assets/photo12.webp" alt="" width="1920" height="1280"></div>
</div>
```

■CSS
183/css/style.css

```
.gallery4x3 {
  display: grid;
  grid-template-columns: repeat(4, 1fr);
  gap: 8px;
  align-items: center; ——— アイテムを上下中央揃え
}
```

▼ ブラウザ表示

184 写真の高さを揃えた フォトギャラリーを作りたい

利用シーン
フォトギャラリーを作成し、横に並ぶ写真の**高さを揃えたい**とき

要素/プロパティ

CSSプロパティ

display: grid;
——— グリッドレイアウトで子要素を配置する ▶▶179

grid-template-columns: 列の幅 列の幅 …… ;
——— 列テンプレートの設定。グリッドの列数と各列の幅を決定する ▶▶179

grid-auto-rows: 高さ;
——— 1行分の行テンプレートを作成し、それをすべての行に適用する ▶▶182

gap: アイテム間の距離;
——— グリッドアイテム間の距離を設定する ▶▶170

overflow: hidden;
——— ボックスに収まりきらないコンテンツを非表示にする

CSSの値

max(最大値)
——— 幅や高さなどに設定する数値を「最大値」以下にする

inherit
——— 親要素の値を継承する ▶▶055

　フォトギャラリーにサイズの異なる画像を表示しながら、幅も高さも揃えるようにします。高さを揃えるために、行テンプレートを作ります。サンプルでは「grid-auto-rows」プロパティを使用し、すべての行に同じ設定をします。

　grid-auto-rows に設定する値は「max(150px)」にしてあります。これは「最大値を150pxにする」という値で、高さがそれより大きくならないようにしています。

　HTMLは前節と同じです。CSSだけ掲載します。

写真の高さを揃えたフォトギャラリーを作りたい

■CSS

184/css/style.css

```
.gallery4x3 {
  display: grid;
  grid-template-columns: repeat(4, 1fr);
  grid-auto-rows: max(150px);
  gap: 8px;

  div { ――――― コンテナのスタイル
    /* サイズの異なる画像を同じ大きさで表示 */
    overflow: hidden;
    height: inherit; ――――― ①
  }
}
```

||| Note

画像ははみ出す部分を非表示に

このサンプルのグリッドでは、各行の高さを最大150pxにしています。グリッドアイテムの高さも最大150pxになります①。そこに含まれる画像で、高さが150pxに収まらないものは、はみ出す部分を非表示にしています。今回使用した方法は ▶▶091 で紹介したテクニックを応用しています。

▼ ブラウザ表示

185 画面サイズに合わせて列数を変えたい

 利用シーン　**画面サイズが大きく異なるスマートフォンとPCで、グリッドレイアウトの列数を変えたいとき**

要素/プロパティ

@ルール

@media (width >= サイズ) {～}
　　──── ビューポート幅が「サイズ」以上のときにだけ適用されるCSSを定義

CSSプロパティ

grid-template-columns: 列の幅 列の幅 …… ;
　　──── 列テンプレートの設定。グリッドの列数と各列の幅を決定する ▶▶179

　前節で作成したフォトギャラリーは4列にしていました。そのままだと、スマートフォンでは写真が小さくなりすぎてしまいます。そこで、画面幅が小さいときには2列に変更します。
　フレックスボックスでは、画面幅が狭いとき広いときとでアイテムが並ぶ方向を変えていましたが ▶▶178 、グリッドレイアウトでは列テンプレートの設定を変更します。
　サンプルではグリッドを2列にして、画面幅が768px以上のときだけ4列になるようにします。また、今回のサンプルでは行の高さも画面サイズに合わせて切り替えています。
　HTMLは前節と同じなのでCSSだけ掲載します。

■CSS

185/css/style.css

```
.gallery4x3 {
  display: grid;
  grid-template-columns: repeat(2, 1fr);     通常2列に
  grid-auto-rows: max(110px);        高さ最大110px
  gap: 8px;

  div {
    overflow: hidden;
    height: inherit;
  }
```

画面サイズに合わせて列数を変えたい

```
@media (width >= 768px) {          画面幅が広いとき
  & {
    display: grid;
    grid-template-columns: repeat(4, 1fr);          4列に
    grid-auto-rows: max(150px);          高さ最大150px
    gap: 8px;
  }
 }
}
```

▼ ブラウザ表示 （左：スマホ、右：PC）

186 一部のグリッドアイテムを大きく表示したい

利用シーン
- **グリッドレイアウトで配置されるひとつひとつのコンテンツの大きさを変えたいとき**
- **複数のグリッドエリアをまたいだ大きさでコンテンツを表示したいとき**

要素/プロパティ

CSSプロパティ

grid-auto-rows: 行の高さ;
—— 1行分の行テンプレートを作成し、それをすべての行に適用する

grid-column: 開始グリッド線 / 終了グリッド線;
—— グリッドアイテムの配置位置と列（横）方向サイズを決定する

grid-row: 開始グリッド線 / 終了グリッド線;
—— グリッドアイテムの配置位置と行（縦）方向のサイズを決定する

通常、ひとつひとつのグリッドアイテムは、グリッド線に囲まれた領域（グリッドトラック）に表示されます。 ▶▶179

グリッドアイテムは、通常は1本1本のグリッド線に囲まれた領域に表示される

※数字はグリッド線の番号

■グリッドアイテムの表示領域を列方向に拡大する

グリッド線をまたいで、グリッドアイテムの表示領域を拡大する方法があります。グリッドアイテムの表示領域を拡大するときは、グリッド線を基準に設定します。

たとえば、先の図の左上（1番目）のグリッドアイテムを列方向（横）に拡大して、列グリッド線1〜3の領域に表示するとします。その場合は、1番目のグリッドアイテムに以下のCSSを適用します。

●HTML   186/index.html

```
<div class="gallery4x3">
  <div class="column1_3"><img src="assets/photo01.webp" 中略 ><span>item 1
</span></div>
    中略
  <div><img src="assets/photo12.webp" 中略 ><span>item 12</span></div>
</div>
```

●CSS   186/css/style.css

```
.gallery4x3 {
  display: grid;
  grid-template-columns: repeat(4, 1fr);
  grid-auto-rows: max(150px);
  gap: 8px;

  & > div {
    overflow: hidden;
```

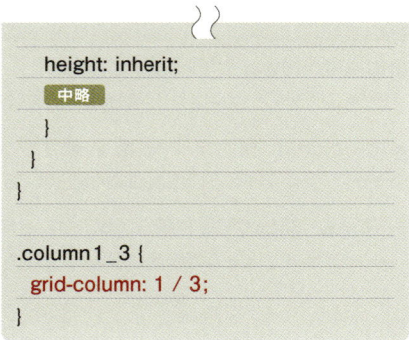

```
    height: inherit;
      中略
    }
  }
}

.column1_3 {
  grid-column: 1 / 3;
}
```

▼ ブラウザ表示

<div class="column1_3">が列グリッド線1〜3に表示される

424

「grid-column」は、グリッドアイテムを表示する列方向の領域を、グリッド線の番号で指定するプロパティです。グリッドアイテムに適用します。

● **書式** グリッドアイテムを表示する領域を設定する

> grid-column: 開始列グリッド線 / 終了列グリッド線;

■グリッドアイテムの表示領域を行方向に拡大する

グリッドアイテムの表示領域を行方向(縦)に拡大するときは、「column-row」プロパティを使い、行グリッド線の番号で表示領域を指定します。

次の例では、6番目のグリッドアイテムを、

・列グリッド線2〜3
・行グリッド線2〜4

の領域に表示します。

● **HTML** 186/index.html

```
<div class="gallery4x3">
  中略
  <div class="column2_3-row2_4"><img src="assets
/photo06.webp" 中略 ><span>item 6</span></div>
  中略
</div>
```

● **CSS** 186/css/style.css

```
中略
.column2_3-row2_4 {
  grid-column: 2 / 3;
  grid-row: 2 / 4;
}
```

▼ ブラウザ表示

Item6を列グリッド線2〜3、行グリッド線2〜4で表示

<div class="column2_3-row2_4">が列グリッド線2〜3、行グリッド線2〜4に表示される

「grid-row」は、グリッドアイテムを表示する行方向の領域を、グリッド線の番号で指定するプロパティです。グリッドアイテムに適用します。

● **書式**　グリッドアイテムを表示する領域を設定する

> grid-row: 開始行グリッド線 / 終了行グリッド線；

■列方向にも行方向にも拡大する

　もちろん、グリッドアイテムの表示領域を、列方向にも行方向にも拡大できます。次の例は、1番目のグリッドアイテムを、

- 列グリッド線1〜4
- 行グリッド線1〜4

の領域に表示しています。

● HTML　　　　　　　　　　　186/index.html

```
<div class="gallery4x3">
  <div class="column1_4-row1_4"><img src="assets/
photo01.webp" 中略 ><span>item 1</span></div>
  中略
</div>
```

● CSS　　　186/css/style.css

```
.column1_4-row1_4 {
  grid-column: 1 / 4;
  grid-row: 1 / 4;
}
```

▼ ブラウザ表示

Item1を列グリッド線1〜4、行グリッド線1〜4で表示

187 グリッドレイアウトでボックスのデザインをしたい

利用シーン グリッドレイアウトの応用例。複数の要素を持つ、ひとつのボックスのレイアウトを作りたいとき

要素/プロパティ

CSSプロパティ

display: grid;
—— グリッドレイアウトで子要素を配置する ▶▶179

grid-template-columns: 列の幅 列の幅 …… ;
—— 列テンプレートの設定。グリッドの列数と各列の幅を決定する ▶▶179

grid-template-rows: 行の高さ 行の高さ …… ;
—— 行テンプレートの設定。グリッドの行数と各行の高さを決定する ▶▶182

grid-column: 開始グリッド線 / 終了グリッド線;
—— グリッドアイテムの配置位置と列（横）方向サイズを決定する ▶▶186

grid-row: 開始グリッド線 / 終了グリッド線;
—— グリッドアイテムの配置位置と行（縦）方向のサイズを決定する ▶▶186

CSSの値

span 区間数
—— アイテムの領域を列または行の先頭から「区間数」分の列または行に拡大する

　グリッドレイアウトは、フォトギャラリーなど大きなレイアウトを作るのに使うものと考えがちですが、比較的小さなパーツを作るのにも有効です。ここではグリッドレイアウトの応用例として、リストページ——「記事一覧」「お知らせ一覧」「検索結果」など個別のページへのリンクを集めた一覧ページのこと——に表示されるようなボックスを作成してみます。

　グリッドレイアウトを使うと、複数の情報で構成される、比較的情報量の多いコンテンツをコンパクトにまとめることができます。完成図と、レイアウトを実現するためのグリッド線を見てみます。

完成図とレイアウトのグリッド線

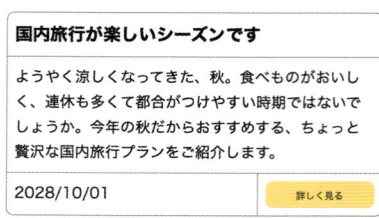

完成図

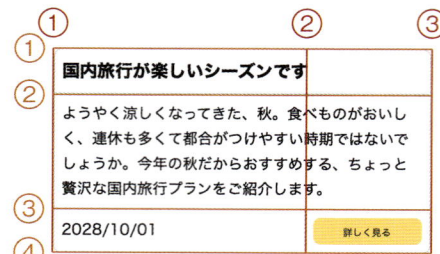

レイアウトのグリッド線

　この図から、2列3行のグリッドを作り、1行目と2行目は領域を列方向に拡大すればよさそうです。列幅は2:1くらい、行の高さは3行ともコンテンツが収まる高さ（=auto）にします。
　CSSはわかりやすいように、グリッドのスタイルとデザイン用のスタイルを分けて書いてあります。

■HTML

187/index.html

```
<div class="card">
  <h3 class="title">国内旅行が楽しいシーズンです</h3>
  <p class="text">ようやく涼しくなってきた、秋。 中略 をご紹介します。</p>
  <div class="date">2028/10/01</div>
  <div class="more"><button>詳しく見る</button></div>
</div>
```

■CSS

187/css/style.css

```
.card {
  display: grid;
  grid-template-columns: 2fr 1fr;        — 2列
  grid-template-rows: auto auto auto;    ┐
  .title {  ——— 1行目                      3行
    grid-column: span 2;  ——— Note参照
  }
  .text {  ——— 2行目
    grid-column: span 2;  ——— Note参照
  }
}
```

```
/* デザイン */
html {
  --line: 1px solid var(--lc);
  --lc: #D9D9D9;
}

.card {
  border: var(--line);
  border-radius: 8px;
  width: min(400px, 100%);  ——— ※
  中略
}
```

※ このサンプルではボックスをひとつしか作らないので、ボックスの幅を設定してあります。

▼ **ブラウザ表示**（上：スマホ、下：PC）

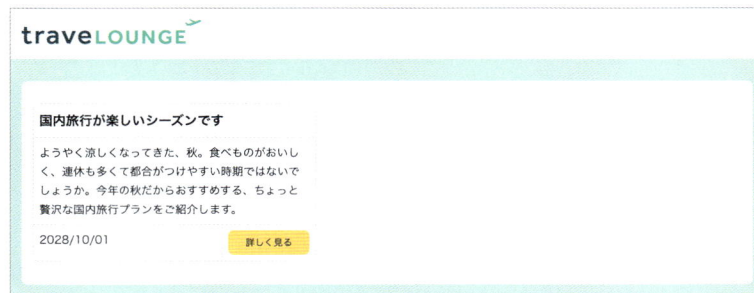

　このボックスのレイアウトのCSSは、グリッドレイアウトを使わないともっと複雑になるでしょう。ボタン左の縦線も引くのも難しいかもしれません。

　しかし、グリッドレイアウトが強力なのはここからです。次節以降、このボックスを横に並べます。

||| N o t e

grid-column / grid-row の値の別の書き方

今回の例では、grid-columnの値を前節とは違う書き方をしました。
「span」で始まる今回使用した値は、列の先頭（グリッド線1）から始まる領域を、続く数値の分拡大する、という指定方法です。
サンプルでは次のように書きました。

● **書式**　spanを使った値

```
grid-column: span 2;
```

この場合、列の先頭から始まる領域を、2列分に拡大するということになります。グリッド線の番号を使って次のように書くのと同じです。

● **書式**　グリッド線を使って同じ場所を指定する書き方

```
grid-column: 1 / 3;
```

188 グリッドで作ったボックスを横に並べたい

 利用シーン　複数のボックスを整列してきれいに並べたいとき

要素/プロパティ

CSSプロパティ

display: grid;
—— グリッドレイアウトで子要素を配置する ▶179

grid-template-columns: 列の幅 列の幅 …… ;
—— 列テンプレートの設定。グリッドの列数と各列の幅を決定する ▶179

grid-template-rows: 行の高さ 行の高さ …… ;
—— 行テンプレートの設定。グリッドの行数と各行の高さを決定する ▶182

grid-column: 開始グリッド線 / 終了グリッド線;
—— グリッドアイテムの配置位置と列（横）方向サイズを決定する ▶186

grid-row: 開始グリッド線 / 終了グリッド線;
—— グリッドアイテムの配置位置と行（縦）方向のサイズを決定する ▶186

CSSの値

span 区間数
—— アイテムの領域を列または行の先頭から「区間数」分の列または行に拡大する

　前節で作成したボックスをもうひとつ追加し、横に並べます。並べるのもフレックスボックスではなく、グリッドレイアウトを使います。
　今回もまずは完成図とグリッド線を確認します。ただし、今回はグリッド線をまたいで拡大するグリッドアイテムはありません。行テンプレートも作りません。

完成図とレイアウトのグリッド線

■HTML

188/index.html

```
<div class="cards">  ——— グリッドコンテナ
  <div class="card"> ————————————————————
    <h3 class="title">南アメリカに行くならいま!早期予約キャンペーン実施中</h3>
    <p class="text">南アメリカ諸国 中略 いまがおトク。</p>      グリッド
                                                            アイテム1
    <div class="date">2028/10/01</div>
    <div class="more"><button>詳しく見る</button></div>
  </div> ————————————————————————————

  <div class="card"> ————————————————————
    <h3 class="title">国内旅行が楽しいシーズンです</h3>
    <p class="text">ようやく涼しくなって 中略 ご紹介します。</p>   グリッド
                                                            アイテム2
    <div class="date">2028/09/24</div>
    <div class="more"><button>詳しく見る</button></div>
  </div> ————————————————————————————
</div>
```

グリッドで作ったボックスを横に並べたい

■CSS　　　　　188/css/style.css

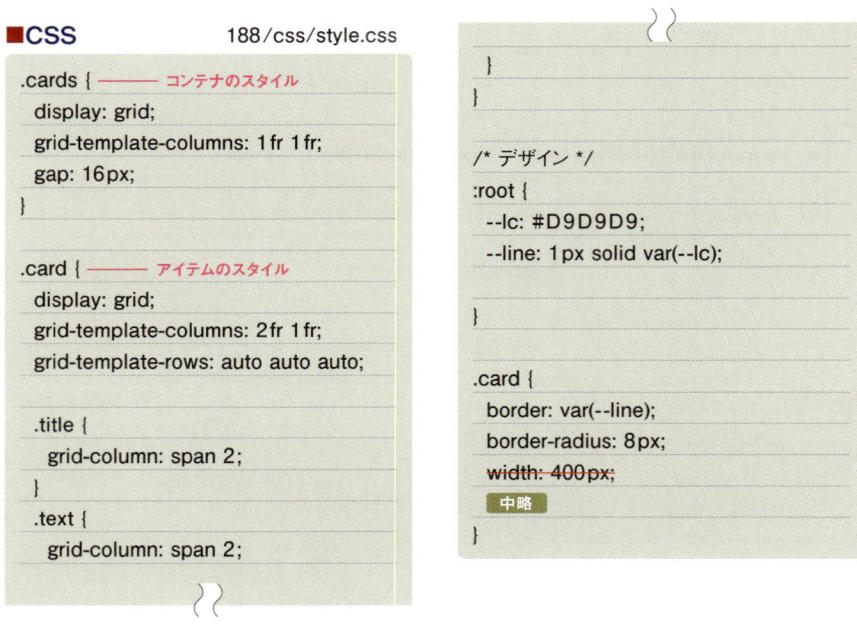

```
.cards {        コンテナのスタイル
  display: grid;
  grid-template-columns: 1fr 1fr;
  gap: 16px;
}


.card {        アイテムのスタイル
  display: grid;
  grid-template-columns: 2fr 1fr;
  grid-template-rows: auto auto auto;

  .title {
    grid-column: span 2;
  }
  .text {
    grid-column: span 2;
```

```
  }
}

/* デザイン */
:root {
  --lc: #D9D9D9;
  --line: 1px solid var(--lc);

}


.card {
  border: var(--line);
  border-radius: 8px;
  width: 400px;
  中略
}
```

▼ ブラウザ表示

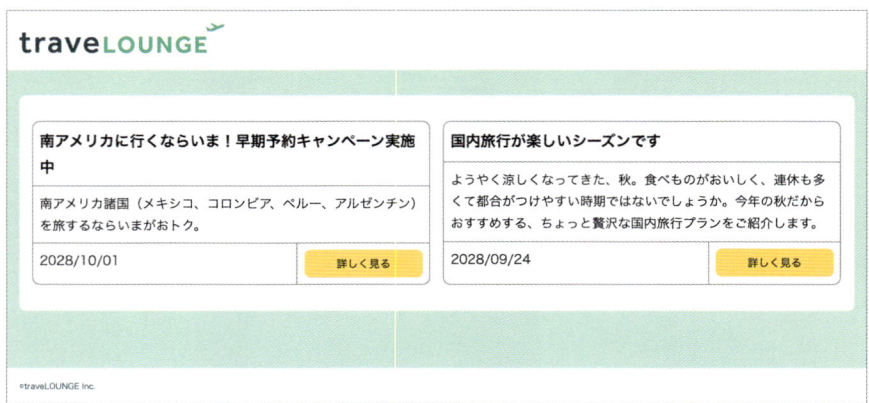

　ボックスは横に並びましたが、見出しの長さが違うため、高さが揃っていません。次節ではこの問題を解決する方法を紹介します。

189 横に並んだボックスに含まれる要素の高さを揃えたい

利用シーン
- ●ボックスを横に並べるだけでなく、並んだボックスに含まれる、見出しや図などのコンテンツの高さを揃えたいとき
- ●入れ子になったグリッドを使いこなしたいとき

要素 / プロパティ

CSSプロパティ

display: grid;
—— グリッドレイアウトで子要素を配置する ▶▶179

grid-template-columns: 列の幅 列の幅 …… ;
—— 列テンプレートの設定。グリッドの列数と各列の幅を決定する ▶▶179

grid-template-rows: 行の高さ 行の高さ …… ;
—— 行テンプレートの設定。グリッドの行数と各行の高さを決定する ▶▶182

grid-column: 開始グリッド線 / 終了グリッド線;
—— グリッドアイテムの配置位置と列 (横) 方向サイズを決定する ▶▶186

grid-row: 開始グリッド線 / 終了グリッド線;
—— グリッドアイテムの配置位置と行 (縦) 方向のサイズを決定する

CSSの値

subgrid
—— サブグリッドにする。親グリッドの列 (または行) テンプレートを、子グリッドが利用する

span 区間数
—— アイテムの領域を先頭 (列または行) から「区間数」分の列または行に拡大する

　グリッドレイアウトは、「display: grid;」を適用したグリッドコンテナの、直接の子要素だけを対象にしています。そのため、前節で紹介したような「グリッドレイアウトで作ったボックスを、グリッドレイアウトで横に並べる」とき、ふたつのグリッドを作らなくてはいけなくなります。

Chap **8**

複数のボックスを配置するテクニック

入れ子のグリッドになっている

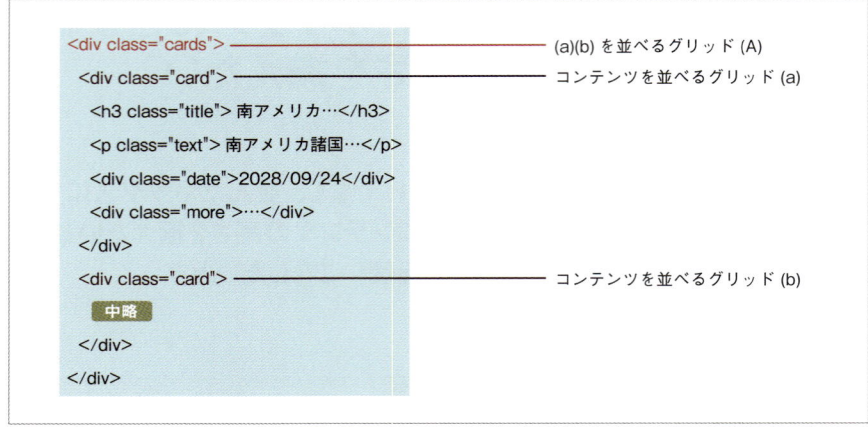

このとき、(a)と(b)のグリッドはclassセレクタで適用していて同じスタイルが割り当てられていますが、独立して動きます。そのため、見出しやテキストの高さを揃えることができません。

グリッドレイアウトが独立して動くため高さが揃わない

そこで考案されたのが「サブグリッド」です。サブグリッドを使うと、「グリッドコンテナの子要素の子要素」まで、グリッドレイアウトに従わせることができるようになります。

上の図でいえば、(A)にグリッドテンプレートを集約できるので、横に並ぶボックスの、そのなかのコンテンツの高さなどを制御できるようになります。

(A) の行テンプレートで子要素の子要素を高さを整列

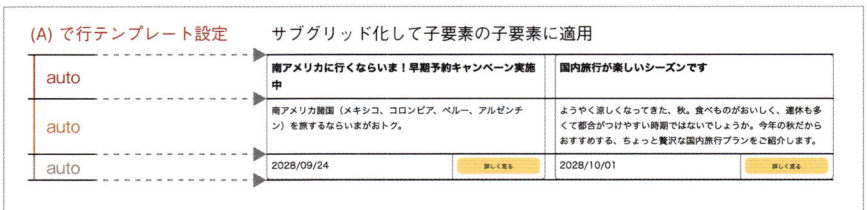

サンプルでは、ボックスの見出しやテキストの高さを揃えるために、(a)(b)に適用されている行テンプレートを(A)に移し、サブグリッド化します。HTMLは前節と同じです。CSSのみ掲載します。

■CSS

```
.cards { ——— 親
  display: grid;
  grid-template-columns: 1fr 1fr;
  grid-template-rows: auto auto auto; ——— ①
  gap: 16px;
}


.card { ——— 子
  display: grid;
  grid-template-columns: 2fr 1fr; ——— 列テンプレートはサブグリッド化しない
  grid-template-rows: subgrid; ——— ②
  grid-row: span 3; ——— ③
  gap: 0; ——— ④

  .title {
    grid-column: span 2;
  }
  .text {
    grid-column: span 2;
  }
}

/* デザイン */
```
中略

①.cardに適用されていた行テンプレートをここ（親）に移動
②行テンプレートはサブグリッド化。親の行テンプレートを利用
③サブグリッドで利用する行数を設定。1行目からすべて利用（3行分）
④サブグリッドにすると親のgapも引き継ぐ。引き継ぎたくないときは、子に独自のgapを設定

Chap 8

複数のボックスを配置するテクニック

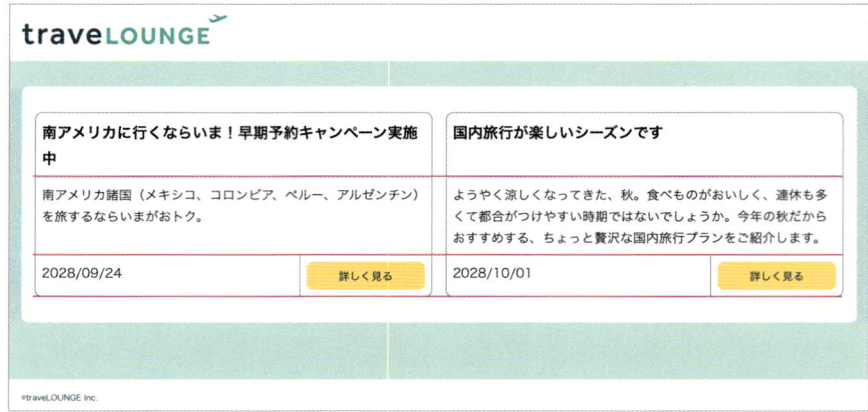

横に並ぶ見出しやテキストの高さが揃う

このCSSで、ボックスが3個以上になっても大丈夫です。「189/multi-cards.html」で確認できます。

ボックスが折り返してもレイアウトは維持される

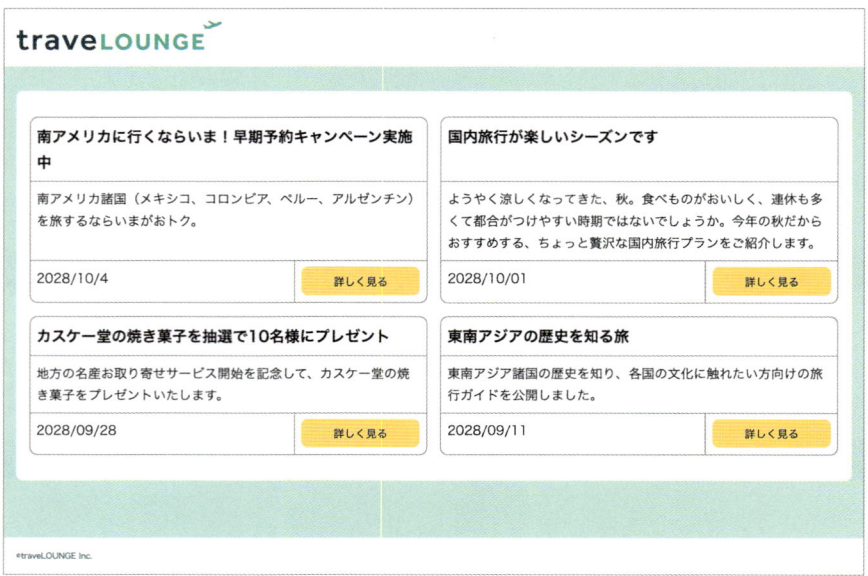

「隣りあうボックスの、見出しや画像などのコンテンツの高さを揃えたい」というケースは多いのではないでしょうか。サブグリッドの利用は難しく感じるかもしれませんが、マスターしてしまえば、いままではできなかった高度なレイアウトが可能になります。

画像とマスクの
デザインテクニック

画像を効果的に、美しく見せるためのテクニックを紹介します。横方向に
伸縮するヒーロー画像を表示する方法、ボックスに収まる大きさに切り
抜く方法、マスクをする方法など、ビジュアル重視のWebサイトでよく使
われる手法を集めました。

Chapter **9**

190 ボックスに収まるサイズで画像を表示したい

 **利用シーン** サイズが決まっているボックスに縦横比が異なる画像を載せる際に、画像全体が見えることを優先したいとき

要素/プロパティ

CSSプロパティ

object-fit: contain;
―― 縦横比が合わない画像を表示する際のリサイズ方法を設定。値がcontainなら画像を縮小して全体を表示

CSSの値

inherit
―― 親要素の値を継承する ▶▶055

　表示したい画像の縦横比と、親要素のボックスの縦横比が異なる場合、(1)画像全体を表示するか、(2)画像でボックス全体を覆うか、ふたつの選択肢があります。ここでは(1)の、画像全体を表示するパターンを取り上げます。

　(1)でも(2)でも、「object-fit」というプロパティを使います。objec-fitは、<img>や<video>(ここではまとめて「画像」と呼びます)を、親要素のなかにどう表示するかを決めるプロパティです。画像の要素自体に適用します。object-fitを適用する画像には、同時にwidthとheightも設定しておく必要があります。

　サンプルでは、<div class="imagebox">内にある<img>を、画像全体が映るように表示します。

■HTML　　　　　　　　　　　　　　　　　　　　　　190/index.html

```
<div class="imagebox">
  <img src="assets/image.webp" alt="" width="1920" height="2880">
</div>
```

■CSS　　　　　　　　　　　　　　　　　　　　　　190/css/style.css

```
.imagebox {
  margin: 1rem 0;
  outline: 2px dashed #0090E1;
```

```
    width: 600px;        ──── 親要素は幅600px
    height: 400px;       ──── 高さ400px

    img {
      width: inherit;
      height: inherit;   ──┐ 画像の表示サイズ。親要素を継承
      object-fit: contain;
    }
  }
```

▼ ブラウザ表示

<div class="imagebox">

親要素のボックスと画像の縦横比が異なる場合、画像全体が
表示されることを優先。ボックスにはすき間ができる

▌▌▌ N o t e

画像に設定する幅と高さ

画像に設定する幅（width）と高さ（height）には、画像そのもののサイズ
ではなく、画像が表示される領域のサイズを指定します。親要素のサイ
ズが決まっているときは、親要素と同じサイズを指定します。

191 ボックス全体を覆うサイズで画像を表示したい

利用シーン サイズが決まっているボックスに縦横比が異なる画像を載せる際、ボックス全体が塗りつぶされることを優先したいとき

要素/プロパティ

CSSプロパティ

object-fit: cover;

━━ 縦横比が合わない画像を表示する際のリサイズ方法を設定。
値がcoverなら画像を切り取ってボックス全体を埋め尽くす

　前節では、画像と親要素のボックスの縦横比が異なる場合に、画像全体を表示する方法を取り上げました。今回は「画像でボックス全体を覆う」方法を紹介します。

　画像でボックス全体を覆う場合は、画像自体にobject-fitプロパティを、値を「cover」にして適用します。

　サンプルでは前節と同じHTML、画像を使っています。CSSだけ掲載します。

■CSS　　191/css/style.css

```
.imagebox {
  margin: 1rem 0;
  outline: 2px dashed #0090E1;
  width: 600px;
  height: 400px;
}

img {
  width: inherit;
  height: inherit;
  object-fit: cover;
  }
}
```

▼ ブラウザ表示

親要素のボックスと画像の縦横比が異なる場合、画像でボックス全体を覆うこと優先。画像には一部表示されない部分ができる

192 切り抜かれた画像の表示位置を調整したい

利用シーン 「object-fit: cover;」が適用され、上下もしくは左右が切り取られた画像の、表示される位置を調整したいとき

要素 / プロパティ

CSSプロパティ

object-position: 横 縦 ;
—— 切り抜かれた画像の表示される位置を調整する

object-fit: cover;
—— 縦横比が合わない画像を表示する際のリサイズ方法を設定。値がcoverなら画像を切り取ってボックス全体を埋め尽くす ▶▶191

CSSの値

fit-content
—— ボックスの幅や高さをコンテンツが収まるサイズにする。widthやheightの値に設定

前節のように、「object-fit: cover;」を適用した要素は、ボックスと画像の縦横比が異なる場合、画像の一部が表示されなくなります。

表示されている画像を見ると、表示されているのは画像の中央部分であることがわかります。

表示される部分は、「object-position」プロパティで調整できます。このプロパティの値には表示する「横の位置」と「縦の位置」を、半角スペースで区切って指定します。どちらの値も、「数値+単位」（100pxや50％など）か、キーワードが使えます。

値をキーワードにする場合、横方向にはleft・cetenr・right、縦方向にはtop・center・bottomのいずれかにします。

● 書式 画像の表示位置を調整する

object-position: 横の位置 縦の位置 ;

「object-fit:cover;」を適用。画像の中央部分が表示される

objct-positionは画像自体に適用します。値によって表示がどう変化するか見てみましょう。

```
<figure class="imagebox">
  <img src="assets/image.webp" alt="" width="1920" height="2880" class="left-
top">
  <figcaption>object-position: left top;</figcaption>
</figure>
```

値を「left top」にすると、画像の左上が表示されます。

■CSS   192/css/style.css   ▼ ブラウザ表示

```
.imagebox {
  margin: 1rem 0;
  outline: 1px dashed #0090E1;
  padding: 0;
  width: fit-content;
}

img.left-top {  ──── 画像のスタイル
  width: 300px;
  height: 200px;
  object-fit: cover;
  object-position: left top;
}
```

object-position: left top;

値を「center center」にすると画像の中央が表示されます。object-positionのデフォルト値です[1]。

※1 デフォルト値は正確には「50% 50%」です。結果は同じです。

■HTML   192/index.html   ▼ ブラウザ表示

```
<img src="assets/image.webp" alt=""
width="1920" height="2880"
class="center-center">
```

■CSS   192/css/style.css

```
img.center-center {
  中略
  object-fit: cover;
  object-position: center center;
}
```

object-position: center center;

「right bottom」にすると画像の右下が表示されます。

■**HTML** 　　　　　　　　192/index.html

```
<img src="assets/image.webp" alt=""
width="1920" height="2880"
class="right-bottom">
```

■**CSS** 　　　　　　　　192/css/style.css

```
img.right-bottom {
  中略
  object-fit: cover;
  object-position: right bottom;
}
```

▼ **ブラウザ表示**

object-position: right bottom;

　キーワードではなく数値を設定する場合、画像の左上を基準として、横方向と縦方向の移動量を指定します[※2]。

※2 object-positionの値の指定方法はほかにもあります。詳しくはMDNのページをご覧ください。
object-position - CSS: カスケーディングスタイルシート | MDN
https://developer.mozilla.org/ja/docs/Web/CSS/object-position

■**HTML** 　　　　　　　　192/index.html

```
<img src="assets/image.webp" alt=""
width="1920" height="2880"
class="set">
```

■**CSS** 　　　　　　　　192/css/style.css

```
img.set {
  中略
  object-fit: cover;
  object-position: 70px -300px;
}
```

▼ **ブラウザ表示**

-300px

70px

object-position: 70px -300px;

193 ウィンドウ幅いっぱいに ヒーロー画像を表示したい

 **利用シーン** ウィンドウ幅いっぱいにヒーロー画像を表示したいとき

要素／プロパティ

CSSプロパティ

object-fit: cover;
—— 縦横比が合わない画像を表示する際のリサイズ方法を設定。値
が coverなら画像を切り取ってボックス全体を埋め尽くす ▶▶191

CSSの値

inherit
—— 親要素の値を継承する ▶▶055

　ビューポート／ウィンドウ幅いっぱいに「ヒーロー画像」を表示します（高さは固定）。この方法で表示する画像はウィンドウ幅に合わせて伸縮し、スマートフォンにも対応します。ページの目立つところに大きな画像を表示する、よく使われるテクニックです。

　画像の親要素の幅を100％にして、高さには好きな高さを固定値で指定します。画像には「object-fit: cover;」を適用し、親要素の幅と高さを継承します。

　サンプルでは、ヘッダーのすぐ下にヒーロー画像を表示します。

■HTML　　　　　　　　　　　　　　　　　　　　　　　193／index.html

```
<div class="hero">
  <img src="assets/hero.webp" alt="" width="5530" height="1500">
</div>
```

■CSS

```css
.hero {
  width: 100%;
  height: 350px;

  img {
    width: inherit;
    height: inherit;
    object-fit: cover;
  }
}
```

▼ ブラウザ表示（左：スマホ、右：PC）

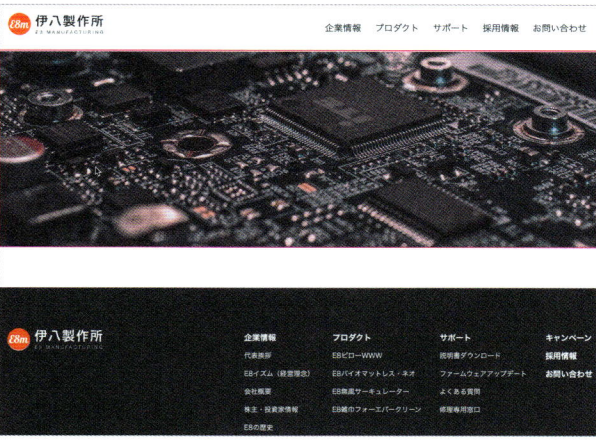

194 ヒーロー画像の位置を調整したい

利用シーン ウィンドウ幅いっぱいに広がるヒーロー画像の、表示される位置を調整したいとき

要素／プロパティ

CSSプロパティ

object-position: 横 縦;
—— 切り抜かれた画像の表示される位置を調整する ▶▶192

object-fit: cover;
—— 縦横比が合わない画像を表示する際のリサイズ方法を設定。値がcoverなら画像を切り取ってボックス全体を埋め尽くす ▶▶191

前節の方法でヒーロー画像を表示すれば、object-positionプロパティで表示位置が調整できます。

サンプルでは値を「50% 0」にしています。それにより、画像の左右中央、上端が表示されます。

■HTML　　　　　　　　　　　　　194／index.html

```
<div class="hero">
  <img src="assets/hero.webp" alt="" width="5530" height
="1500">
</div>
```

■CSS　　　　　　　　　　　　　194／css/style.css

```
.hero {
  width: 100%;
  height: 350px;

  img {
    width: inherit;
    height: inherit;
```

```
      object-fit: cover;
      object-position: 50％ 0;
  }
}
```

▼ ブラウザ表示（左：スマホ、右：PC）

ブラウザウィンドウを狭めたり広げたりすると動作がわかる

195 ヒーロー画像の上に テキストを重ねたい

利用シーン
ウィンドウ幅いっぱいに表示される画像の上にテキストを重ねたいとき

要素 / プロパティ

CSS プロパティ

object-fit: cover;
—— 縦横比が合わない画像を表示する際のリサイズ方法を設定。値が cover なら画像を切り取ってボックス全体を埋め尽くす ▶▶191

position: relative;
—— ポジション配置したい要素の親要素に指定する ▶▶160

position: absolute;
—— ポジション配置したい要素自身に指定する ▶▶160

▶▶163 で紹介した画像の中央にテキストを配置するテクニックは、そのまま、伸縮する画像にも使えます。

サンプルでは、ウィンドウ幅いっぱいに広がり、高さは 400px に固定した画像の中央にテキストを配置しています。

■**HTML**　　　　　　　　　　　　　　　　　　　　　　195 / index.html

```
<div class="hero">
  <img src="assets/hero.webp" alt="" width="5530" height="1500"> ── ヒーロー画像
  <h1 class="copy">Innovation for your comfort
    <br><span class="sub">笑顔とロマンを追求する、伊八のココロと技術</span> ── テキスト
  </h1>
</div>
```

```css
/* 画像のスタイル */
.hero {
  position: relative;
  width: 100%;
  height: 400px;

  img {
    width: inherit;
    height: inherit;
    object-fit: cover;
  }
}

/* テキストのスタイル */
.copy {
```

画像の表示
（「193」参照）

```css
    position: absolute;
    width: fit-content;
    height: fit-content;
    inset: 0;
    margin: auto;
    text-wrap: nowrap;

    line-height: 1;
    font-size: 48px;
    font-weight: bold;
    text-align: center;
    color: #FFF;

    .sub {
      font-size: 20px;
      font-weight: normal;
    }
  }
}
```

「163」参照

▼ ブラウザ表示

ヒーロー画像とテキストは重なりました。しかし、画面の大きさに合わせてフォントサイズを変えていないため、スマートフォンで表示するとテキストがはみ出してしまいます。

画面サイズに合わせて画像とテキストを調整し、スマートフォンの表示にも対応する方法が知りたい方は、▶267をご参照ください。

スマートフォンではテキストがはみ出す

Chap 9
画像とマスクのデザインテクニック

196 ヒーロー画像を背景として表示したい

利用シーン
- ●ヒーロー画像を<img>ではなく、背景画像として表示するとき
- ●CSSのコードとしてはこちらのほうが簡単

要素/プロパティ

CSSプロパティ

background: 背景の設定;
—— 要素の背景を設定する

background-image: url(背景画像のパス);
—— 背景画像を指定する ▶▶095

background-position: 左右 上下;
—— 背景画像の表示位置を調整する ▶▶095

background-size: 幅 高さ;
—— 背景画像の表示サイズを指定する ▶▶096

　ウィンドウ幅いっぱいに伸縮するヒーロー画像は、<img>ではなく背景画像として表示することもできます。
　どちらを使っても同じように表示できるので、お好きなほうをお使いください。背景画像のほうがCSSは簡単に感じるかもしれません。

■**HTML**　　　　　　　　　　　　　196/index.html

```
<div class="hero"></div>
```

■**CSS**　　　　　　　　　　　　　196/css/style.css

```
.hero {
  height: 400px;  ——— ボックスの高さを設定
  background: url(../assets/hero.webp) no-repeat;
  background-position: center bottom;
  background-size: cover;
}
```

▼ ブラウザ表示（左：スマホ、右：PC）

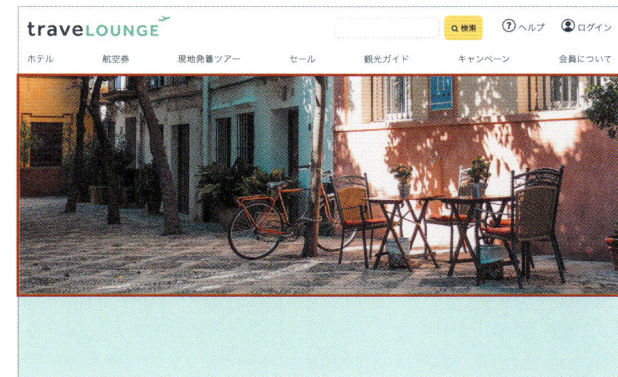

197 背景画像の中央にテキストを重ねたい

利用シーン **要素の上下左右中央にコンテンツを配置したいとき**

要素／プロパティ

CSS プロパティ

background: 背景の設定; —— 要素の背景を設定する
background-position: 左右 上下; —— 背景画像の表示位置を調整する
background-size: 幅 高さ; —— 背景画像の表示サイズを指定する ▶▶096
display: grid; —— グリッドレイアウトで子要素を配置する ▶▶179
place-content: 横方向 縦方向; —— グリッドアイテムの配置方法を設定

　ヒーロー画像を背景として表示する場合は、キャッチコピーを重ねるのが簡単になります。ポジションではなく、グリッドレイアウトの機能を応用して使います。
　ボックスの上下左右中央にテキストなどのコンテンツを配置するには、ボックスのほうに、次の2行を追加します。

■CSS ボックスの中央にコンテンツを配置するCSS

```
display: grid;
place-content: center center;
```

　place-contentはグリッドレイアウト関連のプロパティで、グリッドアイテムのコンテンツの配置位置を調整します。値は「横方向の位置」「縦方向の位置」を、半角スペースで区切って指定します。
　サンプルではヒーロー画像を背景画像として表示し、その上下左右中央にキャッチコピーを配置しています。スマートフォンとPCで、キャッチコピーのフォントサイズを変更しています。

■HTML 197/index.html

```
<div class="hero">
  <p class="catch-phrase">次の休みは、どこ行こう</p> —— 重ねるテキスト
</div>
```

```css
.hero {
  height: 400px;
  background: url(../assets/hero.webp) no-repeat;
  background-position: center bottom;
  background-size: cover;

  display: grid;
  place-content: center center;

  .catch-phrase {
    color: white;
    font-size: 28px;
    font-weight: bold;
    text-shadow: 2px 2px 4px rgb(0 0 0 / 0.75);
  }

  @media (width >= 768px) {
    & {
      .catch-phrase {
        font-size: 36px;
      }
    }
  }
}
```

▼ ブラウザ表示（左：スマホ、右：PC）

198 画面いっぱいに背景画像を表示したい

 利用シーン 画面いっぱいのサイズで背景画像を表示したいとき

要素／プロパティ

CSSプロパティ

background: 背景の設定;
—— 要素の背景を設定する

background-size: 幅 高さ;
—— 背景画像の表示サイズを指定する ▶▶096

CSSの値

vh
—— ビューポートの全高を100vhとする長さ

　ヒーロー画像を背景画像として、ビューポート／ウィンドウの全画面に表示します。ヒーロー画像を表示するボックスの高さの設定方法がポイントで、「100vh」にします。

　単位vhは「Viewport-Height」の略で、ビューポート全体の高さを100とする単位です。

　単位vwもあります。こちらはビューポート全体の幅を100とする単位です。vwは本サンプルでは使用しませんが、フォントサイズの指定などに使用することがあります。

単位vhとvw

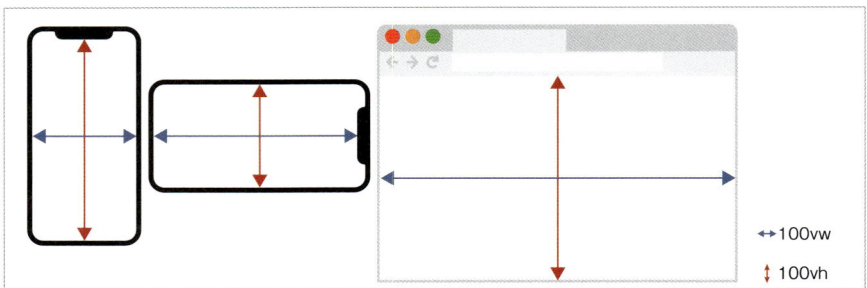

サンプルでは<div class="hero"></div>の高さを100vhにして、そこに背景画像を指定しています。

■HTML

198/index.html

```
<div class="hero"></div>
<div>
  ヒーロー画像に続くコンテンツ
</div>
```

■CSS

198/css/style.css

```
.hero {
  width: 100%; ——— ※
  height: 100vh;
  background: url(../assets/hero-big.webp) no-repeat;
  background-size: cover;
}
```

※ <div class="hero">はブロックボックスなので、実際にはこの「width: 100%;」は不要です。サンプルではソースコードの読みやすさと動作を理解するための確認として入れています。

▼ ブラウザ表示 （左：スマホ、右：PC）

注意

スマートフォンでの使用は要注意

iPhoneのSafariなど、スマートフォンのブラウザによっては、ページをスクロールするとブラウザのツールバーが隠れて、表示領域（ビューポート）の高さが変わるものがあります。

100vhは、アプリのツールバーも含めた純粋なビューポートの高さを指します。そのため、スクロール前の状態では、高さ100vhに設定したボックスの一部が隠れていることになります。

iPhoneのSafariではスクロール前にはボックスの一部が隠れている

100vh

スクロール前　　　スクロール直後

ボックスの高さを 100vh にすると、スクロール前には画像の一部がツールバーの後ろに隠れる

正確にサイズを合わせて、スクロール前でも画像全体を表示したいときもあるでしょう。そういうときには、vhよりも新しい単位、svhやdvhを使います。これら新しい単位については ▶▶244 ▶▶269 で解説します。

199 横に並ぶ画像の高さを揃えたい

🍲 **利用シーン** サイズが違う画像を横に並べて、高さを合わせたいとき

要素／プロパティ

CSSプロパティ

aspect-ratio: 横 / 縦;
── ボックスの縦横比を「横：縦」にする ▶▶093

object-fit: cover;
── 縦横比が合わない画像を表示する際のリサイズ方法を設定。値がcoverなら画像を切り取ってボックス全体を埋め尽くす ▶▶191

グリッドレイアウトで並ぶボックス（グリッドアイテム）のなかにある、画像の高さを揃えます。

横に並ぶ、サイズが異なる画像の大きさを揃える方法はいくつかあって、ひとつは「overflow: hidden;」を使う手があります。これは ▶▶184 で取り上げました。今回はobject-fitを使う方法を紹介します。次のふたつのプロパティを使用します。

* aspect-ratio ── 表示する画像の縦横比を設定する
* object-fit: cover; ── ボックス全体を覆う大きさで画像を表示

グリッドアイテムの幅とaspect-ratioで画像の幅と高さが決まるので、widthやheightは設定しません。

サンプルでは、表示する画像の縦横比を「1:1」にしています。

■HTML

199／index.html

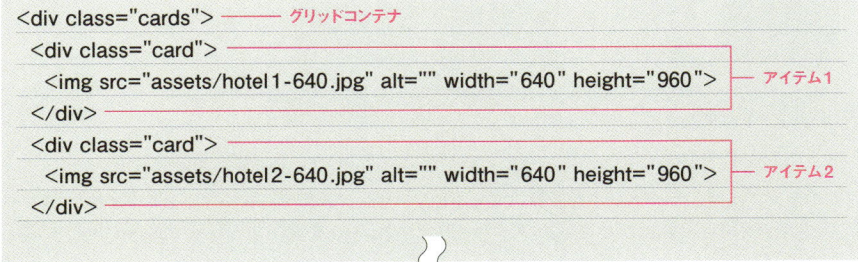

```html
<div class="cards"> ─── グリッドコンテナ
  <div class="card"> ─────────────────────┐
    <img src="assets/hotel1-640.jpg" alt="" width="640" height="960">  ├─ アイテム1
  </div> ────────────────────────────────┘
  <div class="card"> ─────────────────────┐
    <img src="assets/hotel2-640.jpg" alt="" width="640" height="960">  ├─ アイテム2
  </div> ────────────────────────────────┘
```

```
<div class="card">
  <img src="assets/hotel3-640.jpg" alt="" width="640" height="427">    ── アイテム3
</div>
<div class="card">
  <img src="assets/hotel4-640.jpg" alt="" width="640" height="427">    ── アイテム4
</div>
</div>
```

■CSS

199/css/style.css

```
.cards {
  display: grid;
  grid-template-columns: repeat(4, 1fr);    ── 4列均等幅
  gap: 8px;

  .card {
    border-radius: 8px;
    padding: 8px;
    background: #FFF;

    img {
      aspect-ratio: 1 / 1;    ── 縦横比1:1
      object-fit: cover;
    }
  }
}
```

▼ ブラウザ表示

　このサンプルは、ソースコードを簡単にするためレスポンシブデザインに対応していません。スマートフォンで表示すると画像が小さくなりますが、列テンプレートを変更するだけで対応できます。詳しくは ▶▶185 を参照してみてください。

SVG画像の大きさを調整したい

利用シーン 表示するSVG画像のサイズを指定したいとき

> **要素 / プロパティ**

CSSプロパティ

width: 幅;
ボックスの幅を設定する ▶▶086

height: 高さ;
ボックスの高さを設定する ▶▶086

　SVGのサイズを調整するときは、表示するSVGを囲む親要素にCSSを適用し、幅と高さを指定します。
　サンプルでは、HTMLに埋め込まれたSVGデータのサイズを72×68pxにしています。

■HTML

200/index.html

```
<div class="icon"> ——— SVGの親要素
  <?xml version="1.0" encoding="UTF-8"?><svg id="_レイヤー_1" xmlns="http://
www.w3.org/2000/svg" viewBox="0 0 36 34"> 中略 </svg>
</div>
```

■CSS

200/css/style.css

```
.icon {
  margin: 0 auto;
  width: 72px;
  height: 68px;
}
```

▼ ブラウザ表示

201 SVG画像の色を変えたい

利用シーン **SVG画像の塗り色を変更したいとき**

CSSプロパティ

fill: 色; ─── SVGの塗り色を設定する

　単色のSVG画像であれば、CSSで塗り色を変更できます。

　SVGの塗り色を変更するには、「fill」プロパティを、SVGデータのルート要素（<svg>タグ）に直接適用します。そのため、色を変えられるのはHTMLに直接埋め込んだSVGデータだけです。

　fillプロパティの値には「色」を指定します。▶▶026

　サンプルでは、HTMLに埋め込んだSVGデータの色を変えています。<svg>には「:hover」などの擬似クラスも使用できるので、マウスポインタがホバーしたときの色も変えています。

■HTML
201/index.html

```
<div class="icon">
 <?xml version="1.0" encoding="UTF-8"?><svg id="_レイヤー_1" xmlns="http://
www.w3.org/2000/svg" viewBox="0 0 36 34"> 中略 </svg>
</div>
```

■CSS　201/css/style.css

```
.icon {
  margin: 0 auto;
  width: 72px;
  height: 68px;
}

svg {
  fill: #73BCE5;
}
svg:hover {
  fill: #E10051;
}
}
```

▼ ブラウザ表示

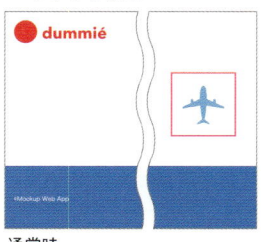

通常時

ホバー時

202 正方形の画像を円形に切り抜きたい

利用シーン **正方形の画像を、正円に切り抜いて表示したいとき**

要素 / プロパティ

CSSプロパティ

border-radius: 角丸の半径 ; ——— ボックスの角を丸くする ▶▶106

　\<img\> に「border-radius:50%;」を適用すると、写真を円形に切り抜いて表示させることができます。ただし、このテクニックが有効なのは画像が正方形のときだけです。

　サンプルでは正方形の画像を正円に切り抜いています。ウィンドウ幅に合わせて伸縮できるようにするため、\<img\> の親要素（\<div class="imgbox"\>）の幅を、max-width プロパティを使って設定しています※。

サンプルで使用している画像

※ 画像自体には、ページテンプレートのsamples/_shared/css/travel.cssのスタイルで「max-width:100%」が適用されています。

■HTML　　　　　　　　　　　　　　　　　　202/index.html

```html
<div class="imgbox">
  <img src="assets/square.webp" alt="" width="1177" height="1177" class="circle">
</div>
```

■CSS　202/css/style.css

```css
.imgbox {
  margin: 0 auto;
  max-width: 400px;

  .circle {
    border-radius: 50%;
  }
}
```

▼ ブラウザ表示（左：スマホ、右：PC）

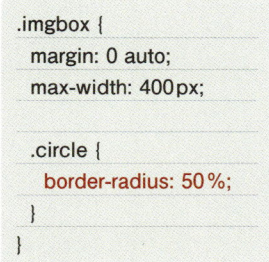

Chap **9**

画像とマスクのデザインテクニック

461

203 画像を円形に切り抜きたい

利用シーン
- ●画像を正円に切り抜く、より汎用的な方法
- ●画像が正方形でなくても切り抜ける
- ●円だけでなく、三角形や四角形にも切り抜ける

要素/プロパティ

CSSプロパティ

clip-path: パスの形状;
—— 画像や要素を円や四角形などで切り抜く

「clip-path」は、画像を切り抜く設定をするプロパティです。<img>に適用します。

値は、画像を正円で切り抜くときは「circle()」にします。()内には切り抜く図形の設定を書きます。値の書き方にはいくつかバリエーションがありますが、もっとも基本的なのは次のとおりです。

● **書式** 画像を正円で切り抜く

> clip-path: circle(円の半径 at x y);

「円の半径」は、単位pxなどで設定します※。

x、yは、適用する画像の左上を(0, 0)とした、円の中心の座標です。

正円で切り抜く場合、「画像の短いほうの辺を直径にして、中心から丸く切り抜きたい」ケースが多いでしょう。

※「%」でも指定できますが、動作がわかりづらく直感的ではありません。詳しく知りたい方はMDNのサイトをご参照ください。
<basic-shape> - CSS: カスケーディングスタイルシート | MDN
https://developer.mozilla.org/ja/docs/Web/CSS/basic-shape

画像の短いほうの辺を直径にして、中心から丸く切り抜く

その場合、画像の短いほうが200pxだとすると、先の書式では次のように書けます。

■CSS

画像の短いほうの辺（縦）を直径にして、中心から丸く切り抜く

```
clip-path: circle(100px at 50% 50%); /* 100pxは縦の辺の半分 */
```

次のようにも書けます。

■CSS

画像の短いほうの辺を直径にして、中心から丸く切り抜く

```
clip-path: circle(closest-side);
```

サンプルでは、299×200pxで表示する画像を、正円で切り抜いています。

■HTML

203/index.html

```
<div class="imgbox">
  <img src="assets/flower.webp" alt="" width="1196" height="800" class="circle">
</div>
```

■CSS

203/css/style.css

```
.imgbox {
  width: fit-content;

  .circle {
    width: 299px;
    height: 200px;
    clip-path: circle(100px at 50%
50%);
  }
}
```

▼ ブラウザ表示

異なるかたちで切り抜く

画像を正円ではなく楕円、多角形でも切り抜けます。それぞれ別のプロパティファンクションが用意されています。

clip-pathに使用できる値

clip-path:	説明	書式
circle()	正円	circle(半径 at x y)
ellipse()	楕円	ellipse(横の半径 縦の半径 at x y)
polygon()	多角形	polygon(点1x 点1y, 点2x 点2y, ……)

各プロパティメソッドを使った例を作りましたので、参考にしてみてください。HTMLは「ellipse」を使った例を掲載します。

● HTML

203／clip-path.html

```
<div class="imgbox">
  <img src="assets/flower.webp" alt="" width="1196" height="800" class=
"ellipse">
  <p>ellipse(148px at 50% 50%);</p>
</div>
```

● CSS

203／css／clip-path.css

```
/* 正円 */
.circle {
  clip-path: circle(100px at 50% 50%);
}
/* 楕円 */
.ellipse {
  clip-path: ellipse(148px 100px at 50% 50%);
}
/* ポリゴン1（多角形） */
.polygon1 {
  clip-path: polygon(0% 0%, 100% 0%, 50% 100%);
}
/* ポリゴン2 */
.polygon2 {
  clip-path: polygon(50% 0%, 100% 50%, 50% 100%, 0% 50%);
}
```

ブラウザ表示

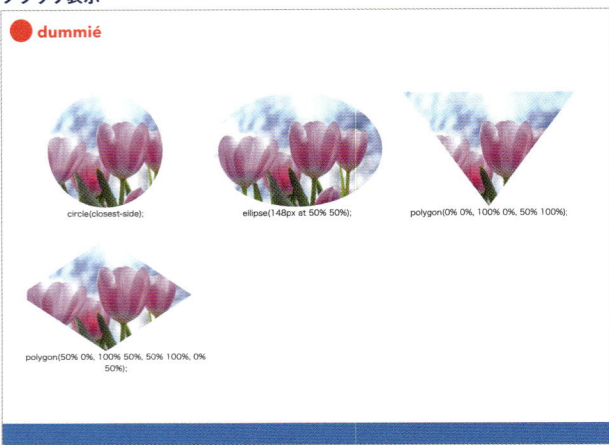

dummié

circle(closest-side);

ellipse(148px at 50% 50%);

polygon(0% 0%, 100% 0%, 50% 100%);

polygon(50% 0%, 100% 50%, 50% 100%, 0% 50%);

204 SVGのパスで画像を切り抜きたい

利用シーン **画像を自由なかたちに切り抜きたいとき**

要素 / プロパティ

CSSプロパティ

clip-path: url(#id);

—— 切り抜くパスにSVGを使用する。値には<clipPath>のid属性を指定

clip-pathプロパティの値をurl()にすると、自由な形状のパスで画像を切り抜くことができます（ただし、作業は少し手間がかかります）。

自由な形状のパスで切り抜くには、まずはじめに、切り抜き用のパスを作成して、SVGデータに書き出します。

Illustratorを例に、作業方法を説明します。Illustratorアプリ自体の詳しい操作説明はしません。

■切り抜き用パスの書き出しとSVGデータの取得

1. パスを作成する

Illustratorで新規ファイルを作成し、切り抜き対象の画像を読み込みます。画像は使用するときの実物大で、アートボード左上に配置します。

新規ファイルを作成し、切り抜き対象の画像を配置する

2. 切り抜き用のパスを作成する

パスツールを使用し、切り抜き用のパスを作成します。

パスを作成する

3. パスで画像をマスクする

作成したパスで、画像をマスクします。

パスと画像を選択し、[オブジェクト]メニュー―[クリッピングマスク]―[作成]を選びます。

クリッピングマスクを作成する

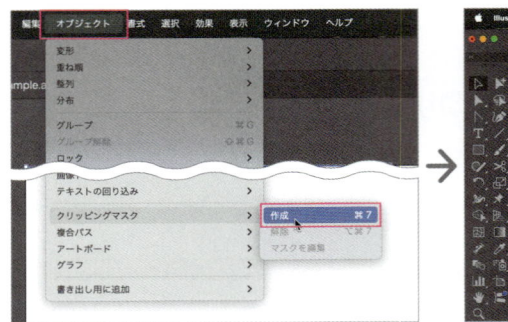 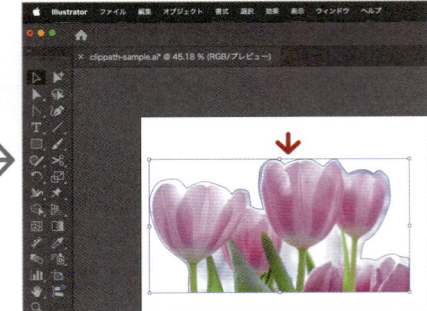

4. 書き出す

SVG形式で書き出します。[ファイル]メニュー―[別名で保存]を選びます。出てきたダイアログの[ファイル形式：]に「SVG」を選び、保存する場所を選んで保存します。

SVGで書き出す

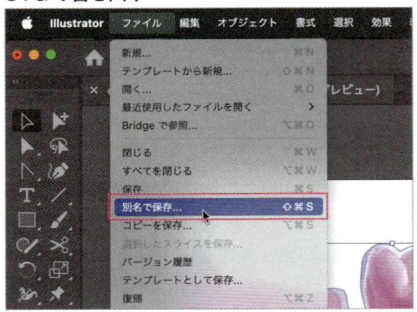

「SVGオプション」ダイアログが出てきます。左下のボタンが[詳細オプション]ならクリックして、詳細オプションを表示します。

[文字：]に「アウトラインに変換」を選び、[レスポンシブ]のチェックを外して、[OK]をクリックします。Illustrator上での作業はこれで終了です。

「SVGオプション」ダイアログの設定

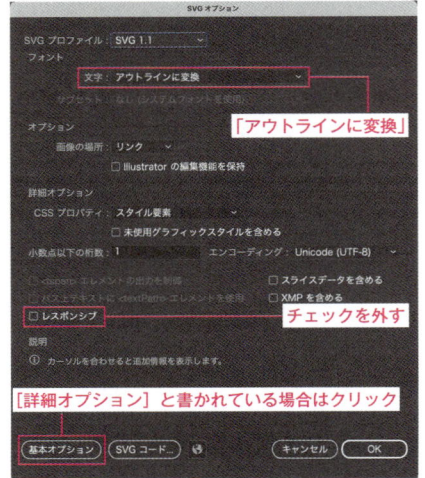

5. 切り抜き用のデータを用意する

　保存したSVGファイルをテキストエディタで開きます。このなかで必要なタグは、<svg>～</svg>と、<defs>～</defs>です。

　1行目の<?xml>、<defs>のなかにある<style>～</style>、<defs>～</defs>に含まれていないほかのタグを削除して、保存します。

SVGソースコードを編集

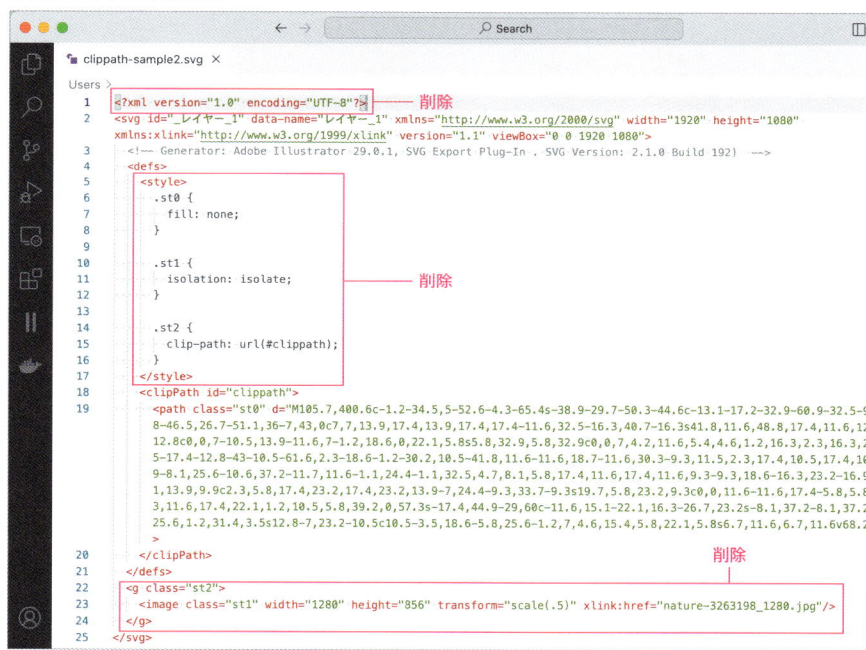

■HTMLに埋め込む

　ここからHTML/CSSを編集します。切り抜き対象の画像を読み込むHTMLを書きます。

●HTML　　　　　　　　　　　　　　　　切り抜き対象の画像を読み込む（204/index.html）

```
<div class="imgbox">
  <img src="assets/flower.webp" alt="" width="1196" height="800" class="path">
</div>
```

　<img>タグの次の行に、先ほど保存したSVGファイルのデータを丸ごとコピー&ペーストします。<clipPath>タグに、id属性「clippath」がついていることに注目してください。あとで使います。

467

```
<div class="imgbox">
  <img src="assets/flower.webp" alt="" width="1196" height="800" class="path">
  <svg xmlns="http://www.w3.org/2000/svg" xmlns:xlink="http://www.
w3.org/1999/xlink" version="1.1" viewBox="0 0 1920 1080" width="0"
height="0">
    <clipPath id="clippath">                              —— ペースト
    <path class="cls-1" 中略 />
    </clipPath>
  </svg>
</div>
```

これでHTMLは完成です。CSSを編集します。

```
.imgbox {
  .path {
    width: 599px;
    height: 400px;
    clip-path: url(#clippath);  ——— ()内には<clipPath>のidを、「#」をつけて指定
  }
}
```

これで完成です。サンプルデータは「204/index.html」を開けば確認できます。

▼ ブラウザ表示

■clip-path: url()

clip-path: url()を使うと、自由な形状のパスで画像を切り抜けることがわかりました。()内に指定するのは、SVGデータの<clipPath>タグのid属性です。SVGファイルが読み込めるわけではないことに注意が必要です※。

※ 2025年3月時点FirefoxだけはSVGファイルの読み込みに対応しています。

パーツ作成の
テクニック

HTMLやCSSのさまざまな機能を使って、おもにUI（操作画面）を構築
するのに役立つ「パーツ」を作成するデザインテクニックを紹介します。
再利用可能なオリジナルの部品が作れれば、制作作業も効率化しますし、
デザインの統一性も図れます。

Chapter 10

205 HTMLだけで作る アコーディオン

利用シーン 見出しの部分をクリックすると詳細が表示される 「アコーディオン」を作るとき

要素 / プロパティ

HTML

<details> 〜 </details>
━━ アコーディオンの親要素

<summary> テキスト </summary>
━━ アコーディオンの見出し・概要

<details>と<summary>は、JavaScriptを使わずにHTMLだけでコンテンツの表示・非表示を切り替えられる、いわゆる「アコーディオン」を実現できるタグです。

■HTML　　　　　　　　　　HTMLで作るアコーディオン

```
<details>
  <summary>コンテンツの概要</summary>
  <!-- 詳細コンテンツ -->
</details>
```

<details>の子要素には、最初に<summary>を含めます。それに続く「詳細コンテンツ」の部分はどんなHTMLでもかまいません。<summary>〜</summary>のなかにはテキスト、テキストを修飾するタグ ▶023 、または見出しの<h1>〜<h6>を含めることができます。

本節で紹介するサンプルでは、基本的なアコーディオンの作り方とデフォルトの表示を確認します。CSSは使用しません。

■HTML
205/index.html

```
<details>
  <summary>アップデートのお願い</summary>
  <div>眠りの質をチェックする、E8ピロー連動アプリをアップデート
しました。すべてのユーザーの方々にダウンロードをおすすめします。
</div>
</details>
```

▼ ブラウザ表示

■アコーディオンを開いた状態にする

　アコーディオンは、ページが読み込まれたとき常に詳細なコンテン
ツが非表示の（＝閉じた）状態で表示されます。

　詳細なコンテンツが、はじめから開いた状態で表示したい場合は、
<details>にopen属性を追加します。この属性はブール属性で、値
はありません。

●HTML
アコーディオンを開いた状態で表示する

```
<details open>
  中略
</details>
```

206 アコーディオンにスタイルを適用したい

利用シーン
- ●アコーディオンにスタイルを適用して、線や塗りの色を設定したいとき
- ●アコーディオンをタブ型のスタイルにしたいとき

要素 / プロパティ

HTML

<details> ～ </details> ── アコーディオンの親要素 ▶▶205

<summary>テキスト</summary> ── アコーディオンの見出し・概要

CSSプロパティ

border: 太さ 形状 色; ── 要素のボックスにボーダーを引く ▶▶082

border-radius: 角丸の半径; ── ボックスの角を丸くする ▶▶106

background: 背景の設定; ── 要素の背景を設定する

CSSの値

fit-content
── ボックスの幅や高さをコンテンツが収まるサイズにする。widthやheightの値に設定

　アコーディオンの<details>と<summary>にはCSSを適用できます。

　サンプルでは、アコーディオンが親要素の幅いっぱいに広がる「ベーシック」なスタイルと、閉じたときは<summary>のコンテンツの幅だけの長さになる「タブ型」のスタイルと、2種類のバリエーションを紹介します。

■HTML　　　　　　　　　　　　　206/index.html

```
<details class="basic">
 <summary>アップデートのお願い</summary>
 <div class="contents">眠りの質をチェックする 中略 </div>
</details>
```

　まずはベーシック型のCSSを見てみます。

```
.basic {
    border: 2px solid #FFCA7A;  ─────────┐
    border-radius: 8px;              ├─── <details>のスタイル
    background: #FBDFB3;         ─────────┘

    summary {  ─────────┐
      padding: 8px 16px;     ├─── <summary>のスタイル
      background: #FFCA7A;  │
    }  ─────────────────────┘
    .contents {
      margin: 16px;
      padding: 0 16px;
    }
}
```

タブ型のスタイルも見てみましょう。CSSは、<summary>に「width: fit-content;」を適用することで、長さを短くしています。

■CSS   206/css/style.css

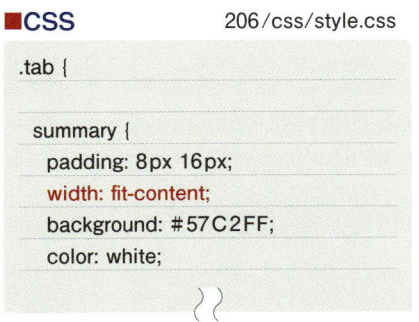

```
.tab {

    summary {
      padding: 8px 16px;
      width: fit-content;
      background: #57C2FF;
      color: white;
```

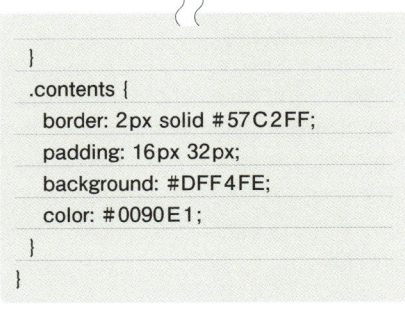

```
    }
    .contents {
      border: 2px solid #57C2FF;
      padding: 16px 32px;
      background: #DFF4FE;
      color: #0090E1;
    }
}
```

▼ ブラウザ表示

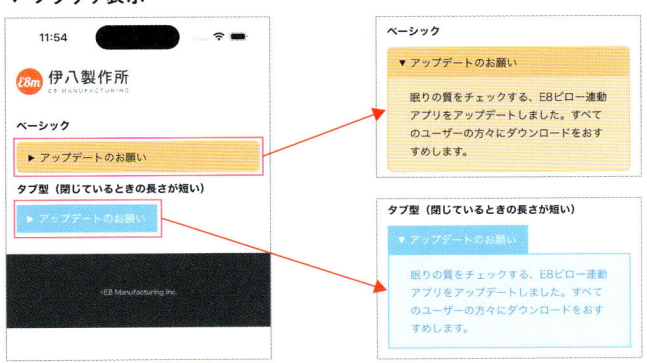

PCでも同じように表示される

207

ダイアログボックスを表示したい

利用シーン
- ●ダイアログボックスを作るとき
- ●モーダルなダイアログボックスを作るとき

要素/プロパティ

HTML

<dialog>ダイアログのコンテンツ</dialog>

━━━ ダイアログボックス

<dialog>は、ダイアログを表示するためのタグです。

<dialog>～</dialog>のなかには、ダイアログに表示するコンテンツを記述します。どんなHTMLでも使えます。

コンテンツに加えて、<form method="dialog">～</form>を含めておくと、ダイアログを閉じるボタンを作れます。JavaScriptは必要ありません。

閉じるボタンつきの、標準的なダイアログのHTMLは以下のようになります。<body>～</body>内にあればどこに書いてもかまいませんが、一般的には<body>開始タグのすぐ下か、もしくは</body>終了タグのすぐ上に追加します。

■HTML　　　　　　　　　　　　　　　　　　　　　　　　　　　ダイアログボックス

```
<dialog>
  <!-- ダイアログに表示するコンテンツ -->
  <form method="dialog">
    <button>閉じるボタン</button>
  </form>
</dialog>
```

しかし、ダイアログを開くにはJavaScriptが必要です。詳しくは解説しませんが、ダイアログを開くときにshow()メソッドを実行すると非モーダルに、showDialog()メソッドを実行するとモーダルになります。

サンプルでは、非モーダルダイアログとモーダルダイアログ、ふたつのダイアログを表示するボタンを設置しています。表示の性格上、ページを長くしています。

なお、非モーダルダイアログは、HTML内にpositionなどのCSSが適用されている要素がある場合、その要素の下に隠れてしまう可能性があります。そのため、z-indexプロパティを適用し、上に重なるようにしています。▶164

■HTML

207 / index.html

```html
<body>
  <dialog id="dialog">
    ダイアログボックスが開きました。
    <form method="dialog">
      <button>Close</button>
    </form>
  </dialog>
  中略
  <main>
    <div class="container limit">
      <p>非モーダルダイアログ <button id="open-dialog">開く</button></p>
      <p>モーダルダイアログ <button id="open-modal">開く</button></p>
      <hr>
      中略
</body>
```

■CSS

207 / css / style.css

```css
#dialog {
  z-index: 1000; ——— ダイアログを上に重ねる
}
```

■JavaScript

207 / js / script.js

```javascript
// 非モーダルダイアログを開くボタン
document.querySelector('#open-dialog').addEventListener('click', () => {
  document.querySelector('#dialog').show();
});
// モーダルダイアログを開くボタン
document.querySelector('#open-modal').addEventListener('click', () => {
  document.querySelector('#dialog').showModal();
});
```

Chap 10

パーツ作成のテクニック

475

▼ ブラウザ表示

非モーダルダイアログは画面上部に表示される。表示中、下のページの操作もできる。

モーダルダイアログは画面中央に表示される。表示中、下のページの操作ができない。

N o t e

モーダルとは

モーダルとは「モードが変化する」という意味です。モーダルなダイアログは、表示されている間、ページにあるボタンやリンクをクリックするなどの操作ができません（スクロールはできます）。非モーダルなダイアログは、表示中もページの操作ができます。

208 ダイアログボックスに スタイルを適用したい

利用シーン

●ダイアログボックスのスタイルをカスタマイズしたいとき
●モーダルなダイアログボックスで、バックドロップ（背景）の
色や透明度を変更したいとき

要素／プロパティ

HTML

\<dialog\>ダイアログのコンテンツ\</dialog\>
━━ ダイアログボックス

CSS セレクタ

::backdrop
━━ モーダルなダイアログボックスの後ろの、全画面を覆う背景を選択

　ダイアログは、CSSを適用しない初期状態では太い黒枠線で囲まれます。しかし、CSSを適用して
スタイルを調整することができます。また、モーダルダイアログが表示中の、ページ全体を覆うボッ
クス（バックドロップ）にもスタイルを適用できます。「::backdrop」擬似要素セレクタを使います。
　次の例では、ボタンをクリック／タップするとモーダルダイアログが開きます。ダイアログにスタ
イルを適用しているほか、バックドロップにも半透明の背景色をつけています。

■**HTML**　　　　　　　　　　　　　　　　　　　　　　　　　　208／index.html

```
<body>
 <dialog id="dialog">
  CSSを適用したダイアログ。<br>&lt;dialog&gt;のスタイルは自由に調整できます。
  <form method="dialog">
   <button>わかりました</button>
  </form>
 </dialog>
 中略
 <main>
  <div class="container limit">
   <p>モーダルダイアログ <button id="open-modal">開く</button></p>
   中略
</body>
```

■CSS

```css
#dialog {
  border: none;
  border-radius: 8px;
  padding: 16px;
  max-width: 300px;
  box-shadow: 0 0 16px 8px rgb(2 63 99 / 0.25);

  form {
    margin-top: 1rem;
    text-align: right;
  }

  &::backdrop {
    background-color: rgb(2 63 99 / 0.5);    ← バックドロップ
  }
}
```

▼ ブラウザ表示（左：スマホ、右：PC）

209 ポップオーバーを表示したい

 利用シーン 手軽にダイアログボックス（ポップオーバー）を作りたいとき

要素/プロパティ

HTML

<div popover id="id名">～</div>
——ポップオーバー要素

<button popovertarget="id名">～</button>
——ポップオーバーを表示するボタン

<dialog>よりも簡単にダイアログボックスを表示できる機能があります。それが「ポップオーバー」です。モーダルなダイアログを作成することはできませんが、JavaScriptを使わずに表示／非表示を切り替えることができます。

基本的なHTMLの書き方を見てみましょう。ポップオーバーは、ポップオーバー要素と、表示／非表示を切り替えるボタンのふたつで構成されます。

ポップオーバー要素を作成するには、divなど任意のタグに、popover属性と、ボタンから呼び出せるようにid属性を追加します。popover属性はブール属性で、値はありません。

書式は以下のとおりです。「ポップオーバーのコンテンツ」の部分のHTMLは自由に書けます。

● **書式** ポップオーバー要素

```
<div popover id="help">
  <!-- ポップオーバーのコンテンツ -->
</div>
```

ポップオーバーを表示するボタンは、<button>タグにpopovertarget属性をつけ、その値にポップオーバー要素のid名を指定します。

● **書式** ポップオーバーの表示／非表示を切り替えるボタン

```
<button popovertarget="help">ボタンのラベル</button>
```

209

ポップオーバーを表示したい

サンプルを通じて、ポップオーバーの基本的な作り方を見てみましょう。サンプルでは、[概要を見る]ボタンをクリックするとポップオーバーが表示されるようになっています。ボタンをもう一度クリックすると非表示になります※。

ポップオーバー要素は、<body>開始タグのすぐ下に挿入しています。CSSは使用していません。

※ PCブラウザはボタン以外の場所をクリックしても非表示になります。

■HTML 209／index.html

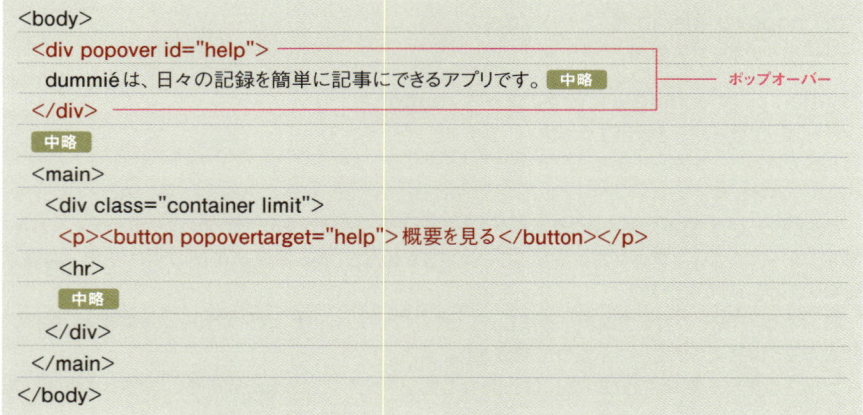

```
<body>
  <div popover id="help">
    dummié は、日々の記録を簡単に記事にできるアプリです。 中略          ← ポップオーバー
  </div>
  中略
  <main>
    <div class="container limit">
      <p><button popovertarget="help">概要を見る</button></p>
      <hr>
      中略
    </div>
  </main>
</body>
```

▼ **ブラウザ表示**（左：スマホ、右：PC）

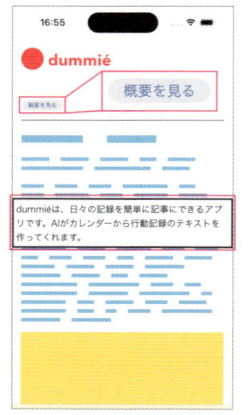
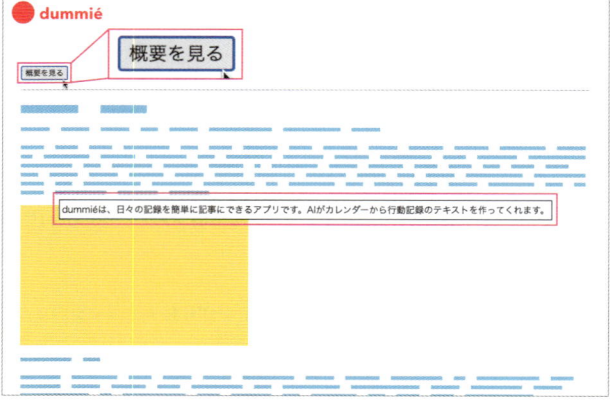

210 ポップオーバーを閉じるボタンを作りたい

 利用シーン　ポップオーバーを明示的に「閉じる」ボタンを作るとき

要素 / プロパティ

HTML

`<div popover id="id名">〜</div>`
—— ポップオーバー要素

`<button popovertarget="id名">〜</button>`
—— ポップオーバーを表示するボタン

HTML属性

popovertargetaction
—— ボタンの動作を設定する属性。値は "show" または "hide"

　ボタンをタップ／クリックすることで表示されるポップオーバーは、もう一度ボタンをクリックすると表示されなくなりますが、明示的な「非表示」ボタンを作ることができます。<button>にpopovertargetaction属性を追加し、その値を、表示するボタンなら"show"、非表示にするボタンなら"hide"にします。

■HTML　　　　　　　　　　　　　　　　ポップオーバーを表示するボタン

`<button popovertarget="id名" popovertargetaction="show">ボタンラベル</button>`

■HTML　　　　　　　　　　　　　　　ポップオーバーを非表示にするボタン

`<button popovertarget="id名" popovertargetaction="hide">ボタンラベル</button>`

サンプルでは「表示」「非表示」ふたつのボタンを設置しています。

210

ポップオーバーを閉じるボタンを作りたい

■**HTML** 210/index.html

```
<body>
  <div popover id="help">
    dummiéは、日々の記録を簡単に記事にできるアプリです。 中略       ── ポップオーバー
  </div>
  中略
  <main>
    <div class="container limit">
      <p>
        <button popovertarget="help" popovertargetaction="show">概要を見る</button>
        <button popovertarget="help" popovertargetaction="hide">概要を閉じる</button>
      </p>
      <hr>
      中略
    </div>
  </main>
</body>
```

▼ **ブラウザ表示**（左：スマホ、右：PC）

表示　　非表示

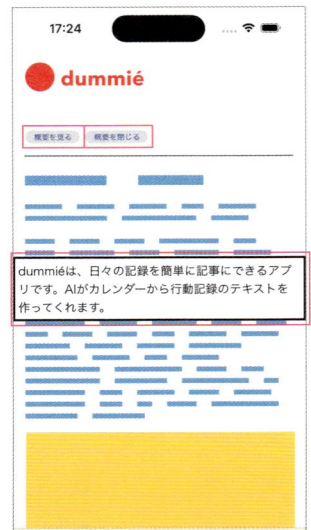

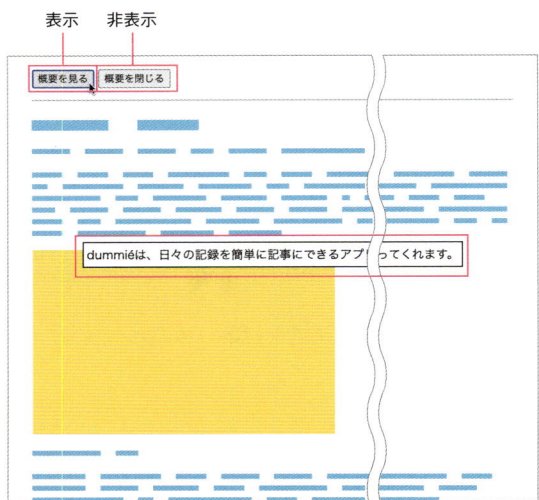

211 ポップオーバーに スタイルを適用したい

 **利用シーン** ポップオーバーのスタイルをカスタマイズしたいとき

要素 / プロパティ

CSSセレクタ

:popover-open
ポップオーバーが表示されている状態を選択してスタイルを適用

CSSプロパティ

inset: 上 右 下 左;
「position: relative;」が指定されている親要素の上端・右隅・下端・左隅からの距離を一括で指定 ▶▶162

CSSの値

unset
値を設定しない

　ポップオーバーはダイアログ同様、CSSを適用しない初期状態では太い黒枠線で囲まれ、ビューポートの上下左右中央に表示されます。しかし、CSSを適用してスタイルを調整することもできます。

　表示されているポップオーバー要素にCSSを適用するには、セレクタを「:popover-open」にします。スタイル設定自体には多くのプロパティが使えますし、「::backdrop」も使用可能です。 ▶▶208

　表示する位置を設定したいときは、ポジション機能を使います。positionプロパティを「absolute」か「fixed」にして、top、leftなどのプロパティで位置を指定します。

　ただし、その前に「inset: unset;」を適用しておく必要があります。これはinsetプロパティを初期値に戻す設定で、これがないと位置の指定ができません。

　サンプルでは、ポップオーバーにドロップシャドウをつけ、ビューポート右下から20pxの位置に固定表示させています。

■HTML

211/index.html

```html
<body>
  <div popover id="help">
    dummiéは、日々の記録を簡単に記事にできるアプリです。 中略
  </div>
  中略
  <main>
    <div class="container limit">
      <p><button popovertarget="help">概要を見る</button></p>
      <hr>
      中略
    </div>
  </main>
</body>
```

ポップオーバー

■CSS

211/css/style.css

```css
:popover-open {
  position: fixed;
  inset: unset;
  bottom: 20px;
  right: 20px;

  border: none;
  border-radius: 8px;
  padding: 16px;
  max-width: 350px;
  box-shadow: 0 0 8px 4px rgb(0 0 0 /
0.25);
}
```

▼ ブラウザ表示 （左：スマホ、右：PC）

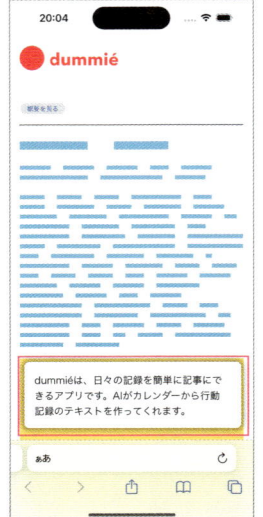

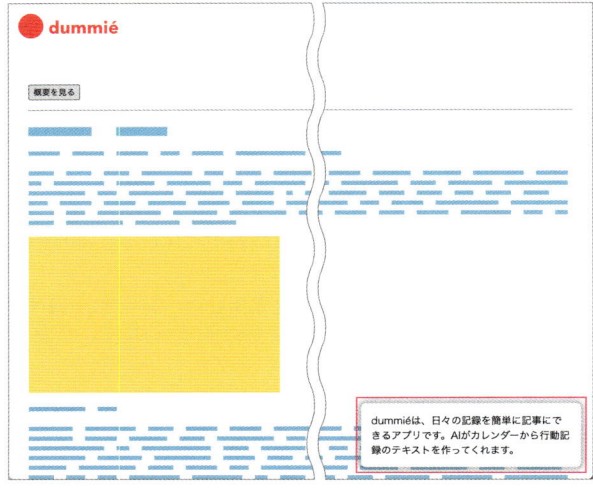

212 テキストの横に小さなバッジを表示したい

利用シーン メニュー項目など短いテキストのすぐ横に、目立つマークをつけたいとき

要素/プロパティ

CSSプロパティ

display: inline-block; —— 要素をインラインブロック表示する
transform: translate(x, y); —— 要素を(x, y)分ずらして表示

テキストの右上に小さな印（バッジ）をつけます。更新があったページなどを知らせるのによく使われるデザインです。

バッジは＜span＞で作成します。＜span＞〜＜/span＞のなかにテキストなどのコンテンツがない場合は、width、heightで大きさを設定します。

しかし、＜span＞はインラインボックスで表示されるので、widthやheightが使えません。▶▶ 006
そこで、＜span＞のdisplayを「inline-block」にします。

バッジの位置はtransformプロパティで調整します。▶▶ 287

サンプルでは、ふたつの短いテキストの右上に赤い印をつけています。

■HTML

212/index.html

```
<ul class="category">
 <li><a href="#">新着</a></li>
 <li><a href="#">ホテル</a><span class="badge-s"></span></li>
 <li><a href="#">航空券</a></a><span class="badge-s"></span></li>
 <li><a href="#">セール・早割</a></li>
 <li><a href="#">おすすめ</a></li>
</ul>
```

■CSS

212/css/style.css

```
.badge-s {
 display: inline-block;
 width: 8px;
```

```
 height: 8px;
 border-radius: 50px;
 background: #FF5959;
 transform: translate(2px, -8px);
}
```

▼ ブラウザ表示 （左：スマホ、右：PC）

■display: inline-block;

inline-block（インラインブロック）とは、スタイルが適用された要素の外側はインラインボックスで、要素の内側はブロックボックスで表示されるボックスです。

要素の外側はインラインボックスとして表示されるため、コンテンツが収まる領域の幅を確保し、行を占有しません。隣りあうボックスと横並びになります。

要素の外側はインラインボックスの性質を持つので、行に沿ってほかのインライン要素と並ぶ

要素の内側、つまり<span>〜</span>のなかはブロックボックスとして表示され、widthやheightなど、ボックスモデルのプロパティが設定できます。

要素の内側はブロックボックスの性質を持つので、幅や高さが設定できる

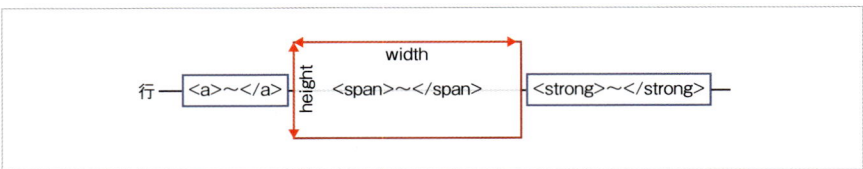

┃┃┃ **N o t e**

正方形の要素を正円にする

▶▶202 では、正方形の画像を正円に切り抜くために、border-radiusの値を「50％」にしました。
正方形の要素を正円に切り抜くには別の方法もあります。それは、border-radiusの値を、その要素の幅・高さの50％以上の数値を設定することです。
今回の<span>は幅・高さを8×8pxに設定しているので、border-radiusの値を4px以上にすれば正円にできます。

213

キーボードの字を
キーボードらしく見せたい

利用シーン アプリケーションの操作説明やヘルプページなどで、
キーボードの使用方法を掲載したいとき

要素 / プロパティ

HTML

`<kbd>キー</kbd>` ━━━ キーボードのキー

　`<kbd>`は、キーボードのキーを表すタグです。アプリケーションの操作説明をするときなどに、意外とよく使われるタグです。

　ただ、`<kbd>`を使っても、あまりキーボードらしい見た目で表示されません。そこでこのサンプルでは、borderプロパティ、paddingプロパティなどを使い、キーボードに似せた表示にしています。

　なお、`<kbd>`タグはインラインボックスで表示されるため、上下マージンや幅は設定できません。

■HTML 　　　213/index.html

```html
<ul class="shortcut">
  <li>クリップボードにコピー<br>
  [Windows]<kbd>Ctrl</kbd>+<kbd>
  C</kbd> / [macOS]<kbd>command
  </kbd>+<kbd>C</kbd>
  </li>
  <li>切り取り・カット<br>
  [Windows]<kbd>Ctrl</kbd>+<kbd>
  X</kbd> / [macOS]<kbd>command
  </kbd>+<kbd>X</kbd>
  </li>
  <li>貼り付け・ペースト<br>
  [Windows]<kbd>Ctrl</kbd>+<kbd>
  V</kbd> / [macOS]<kbd>command
  </kbd>+<kbd>V</kbd>
  </li>
</ul>
```

■CSS 　　　213/css/style.css

```css
kbd {
  margin: 0 0.5em;
  padding: 1px 0.625em;
  border: 1px solid #D9D9D9;
  border-radius: 5px;
  background-color: #EDEDED;
}
```

▼ ブラウザ表示

ヘルプ

- クリップボードにコピー
  [Windows] `Ctrl` + `C` /
  [macOS] `command` + `C`

- 切り取り・カット
  [Windows] `Ctrl` + `X` /
  [macOS] `command` + `X`

- 貼り付け・ペースト
  [Windows] `Ctrl` + `V` /
  [macOS] `command` + `V`

---

214 リンク先が別タブで開く場合にアイコンを表示したい

利用シーン リンク先が別ウィンドウ（別タブ）で開くことを利用者に知らせたいとき

要素/プロパティ

CSSセレクタ

::after
要素のテキストの「直後」を選択し、スタイルを適用　▶▶041

[target="_blank"]
属性セレクタ。「target="_blank"」がつくタグにだけスタイルを適用　▶▶152

　属性セレクタと「::after」セレクタを使用して、リンク先を別タブで開く設定になっている<a>タグのテキストにだけ、後ろにアイコン画像を表示します。

　リンクテキストの後ろにアイコン画像を表示するのはよく見かけるデザインのひとつです。属性セレクタと::afterセレクタを使ってこのデザインを実現する方法は、活用の機会が多くてとても役に立ちます。

　サンプルでは、<a>のうち、「target="_blank"」がついている要素のテキストの後ろにアイコンを表示しています。

■HTML　　　　　　　　　　　　　　　　　　　214/index.html

```
<ul>
  <li><a href="/help/support">操作に関するお問い合わせ</a></li>
  <li><a href="/help/account" target="_blank">アカウント情報を確認・変更する</a></li>
</ul>
```

■CSS　　　　214/css/style.css

```
a[target="_blank"]::after {
  margin-left: 0.25rem;
  content: url(../assets/icon-newwin.svg);
  display: inline-block;
  transform: translate(-2px, 5px);
}
```

▼ ブラウザ表示

☑ ZonePact

ヘルプ

- 操作に関するお問い合わせ
- アカウント情報を確認・変更する 🗗

215 PDFなどのファイルへの リンクにアイコンを表示したい

利用シーン リンク先がPDFファイルやZIPファイルなどダウンロード
可能なコンテンツであることを利用者に知らせたいとき

要素／プロパティ

CSSセレクタ

[href$=".pdf"]
—— 属性セレクタ。href属性の値の最後が「.pdf」で終わるタグを選択
▶▶152

::after
—— 要素のテキストの「直後」を選択 ▶▶041

前節同様に属性セレクタと::afterセレクタを利用して、リンク先が
PDFファイルのときと、ZIPファイルのときに適用されるスタイルを作成
します。

こうしたファイルにだけスタイルを適用するには、リンクが「.pdf」や
「.zip」で終わっているかどうかを調べます。

その際に使える属性セレクタの書式が、次に示す「属性$=値」です。

● **書式** 属性の値が○○で終わる要素を選択

[属性$="○○"]

サンプルでは、リンクテキストの後ろにアイコン画像を表示していま
す。

■**HTML**   215／index.html

```
<p><a href="manual.pdf">操作マニュアルをダウンロード</a>
| <a href="installer.zip">ヘルパーアプリをダウンロード</a></
p>
```

PDFなどのファイルへのリンクにアイコンを表示したい

■**CSS**   215/css/style.css

```css
a[href$=".pdf"]::after {
  margin-left: 0.25rem;
  content: url(../assets/icon-pdf.svg);
  display: inline-block;
  transform: translate(0, 3px);
}
a[href$=".zip"]::after {
  margin-left: 0.25rem;
  content: url(../assets/icon-zip.svg);
  display: inline-block;
  transform: translate(0, 3px);
}
```

▼ ブラウザ表示

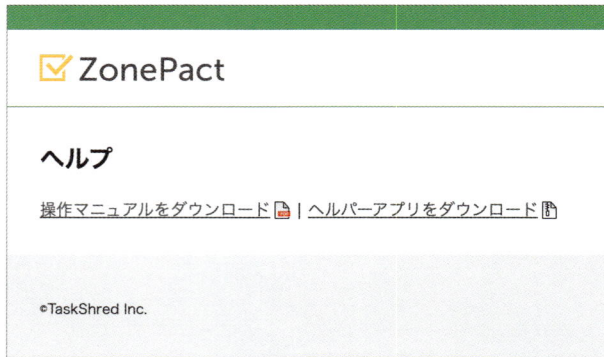

216 テキストをカプセル型に囲みたい

利用シーン
●ハッシュタグなどを表示したいとき
●テキストリンクをボタンのような形に見せたいとき

要素/プロパティ

CSSプロパティ

display: flex;
—— フレックスボックスモードで子要素を配置する ▶▶168

border-radius: 角丸の半径;
—— ボックスの角を丸くする ▶▶106

　ニュースサイトやブログ系の記事につく「タグ」などの短いテキストを丸く囲みます。
　テキストを囲むボックスの左右を丸くするには、border-radiusの値に、ボックスの高さの50％以上の数値を設定します。▶▶212
　サンプルでは、記事のタイトルの下につくタグを丸く囲んでいます。
　複数のタグが並ぶ場合、テキストとテキストの間にスペースを空ける必要があります。スペースを空けるために、このサンプルではフレックスボックスのgapプロパティを使用しています。

■**HTML**　216/index.html

```
<div class="title">
 <h1>世界一周旅行ペアご招待キャンペーン</h1>
 <div class="titleinfo">
 <div class="tags">
  <a href="#">#campaign</a><a href="#">#ticket</a>
 </div>
 </div>
</div>
```

■CSS　　　　　　　　　　　　　　　　　　　　216/css/style.css

```css
.tags {
  display: flex;
  gap: 0.25rem;
  padding: 0;
  font-size: 0.825rem;

  a {
    padding: 0 0.5rem;
    border-radius: 16px;
    background: #0FBFAA;
    color: white;
    text-decoration: none;

    &:hover {
      background: #C0EAE5;
    }
  }
}
```

▼ **ブラウザ表示**（左：スマホ、右：PC）

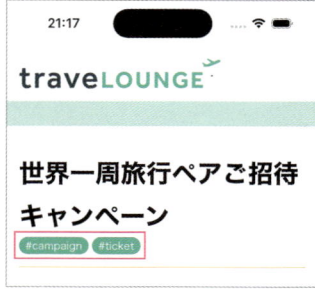

217

引用ブロックに装飾された「"」「"」を表示したい

**利用シーン**　ボックスの左上、右下に装飾的な画像を表示したいとき

要素 / プロパティ

CSS プロパティ

background: 背景の設定, 背景の設定, ……, 背景色;

━━ 要素に複数の背景を設定する ▶▶094 ▶▶105

　ひとつの要素に複数の背景画像を適用する応用例として、ボックスの左上と右下に、それぞれ違う画像を表示させるアイディアを紹介します。このテクニックはいろいろな場面に応用できるため、よく使われています。

　サンプルでは引用の<blockquote class="voice">の左上と右下に、それぞれ「"」「"」の形をした画像を表示させています。

■HTML　　　　　　　　　　217/index.html

```
<h1>E8 無風サーキュレーター お客様の声</h1>
<blockquote class="voice">風が起こらないのに涼しいんです。中略（30代女性）</blockquote>
<blockquote class="voice">リモートで仕事をしています。中略（20代男性）</blockquote>
```

■CSS　　　　　　　　　　217/css/style.css

```
.voice {
  margin: 32px 16px;
  padding: 32px 60px;
  background:
    url(../assets/quo-open.svg) top left no-repeat,
    url(../assets/quo-close.svg) bottom right no-repeat;
}
```

▼ ブラウザ表示

218 テキストを縦書きにしたい

 利用シーン　キャッチコピーなどのテキストを縦書きにしたいとき

要素／プロパティ

CSSプロパティ

writing-mode: vertical-rl;

——— 書字方向を縦書き／右から左にする

　テキストを縦書きにするには、「writing-mode」プロパティを使います。これはテキストが並ぶ方向（書字方向）を設定するプロパティで、値には次のキーワードのいずれかを指定します。

writing-modeに使用できる値

writing-mode	説明
horizontal-tb	横書き。行は上から下へ。デフォルト値
vertical-rl	縦書き。行は右から左へ
vertical-lr	縦書き。行は左から右へ

　サンプルではキャッチコピーを縦書き（行は右から左）にして、ヒーロー画像の上に重ねています。

■**HTML** 218/index.html

```
<div class="hero">
 <img src="assets/hero.webp" alt="" width="6000" height="1867" class="image">   ヒーロー画像
 <p class="copy">次の休みは、<br>どこ行こう</p>   ——— 縦書きキャッチコピー
 <p class="credit">伊根の舟屋の雪景色 中略 </p>   ——— 写真のクレジット
</div>
```

494

■CSS

218/css/style.css

```
.hero {          ── ヒーロー領域の親要素
  position: relative;
  width: 100%;
  height: 400px;

  .image {        ── ヒーロー画像
    width: inherit;
    height: inherit;    ── 「193」参照
    object-fit: cover;
  }
}

.copy {          ── 縦書きキャッチコピー
```

```
  position: absolute;
  width: fit-content;
  height: fit-content;   ── 中央配置
  inset: 0;                ( 「163」参照)
  margin: auto;

  writing-mode: vertical-rl;  ── 縦書き。
  color: white;                行は右から左
  font-family: serif;
  font-weight: bold;
  font-size: 48px;
}

.credit {        ── クレジットの配置
  position: absolute;
  中略
}
```

▼ ブラウザ表示 （左：スマホ、右：PC）

219 アイコンとテキストを 横一列に並べたい

利用シーン
● アイコンとテキストが横に並ぶナビゲーションを作りたいとき
● アイコンとテキストの位置や、ナビゲーション間の スペースをできるだけ手軽に調整したいとき

要素/プロパティ

CSS プロパティ

display: flex;
―― フレックスボックスモードで子要素を配置する ▶▶168

align-items: キーワード;
―― 全フレックスアイテム／グリッドアイテムの高さと整列方法を設定 する ▶▶172

gap: アイテム間の距離;
―― フレックスアイテム間の距離を設定する ▶▶170

　アイコンとテキストを横に並べて、リンクにします。
　メニューを作るときなどにアイコンとテキストを横に並べることがよく あります。HTMLは<img>とテキストを並べるだけですが、少し迷うの が、「アイコンとテキストの間のスペースをどう作るか?」です。

<img>とテキストの間にスペースを空けたい

```
<a href="#">
  <img src="..."> 支出・収入明細
</a>
```
→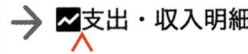

　一般的には、<img>に右マージン(またはパディング)を設定したり、 テキストの前に半角スペースを入れたりすることが多いのですが、フ レックスボックスを使い、gapプロパティで調整するのも手軽です。
　サンプルでは、アイコンとテキストの間に0.5emのスペース(ギャッ プ)を作っています。

■HTML 219/index.html

```html
<menu class="function">
 <li>
  <a href="#">
   <img src="assets/chart.svg" alt="
支出・収入明細" width="16" height=
"16">支出・収入明細
  </a>
 </li>
 <li>
  <a href="#">
   <img src="assets/banking.svg"
alt="振込・送金" width="20" height=
"11">振込・送金
  </a>
 </li>
 <li>
  <a href="#">
   <img src="assets/export.svg" alt="
エクスポート" width="21" height="14">
CSVエクスポート
  </a>
 </li>
</menu>
```

■CSS 219/css/style.css

```css
.function {
 display: flex;
 flex-direction: column;
 gap: 8px 32px;
 align-items: left;
```

> 3つのリンクを縦に並べる

> `<menu class="function">`を囲むボーダー

```css
 border: 3px solid #EDEDED;
 border-radius: 8px;
 padding: 8px 16px;

li {
 a {
  display: flex;
  gap: 0.5em;
  color: black;
 }
}
```

> アイコンとテキストのリンク

> アイコンとテキストの間に0.5emのギャップ

```css
@media (width >= 768px) {
 flex-direction: row;
 align-items: center;
}
}
```

> PCではリンクを横に並べる

▼ ブラウザ表示（左：スマホ、右：PC）

220 アイコンとテキストを縦に並べたい

利用シーン
- ●アイコンとテキストが縦に並ぶナビゲーションを作りたいとき
- ●縦に並んだアイコンとテキストを中央揃えにしたいとき

要素/プロパティ

CSSプロパティ

display: flex;
── フレックスボックスモードで子要素を配置する ▸▸168

gap: アイテム間の距離;
── フレックスアイテム間の距離を設定する ▸▸170

display: block;
── 要素をブロックボックス表示する

margin: 0 auto;
── ボックスを親要素の中央に配置する ▸▸087

text-align: center;
── テキストを中央揃えにする ▸▸033

　前節ではアイコンとテキストを横に並べる方法を紹介しましたが、今回は縦に並べます。

　アイコンとテキストを横に並べても縦に並べてもHTMLは変わりませんが、縦に並べるときはアイコンとテキストを上下に中央揃えにする必要があり、CSSが複雑になります。

アイコンとテキストを上下に中央揃えする必要がある

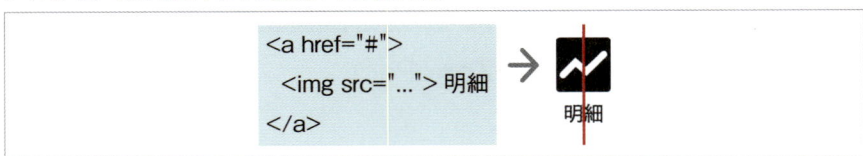

```
<a href="#">
  <img src="..."> 明細
</a>
```

　アイコンとテキストを上下に中央揃えにするには、親ボックス（<a>）に対し、アイコンも、テキストも、左右中央揃えにします。

　サンプルでは、3つのリンクを横に並べ、それぞれのリンクに含まれるアイコンとテキストを、上下に中央揃えにしています。スマートフォンとPCで表示は変わりません。

```
<menu class="function">
  <li>
    <a href="#">
      <img src="assets/chart.svg" alt="
支出・収入明細" width="32" height=
"32">明細
    </a>
  </li>
  <li>
    <a href="#">
      <img src="assets/banking.svg"
alt="振込・送金" width="40" height=
"22">振込・送金
    </a>
  </li>
  <li>
    <a href="#">
      <img src="assets/export.svg" alt="
エクスポート" width="42" height="28">
CSVエクスポート
    </a>
  </li>
</menu>
```

```
.function {
  中略    <menu class="function">
         のスタイル（「219」参照）
  li {
    font-size: 0.75rem;

    a {    アイコンとテキストのリンク
      display: block;
      padding: 4px;
      color: black;
      text-align: center;    テキストを中央揃えに
    }

    img {
      display: block;
      margin: 0 auto 4px auto;    「087」参照
    }
  }
}
```

Chap 10

パーツ作成のテクニック

▼ ブラウザ表示（左：スマホ、右：PC）

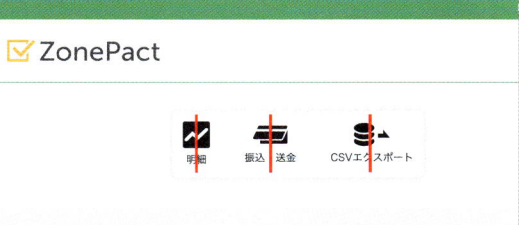

221 リストグループを作りたい

利用シーン
●サブナビゲーションを作成するとき
●スマートフォンでの表示に適したナビゲーションを作成するとき

要素 / プロパティ

CSSセレクタ

:first-child —— 最初の子要素を選択 ▶117

:last-child —— 最後の子要素を選択 ▶117

CSSプロパティ

display: block; —— 要素をブロックボックス表示する

リストグループとは、リンクテキストを縦に配置し、全体をボーダーで囲んだものです。おもにスマートフォンでよく使われるUI部品のひとつです。

HTMLは<ul>（または<menu>）と<li>で作成するシンプルなものですが、<a>に適用するスタイルに工夫が必要です。

リストグループの各リンクは、テキストだけでなくボックス全体をクリック／タップできるようにするために、<a>に「display: block;」を適用します。また、各ボックスの大きさは、<a>に適用するパディングで調整します。

リストグループ

企業情報
プロダクト
サポート
採用情報
お問い合わせ

テキストだけでなくボックス全体をクリック／タップ可能にする

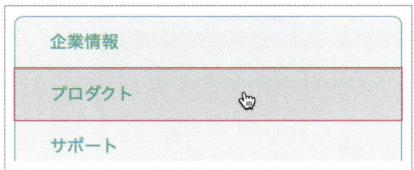

■HTML

221/index.html

```
<menu class="submenu">
  <li><a href="#">企業情報</a></li>
  <li><a href="#">プロダクト</a></li>
  <li><a href="#">サポート</a></li>
  <li><a href="#">採用情報</a></li>
  <li><a href="#">お問い合わせ</a></li>
</menu>
```

■CSS

221/css/style.css

```
.submenu {
  margin: 0;
  border: 1px solid #23ABA4;
  border-radius: 8px;
  padding: 0;
  width: 100%;
  list-style: none;
  background: #F4F4F4;

  li {
    border-bottom: 1px solid #23ABA4;

    &:last-child {
      border-bottom: none;
    }
    &:hover {
      background: #E4E4E4;
```

```
    &:first-child {
      border-radius: 8px 8px 0 0;
    }
    &:last-child {
      border-radius: 0 0 8px 8px;
    }
  }

  a {
    display: block;
    padding: 12px 32px;
    text-decoration: none;
    color: #23ABA4;
    }
  }
}
```

▼ ブラウザ表示（左：スマホ、右：PC）

222 リストグループにマークを つけたい

利用シーン

●おもにスマートフォンでの表示に適したナビゲーションを
作成するとき
●サブナビゲーションを作成するとき

要素/プロパティ

CSSセレクタ

:first-child ―― 最初の子要素を選択 ▶▶117
:last-child ―― 最後の子要素を選択 ▶▶117

CSSプロパティ

background: url(背景画像のパス); ―― 要素の背景を設定する ▶▶095
background-position: 左右 上下; ―― 背景画像の表示位置を調整する ▶▶095

前節で紹介したリストグループの各項目の右端に、矢印のようなマークをつけます。

マークは各リスト項目(\<li>)の背景画像として表示します。background-positionを使って、テキストと背景画像が上下中央揃えになるように表示するときれいに揃います。

サンプルでは、前節のサンプルをベースに、各リスト項目の右端にマークを表示しています。

■HTML 222/index.html

```
<menu class="submenu">
 <li><a href="#">企業情報</a></li>
 <li><a href="#">プロダクト</a></li>
 <li><a href="#">サポート</a></li>
 <li><a href="#">採用情報</a></li>
 <li><a href="#">お問い合わせ</a></li>
</menu>
```

■CSS 222/css/style.css

```
.submenu {
 margin: 0;
 border: 1px solid #23ABA4;
 border-radius: 8px;
```

```
padding: 0;
width: 100%;
list-style: none;
background: #F4F4F4;

li {
  border-bottom: 1px solid #23ABA4;
  background: url(../assets/arrow.svg) no-repeat;
  background-position: right 20px center;

  &:last-child {
    border-bottom: none;
  }
  中略
  a {
    display: block;
    padding: 12px 32px;
    text-decoration: none;
    color: #23ABA4;
  }
}
}
```

▼ ブラウザ表示（左：スマホ、右：PC）

223 アラートボックスを作成したい

利用シーン

●ツールパネルのようなボックスを作りたいとき
●同じデザインでカラーバリエーションを作りたいとき

要素/プロパティ

CSSプロパティ

border: 太さ 形状 色;
—— 要素のボックスにボーダーを引く ▶▶082

border-radius: 角丸の半径;
—— ボックスの角を丸くする ▶▶106

タイトルとテキストで構成されたアラートボックスを作成します。
　HTMLもCSSも複雑ではありませんが、アラートボックスはカラーバリエーションを作ることが多いので、ボーダー色と背景色を変数で管理して効率化します。▶▶072
　サンプルでは、6とおりのカラーバリエーションを作成しています。HTMLもCSSも一部のソースコードを掲載します。

■**HTML**　　　　　　　　　　　　223/index.html

```
<div class="alert red">
  <p class="title">ログインしてください</p>
  <p class="contents">データを閲覧、編集するためにはログイン
してください。</p>
</div>
```

■CSS

223/css/style.css

```css
:root {          ──── 変数を定義
  --red: #FF5959;
  --red-alt: #FDDDDD;
  --orange: #FFD04E;
  --orange-alt: #FFEBB3;
  --yellow: #FFFB7A;
  --yellow-alt: #FFFED9;
  --green: #AEDD72;
  --green-alt: #E9FAD2;
  --blue: #57C2FF;
  --blue-alt: #D0EDFD;
  --gray: #CFCDCD;
  --gray-alt: #EFEFEF;
}

.alert {
  margin: 1em 0;
  border-width: 1px;
  border-style: solid;
  border-radius: 8px;
```

```css
.title {
  margin: 0;       ──── <p>の上下マージンを0に
  border-radius: 8px 8px 0 0;
  padding: 8px;
  font-weight: bold;
}
.contents {
  margin: 0;       ──── <p>の上下マージンを0に
  padding: 8px;
}

/* カラーバリエーション */
&.red {                              ボックス全体のボーダー色
  border-color: var(--red);   ──┘
  background-color: var(--red-alt); ──┐
                                   ボックス全体の背景色
  .title {
    background-color: var(--red); ──┐
    color: white;                 タイトルの背景色
  }
}
```

▼ ブラウザ表示 （左：スマホ、右：PC）

ページネーションを
デザインしたい

利用シーン ニュースサイトの記事一覧や、大量のデータを表示するページなどで、次のページへ行き来するためのUIを組み込むとき

要素 / プロパティ

HTML

`<ol>〜</ol>`

——順序がある箇条書き（序列リスト） ▶▶021

`<li>〜</li>`

——箇条書きのリスト項目 ▶▶021

CSSプロパティ

`display: flex;`

——フレックスボックスモードで子要素を配置する ▶▶168

　ページネーションとは、サイト内検索の結果や、ニュースサイトで同じカテゴリの記事を一覧表示するページなどで、次のページや前のページに行ったり来たりするためのUI部品です。多数のリンクをコンパクトに見せられるため、スマートフォンでもPCでもよく使われます。

　基本的なHTMLは`<ol>`と`<li>`で作ります。CSSは、`<li>`を横一列に並べるためにフレックスボックスを使用します。

　また`<li>`に含まれる`<a>`は、クリック／タップできる場所をテキストだけでなく領域全体に広げたいので、▶▶221 で紹介したテクニックを使っています。

■HTML

224/index.html

```
<ol class="pagenation">
  <li><a href="#">&lt;</a></li>
  <li class="current"><a href="#">1</a></li>
  <li><a href="#">2</a></li>
  <li><a href="#">3</a></li>
  <li><a href="#">4</a></li>
  <li><a href="#">5</a></li>
  <li><a href="#">&gt;</a></li>
</ol>
```

```css
.pagenation {
  display: flex;――――― <li>を横に並べる
  list-style:none;
  margin: 1rem auto;
  padding: 0;
  width: fit-content;

  li {
    border-top: 1px solid #D9D9D9;
    border-bottom: 1px solid #D9D9D9;
    border-left: 1px solid #D9D9D9;
    background: #EDEDED;

    &:first-child {
      border-radius: 8px 0 0 8px;――――― 最初の<li>は左の角を丸く
    }
    &:last-child {
      border-right: 1px solid #D9D9D9;
      border-radius: 0 8px 8px 0;――――― 最後の<li>は右の角を丸く
    }
    &:hover {
      background: #D1D1D1;
    }
    &.current {――――― 現在のページをハイライト
      background: #46A968;
      color: white;
    }

    a {
      display: block;――――┐
      padding: 4px 16px;――┴―「221」参照
      text-decoration: none;
      color: inherit;
    }
  }
}
```

▼ ブラウザ表示

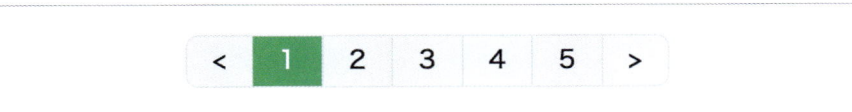

225 画像にテキストを回り込ませたい

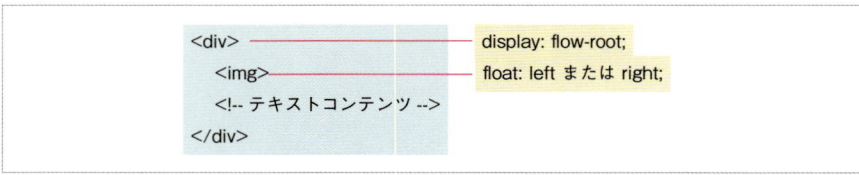

利用シーン
- ●記事ページに写真やバナー広告の周囲にテキストを回り込ませたいとき
- ●おもにPC向けのレイアウトで使われる

要素/プロパティ

CSSプロパティ

float: 配置する場所 ;　──── 要素をフロートさせる（後続の要素が回り込むように配置される）

display: flow-root;　──── フロートを解除する

　PCで表示するときのみ、画像をテキストに回り込ませます。

　画像にテキストを回り込ませるには、<img>に「float」プロパティを適用します。floatプロパティに使用できる値は次の3つです。

floatプロパティの値

値	説明
left	親要素の左上に配置して、後続のテキストを回り込ませる
right	親要素の右上に配置して、後続のテキストを回り込ませる
none	フロートしない

　ある要素にfloatプロパティが適用されると、後続の要素はすべて、その要素に回り込みます。

　レイアウトが崩れる可能性があるので、floatは使用したら必ず解除しなくてはなりません。floatを解除するには、floatを適用した要素の親要素に「display: flow-root;」を適用します※。

　画像にテキストを回り込ませるときのHTMLとCSSの基本構造は次のようになります。図の「テキストコンテンツ」の部分には、テキスト以外にどんなタグでも使えます。

※ この「flow-root」という値は、floatの効力をその要素内に留める働きがあります。

画像にテキストを回り込ませる際の基本構造

```
<div>　　　　　　　　　　　　━━━ display: flow-root;
　<img>　　　　　　　　　　　━━━ float: left または right;
　<!-- テキストコンテンツ -->
</div>
```

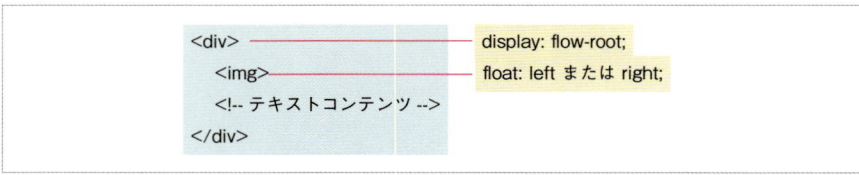

508

サンプルでは、PCサイズの画面（ビューポート幅が768px以上）で表示するときのみ、<img class="float">に後続のテキストを回り込ませています。floatの解除は、その親要素である<div class="float-parent">で行っています。

■HTML 225/index.html

```
<section class="job">
  <h1>採用情報</h1>
  <div class="float-parent"> ——— 親要素
    <img src="assets/job.webp" alt="作業風景" width="1920" height="1440" class="float"> ——— float
    <h2>伊八製作所で暮らしに溶け込むものづくりをしてみませんか？</h2>
    <p>伊八製作所では新卒採用だけではなく 中略 作っていきましょう！</p>
  </div>
</section>
```

■CSS 225/css/style.css

```
@media (width >= 768px) {
  .float-parent {
    display: flow-root;
    width: min(100%, 600px);
    中略
    .float {
      float: left;
```

```
      padding: 0 1rem 0.5rem 0;
      max-width: 250px;
      height: auto;
    }
  }
}
```

▼ ブラウザ表示 （左：スマホ、右：PC）

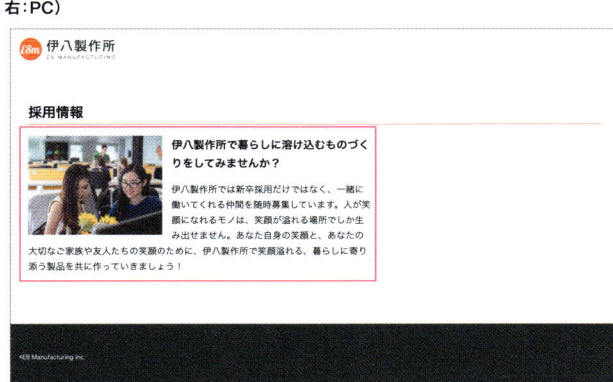

226 Webフォントを使いたい

 **利用シーン** ページで利用するフォントの選択肢を増やしたいとき

要素/プロパティ

CSSプロパティ

font-family: フォント名, フォント名, …… ;
━━ フォントを設定する

　CSSの「Webフォント」機能を使うと、ネット上のフォント配信サービスから配信されているフォントデータを利用することができます。

　Webフォントを使えば、フォントの選択肢が増えてデザインの自由度が上がります。また、端末・OSに関係なく同じフォントが利用できるので、すべてのユーザーに同じ見た目のページを表示できるのも大きな魅力です[※]。

　たくさんのフォント配信サービスがありますが、サンプルでは、無料で使えるフォント配信サービス「Google Fonts」を利用して、「BIZUDPGothic」のRegular（通常の太さ）とBold（太字）のふたつのフォントを読み込み、ページ全体のフォントに指定します。Google Fontsの具体的な使い方については後ほど説明します。

※　OSが違えばインストールされているフォントも違いますし、ブラウザによってデフォルトのフォントも変わります。Webフォントを使わないかぎり、すべてのユーザーに同じフォントでページを表示する方法はありません。

■HTML
226/index.html

```
<head>
  <meta charset="UTF-8">
  <meta name="viewport" content="width=device-width, initial-scale=1.0">
  <title>Webフォントを使いたい</title>
  <link rel="stylesheet" href="../../_shared/css/corporate.css">
  <link rel="stylesheet" href="css/style.css">
  <link rel="preconnect" href="https://fonts.googleapis.com">
  <link rel="preconnect" href="https://fonts.gstatic.com" crossorigin>
  <link href="https://fonts.googleapis.com/css2?family=BIZ+UDGothic:wght@400;700
&family=BIZ+UDPGothic:wght@400;700&display=swap" rel="stylesheet">
</head>
```

■CSS

226／css/style.css

```css
:root {
  --global-fonts: "BIZ UDPGothic", sans-serif;
}
html, ::before, ::after {
  font-family: var(--global-fonts);
  font-weight: 400;
}
h1, h2, h3, h4, h5, h6, strong {
  font-weight: 700;
}
```

▼ ブラウザ表示（左：スマホ、右：PC）

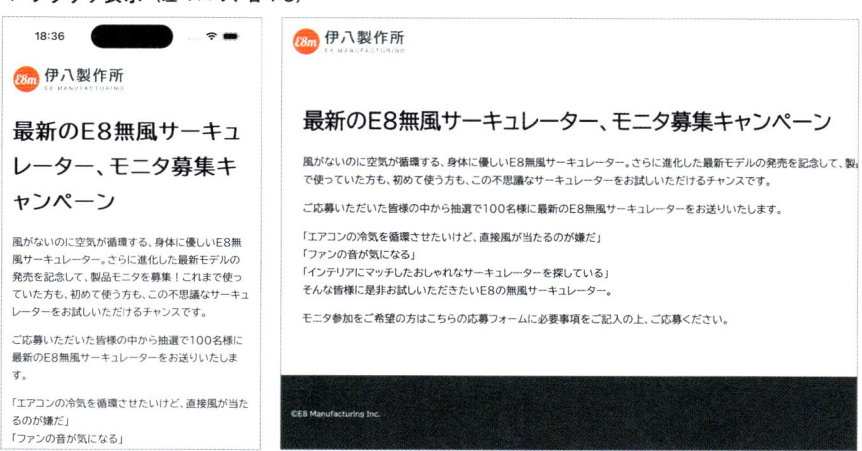

ページ全体のテキストが BIZUDPGothic で表示される

Google Fonts のフォントを使うには

Google Fonts は、Google が提供するフォント配信サービスです。無料で使えて、ユーザー登録も不要です。Google Fonts が配信しているフォントを使用するには、次のふたつのコードが必要になります。

1. Web フォントを読み込むためのタグ
2. 読み込んだフォントを使用するための CSS

ここでは、サンプルでも使用した「BIZUDPGothic」を例に、Google Fonts の使い方を説明します。
まず、以下の URL にアクセスして Google Fonts のサイトを開き、使いたいフォントを検索します。[Search Fonts] に、フォント名やキーワードを入力します❶。
検索結果は下のほうに表示されます。使用したいフォントをクリックします❷。

Google Fonts
【URL】https://fonts.google.com/

Google Fonts のページ。フォントを検索

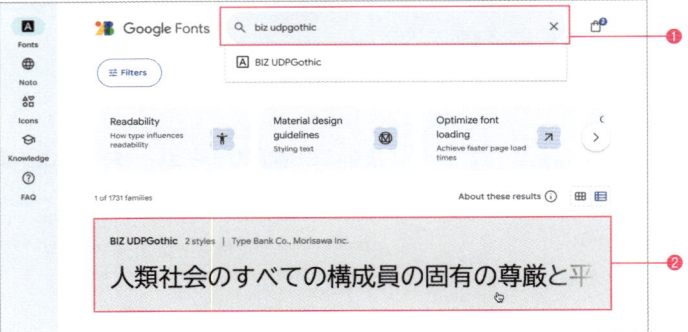

フォントの詳細ページが表示されます。右上の [Get font] をクリックします❸。次のページで [Get embed code] をクリックします❹。

[Get font] をクリック

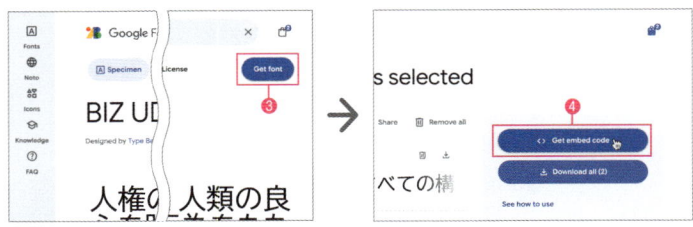

次のページで、読み込むフォントにチェックをつけます❺。今回のサンプルでは、BIZ UDPGothicのRegularとBoldにチェックをつけます。

右側には読み込み用のHTMLとCSSコードが表示されています。HTMLの［Copy code］をクリックして、読み込み用のコードをコピーします❻。フォントを使いたいページの<head>〜</head>内にペーストします❼。

読み込むフォントを選びHTMLコードをコピー

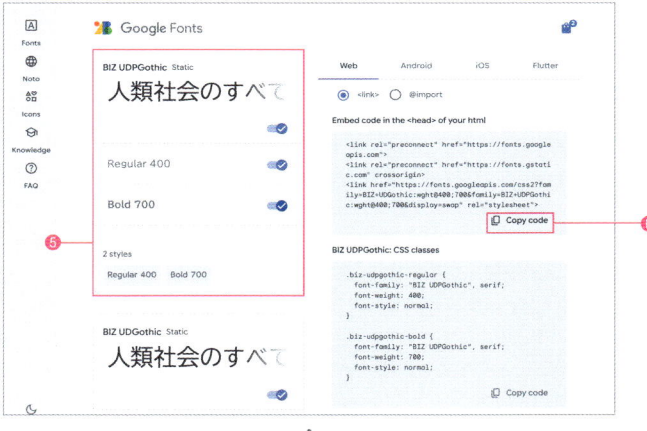

CSSのほうは、Google Fontsのページにclassセレクタのコードが書かれています。classセレクタとして使用するならそのままコピーできます。サンプルのようにページ全体のフォントを変更したいときなどは、必要な部分だけ、状況に合わせてコピーしてください。

227 アイコンフォントを使いたい

 **利用シーン** ページのデザインに、手軽に使えるアイコンを使いたいとき

要素／プロパティ

HTML

カスタム要素 ——— 独自に作成したHTMLタグ

「アイコンフォント」は、文字ではなくアイコン画像が登録されたフォントデータです。

無料のものから有料のものまで多数のアイコンフォントが公開されていて、選択肢には困りません。しかし、アイコンフォントによって使い方は異なります。

サンプルでは、無料で使えるioniconsというアイコンフォントを使っています。このアイコンフォントはカスタム要素を使用してアイコンを表示します。

カスタム要素とは、<div>や<p>などのようにHTMLの仕様に定義されたタグではなく、独自に作成したタグ（要素）のことです[※]。

使用方法は後述しますので、先にサンプルを見てみます。サンプルでは、テーブルの右列に編集アイコンを表示しています。

※ HTMLの仕様ではカスタム要素の作成方法も定義されています。
HTML Standard 4.13 Custom elements
https://html.spec.whatwg.org/#custom-elements

■HTML　　　　　　　　　　　　　　　　227／index.html

```
<body>
  中略
<main>
  <div class="container limit">
    <!-- サンプル ここから -->
    <table class="record">
      中略
      <tbody>
        <tr>
          中略
```

```
            <td class="note">
              <div class="fb">
                <span contenteditable="plaintext-only"> </span>
                <span><ion-icon name="create-outline"></ion-icon></span>
              </div>
            </td>
          </tr>
```
中略
```
        </tbody>
      </table>
      <!-- サンプル ここまで -->
    </div>
  </main>
```
中略
```
  <script type="module" src="https://unpkg.com/ionicons@7.1.0/dist/ionicons/
ionicons.esm.js"></script>
  <script nomodule src="https://unpkg.com/ionicons@7.1.0/dist/ionicons/ionicons.
js"></script>
</body>
</html>
```

▼ ブラウザ表示

日付	取引内容	支出	収入	残額	メモ	
2024-09-28	映画鑑賞	¥2,750		¥641,583		
2024-09-29	家電購入	¥38,500		¥603,083		
2024-09-29	交通費	¥3,200		¥599,883	タクシー代	
2024-09-30	給料		¥383,200	¥983,083	9月度	
2024-09-30	外食	¥7,200		¥975,883		
2024-09-30	書籍購入	¥3,000		¥972,883		
2024-10-01	エブリマート	¥5,000		¥967,883	食料品	
2024-10-01	通信費	¥4,290		¥963,593		
2024-10-02	医療費	¥6,600		¥956,993	歯科診療	
2024-10-03	家賃	¥98,000		¥858,993	10月分	

ioniconsの使い方

ioniconsの使い方を説明します。アイコンフォントを使うには、次の3つの作業が必要に
なります。

1. アイコンフォントを読み込むタグをページに挿入する
2. 表示したいアイコンを検索し、ページに挿入するためのタグをコピーする
3. コピーしたタグをページに追加する

ほかのアイコンフォントを使うときも似たような作業が必要になります。ここで紹介する使い方を参考にしてください。

▶ 1. アイコンフォントを読み込むタグをページに挿入する

アイコンフォントを読み込むタグを、作成中のHTMLに挿入します。ioniconsのホームページを開きます。ヘッダーの[Usage]をクリックします❶。

ionicons
【URL】https://ionic.io/ionicons

ionicons

Usageページの「Installation」に、ioniconsを読み込むためのタグがあります。このタグをコピーして❷、アイコンを使用するページの</body>終了タグのすぐ上にペーストします❸。これでioniconsの読み込み作業は終了です。

iconiconsを読み込む

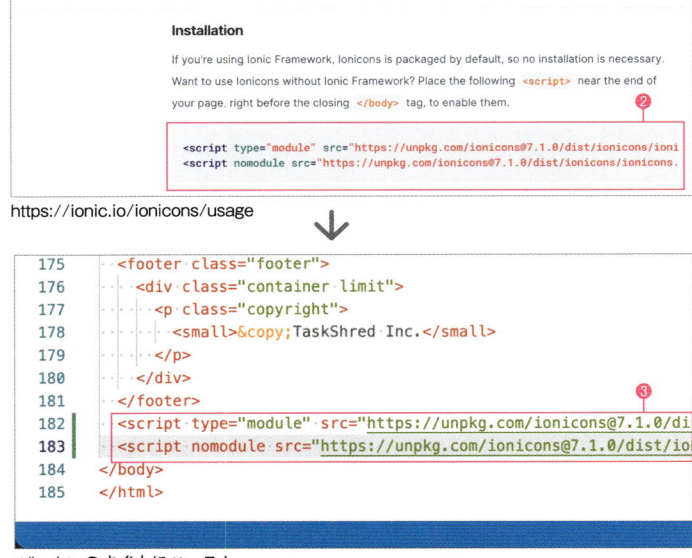

https://ionic.io/ionicons/usage

</body> のすぐ上にペースト

516

▶ 2. 表示したいアイコンを検索し、ページに挿入するためのタグをコピーする

ioniconsのホームページに戻り、使用したいアイコンを探します。検索フィールドにキーワードを入力するのが手軽です❹。
検索結果に出てきたアイコンをクリックする❺と、下にソースコードが出てきます。ソースコードをクリックするとコピーできます❻。

使用したいアイコンのHTMLをコピー

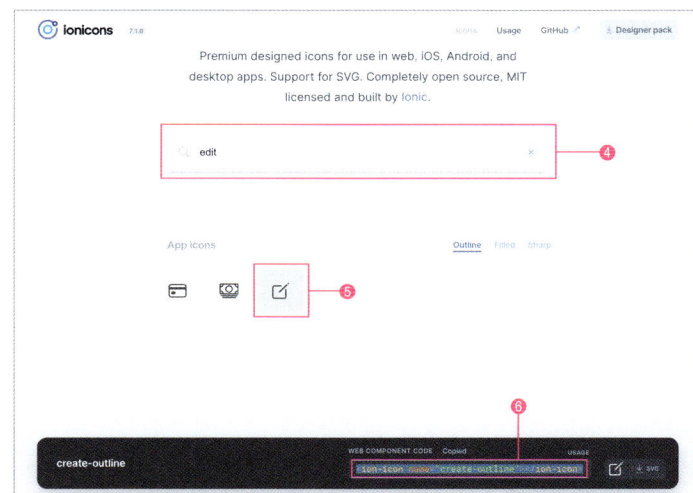

▶ 3. コピーしたタグをページに追加する

コピーしたHTMLコードを、使用したい場所にペーストします❼。

HTMLコードをページにペースト

228 縦型カードを作りたい

利用シーン **写真とテキストが縦に並ぶ、カードレイアウトを作りたいとき**

要素 / プロパティ

CSSプロパティ

max-width: 100%; ―― 画像を親要素の幅に合わせて伸縮する。ただし、拡大しない

height: auto; ―― 縦横比を維持して画像を伸縮する

「カード」とは、写真とテキストが並んだボックスのことです。非常によく使われるUI部品です。

カードには、写真とテキストを縦に並べるパターンと、横に並べるパターンがあります。本節では縦に並べるパターンのカードの作り方を紹介します。

汎用的に使えて、写真やテキスト部分のコンテンツを自由に入れ替えられる構造を作るには、HTMLで「写真の部分」「テキストの部分」をグループ化し、そのふたつを親要素で囲みます。

■**HTML**　　　　　　　　カードの基本的なHTML。写真とテキスト部分をグループ化する

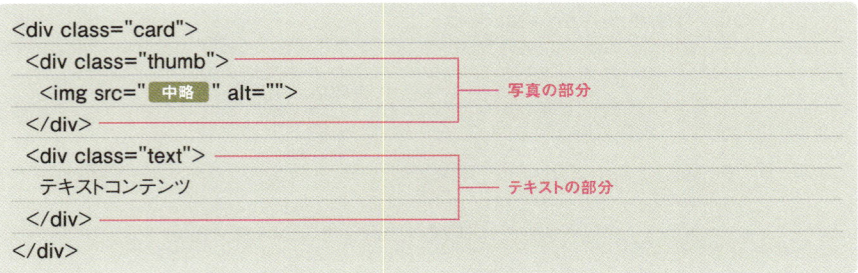

```
<div class="card">
  <div class="thumb">
    <img src=" 中略 " alt="">     ―― 写真の部分
  </div>
  <div class="text">
    テキストコンテンツ            ―― テキストの部分
  </div>
</div>
```

サンプルを見てみましょう。カードは、実際に使用する際は複数作ってフレックスボックスかグリッドレイアウトで並べるケースが多いのですが、今回はひとつだけ作成します。そこで、親要素（<div class="card-v">）に幅を設定します。

■**HTML**　　　　　　　　　　　　　　　　　　　　228/index.html

```
<div class="card-v">
  <div class="thumb">
```

```
      <img src="assets/img-square.jpg" alt="" width="640" height="640">
    </div>
    <div class="text">
      <h3>Hotel traveLOUNGE</h3>
      <p>シンガポールの中心地に位置し、移動に便利、落ち着いた内装が特徴のホテルです。</
p>
      <p class="price">¥15,800〜(1人)</p>
    </div>
  </div>
```

■CSS　　228/css/style.css

```
.card-v {
  border-radius: 8px;
  padding: 8px;
  width: min(240px, 100%);      カードがひとつの
  background: #FFF;             ときは幅を設定

  .thumb {
    img {
      max-width: 100%;          ①
      height: auto;
    }
  }
}
```

```
.text {
  h3 {
    margin: 0;
    font-size: 1rem;
  }
  p {
    margin: 0;
    font-size: 0.875rem;
  }
  .price {
    font-weight: bold;
  }
}
}
```

① <img>にリセットCSSが適用されていないときだけ必要 ▶▶075

▼ ブラウザ表示（左：スマホ、右：PC）

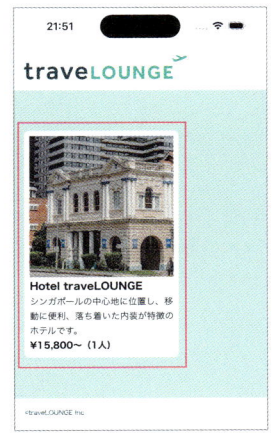

Note

縦横比が異なる画像を使うときは

コードを単純化するために、サンプルではあらかじめ正方形に切り抜いた画像を使用しました。

もし、カードのボックスと異なる縦横比の画像を使用したい場合は、ボックスに収まるように、画像を伸縮・切り抜く方法があります。詳しくは ▶▶191 ▶▶199 などを参照してみてください。

229 横型カードを作りたい

利用シーン 写真とテキストが横に並ぶ、カードレイアウトを作りたいとき

要素/プロパティ

CSSプロパティ

display: flex;
—— フレックスボックスモードで子要素を配置する ▶168

flex: 伸長する比率 縮小する比率 ベースサイズ;
—— フレックスアイテムの伸縮設定 ▶173

CSSの値

min(値1, 値2, ……)
—— ()内の値のうち、もっとも小さい値をプロパティの値とする ▶088

　写真とテキストが横に並ぶカードを作成します。HTMLは前節の縦型カードと同じで、写真とテキストコンテンツをそれぞれ<div>などでグループ化します。
　サンプルでは1枚の横型カードを表示します。前節同様カードをひとつしか作らないので、親要素（<div class="card-h">）に幅を設定します。

■HTML
229/index.html

```
<div class="card-h">
  <div class="thumb">
    <img src="assets/img-square.jpg" alt="" width="640" height="640">  ── 写真の部分（a）
  </div>
  <div class="text">
    <h3>Hotel traveLOUNGE</h3>
    <p>シンガポールの中心地に位置し、移動に便利、落ち着いた内装が特徴のホテルです。</p>
    <p class="price">¥15,800〜（1人）</p>
  </div>
                                                                        テキストの部分（b）
</div>
```

■CSS

229/css/style.css

```css
.card-h {
  display: flex;  ——— (a)と(b)を横に並べる
  gap: 8px;

  border-radius: 8px;
  padding: 8px;
  width: min(450px, 100%);  ——— ①
  background: #FFF;

  .thumb {
    flex: 0 0 160px;  ——— 写真のサイズを決める
    img {
      max-width: 100%;  ——— ②
      height: auto;
    }
```

```css
  }

  .text {
    h3 {
      margin: 0;
      font-size: 1rem;
    }
    p {
      margin: 0;
      font-size: 0.875rem;
    }
    .price {
      font-weight: bold;
    }
  }
}
```

①カードの幅を450pxまたは100%の、どちらか狭いほうにする

②<img>にリセットCSSが適用されていないときだけ必要 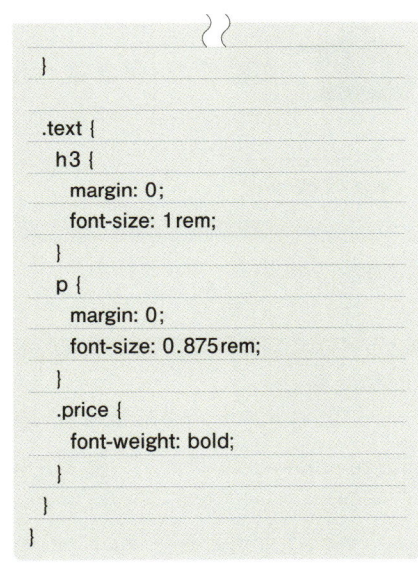 ▶▶075

▼ ブラウザ表示（左：スマホ、右：PC）

230 複数のカードを並べたい

利用シーン 複数のカードを並べるとき

要素/プロパティ

@ルール

@media (width >= サイズ) {～}
——ビューポート幅が「サイズ」以上のときにだけ適用されるCSSを定義 ▶▶262

CSSプロパティ

display: grid;
——グリッドレイアウトで子要素を配置する ▶▶179

grid-template-columns: 列の幅 列の幅 …… ;
——列テンプレートの設定。グリッドの列数と各列の幅を決定する ▶▶179

gap: アイテム間の距離;　——グリッドアイテム間の距離を設定する ▶▶180

▶▶228 ▶▶229 で作成したカードを並べるには、グリッドレイアウトやフレックスボックスを使います（列数の制御がしやすいグリッドレイアウトをおすすめします）。本節ではグリッドレイアウトを使用します。

テクニックとしては ▶▶199 などと同じですが、カードを横に並べ、数が多いときは折り返して表示する例を紹介します。

カードを並べるときは、複数のカードをグループ化する親要素を作り、その親要素でグリッドレイアウト（またはフレックスボックス）の設定をします。

それから、カードを1枚だけ作るときは幅を指定していましたが、複数並べるときは不要です。親要素のwidthプロパティは削除します。

■HTML　　　　　　　　　　　　　　　　　　　カードを並べる基本的なHTML

```
<div class="cards"> ——— カードをグループ化する親要素
  <div class="card">～</div> ——— 1枚のカード
  <div class="card">～</div>
  中略
</div>
```

サンプルでは、5枚の縦型カードを並べています。スマートフォンのときは2列、PCのときは4列で表示します。

■**HTML**   230／index.html

```html
<div class="cards">

  <div class="card-v">
    <div class="thumb">
      <img src="assets/img-square1.webp" alt="" width="640" height="640">
    </div>
    <div class="text">
      <h3>Hotel Istanbul</h3>
      <div>¥27,500～</div>
    </div>
  </div>

  <div class="card-v">
    <div class="thumb">
      <img src="assets/img-square2.webp" alt="" width="427" height="427">
    </div>
    <div class="text">
      <h3>Hotel Italy</h3>
      <div>¥47,000～</div>
    </div>
  </div>
  中略
</div>
```

■**CSS**   230／css/style.css

```css
.cards {
  display: grid;
  grid-template-columns: repeat(2, 1fr);      ── カードを2列で並べる
  gap: 8px;
```

```
@media (width >= 768px) {
  & {
    grid-template-columns: repeat(4, 1fr);  ——— PCでは4列
  }
}
}

/* 縦型カードを作りたい */
.card-v {
  border-radius: 8px;
  padding: 8px;
  /* width: min(240px, 100%);*/  ——— 並べるときは削除
  background: #FFF;
  中略

}
```

▼ ブラウザ表示 （左：スマホ、右：PC）

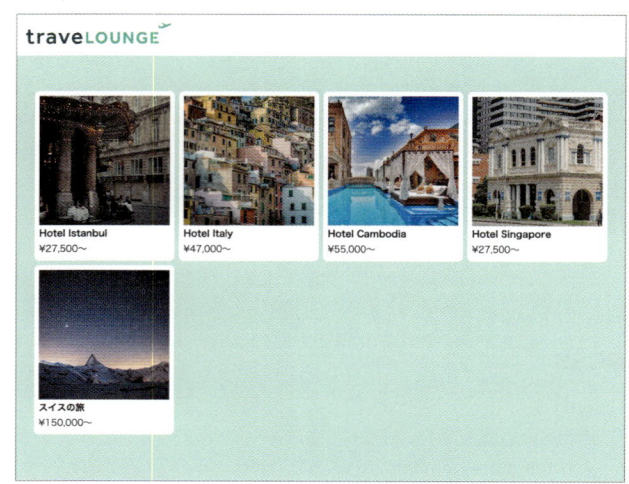

231 垂直にスクロールする スライドショーを作りたい

 **利用シーン** **垂直方向にスクロールできるスライドを作りたいとき**

要素 / プロパティ

CSSプロパティ

overflow-y: auto;
—— ボックスを縦方向にスクロール可能にする ▶▶090

scroll-behavior: smooth;
—— なめらかにスクロールする

垂直方向にスクロールするスライドショーを、JavaScriptを使わず、CSSだけで実現する方法があります。作り方を説明します。

まず、スライドショーに使用する画像をまとめて囲む親要素を、<div>で作ります。

そのなかに、スライドショーの画像（<img>）を追加します。それぞれの<img>にはページ内リンク用のid属性をつけます。用意する画像はすべて同じサイズにしておきます。

基本的なHTMLの構造は次のようになります。

● **書式** スライドショーの基本的なHTML

```
<div class="slide"> ——— 親要素
  <img src="画像のファイルパス" id="photo1"> — id属性をつける
  <img src="画像のファイルパス" id="photo2">
  <img src="画像のファイルパス" id="photo3">
</div>
```

次にCSSです。
親要素（<div class="slide">）に次のようなスタイルを適用します。

- 用意した画像1枚と同じ幅と高さに設定する
- 「overflow-y: auto」を適用し、縦にスクロールできるようにする
- オプションで「scroll-behavior: auto;」を適用する。スムーズにアニメーションしながら画像が切り替わるようになる

スライドショー自体はこれでできます。あとは、<img>につけたid属性にリンクする<a>を追加して、コントローラーを作ります。

サンプルでは、3枚の画像のスライドショーを作っています。使用する画像の実サイズはどれも1440×924pxです。

■HTML   231/index.html

```
<div class="slide-container">
  <div class="slide vertical"> ——— スライドショーの親要素
    <img src="assets/photo1.webp" alt="" width="1440" height="924" id="photo1">
    <img src="assets/photo2.webp" alt="" width="1440" height="924" id="photo2">
    <img src="assets/photo3.webp" alt="" width="1440" height="924" id="photo3">
  </div>
  <div class="control">
    <a href="#photo1">1</a>
    <a href="#photo2">2</a>          ——— コントローラー
    <a href="#photo3">3</a>
  </div>
</div>
```

■CSS   231/css/style.css

```
.slide-container {
  margin: 0 auto;
  width: min(720px, 100%);
}
.slide.vertical { ——— スライドショーの親要素
  width: inherit; ——— ①
  aspect-ratio: 1440 / 924; ——— ②
  overflow-y: auto;
  scroll-behavior: smooth;
}
/* コントローラー */
.control {
  display: flex;
  gap: 4px;
  width: fit-content;
  margin: 0 auto;
```

```
a {
  display: block;
  padding: 8px 16px;
 }
}
```

①②スライドショーのサイズを設定するにあたり、幅はスライドショーの親要素（<div class="slide-container">）に設定された幅を継承。高さは明示的には指定せず、aspect-ratioを使って、画像の実サイズから縦横比を決める

▼ ブラウザ表示（左：スマホ、右：PC）

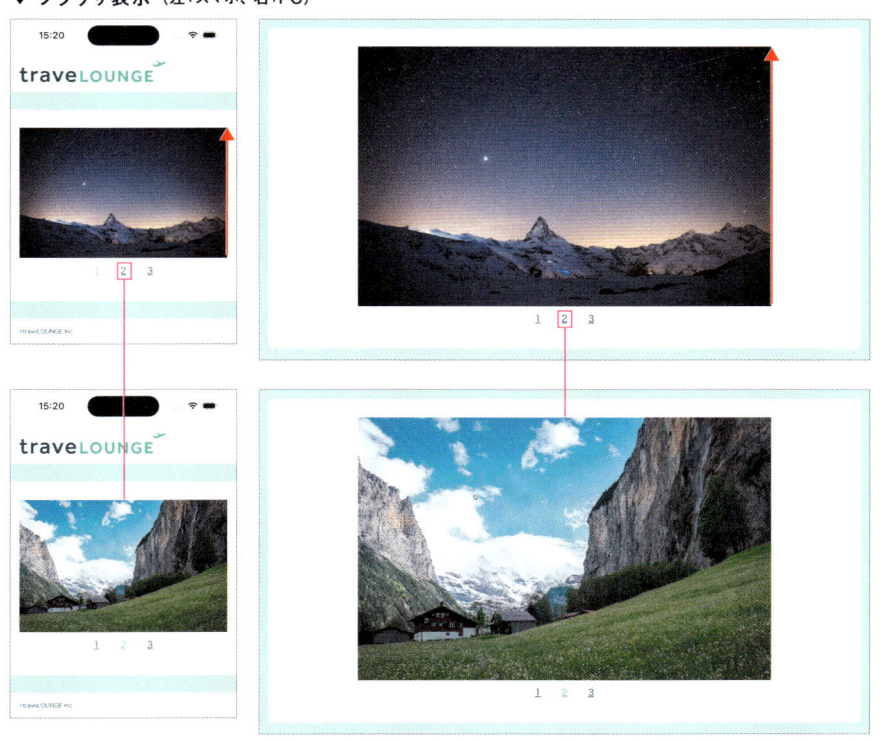

リンクをクリックすると画像が縦にスクロールする

| | | Note

コントローラーの CSS

スライドショーとは直接関係ありませんが、コントローラーに使用している<a>は、スマートフォンでも操作しやすいようにサイズを大きくして、クリック／タップできる領域を拡大しています。詳しくは ▶▶224 を参照してください。

232 水平にスクロールする スライドショーを作りたい

 **利用シーン** 水平方向にスクロールできるスライドを作りたいとき

要素/プロパティ

CSSプロパティ

display: flex;
——— フレックスボックスモードで子要素を配置する ▶▶168

overflow-x: auto;
——— ボックスを横方向にスクロール可能にする ▶▶090

scroll-behavior: smooth;
——— なめらかにスクロールする

水平方向にスクロールするスライドショーもCSSだけで作れます。
前節で紹介した垂直方向のスライドショーと違うのは、次の2点です。

・スライドに使用する画像を横に並べる
・横にスクロールできるよう、「overflow-y」を「overflow-x」に書き換える

スライドに使用する画像を横に並べるために、スライドショーの親要素に「display: flex;」を適用します。これで画像は横に並びます。あとは「overflow-y」を書き換えるだけで、ほかの部分のCSSは前節のものが流用できます。

サンプルでは、前節同様3枚の画像で、水平方向にスクロールするスライドショーを作っています。

■HTML   232/index.html

```
<div class="slide-container">
  <div class="slide horizontal"> ——— スライドショーの親要素
    <img src="assets/photo1.webp" alt="" width="1440" height="924" id="photo1">
    <img src="assets/photo2.webp" alt="" width="1440" height="924" id="photo2">
    <img src="assets/photo3.webp" alt="" width="1440" height="924" id="photo3">
  </div>
```

```
  <div class="control">
    <a href="#photo1">1</a>
    <a href="#photo2">2</a>
    <a href="#photo3">3</a>
  </div>
</div>
```

■CSS　　　　　232/css/style.css

```
.slide-container {
  margin: 0 auto;
  width: min(720px, 100%);
}
.slide.horizontal {
  display: flex;
```

```
  width: inherit;
  aspect-ratio: 1440 / 924;
  overflow-x: auto;
  scroll-behavior: smooth;
}
/* コントローラー */
中略
}
```

▼ ブラウザ表示

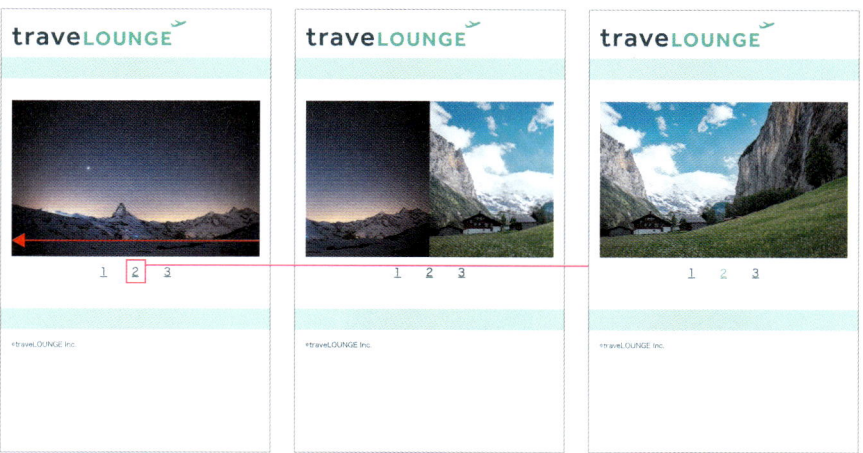

横にスクロール

233 ドラッグした画像を スナップさせたい

利用シーン スライドショーの追加的な機能として、ドラッグ中のスライドを、決められた位置にスナップさせたいとき

要素／プロパティ

CSSプロパティ

scroll-snap-type: スナップの方向と方法；
—— プロパティの設定に基づいて、スクロールをスナップする

scroll-snap-align: start;
—— スナップする位置を設定

▶▶ 231 ▶▶ 232 で作成したスライドショーは、リンクをクリック／タップするだけでなく、画像をドラッグ／スワイプして切り替えることもできます。

しかし、ドラッグを途中で止めると、ふたつの画像が半分ずつ表示されるような状態になって、なかなかぴったり切り替えることはできません。

ドラッグ／スワイプを途中で止めると、中途半端なところで止まる

ドラッグ／スワイプして、特定の場所にスナップさせる機能がCSSにはあります。前節、前々節で作成したスライドショーにふたつのプロパティを追加します。

ひとつ目のプロパティは「scroll-snap-type」です。スナップする方向と、スナップの強さを設定するプロパティで、スライドショーの親要素に設定します。

● **書式**　スナップの設定をする

```
scroll-snap-type: 方向 スナップの強さ;
```

「方向」には「x（水平方向にスナップ）」か、「y（垂直方向にスナップ）」を指定します。
「スナップの強さ」には次に挙げる3つの値のうち、いずれかを設定します。

- mandatory ── ドラッグ／スワイプが終了した瞬間に必ずスナップする。読み方は「マンダトリー」
- proximity ── ドラッグ／スワイプが終了した場所が、スナップ地点に近ければスナップ、遠ければそのままにする。読み方は「プロキシミティ」
- none ── スナップしない

もうひとつのプロパティは「scroll-snap-align」です。スナップする場所を設定するプロパティで、スナップする対象、つまりスライドショーの子要素に設定します。

● **書式**　スナップする場所を設定する

```
scroll-snap-align: スナップする場所;
```

「スナップする場所」には、次の3つのうちいずれかを指定します。

scroll-snap-alignの値

scroll-snap-align	説明
start	コンテンツの開始点にスナップ。水平にスクロールするなら、コンテンツの左側にスナップ
end	コンテンツの終了点にスナップ。水平にスクロールするなら、コンテンツの右側にスナップ
center	コンテンツの中央にスナップ

　サンプルは、水平方向にスクロールするスライドショーをベースに、ドラッグ／スワイプしたときにスナップするようにしています。
　HTMLは前節と同じです。CSSだけ掲載します。
　scroll-snap-typeや、scroll-snap-alignの値を変えると、動作が変化します。試してみてください。

■CSS 233/css/style.css

```
.slide-container {
  margin: 0 auto;
  width: min(720px, 100%);
}
.slide.horizontal {
  display: flex;

  width: inherit;
  aspect-ratio: 1440 / 924;
  overflow-x: scroll;
  scroll-behavior: smooth;

  scroll-snap-type: x mandatory;  ──── scroll-snap-typeは親要素に適用

  img {
    scroll-snap-align: start;  ──── scroll-snap-alignは子要素に適用
  }
}
```

中略

▼ ブラウザ表示

スワイプを止めると…

スナップする

ヘッダー／フッター／ナビゲーションのデザインテクニック

レスポンシブデザインに対応したヘッダーやナビゲーション、フッターの作成例を紹介します。多数の情報が集中し、複雑になりがちなコードを極力シンプルに保ちながら、多様なデザインに応用できるテクニックを集めました。

Chapter 11

234 一般的なナビゲーションの HTMLを知りたい

利用シーン　**ナビゲーションのHTMLを書くとき**

要素/プロパティ

HTML

\<nav\>〜\</nav\> ━━━ ページの主要なナビゲーション

\<menu\>〜\</menu\> ━━━ メニュー。子要素は必ず\<li\>〜\</li\>

\<li\>〜\</li\> ━━━ メニュー項目

CSSプロパティ

list-style-type: キーワード; ━━━ リストのマークを設定する（list-styleでも可）

　ひとつのWebサイトは、広告ページなどを除けば、たくさんのページで構成されています。

　典型的なWebデザインでは、「ホームページ（トップページ）」をWebサイトの頂点として、そこから、各カテゴリーのトップページにリンクします。

　カテゴリーのトップページには、カテゴリー内のより詳しい情報や記事が載ったページへのリンクがあります。カテゴリーのトップページは「一覧ページ」や「リストページ」と呼ばれます。

　また、カテゴリーページからリンクされた、実際の情報が載っているページは「個別ページ」、もしくは「シングルページ」と呼ばれます。

Webサイトの基本構造

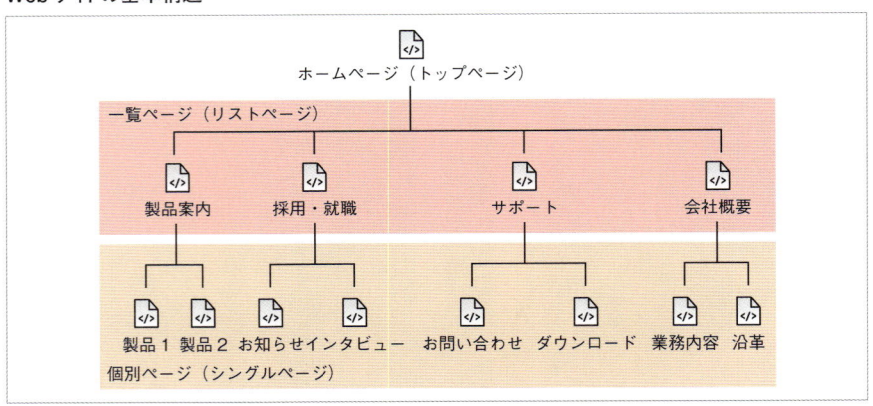

このように、Webサイトは、役割の違うページがリンクしあってできています。

Webサイトのユーザーが迷わないように、主要なページへのリンクをまとめたものが「ナビゲーション」です。

こうした、ページ間を行き来するナビゲーションのうち、ホームページを含む、各一覧ページ間を行き来できるナビゲーションを「グローバルナビゲーション」と呼びます。カテゴリー内の個別ページ間を行き来できるナビゲーションを「サブナビゲーション」と呼びます※。

グローバルナビゲーションは一般的にページのヘッダー部分に、サブナビゲーションはサイドバーや、スマートフォンであれば個別ページの記事の下などに掲載されます。

※「ローカルナビゲーション」と呼ばれることもあります。

グローバルナビゲーションとローカルナビゲーション

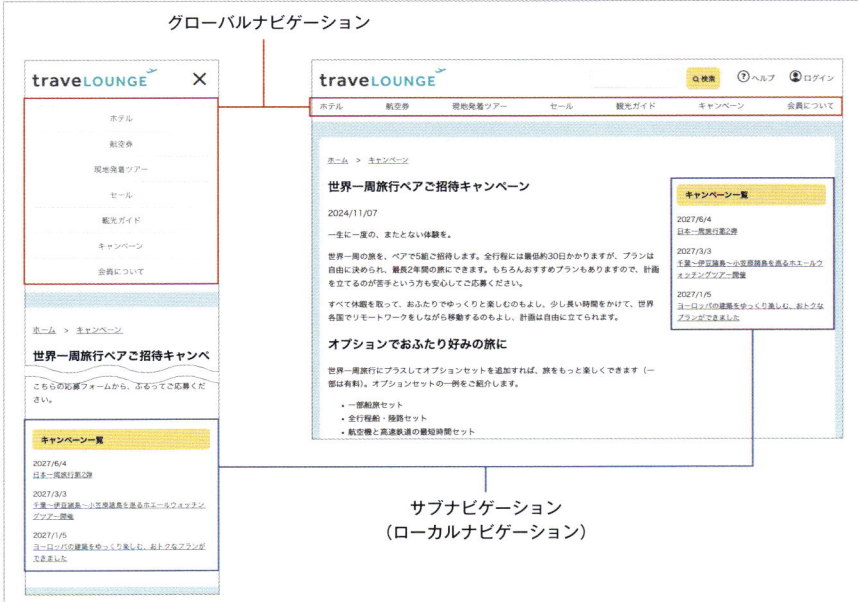

グローバルナビゲーション

サブナビゲーション
（ローカルナビゲーション）

ナビゲーションのデザインを作るにはかなりのCSSテクニックを必要としますが、HTMLは「リンクの寄せ集め」なので難しくありません。<nav>、<menu>、<ul>、<li> を組み合わせて作ります。

典型的なナビゲーションのHTMLは次のようになります。親要素に<menu>を使用していますが、<ul> でもかまいません。

```
<menu>
  <li><a href="#">ホテル</a></li>
  <li><a href="#">航空券</a></li>
  <li><a href="#">現地発着ツアー</a></li>
  <li><a href="#">セール</a></li>
  <li><a href="#">観光ガイド</a></li>
  <li><a href="#">キャンペーン</a></li>
  <li><a href="#">会員について</a></li>
</menu>
```

▼ ブラウザ表示

- [ホテル](#)
- [航空券](#)
- [現地発着ツアー](#)
- [セール](#)
- [観光ガイド](#)
- [キャンペーン](#)
- [会員について](#)

　グローバルナビゲーションなど、とくに重要なナビゲーションであれば、<menu>～</menu>をさらに<nav>で囲みます。<nav>で囲んでも表示上の変化はありません。

● HTML　　　　　　　　　　　　　　　　　　　　　　　234／index.html

```
<nav>
  <menu>
    <li><a href="#">ホテル</a></li>
    <li><a href="#">航空券</a></li>
    中略
    <li><a href="#">会員について</a></li>
  </menu>
</nav>
```

■CSSでデフォルトCSSをリセットする

　<menu>や<ul>、<li>は箇条書きの要素で、先頭にリストマーク（・）が表示されたり、左パディングがついたりします。これらはナビゲーションを作るには不都合なので、すべてリセットします。
　ナビゲーションの要素をリセットするには、次のようなCSSを適用します。

● HTML　　　　　　　　　　　　　　　　　　　　　　　234／index.html

```
<nav class="globalnav">
  <menu>
    <li><a href="#">ホテル</a></li>
    <li><a href="#">航空券</a></li>
```

一般的なナビゲーションのHTMLを知りたい

中略

```
</menu>
</nav>
```

● CSS

234/css/style.css

```
.globalnav {
  menu {
    margin: 0;
    padding: 0;

    li {
      list-style-type: none;

      a {
        text-decoration: none;
      }
    }
  }
}
```

▼ ブラウザ表示

ホテル
航空券
現地発着ツアー
セール
観光ガイド
キャンペーン
会員について

リストマーク、パディング、リンクの下線が消える

235 ロゴとメニューで構成される ヘッダーを作りたい（HTML）

利用シーン ロゴとナビゲーションで構成される、標準的なヘッダーの HTMLを書くとき

要素/プロパティ

HTML

`<nav>～</nav>` ━━ ページの主要なナビゲーション
`<menu>～</menu>` ━━ メニュー。子要素は必ず`<li>～</li>`
`<li>～</li>` ━━ メニュー項目

　ロゴとナビゲーションで構成される、レスポンシブデザインに対応しやすい、シンプルなヘッダーのHTMLを考えます。

　ヘッダーの構成要素で、最低限必要なものには次の3つがあります。

- Webサイトのロゴ
- ナビゲーション
- ナビゲーションの表示／非表示を切り替えるボタン――いわゆる「ハンバーガーメニュー」

　この3つの構成要素のうち、ナビゲーションは表示／非表示が切り替わり、それ以外は常に表示されます。

表示／非表示が切り替わる部分とそうでない部分

このことから考えて、表示／非表示が切り替わるものとそうでないもので、要素をグループ化するのが良さそうです。そこで、ロゴとハンバーガーメニューが含まれるグループと、ナビゲーションのグループ、大きく分けてふたつのグループに分けたHTMLを書きます。

■HTML 235／index.html

```
<body>
  <header class="header" id="header">
    <div class="container">
      <div class="topnav"> ──── 常に表示グループ
        <div class="logo">
          <img src="../../_shared/assets/e8-logo.svg" alt="E8 Manufacturing Inc." width="167" height="40">    ── ロゴ
        </div>
        <div id="hamburger" class="hamburger"></div> ──── ハンバーガーメニュー
      </div>
      <nav class="globalnav"> ──── 表示／非表示が切り替わるグループ
        <menu>
          <li><a href="#">企業情報</a></li>
          <li><a href="#">プロダクト</a></li>
          <li><a href="#">サポート</a></li>
          <li><a href="#">採用情報</a></li>
          <li><a href="#">お問い合わせ</a></li>
        </menu>
      </nav>
    </div>
  </header>
</body>
```

▼ ブラウザ表示

- 企業情報
- プロダクト
- サポート
- 採用情報
- お問い合わせ

236 タップすると見た目が変わる ボタンを作りたい

利用シーン
●ハンバーガーボタンを作りたいとき
●「スプライト」の作り方を知りたいとき

要素／プロパティ

@ルール

@media (width >= サイズ) {～}
——ビューポート幅が「サイズ」以上のときにだけ適用されるCSSを定義 ▶▶262

CSSプロパティ

display: none; ——要素を表示しない
background: 背景の設定; ——要素の背景を設定する
background-size: 幅 高さ; ——背景画像の表示サイズを指定する ▶▶096
background-position: 左右 上下; ——背景画像の表示位置を調整する

　ハンバーガーメニューのボタン（本節では以降「ボタン」と呼びます）をタップすると、ナビゲーションの表示／非表示が切り替わりますが、ボタン自体の表示も変わります。ボタン自体の表示を変える方法はいくつかありますが、ここでは「スプライト」と呼ばれる手法を紹介します。

　ボタンの表示を画像で作ると、タップしたら「メニューが表示される（開く）」ときの状態と、「メニューが非表示になる（閉じる）」ときの状態と、2とおり作ることになります。

　このようなとき、画像をふたつ作らずに、つなげてひとつの画像にしたものを「スプライト」といいます。

　スプライトは要素の背景画像として使用し、background-positionで位置をずらすことで、ボタンの表示を切り替えます。表示の切り替えにはJavaScriptが必要です。

　サンプルでは、ボタンとして<div>を作り、44×44pxの正方形で表示します。その背景画像にスプライトを使用し、タップするたびに表示が切り替わるようにします。また、PCサイズの画面（画面幅が768px以上）のときはボタン自体を表示しないようにします。

スプライト

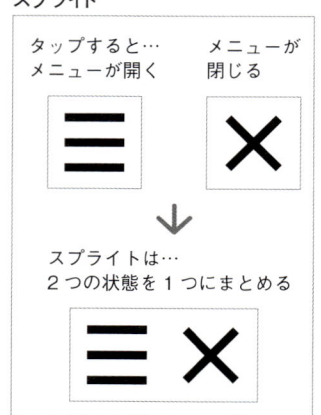

■**HTML**　　　　　　　　236／index.html

```
<head>
  中略
  <script type="module" src="scripts/
script.js"></script>
</head>
<body>
  <div id="hamburger" class=
"hamburger"></div>
</body>
```

■**CSS**　　　　　　　　236／css/style.css

```
.hamburger {
  width: 44px;
  height: 44px;
  background: url(../assets/
hamburger-e8.svg) no-repeat;
  background-size: 200%;

                      [×]表示（①）
  &.menu-is-open {
    background-position: top 0 left
-44px;
  }
                      PCでは非表示
  @media (width >= 768px) {
    & {
      display: none;
    }
  }
}
```

■**JavaScript**　　　　　　　　236／scripts/script.js

```
document.querySelector('#hamburger').addEventListener('click', (e) => {
  e.currentTarget.classList.toggle('menu-is-open');
});
```

▼ ブラウザ表示

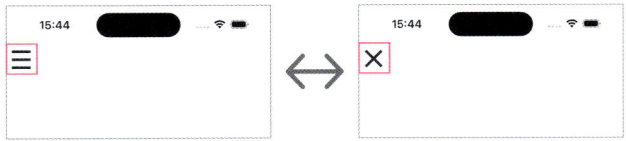

タップすると切り替わる

■JavaScriptでは何をやっている？（①）

　ハンバーガーメニューボタンを実現するのに、JavaScriptではどんな処理をしているのでしょう？ JavaScriptでは、ボタン（<div id="hamburger">）をタップしたタイミングで、class属性に「menu-is-open」をつけたり外したりしています。そのため、要素が次のコードの状態になっているときだけ、①のスタイルが適用され、表示が［×］になります。

● HTML

```
<div id="hamburger" class="hamburger menu-is-open"></div>
```

541

237 スマートフォン向けヘッダーを作りたい

利用シーン ロゴとハンバーガーボタン、基本的なナビゲーションで構成される、最もシンプルな構造のスマートフォン向けヘッダーを作りたいとき

要素/プロパティ

CSSプロパティ

display: flex; ── フレックスボックスモードで子要素を配置する ▶▶168

justify-content: 行揃えの設定; ── フレックスアイテムの行揃えを設定する ▶▶169

display: none; ── 要素を表示しない

▶▶235 で紹介したHTMLにCSSを適用し、スマートフォン向けのヘッダーを作成します。
　ロゴとハンバーガーメニューボタンは、フレックスボックスでページの左右に配置します。
　ナビゲーションのほうは、基本的には箇条書きのテキストにスタイルを適用することになるので、比較的自由にデザインができます。サンプルのナビゲーションは、テキストを中央揃えにして、各箇条書きの上辺にボーダーを引いています。
　本節では、ナビゲーションが開いた状態のデザインを作成します。

■HTML　　　　　　　　　　　　　　　　　　　　　　237/index.html

```
<header class="header" id="header">
 <div class="container">
   <div class="topnav">
     <div class="logo">
       <img src="../../_shared/assets/e8-logo.svg" alt="E8 Manufacturing Inc." width="167" height="40">
     </div>
     <div id="hamburger" class="hamburger"></div>
   </div>
   <nav class="globalnav">
     <menu>
      <li><a href="#">企業情報</a></li>
      <li><a href="#">プロダクト</a></li>
      <li><a href="#">サポート</a></li>
```

```
        <li><a href="#">採用情報</a></li>
        <li><a href="#">お問い合わせ</a></li>
      </menu>
    </nav>
  </div>
</header>
```

■CSS 　　　237/css/style.css

```
/* ページ全体
==================== */
.container {
  padding: 0 min(4%, 16px);
}
```
「088」参照

```
/* header ====================
*/
.header {
  padding-top: 16px;
  padding-bottom: 16px;
  width: 100%;
  background-color: white;
```
ロゴとボタンを左右に配置
```
  .topnav {
    display: flex;
    justify-content: space-between;
  }
```
ナビゲーション
```
  .globalnav {
    menu {
      margin: 32px 0 0;
      padding: 0;
      border-bottom: 1px solid
#E5E5E5;

      li {
        border-top: 1px solid #E5E5E5;
        padding: 12px;
        list-style-type: none;
        text-align: center;
```

```
    a {
      color: #0E312F;
      text-decoration: none;
    }
    a:hover {
      color: #FA452C;
    }
      }
    }
  }
}
```

```
/* ハンバーガーメニューボタン */
```
中略 ──── 「236」参照

▼ ブラウザ表示

543

メニューを開閉可能にしたい

利用シーン ナビゲーションが開閉できるヘッダーを作るとき

要素/プロパティ

HTML

```
<script type="module" src="JavaScriptファイルのパス"></script>
```
—— JavaScriptファイルを読み込む

CSSセレクタ

:has(セレクタ) —— 「セレクタ」で選択される要素を持つ親要素を選択

:not(セレクタ, セレクタ, ……) —— ()内の「セレクタ」で選択されない要素を選択

　前節と同じHTMLを使い、JavaScriptを読み込んで、ナビゲーションの表示/非表示を可能にします。CSSは一部コードを追加します。

■:has() 擬似クラス

　ハンバーガーボタンは ▶▶236 で紹介した方法で、ボタン自体の見た目を切り替えます。

　ここで一度、HTMLの構造を確認します。

● **HTML**　　　　　　　　　　　　　　　　　　　　　　　ヘッダーのHTML（抜粋）

```
<header class="header" id="header">
  <div class="container">
    <div class="topnav">
      <div class="logo">ロゴ</div>
      <div id="hamburger" class="hamburger"></div> ——— ボタン
    </div>
    <nav class="globalnav"> ——— ナビゲーション
      中略
    </nav>
  </div>
</header>
```

「ボタン」には、タップするたびにclass属性「menu-is-open」がついたり外れたりします。それにより、ボタン自体の見た目を変えているわけですが、ついでに<nav class="globalnav">の表示／非表示も切り替えれば、ハンバーガーメニューとして機能します。

「menu-is-open」とボタンの表示の関係

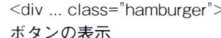

<div ... class="hamburger">
ボタンの表示

このとき、ナビゲーション
<nav class="globalnav">を
非表示にしたい

<div ... class="hamburger menu-is-open">
ボタンの表示

このとき、ナビゲーション
<nav class="globalnav">を
表示したい

ただ、HTMLを見てみると、ボタンの<div class="hamburger">と、ナビゲーションの<nav class="globalnav">は、親子関係や兄弟関係にないため、要素の選択に工夫が必要です。
ここで役に立つのが「:has()」擬似クラスです。

● 書式　:has() 擬似クラス

```
E:has( セレクタ )
```

この擬似クラスは、「()内のセレクタで選択できる要素を持っている、親要素または兄要素E」を選択します。
サンプルではこの:has()を使って、ナビゲーションの表示／非表示を実現します。

● CSS　　　　　　　　　　　「menu-is-open」がついていないときの<header>を選択

```
.header:has(.hamburger:not(.menu-is-open))
```

このセレクタは、<div class="hamburger">に「.menu-is-open」クラスがついて「いない」ときの親要素（<header class="header">）を選択します。

ハンバーガーメニューも、ナビゲーションも、<header class="header">の子要素ですから、これなら「.menu-is-open」クラスの有無に連動してナビゲーションの表示／非表示を切り替えられます。

■:not (.menu-is-open)

　「:not()」は否定擬似クラスと呼ばれ、「E:not(セレクタ)」のとき、「セレクタ」には適合しない、要素Eを選択します。先ほどのセレクタの場合、「.menu-is-open」クラスがついていない<div class="hamburger">を選択します。

● HTML　　　　　　　　　　　　　　　　　　　　　238/index.html

```
<head>
  中略
  <script type="module" src="scripts/script.js"></script>
</head>
<body class="home">
  <header class="header" id="header">
   <div class="container">
    <div class="topnav">
     <div class="logo">
       <img 中略 >
     </div>
     <div id="hamburger" class="hamburger"></div>
    </div>
    <nav class="globalnav">
     <menu>
      <li><a href="#">企業情報</a></li>
      <li><a href="#">プロダクト</a></li>
      <li><a href="#">サポート</a></li>
      <li><a href="#">採用情報</a></li>
      <li><a href="#">お問い合わせ</a></li>
     </menu>
    </nav>
   </div>
```

メニューを開閉可能にしたい

```
</header>
</body>
```

● CSS

238／css/style.css

```
中略 ──── 「237」参照
/* ナビゲーションの表示／非表示 */
.header:has(.hamburger:not(.menu-is-open)) { ──── 「menu-is-open」がないとき
  .globalnav { ──── <nav class="globalnav">を
    display: none; ──── 非表示
  }

  /* PCサイズの画面の場合は.menu-is-openがあってもナビゲーションを表示 */
  @media (width >= 768px) {
    & {
      .globalnav {
        display: block;
      }
    }
  }
}
```

▼ ブラウザ表示（左：スマホ、右：PC）

PC ではナビゲーションを常に表示

239 ヘッダーを上部に固定したい

 利用シーン ヘッダーをビューポート／ページの上部に固定したいとき

要素／プロパティ

CSSプロパティ

position: sticky;
━━ ページをスクロールして、要素がtop・right・bottom・leftプロパティで指定した位置まで来るとそこで固定

z-index: 数値;
━━ 要素の重なり順を設定 ▶▶164

ヘッダーをビューポート／ウィンドウ上部に固定し、ページをスクロールしても動かないようにするには、場所を固定したい要素に「postion: sticky;」を適用します。配置位置を指定するプロパティ（topやleftプロパティなど）とともに使用します。

「postion: sticky;」が適用された要素は、スクロールするおおもとの親要素——overflow:scrollなどが適用されている親要素がないかぎり、通常は<body>——が、leftプロパティやtopプロパティなどで指定された値に到達するまでは、親要素とともにスクロールします。それ以降は、leftやtopなどで指定した位置に固定します。

少しわかりづらい動作なので、本節のサンプルを例に説明します。

サンプルでは<header class="header">（以降<header>）に「position: sticky;」を適用しています。HTMLとCSSは次のようになっています。

■HTML　　　　　　　239/index.html

```
<body class="home">
 <header class="header"
id="header">
  中略
 </header>
  中略
</body>
```

■CSS　　　　　　　239/css/style.css

```
.header {
  position: sticky;
  left: 0;
  top: 0;
  z-index: 10000;
  中略
}
```

▼ ブラウザ表示（左：スマホ、右：PC）

　HTMLを見ると、スクロールするおおもとの親要素は<body>です。<body>が、位置（left: 0, top: 0）を超えて上方向にスクロールすると、<header>は（left: 0, top: 0）に固定します。

<body>が（0, 0）を超えてスクロールすると<header>は（0, 0）に固定される

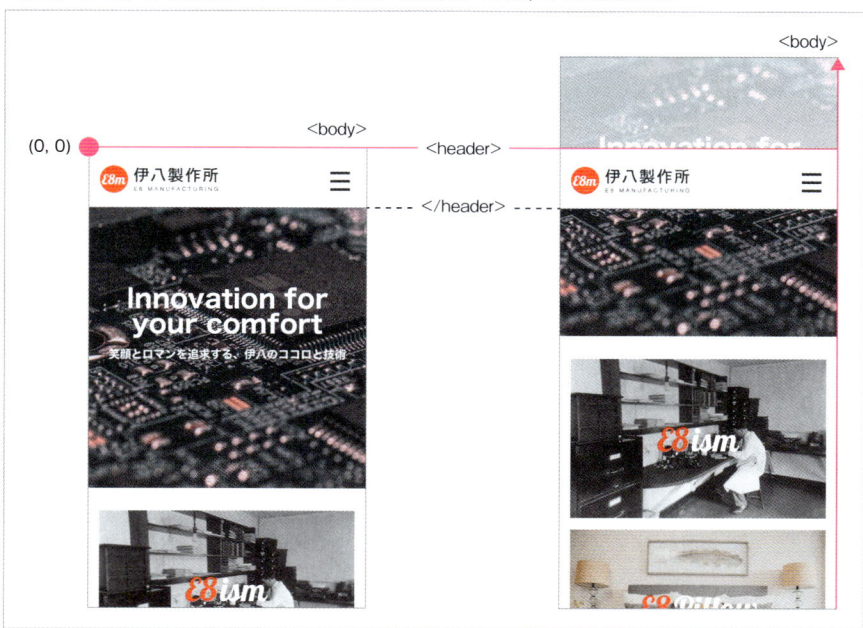

　サンプル開き、ページをスクロールしてみてください。<header>が固定されているのがわかります。<header>部分のその他のスタイルは前節と同じです。

240 レスポンシブなヘッダーにしたい①(ロゴとメニューが2行)

利用シーン
- ●レスポンシブなヘッダーを作るとき
- ●ロゴとナビゲーションが2行になっている(同じ行にない)ヘッダーを作りたいとき

要素/プロパティ

@ルール

@media (width >= サイズ) {〜}
——ビューポート幅が「サイズ」以上のときにだけ適用されるCSSを定義 ▶▶262

CSSプロパティ

position: static; ——要素の配置を通常どおりにする。ポジション配置を解除する
display: block; ——要素をブロック表示する

前節のヘッダーはスマートフォンでの使用を考えて作成していますが、PC向けにはレイアウトを変えたいときの方法を説明します。

本節のサンプルでは、ヘッダーのロゴと、ナビゲーションが2行になるタイプの、シンプルなヘッダーを作ります。これはHTMLコードでいえば、<div class="topnav">〜</div>と、<nav class="globalnav">〜</nav>が2行で表示されることになります。<div>も<nav>もブロックボックスなので、比較的シンプルなCSSを書けば実現できます。

HTMLの構造と表示の関係。ブロックボックスが2行に並ぶのでシンプル

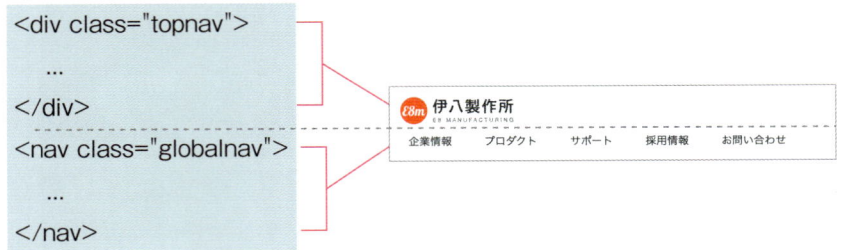

ヘッダー部分の基本的なCSSはスマートフォン版のものをそのまま使用します。PCでの表示に必要なCSSだけ追加します(「/* PC向け */」の部分)。

HTMLは前節と同じなので、CSSだけ掲載します。

■CSS

```css
.header {
  position: sticky;
```
中略
```css
  .topnav {
    display: flex;
    justify-content: space-between;
  }

  .globalnav {
    menu {
      margin: 32px 0 0;
      padding: 0;
      border-bottom: 1px solid #E5E5E5;

      li {
        border-top: 1px solid #E5E5E5;
```
中略
```css
      }
    }
  }
}
/* PC向け */
@media (width >= 768px) {          ──── 「262」参照
  .header {
    position: static;              ──── ヘッダー固定解除

    .topnav {
      display: block;              ──── フレックスボックス解除
    }
    .globalnav {
      menu {
        display: flex;             ──── ナビゲーションを横一列に
        gap: 24px;
```

「262」参照

縦書きサイドバー: Chap 11 ヘッダー／フッター／ナビゲーションのデザインテクニック

レスポンシブなヘッダーにしたい①（ロゴとメニューが2行）

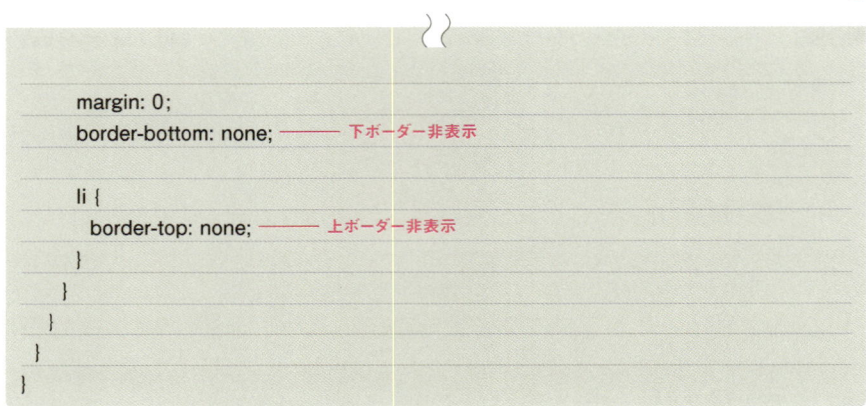

```
    margin: 0;
    border-bottom: none;        下ボーダー非表示

    li {
        border-top: none;        上ボーダー非表示
    }
  }
  }
}
}
```

▼ **ブラウザ表示**（左：スマホ、右：PC）

｜｜｜ N o t e

position: static;

postionプロパティの値「static」は、ポジション配置を元に戻し、ボックスを通常配置にします。今回の例でいえば、「position: sticky;」を解除し、ボックスを通常の配置にすることを意味しています。

241 レスポンシブなヘッダーにしたい②（ロゴとメニューが1行）

利用シーン

●レスポンシブなヘッダーを作るとき
●ロゴとナビゲーションを同じ行に並べたいとき

要素／プロパティ

@ルール

@media (width >= サイズ) {～}
━━━ビューポート幅が「サイズ」以上のときにだけ適用されるCSSを定義

CSSプロパティ

position: static; ━━━ 要素の配置を通常どおりにする。ポジション配置を解除する
display: flex; ━━━ フレックスボックススモードで子要素を配置する ▶▶168

　PC向けのヘッダーで、ロゴとナビゲーションを横一列に並べます。ヘッダーの面積を減らせて、中身のコンテンツがより多く表示できるためか、多くのサイトで見かけるデザインです。
　ロゴとナビゲーションを横一列にするには、それぞれのボックス――<div class="topnav">と<nav class="globalnav">――をフレックスボックスで並べます。HTMLもCSSも前節とほとんど変わらず、横一列にするスタイルだけを追加しています。

■HTML   241／index.html

```
<header class="header" id="header">
  <div class="container">
    <div class="topnav">
      中略
    </div>
    <nav class="globalnav">
      中略
    </nav>
  </div>
</header>
```

レスポンシブなヘッダーにしたい② (ロゴとメニューが1行)

■CSS

```
.header {
  中略 ——「240」参照
}
/* PC向け */
@media (width >= 768px) {
  .header {
    position: static;

    /* .topnavと.globalnavを横一列に並べる */
    .container {
      display: flex;
      justify-content: space-between;
    }
    中略
  }

  /* ハンバーガーボタン スマートフォンでのみ表示 */
  中略
```

▼ ブラウザ表示

PCサイズ。スマートフォンの表示は前節と同じ

242

ヘッダーより上に
キャンペーンを表示したい

利用シーン

- ●ヘッダーより上の領域に、小さなお知らせを表示したいとき
- ●スクロールするとお知らせは消えるが、ヘッダーは残るようにしたいとき

要素／プロパティ

CSSプロパティ

position: sticky;

―― ページをスクロールして、top・right・bottom・leftプロパティで指定した位置まで来るとそこで固定

ページをスクロールすると隠れるコンテンツを、ヘッダーより上に追加します。ヘッダーは、ページをスクロールしてビューポート／ウィンドウの上部まで来たらそこで固定されます。

キャンペーンの告知など、一時的にコンテンツを追加するときによく使われるテクニックです。

■HTML

242／index.html

```
<body class="home">
  <div class="notification">来年のツアーをいま予約すると<strong>40％OFF!</strong> ご
利用ください</div> ―――― スクロールすると隠れる
  <header class="header" id="header"> ―――― ビューポート上部で固定
  中略
  </header>
  中略
</body>
```

■CSS

242／css／style.css

```
中略
.notification {
  padding: 4px 0;
  font-size: 0.875rem;
  text-align: center;
  color: white;
  background: #6A0FBF;
```

```
strong {
  color: #FFDC61;
  }
}
.header {
  position: sticky;
  left: 0;
  top: 0;
}
```

▼ ブラウザ表示（上：スマホ、下：PC）

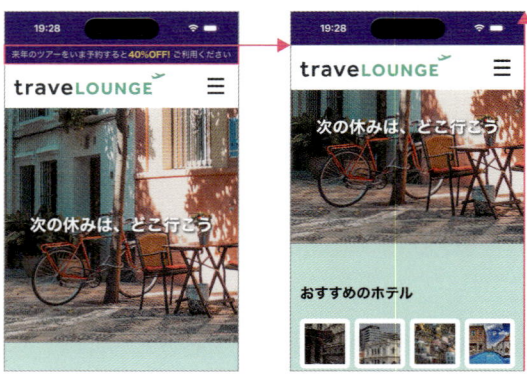

243 スクロール量に合わせて ヘッダーの高さを変えたい

利用シーン ヘッダーすべてではなく、ナビゲーションの部分だけページの上部に固定したいとき

要素 / プロパティ

CSS プロパティ

position: sticky;

━━ ページをスクロールして、top・right・bottom・left プロパティで指定した位置まで来るとそこで固定

　スクロールに合わせてヘッダーの高さを変える例を紹介します。前節の、ヘッダーより上にキャンペーン広告を表示するのと同様、こちらもよく使われます。

　テクニックとしては前節と似ていますが、HTMLの構造と「position: sticky;」を適用する場所が変わります。

　位置を固定したい要素を<body>の直接の子要素にしたうえで、「position: sticky;」を適用します。

HTMLの構造とCSSを適用する要素の関係

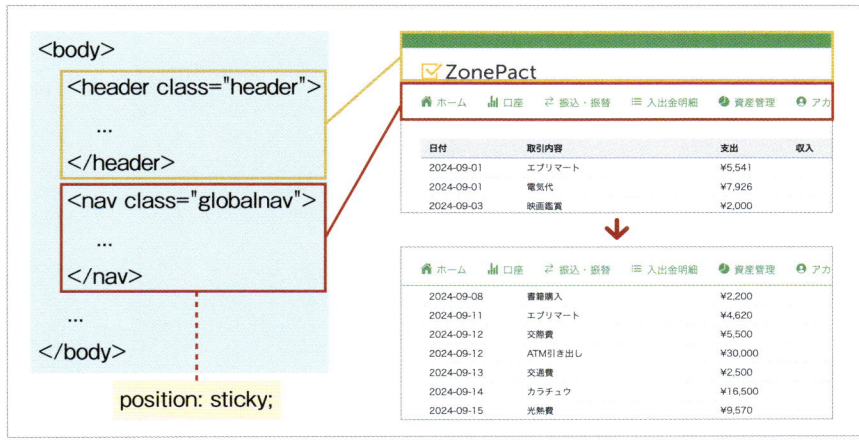

```html
<body>
  <header class="header" id="header">
    <div class="first-row"> ――― ログアウトボタンがあるヘッダー1行目
      <div class="container limit">
        <a href="#"> 中略 </ion-icon>ログアウト</a>
      </div>
    </div>
    <div class="second-row"> ――― ロゴがあるヘッダー2行目
      <div class="container limit">
        <div class="logo">
          <img src="../../_shared/assets/zonepact-logo.svg" 中略 >
        </div>
      </div>
    </div>
  </header>
  <nav class="globalnav"> ――― ナビゲーションがあるヘッダー3行目
    <menu class="container limit">
      <li>
        <a href="#">
          <ion-icon name="home"></ion-icon>
          ホーム
        </a>
      </li>
      中略
    </menu>
  </nav>
  中略
</body>
```

```css
.header {
  .first-row { ――― ヘッダー1行目
    padding-top: 2px;
    padding-bottom: 2px;
    background-color: #46A968;
    font-size: 0.875rem;
    text-align: right;

    a {
      color: #FFF;
```

```
      text-decoration: none;
    }
  }
  .second-row {          ───── ヘッダー2行目
    padding-top: 24px;
  }
}

.globalnav {          ───── ヘッダー3行目
  position: sticky;
  left: 0;
  top: 0;
  z-index: 10000;

  margin-bottom: 32px;
  border-bottom: 1px solid #46A968;
  padding: 24px 0 12px 0;
  background: white;

  menu {
    display: flex;
    gap: 32px;

    ion-icon {
      margin-right: 0.125rem;
      transform: scale(1.2);
    }
  }
}
```

▼ ブラウザ表示

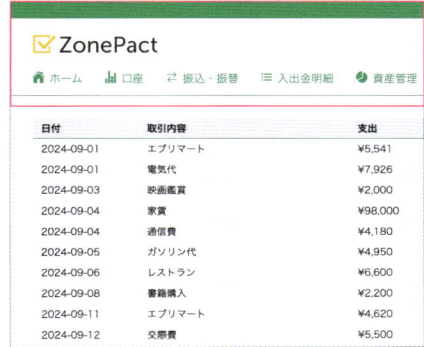

244 スマートフォン・PC共用の ナビゲーションにしたい

利用シーン
●スマートフォンとPCでヘッダー／ナビゲーションのデザインを切り替えず、共用にしたいとき
●全画面のナビゲーションメニューを作りたいとき

要素/プロパティ

CSSプロパティ

position: fixed;　── 要素の位置を固定する ▶▶167
top: 大きさ;　── 「position: relative;」が指定されている親要素の上端からの距離 ▶▶160
left: 大きさ;　── 「position: relative;」が指定されている親要素の左隅からの距離 ▶▶160
z-index: 数値;　── 要素の重なり順を設定 ▶▶164
overflow: auto;　── ボックスをスクロール可能にする ▶▶090

CSSの値

vw　── ビューポートの全幅を100vwとする長さ
dvh　── 動的に変化するビューポートサイズに連動し、「いまの」高さを100dvhとする長さ

　本章でこれまでに紹介してきたものとは異なるタイプのナビゲーションを紹介します。ナビゲーションを全画面で表示するデザインです。スマートフォンとPCで極力デザインを統一したいときに使われます。

■ナビゲーションを全画面表示する基本的な考え方
　デザインを作るときの基本的な考え方を説明します。
　HTMLは ▶▶238 などとまったく同じで、基本構造は<header>のなかに、ロゴとボタンがある<div>～</div>と、ナビゲーションの<nav>～</nav>が含まれます。

●HTML

HTMLの基本構造

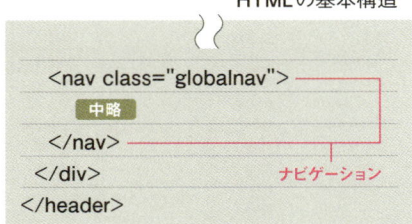

```
<header class="header" id="header">
  <div class="container">        ロゴとボタン
    <div class="topnav">
      中略
    </div>
```

```
      <nav class="globalnav">
        中略
      </nav>
    </div>                        ナビゲーション
  </header>
```

CSSでは、ナビゲーションを、全画面を覆うサイズにします。

そのうえで、ナビゲーションが表示されているときはページにぴったり重なるように左上から配置し、表示されていないときは、ビューポート外に配置します。どちらの場合も「position: fixed;」を適用し、固定配置にします。

ナビゲーションに適用するCSSのイメージ（図中の単位は後述）

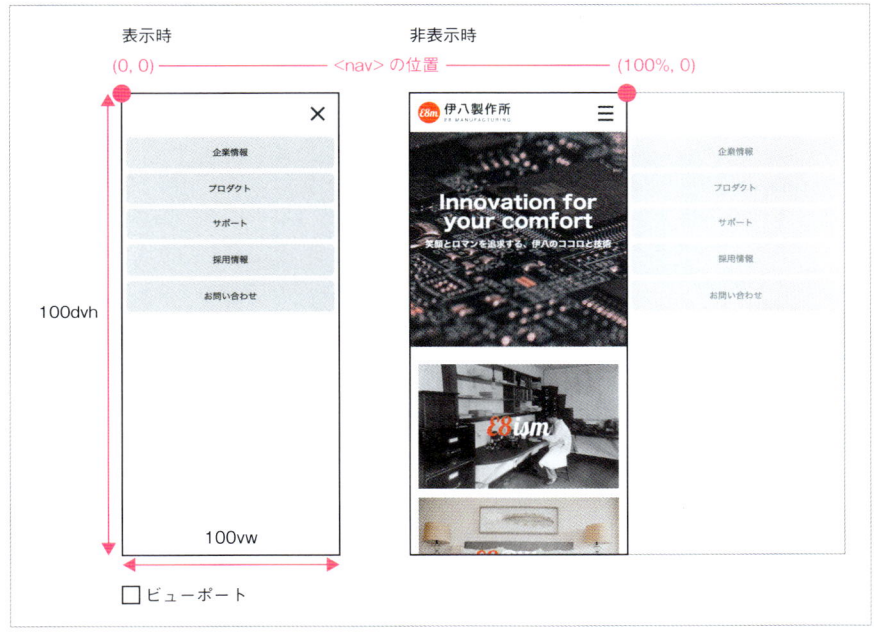

表示／非表示の切り替えは、これも ▶▶238 同様、ハンバーガーボタン（<div id="hamburger" class="hamburger">）に追加・削除されるクラスで行います。

ここまでをまとめると、これから紹介するサンプルは次のような動作をします。

ハンバーガーボタンにクラス「menu-is-open」が……

* ついていれば、<nav>を「top: 0」「left: 0」で配置
* ついていなければ、<nav>を「top: 0」「left: 100％」で配置

leftを100％にすると、要素はビューポート外に配置されます。

それではサンプルを見てみましょう。

サンプルでは、メニューが表示されるときに、画面右からスライドします。

CSSは、動作をコントロールする部分を中心に、抜粋して掲載します。完全なソースコードはサンプルデータをご覧ください。

```html
<header class="header" id="header">
  <div class="container">
    <div class="topnav">
      <div class="logo">
        <img src="../../_shared/assets/e8-logo.svg" alt="E8 Manufacturing Inc." width=
"167" height="40">
      </div>
      <div id="hamburger" class="hamburger"></div>
    </div>
    <nav class="globalnav">
      <menu>
        <li><a href="#">企業情報</a></li>
        <li><a href="#">プロダクト</a></li>
        <li><a href="#">サポート</a></li>
        <li><a href="#">採用情報</a></li>
        <li><a href="#">お問い合わせ</a></li>
      </menu>
    </nav>
  </div>
</header>
```

```css
.header {
  中略

  .topnav {          ——— ロゴとボタン
    display: flex;
    justify-content: space-between;
  }

  .globalnav {       ——— ナビゲーション
    position: fixed;  ——— 固定表示
    top: 0;
    left: 100%;       ——— 非表示時。ビューポート外に
    z-index: 10000;

    overflow: auto;   ——— ①

    width: 100vw;     ——— 全画面のサ
    height: 100dvh;       イズで表示
```

```css
    /* アニメーション */      positionの値が変
                            わったときにアニメー
    transition: left 0.3s ease-in-out;  ——— ション（「288」参照）

    ナビゲーションのなかのスタイル。自由に作れる
    menu {
      中略
    }
  }
}
/* ハンバーガーボタン */
中略  ——— 「238」と同じ
.header:has(.hamburger.menu-is-open) {
  .globalnav {        ——— ナビゲーション表示時
    left: 0;           ——— ビューポート左上に配置
  }
}
```

▼ ブラウザ表示

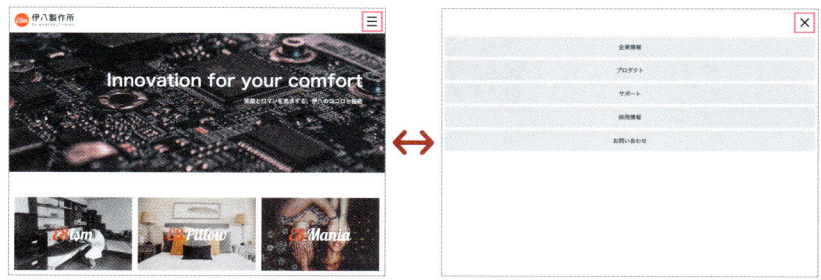

スマートフォン表示はP.561の図を参照

■単位 svh、lvh、dvh

単位 vw はビューポートの全幅を100とする長さ、vh は全高を100とする長さです。 ▶▶198

しかし、端末によってはビューポートの高さが変わるものがあります。

たとえば iPhone の Safari では、ページをスクロールするとブラウザの操作画面が一部隠れて見えなくなるため、ページを表示できる高さが変化します。

そこで、高さが「短いときを指す単位」と「長いときを指す単位」が作られました。それが単位「svh」と「lvh」です。

さらに、短い svh から長い lvh まで、そのときの画面の状況によって長さが変化する単位ができました。それが「dvh」です。

高さの変化と単位 svh、lvh

dvh は現在のビューポートの全高を100dvhとする単位です。サンプルでは全画面メニューの高さを指定するのに単位dvhを使いました。

■メニューの中身をスクロール可能にする（①）

CSSの①の部分に「overflow: auto;」が書かれていて、`<nav>`がスクロールできるようになっています。 ▶▶090

これにより、メニューの数が多くて、画面に収まらなくても、操作に支障が出ないようにしています。全画面ナビゲーションを作るときには必ず入れておくことをおすすめします。

245 横スクロールできるメニューを作りたい

利用シーン スマートフォンでよく見かける、たくさんのリンクを横一列に並べ、スクロールできるようにしたメニューを作りたいとき

要素/プロパティ

CSSプロパティ

display: flex; ━━ フレックスモードで子要素（フレックスアイテム）を配置する ▶▶168

flex-flow: 並べる方向 改行の設定;
━━ flex-directionとflex-wrapを一括で設定できるショートハンド・プロパティ ▶▶176

flex: 伸長する比率 縮小する比率 ベースサイズ;
━━ フレックスアイテムの伸縮設定 ▶▶173

overflow-x: auto; ━━ ボックスを横方向にスクロール可能にする ▶▶090

　横スクロールできるメニューを作成します。とくにスマートフォンで見かけるUIで、多数のリンクテキストを掲載したいときに使われます。
　リンクテキストを横に並べるのはフレックスボックスを使います。少し注意しなければならないのは、リンクのテキストが改行しないように、flexプロパティでボックスの拡大／縮小をオフにする設定が必要なことです。
　サンプルでは、13項目のリンクを横に並べています。

■HTML   245/index.html

```
<header class="header simple" id="header">
  中略
  <nav class="globalnav">
    <menu> ━━━ フレックスコンテナ
      <li><a href="#">ホテル</a></li>
      <li><a href="#">航空券</a></li>
      中略
      <li><a href="#">セール</a></li>
      <li><a href="#">会員について</a></li>
    </menu>
```

```
    </nav>
  </header>
```

■CSS
245/css/style.css

```
.header {
  中略
  .globalnav {
    menu {
      display: flex;
      flex-flow: row nowrap;
      justify-content: left;
      gap: 32px;
      padding: 0 0 16px 0;          ── ①
      list-style-type: none;
      overflow-x: auto;

      li {
```

```
      flex: 0 0 auto;

      a {
        color: #3C5453;
        text-decoration: none;
      }
      a:hover {
        color: #FFDC61;
      }
    }
  }
}
```

①リンクテキストとスクロールバーが重ならないように下パディングをつけている

▼ ブラウザ表示（上：スマホ、下：PC）

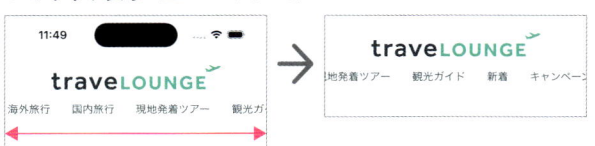

246 パンくずリストを作りたい

 **利用シーン** おもに PC 向けのレイアウトのときに、パンくずリストを表示したいとき

要素/プロパティ

CSS セレクタ

:last-child
—— 最後の子要素を選択 ▶▶117

::after
—— 要素のテキストの「直後」を選択 ▶▶041

CSS プロパティ

display: inline-block;
—— 要素をインラインブロック表示する ▶▶212

content: "コンテンツ";
—— ::before、::after で選択された位置に「コンテンツ」を挿入する

　「パンくずリスト」とは、ユーザーがいま Web サイトのどこのページを見ているのかがわかるように、ホーム（トップページ）からのリンクを並べて表示したものです。

　パンくずリストはホームからのリンクの序列を表していることから、HTML は <ol> タグと <li> タグを使ってマークアップするのがよいでしょう。

　<li> を横に並べることになるため、CSS にはフレックスボックスを使うか、<li> に「display: inline-block;」を適用します。 ▶▶212 　サンプルでは後者を採用しています。

■**HTML** 246/index.html

```
<div class="breadcrumb">
  <div class="container">
    <ol>
```

```
        ⟨⟨
      <li><a href="#">ホーム</a></li>
      <li><a href="#">プロダクト</a></li>
      <li><a href="#">家庭向け</a></li>
      <li><a href="#">サーキュレーター</a></li>
      <li>E8-0123</li>
    </ol>
  </div>
</div>
```

■CSS　246/css/style.css

```
.breadcrumb {
  margin: 0;
  padding: 1rem 0;
  background-color: #E5E5E5;
  font-size: 0.875rem;

ol {
  margin: 0;
  padding: 0;
  list-style: none;

li {
    display: inline-block;
        ⟨⟨
```

```
        ⟨⟨
      &::after {          リンクの後ろに記号を表示
        content: "»";
        padding: 0 0.5rem;
        color: #B3B3B3;
      }
      &:last-child::after {
        content: none; ──┐
      }                最後だけ記号を表示しない
    }
  }
}
```

▼ ブラウザ表示（上：スマホ、下：PC）

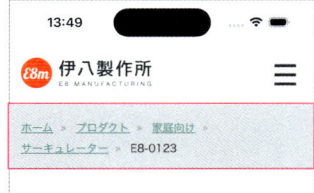

247 いま開いているページの リンクをハイライトしたい

利用シーン いま閲覧しているのがどのページなのか、ユーザーにわかり やすく伝えたいとき

要素 / プロパティ

HTML属性

class="クラス名"

―――― class属性。おもにCSSを適用するために、タグに「クラス名」をつける

CSSセレクタ

.クラス名

―――― class属性に「クラス名」が設定されているタグにCSSを適用

　いま閲覧しているページがどこなのかわかりやすいように、グロー バルナビゲーションのリンクをハイライトします。

　ハイライトしたいナビゲーション項目の<a>にクラス属性を追加し て、CSSにはそのクラス属性に適用されるスタイルを書きます。簡単な テクニックですが、ユーザーに「いまどのページを見ているのか」を伝 える効果も高く、多くのサイトで使われています。

　サンプルでは、現在のページをホバー時と同じテキスト色にしてい ます。

■HTML　　　　　　　　　　　　　　　　　　　　　247/index.html

```html
<nav class="globalnav">
 <menu>
  <li><a href="#">企業情報</a></li>
  <li><a href="#" class="current">プロダクト</a></li>
  <li><a href="#">サポート</a></li>
  <li><a href="#">採用情報</a></li>
  <li><a href="#">お問い合わせ</a></li>
 </menu>
</nav>
```

■CSS

```
menu {
  中略
  a:hover,
  a.current {
    color: #FA452C;

  }
 }
}
```

▼ ブラウザ表示（上：スマホ、下：PC）

248 フッターを作りたい

利用シーン
ロゴと主要なページへのリンク数点を掲載したフッターを作りたいとき

要素/プロパティ

HTML

`<menu>～</menu>` ——— メニュー。子要素は必ず`<li>～</li>`

`<li>～</li>` ——— メニュー項目

CSSプロパティ

`display: contents;`
——— 適用された要素のボックスを生成しない（子要素は表示する）

`display: flex;`
——— フレックスボックスモードで子要素を配置する **▶▶168**

`flex-direction: column または row;`
——— フレックスアイテムを並べる方向（縦方向か横方向）を設定する **▶▶171**

シンプルなフッターの作成方法を説明します。

フッターには、Webサイトのロゴ、主要なページへのリンク（ナビゲーション）、コピーライトのテキストが掲載されることが多いといえます。

これらのコンテンツを、スマートフォンでは縦に並べ、PCでは横に並べることが多いため、フレックスボックスを使ってレイアウトします。

サンプルでは、ヘッダーとナビゲーションのリンクを縦または横に並べています。

この場合、ロゴの`<div class="logo">`と、`<menu class="links">`のなかにある`<li>`を並べることになります。これらの要素に「共通の直接の親要素」がないため、フレックスボックスを使うには工夫が必要です。CSSは主要部分を抜粋して掲載します。

■HTML

248/index.html

```
<footer class="footer">
  <div class="container">
    <div class="footer-nav"> ——— フレックスコンテナ
```

```
<div class="logo">
  <img src="../../_shared/assets/e8-logo-alt.svg" 中略 > ——— ロゴ
</div>
<menu class="links">
  <li><a href="#">企業情報</a></li>
  <li><a href="#">プロダクト</a></li>
  <li><a href="#">サポート</a></li>        ——— ナビゲーション
  <li><a href="#">キャンペーン</a></li>
  <li><a href="#">採用情報</a></li>
  <li><a href="#">お問い合わせ</a></li>
</menu>
</div>
<p class="copyright">
  <small>&copy;E8 Manufacturing Inc.</small>   ——— コピーライト
</p>
</div>
</footer>
```

■CSS

248/css/style.css

```
.footer {
  中略
  /* フレックスコンテナ */
  .footer-nav {
    display: flex;
    flex-direction: column;      ——— 縦に並べる
    gap: 8px;

    .logo {  ——— ロゴ
      text-align: center;
    }
    .links {  ——— ナビゲーション
      display: contents;  ——— ①
        中略
    }
  }
}

.copyright {  ——— コピーライト
  中略
  text-align: center;
}
```

```
@media screen and (width >= 768px)
{ ——— PC
  & {
    /* フレックスコンテナ */
    .footer-nav {
      flex-direction: row;  ——— 横に並べる
      justify-content: left;
      align-items: end;
      gap: 32px;

      .logo {
        flex: 0 0 167px;  ——— ロゴのサイズを固定
      }
    }

    .copyright {
      text-align: left;
    }
  }
}
```

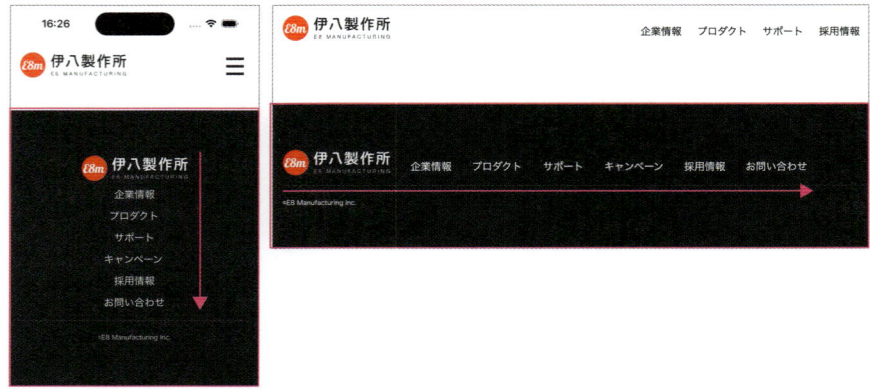

ロゴとナビゲーションがスマートフォンでは縦、PCでは横一列に並ぶ

■display: contents; (①)

　サンプルでは、<div class="footer-nav">に「display: flex;」を適用し、フレックスコンテナにしました。ロゴが含まれる<div class="logo">はコンテナの直接の子要素ですが、<menu class="links">内の6つの<li>はそうではありません。<li>がフレックスアイテムにならないので、ロゴと一緒に縦・横に並べることができません。

　そこで、<menu class="links">にCSSの①の部分、「display: contents;」を適用します。

　このスタイルが適用された要素は、ボックスが生成されず、「存在しない」ような扱いになります。すると、<li>がフレックスコンテナの直接の子要素になるので、ロゴとともに縦・横に並べられるようになります。

<menu class="links">が"存在しない"ので、<li>が直接の子要素として認識される

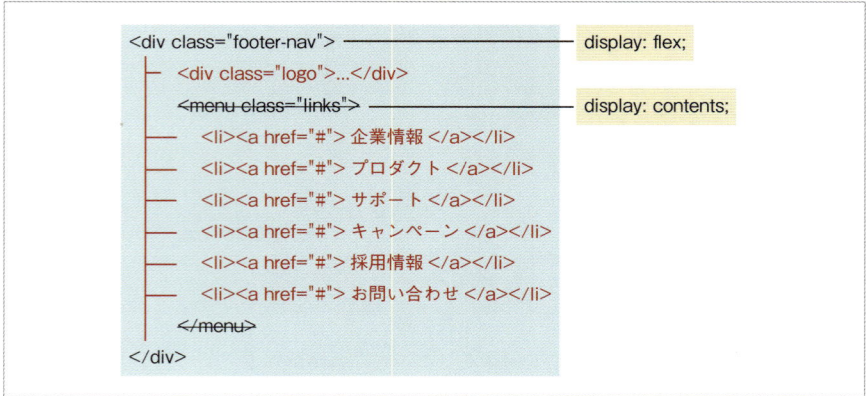

ページレイアウトの
テクニック

フレックスボックスやグリッドレイアウトを使った、レスポンシブデザイン
対応のシングル／2コラム／3コラムレイアウトのテクニックを紹介しま
す。コードはパターン化されているので、一度知っておけばどんなペー
ジにも応用が利きます。

Chapter **12**

249 伸縮するシングルコラムレイアウトを作成したい

利用シーン
- ●サイドバーがないシングルコラムのレイアウトを作りたいとき
- ●ほぼすべてのレイアウトのベースになるHTMLとCSSを用意したいとき

要素/プロパティ

CSSプロパティ

margin: 上 右 下 左;
—— 四辺のマージンを設定する ▶▶085

padding: 上 右 下 左;
—— ボックスの周囲にパディングを設定する ▶▶084

ページ全体の土台となるレイアウトを作成します。本節で取り上げるのはビューポート／ウィンドウ（以降本節ではウィンドウと呼びます）幅いっぱいに広がる、シングルコラムレイアウトです。

ヘッダー、ヒーロー画像、ページの主要なコンテンツが含まれるメイン領域、フッターの4つのボックスを順番に、縦に並べます。簡単なレイアウトですが、2点、注目したいところがあります。

ひとつは、ボックスによって、そのボックス内のコンテンツがウィンドウの端まで表示されるのか（図の❶の部分）、ヘッダーやメイン、フッターのように、左右両端に少しスペースを空けるのか、という点です。

❶のように、コンテンツが端まで表示されるなら ▶▶193 の方法で、スペースを空けるなら ▶▶088 の方法でボックスを作成します。

もうひとつは、ヒーロー画像とメイン領域、メイン領域とフッターなど、異なるボックスとの間にどうやってスペースを空けるか、という点です（図の❷の部分）。マージンとパディングをうまく

レイアウトのイメージ

使い分ける必要があります。

　サンプルでは、実践ですぐに使えるように、各ボックスのコンテンツには意味のないテキストだけが入っています。テキストはすべて消して、中身は自由に作れます。

　また、CSSは、レイアウトに必要な部分と、背景色をつけるなど装飾的な部分を分けてあります。紙面のソースコードではレイアウトに必要な部分のCSSだけ抜粋して掲載しています。

■HTML

249/index.html

```
<body>
 <header class="header" id="header">
  <div class="container">
   <!-- ヘッダー -->
   <div class="block-name">Header</div>
  </div>
 </header>
 <div class="hero">
  <!-- ヒーロー -->
  <div class="block-name">Hero</div>
 </div>
 <main>
  <div class="container">
   <!-- メイン -->
   <div class="block-name">Main</div>
   中略
  </div>
 </main>
 <footer class="footer">
  <div class="container">
   <!-- フッター -->
   <div class="block-name">Footer</div>
  </div>
 </footer>
</body>
```

■CSS

```
/* レイアウトのための CSS ========== */
.container {
  padding: 0 min(4%, 16px);                    ①
}
.header {
  padding: 32px 0; /* ヘッダー内のスペース調整 */
}
main {
  margin: 16px 0; /* ヒーローおよびフッターとのスペース調整 */
  padding: 16px 0; /* メイン内のスペース調整 */
}
.footer {
  padding: 32px 0; /* フッター内のスペース調整 */
}
```

▼ ブラウザ表示 （左：スマホ、右：PC）

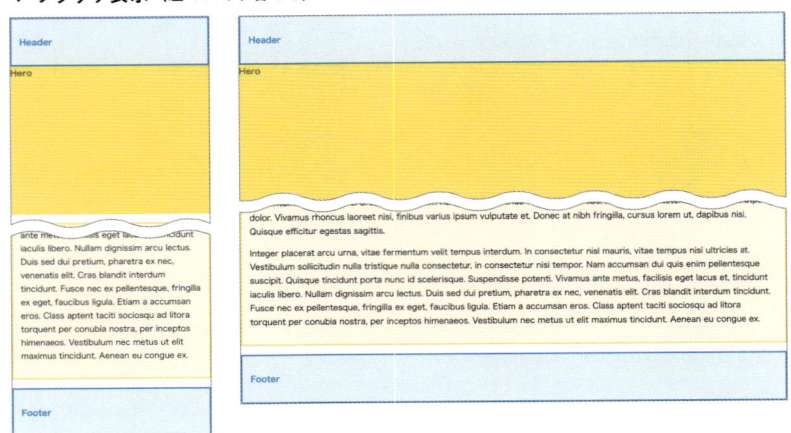

4つのボックスは、不要であればHTMLから削除できます。たとえば、ヒーロー画像を載せない場合は、<div class="hero">〜</div>を削除してかまいません。

■ボックス間はマージンで、ボックス内はパディングでスペース調整（①）

ヒーローとメイン、メインとフッターなど、ボックス間のスペースを調整するときは、上下マージンの値を書き換えます。また、これらのボックスの外周と、なかに含まれるコンテンツとの間のスペースを調整するときは、各ボックスの上下パディングの値を書き換えます。

そして、ボックスの左右にスペースを設けるときは、子要素（<div class="container">）に左右パディングを設定します（①の部分）。

250 メインエリアの幅の上限を決めたい

利用シーン **PC表示のとき、ページの幅が広くなりすぎないようにしたいとき**

要素/プロパティ

CSSプロパティ

max-width: 幅;
—— 親要素の幅に合わせて伸縮するが、「幅」以上には広がらない
設定にする

margin: 0 auto;
—— ボックスを親要素の中央に配置する

　前節で紹介した基本レイアウトをベースに、PCで表示するときのみ、メイン部分だけ、1000px以上横には広がらないようにします。ブログなどの記事ページでよく使われるレイアウトです。
　スタイルを適用するために、「limit」クラスを新たに作成し、幅が広がらないようにするボックスの<div class="container">にそのクラスを追加します。▶088　それ以外はHTML、CSSとも前節と変わりません。

■**HTML**　　　　　　　250/index.html

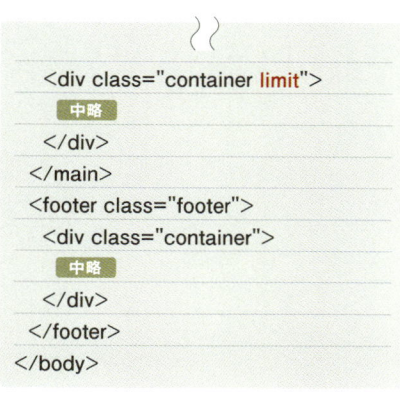

■**CSS**　　250／css/style.css

```css
.container {
  padding: 0 min(4%, 16px);
}
.limit {
  margin: 0 auto;
  max-width: 1000px;
}
.header {
  padding: 32px 0;
}
main {
  margin: 16px 0;
  padding: 16px 0;
}
.footer {
  padding: 32px 0;
}
```

▼ ブラウザ表示

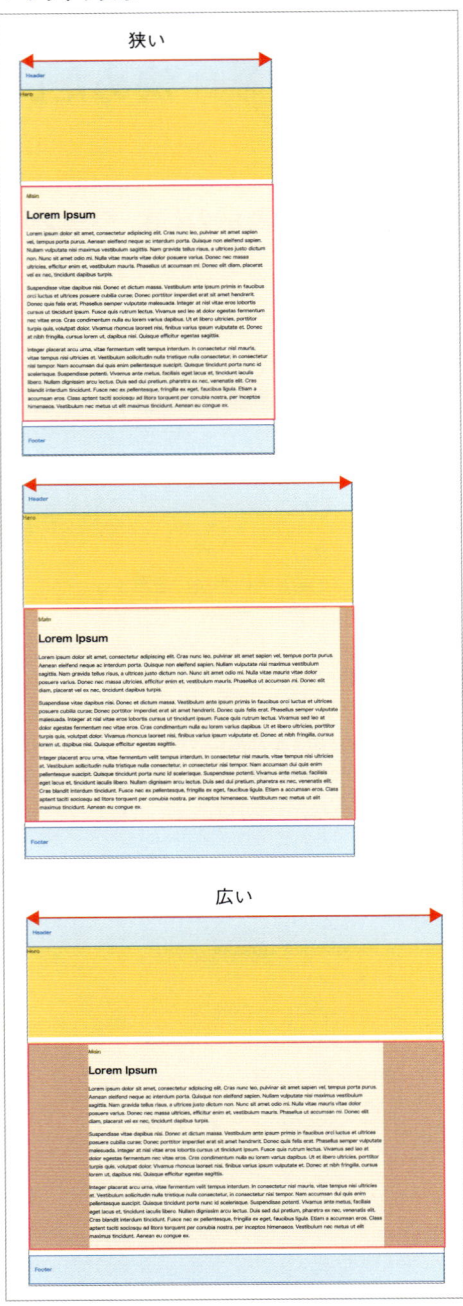

狭い

広い

ウィンドウが広くてもコンテンツの幅は最大 1000 px

251

2コラムレイアウトを作りたい (flexbox)

利用シーン

● スマートフォンではシングル、PCでは2コラムになるレイアウトを作りたいとき
● フレックスボックスで作りたいとき

要素/プロパティ

CSSプロパティ

display: flex;
―― フレックスボックスモードで子要素を配置する **▶▶168**

flex-direction: column または row;
―― フレックスアイテムを並べる方向（縦方向か横方向）を設定する

flex: 伸長する比率 縮小する比率 ベースサイズ;
―― フレックスアイテムの伸縮設定 **▶▶173**

order: 番号;
―― フレックスアイテムまたはグリッドアイテムの表示順序

PC向け表示のとき、2コラムになるレイアウトを作成します。

コラムレイアウトは、シングルコラムレイアウト **▶▶249** **▶▶250** をベースに、フレックスボックスかグリッドレイアウトでコラムを作ります。どちらを使ってもかまいません。本節ではフレックスボックスを使って、メイン領域を2コラムレイアウトにします。

■HTML
2コラムレイアウトの基本的なHTML

```
<main> ――― メイン領域
  <div class="container"> ――― 要素を二重にする

    <div class="maincol"> ――― メインコラム
      <div class="container">
       主要なコンテンツ
      </div>
    </div>
    <aside class="sidebar"> ――― サイドバー
      <div class="container">
```

```
          サイドバー
        </div>
      </aside>
    </div>
  </main>
```

スペース調整や背景・ボーダーを適用するときのために、メイン領域、メインコラム、サイドバーとも、要素を二重にしておくのがポイントです。 ▶▶088

そして、スマートフォン表示のときはHTMLの順に、PC表示のときはメインコラムとサイドバーを横一列に並べるCSSを記述します。

サンプルを見てみましょう。メイン領域を最大幅1000pxで、サイドバーの幅を280pxに固定して、右に表示します。

■HTML

```
<body>
  <header class="header" id="header">
    中略
  </header>
  <main> ——— メイン領域
    <!-- メイン -->
    <div class="cols limit">
      <div class="maincol"> ——— メインコラム
        <div class="container">
          中略
        </div>
      </div>
      <aside class="sidebar"> ——— サイドバー
        <div class="container">
          中略
        </div>
      </aside>
    </div>
    <!-- メイン -->
  </main>
  <footer class="footer">
    中略
  </footer>
</body>
```

■CSS　　251/css/style.css

```css
/* レイアウトのための CSS ==========
*/
.container {
  padding: 0 min(4%, 16px);
}

.cols .container {
  padding: 16px;
}
.limit {
  margin: 0 auto;
  max-width: 1000px;
}
```
〔中略〕
```css
main {
  margin: 16px 0;

  .cols {
    display: flex;
    flex-direction: column;
    gap: 16px;
```

コンテンツと周辺のボーダー間
にスペースを空けるときに必要

標準（スマート
フォン）では縦に

メイン／サイドバー
とのスペース調整

```css
}

@media (width >= 768px) {
  & {
    .cols {
      flex-direction: row;

      .maincol {
        flex: 1 1 auto;
      }
      .sidebar {
        flex: 0 0 280px;
      }
    }
  }
}
```
〔中略〕

PC 表示では横に

サイドバーの幅

▼ ブラウザ表示（左：スマホ、右：PC）

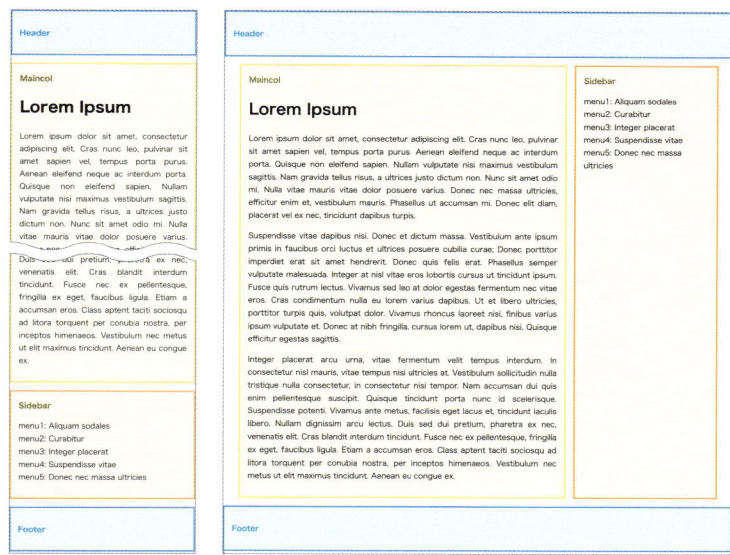

スマートフォンではサイドバーはメインコラムの下に表示される

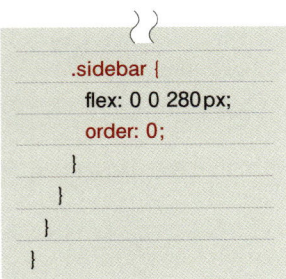

サイドバーを左に表示したいときは

サイドバーを左に表示したいときは、HTMLを編集せずに、orderプロパティでボックスの表示順序を変更します。

orderプロパティはフレックスボックスで並んだボックスの並び順を指定するもので、各フレックスアイテムに適用します。

値には単位なしの数を設定します。負数でも、小数でもかまいません。フレックスアイテムは、値が小さいものから順に並びます。

● **書式** フレックスアイテムの並び順を設定する

```
order: 数値;
```

次のサンプルでは、`<div class="maincol">`と`<aside class="sidebar">`にorderプロパティを適用し、左サイドバーを実現しています。CSSのみ掲載しますが、表示を確認したい場合は「251/left-sidebar.html」をブラウザで開いてください。

● **CSS** 251/css/left-sidebar.css

```
@media (width >= 768px) {
  & {
    .cols {
      flex-direction: row;

    .maincol {
      flex: 1 1 auto;
      order: 1;
    }

    .sidebar {
      flex: 0 0 280px;
      order: 0;
    }
  }
}
```

▼ ブラウザ表示

Header

Sidebar	Maincol
menu1: Aliquam sodales menu2: Curabitur menu3: Integer placerat menu4: Suspendisse vitae menu5: Donec nec massa ultricies	**Lorem Ipsum** Lorem ipsum dolor sit amet, consectetur adipiscing elit. Cras nunc leo, pulvinar sit amet sapien vel, tempus porta purus. Aenean eleifend neque ac interdum porta. Quisque non eleifend sapien. Nullam vulputate nisi maximus vestibulum sagittis. Nam gravida tellus risus, a ultrices justo dictum non. Nunc sit amet odio mi. Nulla vitae mauris vitae dolor posuere varius. Donec nec massa ultricies, efficitur enim et, vestibulum mauris. Phasellus ut accumsan mi. Donec elit diam, placerat vel ex nec, tincidunt dapibus turpis. Suspendisse vitae dapibus nisi. Donec et dictum massa. Vestibulum ante ipsum primis in faucibus orci luctus et ultrices posuere cubilia curae; Donec porttitor imperdiet erat sit amet hendrerit. Donec quis felis erat. Phasellus semper vulputate malesuada. Integer at nisl vitae eros lobortis cursus ut tincidunt ipsum. Fusce quis

252 2コラムレイアウトを作りたい（grid）

利用シーン

●スマートフォンではシングル、PCでは2コラムになる
レイアウトを作りたいとき
●グリッドレイアウトで作りたいとき

要素／プロパティ

CSSプロパティ

display: grid; ——— グリッドレイアウトで子要素を配置する ▶▶179

grid-template-columns: 列の幅 列の幅 …… ;
——— 列テンプレートの設定。グリッドの列数と各列の幅を決定する ▶▶179

order: 番号 ; ——— フレックスアイテムまたはグリッドアイテムの表示順序

　グリッドレイアウトを使い、PC向けに2コラムレイアウトを作成します。フレックスボックスよりもグリッドレイアウトのほうがCSSのコードが短くなり、シンプルにもなるのでおすすめです。

　スマートフォンのときはシングルコラム、PCのときは2コラムと、画面幅に合わせてコラム数を変えるわけですが、これをグリッドレイアウトで実現するには、コラムテンプレート（grid-template-columns）を変更します。テクニックとしては ▶▶185 で紹介したものと同じです。

　HTMLは前節と同一です。CSSのみ掲載します。

■CSS　　　　252/css/style.css

```css
/* レイアウトのためのCSS ==========
*/
（中略）
main {
  margin: 16px 0; /* ヘッダーおよびフッター
との距離を調整したいとき */

  .cols {
    display: grid;
    grid-template-columns: 1fr;
    gap: 16px;
```

```css
}

@media (width >= 768px) {
  & {
    .cols {
      grid-template-columns: 1fr 280px;
    }
  }
}
}
（中略）
```

252

2コラムレイアウトを作りたい（grid）

▼ ブラウザ表示（左：スマホ、右：PC）

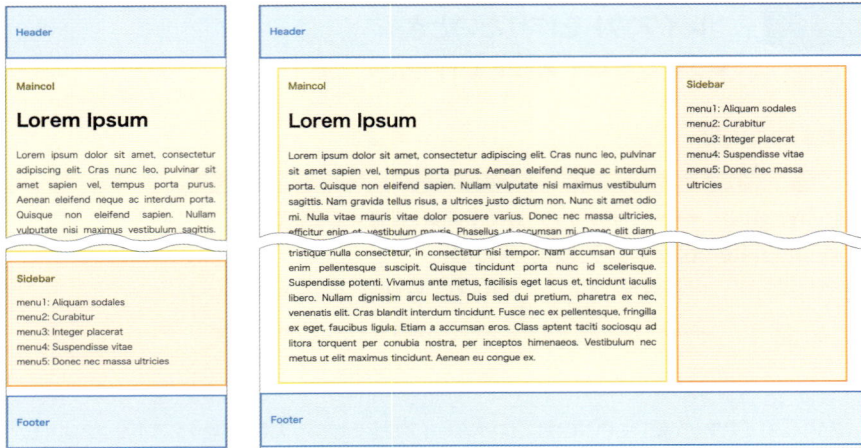

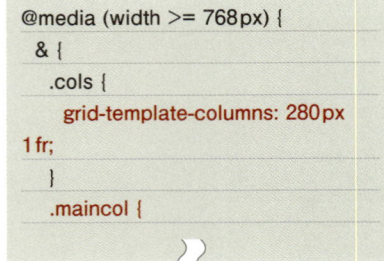

orderプロパティはグリッドレイアウトでも使える

orderプロパティは、フレックスボックスだけでなくグリッドレイアウトでも使えます。使い方も同じです。
▶▶251
グリッドレイアウトで、サイドバーを左に配置する例を紹介します。CSSのソースコードだけを掲載します。
表示を確認したい方は、「252/left-sidebar.html」をブラウザで開いてください。

● **CSS**　252/css/left-sidebar.css

```
@media (width >= 768px) {
  & {
    .cols {
      grid-template-columns: 280px 1fr;
    }
    .maincol {
```

```
      order: 1;
    }
    .sidebar {
      order: 0;
    }
  }
}
```

253 3コラムレイアウトを作りたい（flexbox）

利用シーン
- ●スマートフォンではシングル、PCでは3コラムになるレイアウトを作りたいとき
- ●フレックスボックスで作りたいとき

要素／プロパティ

CSSプロパティ

display: flex; ━━━ フレックスボックスモードで子要素を配置する `▶▶168`

flex-direction: column または row;
━━━ フレックスアイテムを並べる方向（縦方向か横方向）を設定する

flex: 伸長する比率 縮小する比率 ベースサイズ;
━━━ フレックスアイテムの伸縮設定 `▶▶173`

order: 番号; ━━━ フレックスアイテムまたはグリッドアイテムの表示順序

メインコラムひとつ、サイドバーふたつの3コラムレイアウトを作ります。

スマートフォンでの表示を優先して、HTMLではメインコラムの後ろにふたつのサイドバーを作ります。CSSは、3つのコラムにそれぞれ別のflexプロパティを適用し、幅と伸縮の設定をします。

サンプルではふたつのサイドバーを幅240pxで固定し、メインコラムを伸縮可能にしています。ビューポート／ウィンドウ幅が1024px以上かそれ以下で、シングルコラム⇔3コラムを切り替えます※。

※ 標準的なタブレット（iPad）を横向きに持ったときの幅。

■**HTML** 253／index.html

```
<main>
  <!-- メイン -->
  <div class="cols limit">      メインコラム
    <div class="maincol">
      <div class="container">
        中略
      </div>
    </div>                       サイドバー1
    <aside class="sidebar sidebar1">
```

■**CSS** 253／css／style.css

```
/* レイアウトのためのCSS ========== */
中略
main {
  margin: 16px 0;

  .cols {
    display: flex;
    flex-direction: column;
    gap: 16px;
```

585

```
    <div class="container">
      中略
    </div>
  </aside>
  <aside class="sidebar sidebar2">┐
                              サイドバー2
    <div class="container">
      中略
    </div>
  </aside>
  </div>
  <!-- メイン -->
</main>
```

```
    }

@media (width >= 1024px) {
  & {
    .cols {
      flex-direction: row;

      .maincol {
        flex: 1 1 auto;
        order: 1;
      }
      .sidebar1 {
        flex: 0 0 240px;
        order: 0;
      }
      .sidebar2 {
        flex: 0 0 240px;
        order: 2;
      }
    }
  }
}
    中略
```

▼ ブラウザ表示（左：スマホ、右：PC）

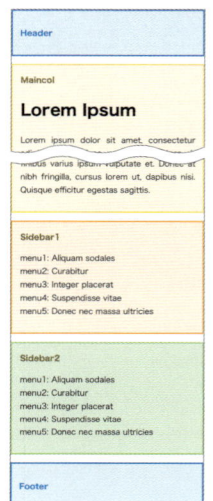
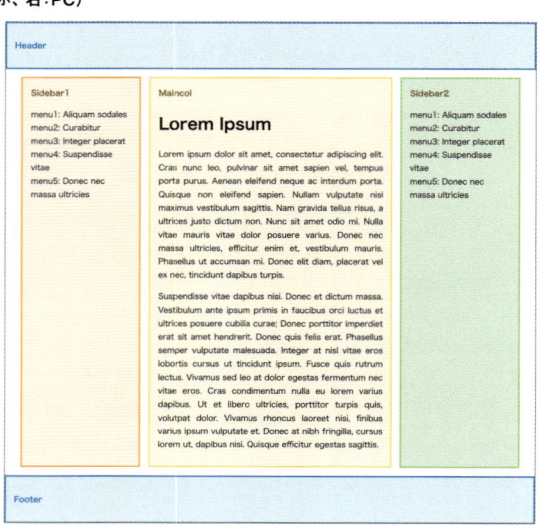

254 3コラムレイアウトを作りたい（grid）

利用シーン
- ●スマートフォンではシングル、PCでは3コラムになるレイアウトを作りたいとき
- ●グリッドレイアウトで作りたいとき

要素 / プロパティ

CSSプロパティ

display: grid;

―― グリッドレイアウトで子要素を配置する ▶▶179

grid-template-columns: 列の幅 列の幅 …… ;

―― 列テンプレートの設定。グリッドの列数と各列の幅を決定する ▶▶181

order: 番号 ;

―― フレックスアイテムまたはグリッドアイテムの表示順序

　グリッドレイアウトを使った、3コラムレイアウトの例を紹介します。2コラムレイアウト同様、グリッドレイアウトのほうがフレックスボックスよりもCSSのソースコードが短くなります。
　HTMLはフレックスボックス版3コラムレイアウト ▶▶253 と同じなので、CSSのみ掲載します。

■CSS

254 / css / style.css

```
/* レイアウトのためのCSS ========== */
中略
main {
  margin: 16px 0; /* ヘッダーおよびフッターとの距離を調整したいとき */

  .cols {
    display: grid;
    grid-template-columns: 1fr;
    gap: 16px;
  }

  @media (width >= 1024px) {
    & {
```

右側の縦書き:

Chap **12**

ページレイアウトのテクニック

```
.cols {
  grid-template-columns: 240px 1fr 240px;

  .maincol {
    order: 1;
  }
  .sidebar1 {
    order: 0;
  }
  .sidebar2 {
    order: 2;
  }
  }
  }
  }
}
```

中略

▼ ブラウザ表示（左：スマホ、右：PC）

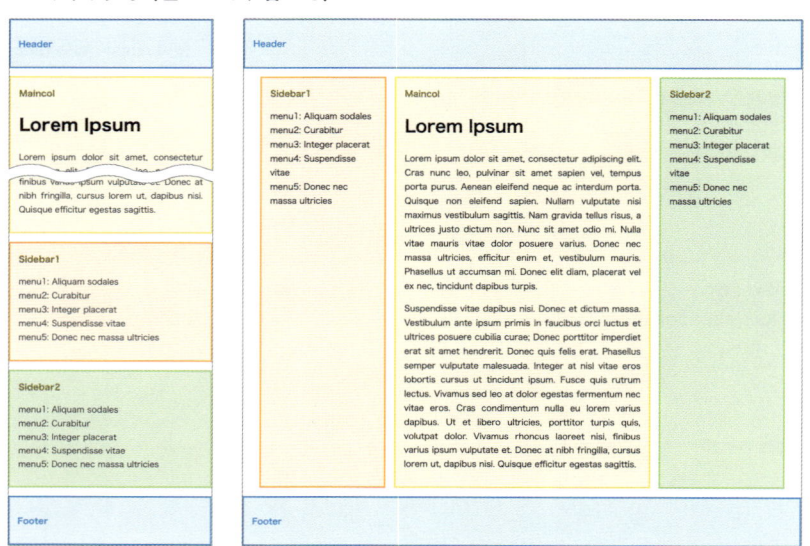

255 ウィンドウ幅いっぱいの3コラムレイアウトを作りたい（grid）

利用シーン
- ●3コラムレイアウトで、ウィンドウ幅いっぱいに伸縮させたいとき
- ●グリッドレイアウトで作りたいとき

要素/プロパティ

CSSプロパティ

display: grid;
——— グリッドレイアウトで子要素を配置する ▶179

grid-template-columns: 列の幅 列の幅 …… ;
——— 列テンプレートの設定。グリッドの列数と各列の幅を決定する ▶179

order: 番号 ;
——— フレックスアイテムまたはグリッドアイテムの表示順序

　PCでは3コラムレイアウトで表示したうえで、メイン領域の幅の上限をなくして、ウィンドウ幅いっぱいに拡張します。
　本節ではグリッドレイアウトで3コラムを作るバージョンを紹介します。CSSは、メイン領域に幅の上限がある ▶254 と同じです。

■HTML　　　　　　　　　　　　　　　　　　　255/index.html

```
<main>
  <!-- メイン -->
  <div class="cols"> ——— 「limit」クラスを削除
    <div class="maincol">
    <div class="container">
      中略
    </div>
    </div>
    中略
  <!-- メイン -->
</main>
```

▼ ブラウザ表示 （PCでの表示）

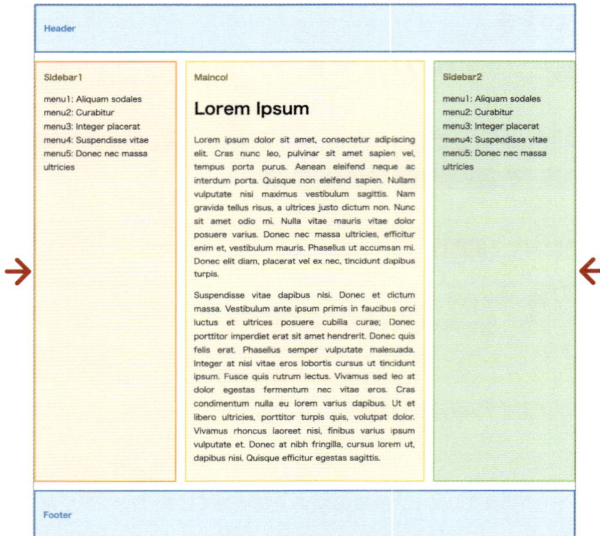

左右のサイドバーがウィンドウの端にくっついている

| | N o t e |

フレックスボックスでも同じようにできる

ウィンドウ幅いっぱいに広がる3コラムレイアウトは、フレックスボックスでも同じようにできます。幅の上限がある3コラムレイアウト ▶▶253 のHTMLを、本節で説明したとおり、<div class="cols limit">から「limit」クラスを削除するだけです。
興味がある方は、サンプルの「255/flex.html」を開いてみてください。

256 途中でコラム数を切り替えたい

利用シーン コラム数にとらわれず、柔軟なページレイアウトをしたいとき

要素/プロパティ

CSSプロパティ

display: grid;
———— グリッドレイアウトで子要素を配置する ▶▶179

grid-template-columns: 列の幅 列の幅 …… ;
———— 列テンプレートの設定。グリッドの列数と各列の幅を決定する ▶▶179

gap: 行ギャップ 列ギャップ;
———— 上下のグリッドアイテム間の距離（行ギャップ）、左右の距離（列ギャップ）を個別に設定する ▶▶180

grid-column: 開始グリッド線 / 終了グリッド線;
———— グリッドアイテムの配置位置と列（横）方向サイズを決定する ▶▶186

次のようなレイアウトを考えてみます。

レイアウトの題材

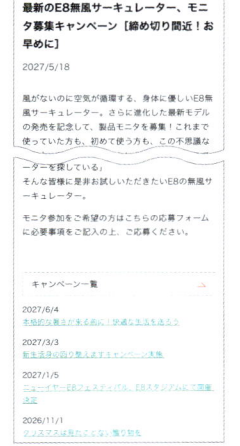

最新のE8無風サーキュレーター、モニタ募集キャンペーン［締め切り間近！お早めに］

2027/5/18

風がないのに空気が循環する、身体に優しいE8無風サーキュレーター。さらに進化した最新モデルの発売を記念して、製品モニタを募集！これまで使っていた方も、初めて使う方も、この不思議なサーキュレーターをお試しいただけるチャンスです。

ご応募いただいた皆様の中から抽選で100名様に最新のE8無風サーキュレーターをお送りいたします。

「エアコンの冷気を循環させたいけど、直接風が当たるのが嫌だ」
「ファンの音が気になる」
「インテリアにマッチしたおしゃれなサーキュレーターを探している」
そんな皆様に是非お試しいただきたいE8の無風サーキュレーター。

モニタ参加をご希望の方はこちらの応募フォームに必要事項をご記入の上、ご応募ください。

キャンペーン一覧

2027/6/4
本格的な暑さが来る前に！快適な生活を送ろう

2027/3/3
新生活身の回り整えますキャンペーン実施

2027/1/5
ニューイヤーE8フェスティバル、E8スタジアムにて開催決定

2026/11/1
クリスマスは見たことない贈り物を

スマートフォン表示のときは単純なシングルコラムです。しかしPC表示では、見出しの部分がシングルコラム、本文の部分は2コラムです。メイン領域のコラム数が途中で変わっています。

　こうしたレイアウトを実現する方法はいくつか考えられますが、レスポンシブデザインに対応しやすく、CSSのコード量が少なくなる方法を考えると、グリッドレイアウトが便利です。

　このレイアウトであれば、スマートフォンでは1行、PCでは2行2列のグリッドを作ります。そして、grid-columnプロパティを併用します。 ▶▶186

2行2列のグリッドと考えてレイアウトする。番号はグリッド線の番号

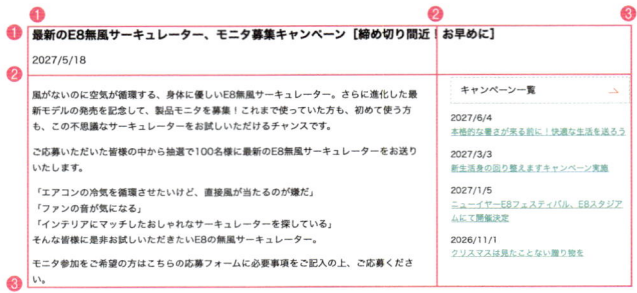

■HTML

256／index.html

```
<main>
  <div class="container limit">
    <div class="page-title">
      <h1>最新のE8無風サーキュレーター、モニタ募集キャンペーン［締め切り間近!お早めに］
</h1>
      <p class="date">2027／5／18</p>
    </div>
    <section class="content">
      <p>風がないのに空気が循環する、
```
中略
```
ご応募ください。</p>
    </section>
    <aside class="sidebar">
      <div class="sidebar-title">キャンペーン一覧</div>
      <ul>
        <li>
          <p class="date">2027／6／4</p>
          <p><a href="#">本格的な暑さが来る前に!快適な生活を送ろう</a></p>
        </li>
```
中略
```
      </ul>
    </aside>
```

見出し（グリッド1行目）

グリッド2行1列目

グリッド2行2列目

```
      〳〵
  </div>
</main>
```

■CSS
256/css/style.css

```
/* レイアウトのためのCSS =========
*/
main > .container {
  display: grid;
  grid-template-columns: 1fr;
                            ┌── スマートフォンでは1列
  @media (width >= 768px) {
    & {                      PC表示
      display: grid;
      grid-template-columns: 1fr 300px;
      gap: 0 48px;
                    └── 2列
```

```
        〳〵
  .page-title {
    grid-column: 1 / 3;
  }
  .content {
    grid-column: 1 / 2;
  }
  .sidebar {
    grid-column: 2 / 3;
  }
  }
}
```

▼ ブラウザ表示 （左：スマホ、右：PC）

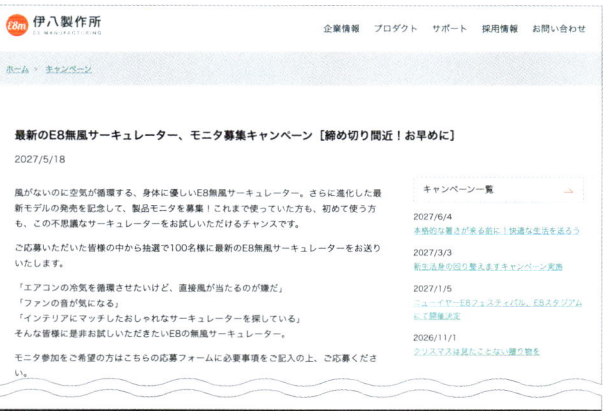

257 ページ下部にキャンペーンブロックを表示したい

 利用シーン

ページ下部にキャンペーン情報や目立たせたい情報を（期間限定で）表示したいとき

要素 / プロパティ

CSSプロパティ

position: fixed;
—— 要素の位置を固定する ▶▶167

left: 大きさ；
—— 「position: relative;」が指定されている親要素の左隅からの距離 ▶▶161

bottom: 大きさ；
—— 「position: relative;」が指定されている親要素の下端からの距離 ▶▶161

　要素をページの下部に固定配置します。キャンペーンなどのお知らせを表示する際によく使われるテクニックです。
　CSSは、固定配置したい要素に「position: fixed;」を適用し、bottomプロパティを使って位置を指定します。
　HTMLは、固定配置する要素を</body>終了タグの上に追加します。

■HTML　　　　　　　　　　　　　　　　　　　　257/index.html

```
<body>
　中略
 <div class="campaign">
　<div class="container">
　　<p>旅行のサブスク「たびスク」、始めます。</p>
　　<p class="btns">
　　　<button class="more" id="c-more">詳しく見る</button>
　　　<button class="close" id="c-close">閉じる</button>
　　</p>
　</div>
 </div>
</body>
```

```
.campaign {
  position: fixed;
  left: 0;
  bottom: 0;
  padding: 16px 0;
  width: 100%;
  background: #6A0FBF;
  中略
}
```

▼ ブラウザ表示（左：スマホ、右：PC）

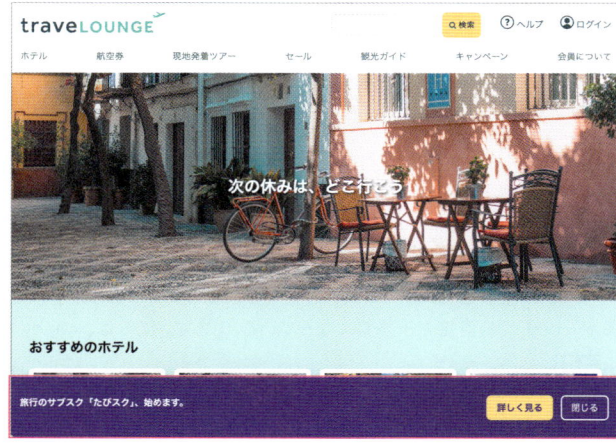

258 ウィンドウ下部にフッターを配置したい

**ページのコンテンツが少ないときでも、フッターを
ビューポート／ウィンドウ下部に表示したいとき**

要素／プロパティ

CSSプロパティ

display: grid;
── グリッドレイアウトで子要素を配置する ▶▶179

grid-template-columns: 列の幅 列の幅 …… ;
── 列テンプレートの設定。グリッドの列数と各列の幅を決定する ▶▶179

grid-template-rows: 行の高さ 行の高さ …… ;
── 行テンプレートの設定。グリッドの行数と各行の高さを決定する ▶▶182

min-height: 高さ ;
── 最小限の高さを設定する

　コンテンツ量が少なくて、フッターがビューポート／ウィンドウの下端より上に配置されるのを防ぎたいときのテクニックを紹介します。
　ページが上から順にヘッダー、メイン、フッターの3つのボックスで構成されていて、それらの要素が＜body＞の直接の子要素になっているとします。CSSは、＜body＞に3行1列のグリッドを設定します。

＜body＞に3行1列のグリッドを設定

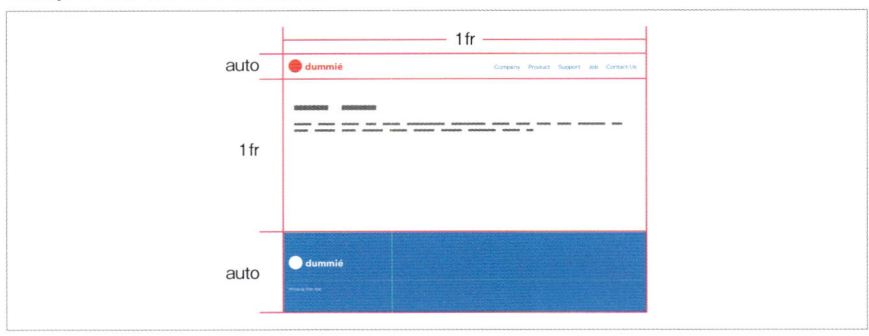

このようにしておけば、メイン領域のコンテンツが少なくてもフッターは下端にとどまりますし、コンテンツが多くなれば通常どおりページの下のほうに配置されます。

もちろん、このCSSを適用しても、ヘッダーやメイン、フッター部分のHTML/CSSは自由に作ることができます。

■**HTML**　　　　258/index.html

```
<body class="home">
  <header class="header" id="header">
    中略
  </header>
  <main>
    中略
  </main>
  <footer class="footer">
    中略
  </footer>
</body>
```

■**CSS**　　　　258/css/style.css

```
body {
  display: grid;
  grid-template-columns: 1fr;      列テンプレート
  grid-template-rows: auto 1fr auto;
                                   行テンプレート
  min-height: 100svh;
}                 <body>の最小高さを100svhに
```

▼ **ブラウザ表示**（左：スマホ、右：PC）

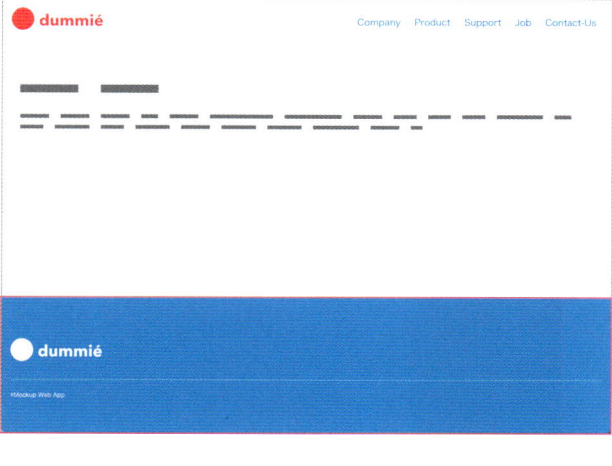

259 独立してスクロールする
サイドバーを作りたい

利用シーン メイン領域をスクロールしても連動せず、独立してスクロールできるサイドバーを作りたいとき

要素 / プロパティ

CSSプロパティ

position: fixed; —— 要素の位置を固定する ▶▶167
height: 高さ; —— ボックスの高さを設定する ▶▶086
overflow: auto; —— ボックスをスクロール可能にする ▶▶090

　ページ全体とは連動せず、独立してスクロールできるサイドバーを作成します。PC向けの、ドキュメンテーションサイトやWebアプリケーションなどでよく見かけるパターンです。

　サイドバーをポジション配置し、サイドバーをよけるために、ページの主要なコンテンツが載るメイン領域には左または右マージンを設定するのがポイントです。

　サンプルは左にサイドバー、右にメイン領域を配置しています。HTMLの構造とCSSは図のようになっています。

HTMLの構造と適用するCSS

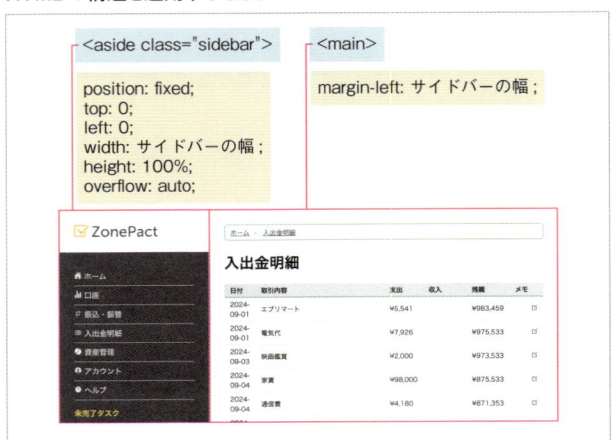

左サイドバーには「position: fixed;」と、幅・高さを指定する必要があります。幅は自由にしてかまいませんが、高さは100%にします。左サイドバーを独立してスクロールできるようにするために、「overflow: auto;」も適用します。▶244

　サイドバーの幅とメイン領域の左マージンには常に同じ値を設定することから、変数で管理するのが確実です。

■**HTML**　　　　259/index.html

```html
<body>
  <aside class="sidebar">
    <header class="header">
      <div class="container">
        <img src="../../_shared/assets/
zonepact-logo.svg" alt="ZonePact"
width="178" height="26">
      </div>
    </header>
    中略
  </aside>
  <main>
    <div class="container">
      <div class="breadcrumb">
      <ol>
        <li><a href="#">ホーム</a></li>
        <li><a href="#">入出金明細</
a></li>
      </ol>
      </div>
      中略
  </main>
</body>
```

■**CSS**　　　　259/css/style.css

```css
:root {
  --sidebar-w: 320px; —— サイドバーの幅
}
.sidebar {
  position: fixed;
  top: 0;
  left: 0;
  overflow: auto;

  width: var(--sidebar-w);
  height: 100%;
}
main {
  margin-left: var(--sidebar-w);
  padding: 32px 0;
  max-width: 1000px;
}
  中略
```

▼ ブラウザ表示

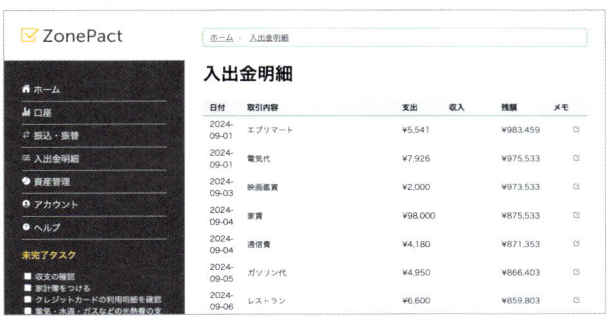

サイドバーとメイン領域は独立してスクロールできる

260 ダークモードに対応したい

利用シーン OSの設定と連動してカラーテーマを切り替えたいとき

要素/プロパティ

@ルール

@media(prefers-color-scheme: dark または light)
ダークモードまたはライトモードのときに適用されるCSSを記述

モバイル端末でもPCでも、OSのカラーモードの設定に連動して、ページに適用されるスタイルを切り替えることができます。「@media(prefers-color-scheme)」ルールを使用します。

OSのカラーモード設定に合わせてページの色を変えるには、色の値を変数で管理しておくのが効率的です。

たとえば、ページ全体の背景色とテキスト色を切り替えるなら、@mediaルール内でふたつの変数を定義し、それぞれのカラーモードで色の値を変化させます。

● **CSS**　　　　　　　　　　　　　　　背景色とテキスト色をカラーモードによって変化させる

```
@media (prefers-color-scheme: light) {　——— ライトモード
  :root {
    --bg: #FFF;　——— 変数--bgの値を「白」に
    --text: #000;　——— 変数--textの値を「黒」に
  }
}
@media (prefers-color-scheme: dark) {{　——— ダークモード
  :root {
    --bg: #000;　——— 変数--bgの値を「黒」に
    --text: #FFF;　——— 変数--textの値を「白」に
  }
}
```

こうして変数を定義しておいて、カラーモードと連動して切り替えたい部分の背景色やテキスト色を、これらの変数を使って設定します。

■画像を切り替えたいとき

Webサイトのロゴなど、カラーモードで配色の異なる画像を表示したい場合にも、同じように変数で画像を管理します。

ただし、CSSで差し替えられるのは背景画像のみです。カラーモードで画像を切り替えるときは、<img>を使わず、background-imageなどのプロパティを使って表示させます。

サンプルを見てみましょう。次の図のように、4カ所の部分をカラーモードに連動して切り替えます。

スタイルを変更する場所

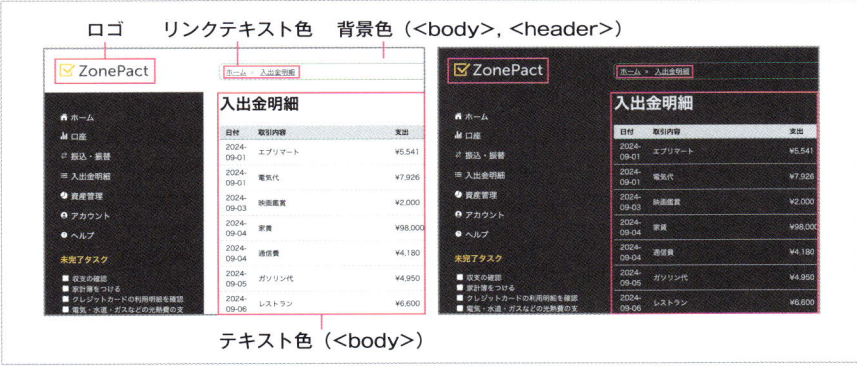

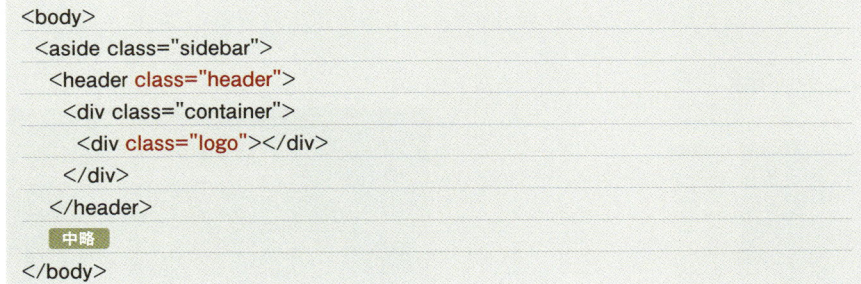

■HTML
260/index.html

```
<body>
  <aside class="sidebar">
  <header class="header">
    <div class="container">
      <div class="logo"></div>
    </div>
  </header>
  中略
</body>
```

■CSS　　　　260/css/style.css

```
@media (prefers-color-scheme: light) {
  :root {                          ライトモード
    --bg: #FFF;  ── 背景色      リンクテキスト色
    --text: #000;  ─────── テキスト色
    --link-text: #343434;
    --logo: url(../assets/zonepact-logo.
svg);  ─────── ロゴ（背景画像）
  }
}
@media (prefers-color-scheme: dark) {
  :root {                          ダークモード
    --bg: #262626;
    --text: #EDEDED;
    --link-text: #EDEDED;
    --logo: url(../assets/zonepact-logo-
dark.svg);
  }
}
/* 全体 */
body {
  background: var(--bg);  ─────── 背景色
```

```
    color: var(--text);  ─────── テキスト色
}
/* リンクテキスト */
a {
  color: var(--link-text);  ─────── リンクテキスト色

    &:hover {
      color: #46A968;
    }
}
/* サイドバー */
.sidebar {

  .header {
    background: var(--bg);  ─────── 背景色

    .logo {
      background: var(--logo) no-repeat;
    }                        ロゴ（背景画像）

  }
}
```

▼ ブラウザ表示

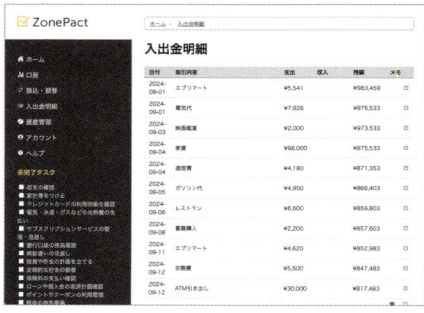

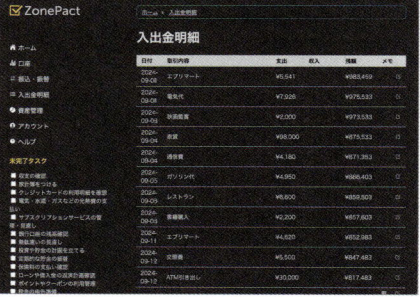

レスポンシブ
Webデザインに
対応するテクニック

レスポンシブデザイン関連のテクニックを紹介します。現在のレスポンシブデザインは、メディアクエリだけでなく、さまざまな機能を組み合わせて実現します。多くのWebサイトで使われているテクニックを中心に、数々のデザインアイディアを取り上げます。

Chapter 13

261 レスポンシブデザインに対応するための基本のHTML

利用シーン **レスポンシブデザインに対応する、すべてのページに必須**

要素/プロパティ

HTML

```
<meta name="viewport" content="ビューポートの設定">
```
━ ビューポートの設定

　スマートフォンやタブレットなどのモバイル端末のブラウザは、大きなWebページ（パソコン向けにレイアウトされたものなど）を表示するときに、全体を縮小して小さい画面に合わせようとします。

　もう少し具体的にいえば、スマートフォンのブラウザは、デフォルトの動作ではWebページを幅980pxの、目に見えない仮想的な画面にレンダリング（描画）し、それを実際のビューポートに合わせて縮小して表示します。

仮想画面と縮小表示のイメージ

　しかし、レスポンシブデザインに対応しているか、もしくはスマートフォン専用にレイアウトされたページはもともと小さな画面を想定して作られているため、わざわざ縮小する必要がありません。

　そこで、仮想的な画面の設定を変更し、はじめからビューポートのサイズに合わせてページを描画するように、縮小表示をキャンセルします。HTMLの<head>～</head>内に<meta>タグを1行追加します。

■HTML
仮想的な画面の設定を変更し、縮小表示をキャンセルする

```html
<meta name="viewport" content="width=device-width, initial-scale=1">
```

この<meta>タグは、レスポンシブデザインに対応したすべてのWebページに追加します。

■HTML
261／index.html

```html
<head>
 <meta charset="UTF-8">
 <meta name="viewport" content="width=device-width, initial-scale=1.0">
 <title>レスポンシブデザインに対応するための基本のHTML</title>
 中略
</head>
中略
```

▼ ブラウザ表示

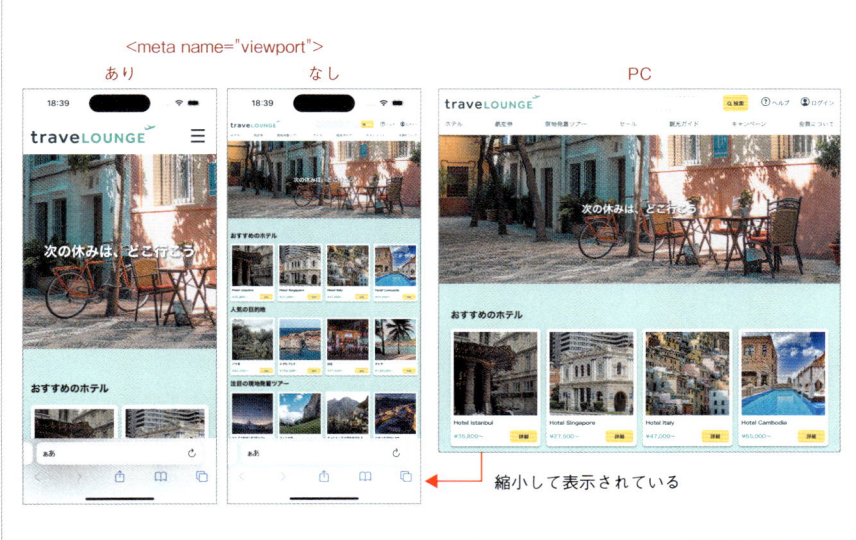

縮小して表示されている

262 レスポンシブデザインの基本的な考え方を知りたい

利用シーン
- ●レスポンシブデザインでページを作るとき
- ●モバイルファーストとは何か知りたいとき
- ●メディアクエリの書き方を知りたいとき

要素／プロパティ

@ルール

@media (width >= サイズ) {～}

──ビューポート幅が「サイズ」以上のときにだけ適用されるCSSを定義

　スマートフォンとPCでは画面サイズが大きく異なり、操作方法も違います。どちらでも快適に閲覧できるようにするにはページのレイアウトを変える必要があります。

　レイアウトを切り替える方法には大きく分けてふたつあります。ひとつはスマートフォンとPCで別々のサイトを作る方法、そしてもうひとつは、共通のHTMLを使用しつつ、CSSだけを一部切り替えて、どんな端末で閲覧しても最適なレイアウトで表示する方法です。これらのうち、後者の方法を「レスポンシブWebデザイン（または省略してレスポンシブデザイン）」といいます。

■モバイルファーストデザイン

　レスポンシブデザインを実現するために現在よく行われているのが「モバイルファーストデザイン」です。

　モバイルファーストデザインでは、まずスマートフォン端末向けに画面をデザインし、それをPC向けにアレンジします。

　そして、HTMLやCSSをコーディングするときは、まずスマートフォン向けの表示をひととおり完成させてから、PC向けデザインに必要なところだけを調整する流れで進めます。

　先にスマートフォン向けの表示を作るには、ブラウザの開発ツールを開き、表示を適当な端末に切り替えて、その結果を見ながらコードを書きます※。

※ 環境によっては、スマートフォンシミュレータなど、より高度な開発者向けツールが使える場合もあります。自分に合った環境を探してみるのもおすすめです。

ブラウザの開発ツールをモバイル端末表示にし、それを見ながらコードを書く

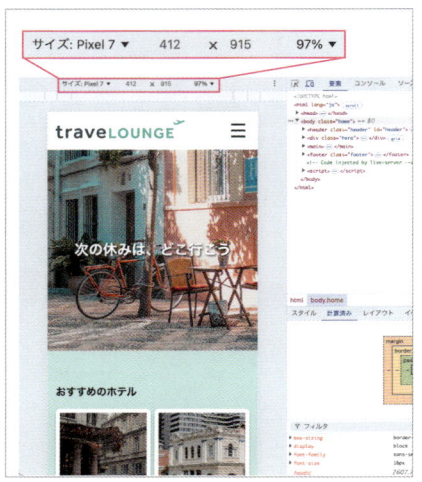

スマートフォン向け表示のコーディングでの注意点

単に"スマートフォン"といっても、画面サイズはまちまちです。PC向けデザインを作ることを考えても、スマートフォン向けデザインのコーディング中に、できる限り、ページの作りを「幅が伸縮できる」ようにしておきます。その際、とくに重要なのは次の4点です。

- すべての要素に「box-sizing: border-box;」が適用されていることを確認する ▶▶006
- 画像を伸縮可能にする ▶▶075
- 可能な限り画像やボックスに「600px」などといった固定的な幅や高さを指定しない
- その代わり、幅や高さに設定する値の単位は「%」する、またはmin()・max()・minmax()などを使用する

■メディアクエリ

これら4つの点に注意しながらスマートフォン向け表示のコーディングをすると、ひととおり完成した時点で、ほぼ、ビューポートに合わせて幅が伸縮するページができあがります。

ここから、スマートフォンとPCとで、大きくレイアウトが異なる部分などの調整をします。そのときに使用するのがメディアクエリです。

メディアクエリを使うと、ビューポートのサイズを条件にして適用するスタイルを追加できます。

たとえば、ビューポートの幅が768px以上のとき、つまり比較的大きな画面に適用されるスタイルを追加するなら以下のソースコードのように記述します。ちなみに「768px」というのは、標準的なタブレット（iPad）を縦に持ったときの幅の長さです。

● **CSS**　　　　　　　　　　　ビューポートが768px以上のときに適用されるスタイルを追加する

```
@media (width >= 768px) {
  /* 追加したいスタイルはここに記述 */
}
```

条件式の書き方には、以下のような古くからある書式もあります。以下の書式の()内は「ビューポートの最小幅が768px以上」という意味です。新旧どちらの書き方でも動作します。

● **書式**　メディアクエリの古い書式

```
@media (min-width: 768px) {
  /* 追加したいスタイルはここに記述 */
}
```

{～}内の「/* 追加したいスタイルはここに記述 */」には、()内に記述した条件を満たす端末にだけ適用されるCSSを書きます。

メディアクエリによって、画面幅が異なる端末で適用されるCSSを変えることができる

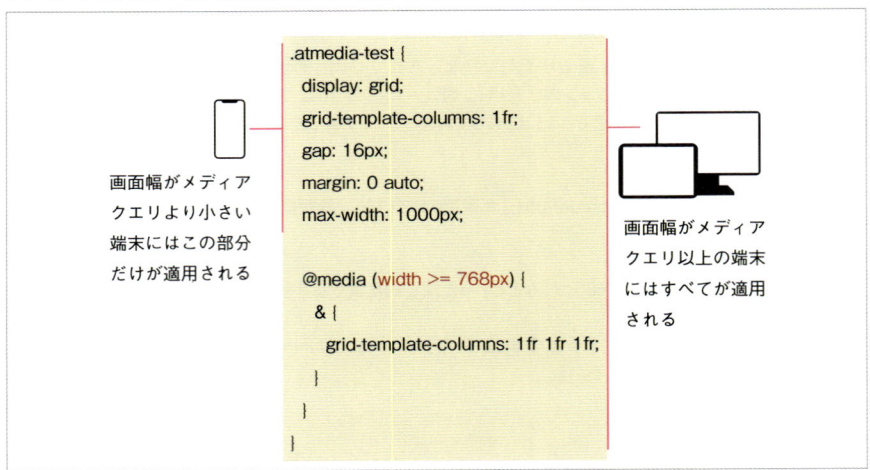

```
.atmedia-test {
    display: grid;
    grid-template-columns: 1fr;
    gap: 16px;
    margin: 0 auto;
    max-width: 1000px;

    @media (width >= 768px) {
        & {
            grid-template-columns: 1fr 1fr 1fr;
        }
    }
}
```

画面幅がメディア
クエリより小さい
端末にはこの部分
だけが適用される

画面幅がメディア
クエリ以上の端末
にはすべてが適用
される

@media() は後ろに書く

@media() の { ～ } 内に書かれるスタイルは、すべての端末に適用されるスタイルを"上書き"する
ようなものが多くなります。先の図でも、すべての端末に適用されるスタイルの「grid-template-
columns」の値を、メディアクエリで上書きしています。

このことから、@media() は、すべての端末に適用されるCSSの後ろに書きます。

■簡単なメディアクエリのサンプル

簡単なメディアクエリのサンプルを見てみます。

3つの写真を縦に並べて表示します。画面幅が狭いときは写真が縦に並びますが、画面幅が
768px以上になったら横に並びます。

●HTML   262/index.html

```
<div class="atmedia-test">
  <img src="assets/tour1-1920.webp" 中略 >
  <img src="assets/tour2-1920.webp" 中略 >
  <img src="assets/tour3-1920.webp" 中略 >
</div>
```

●CSS   262/css/style.css

```
.atmedia-test {
  display: grid;
  grid-template-columns: 1fr;
  gap: 16px;
  margin: 0 auto;
```

```
max-width: 1000px;

@media (width >= 768px) {
  & {
    grid-template-columns: 1fr 1fr 1fr;——— 値が書き換わる
  }
}
}
```

▼ **ブラウザ表示** （左：スマホ、右：PC）

　メディアクエリのなかに書くスタイルは、値を変更したいプロパティや、PC向けの表示のときだけ適用したいスタイルだけを書くようにします。この例では、grid-templa-te-columnsの値だけが変わるので、それだけをメディアクエリ内に記述するようにします。

　また、通常のスタイルとメディアクエリ内のスタイルとで、セレクタの詳細度が極力変わらないように──同じセレクタを使うように──します。詳細度が変わってしまうと、メディアクエリの条件とは関係なくスタイルが適用されてしまったり、逆にされなくなったりする可能性があるからです。

メディアクエリ内外で極力同じセレクタを使う

```
.atmedia-test {
  中略
  @media (width >= 768px) {
    & {
      中略
    }
  }
}
```

詳細度が変わらないようにする
（同じセレクタを使うのがよい）

ボックスのサイズに合わせて
スタイルを切り替えたい

利用シーン
- ●ビューポートではなく、ボックスのサイズに合わせて子要素のスタイルを変更したいとき
- ●メディアクエリより細かくデザインやレイアウトを調整したいとき

要素 / プロパティ

@ルール

@container (width >= サイズ) {～}
—— 基準ボックスの幅が「サイズ」以上のときにだけ適用されるCSSを定義

CSSプロパティ

container-type: inline-size または size;
—— コンテナコンテクスト（基準ボックス）の幅（inline-size）または幅と高さ（size）を条件に使用する

container-name: 名前; —— コンテナコンテクスト（基準ボックス）に「名前」をつける

　メディアクエリを使うとビューポートのサイズを基準にスタイルを切り替えることができますが、それとは別に、ボックスのサイズを基準にしてスタイルを切り替える機能もあります。それが「コンテナクエリ」です。
　比較的新しい機能で、2023年3月以降にリリースされたすべての主要ブラウザが対応しています。

■コンテナクエリの基本的な使い方

　メディアクエリは、ブラウザのビューポートのサイズを基準にスタイルを切り替えていました。
　それに対してコンテナクエリは、基準となるボックスを定め、そのサイズに応じて、子・子孫要素（以降、子孫要素）のスタイルを切り替えられます。
　なお、コンテナクエリでは基準となるボックスのことを正式には「コンテナコンテクスト」といいますが、本節では「基準ボックス」と呼ぶことにします。

コンテナクエリの基本的なアイディア

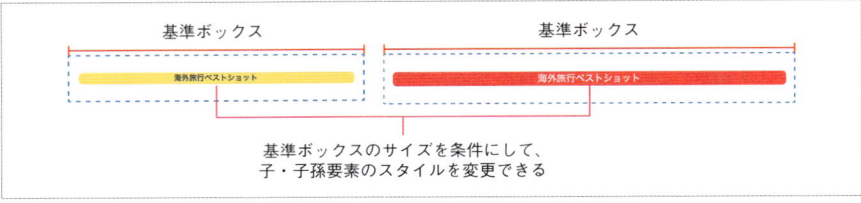

コンテナクエリを使う際に必要なポイントは次の3つです。

- 基準ボックスを決め、「container-type」プロパティを適用する
- 基準ボックスの何を条件にするのかを決めて、container-type の値を設定する
- コンテナクエリを記述する

ここでは簡単な例をもとに、3つのポイントを説明します。
次のようなHTMLがあるとします。

●HTML

263/index.html

```
<div class="text-container">
 <p class="textbox">海外旅行ベストショット</p>
</div>
```

<div class="text-container">の幅が狭いときと広いときとで、<p class="textbox">のスタイルを変更します。

サンプルの概要。<div class="text-container">の幅で<p>のスタイルが変化する

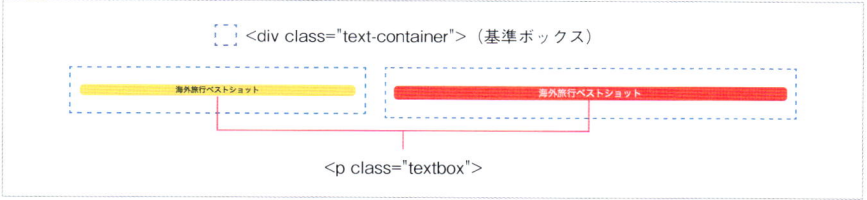

基準ボックスを決め、「container-type」プロパティを適用する

上記のHTMLでは、基準ボックスを<div class="text-container">にします。基準ボックスは、実際にスタイルを変化させる要素の親要素、または祖先要素にします。

基準ボックスに適用されるスタイルに、container-type プロパティを適用します。

●CSS

基準ボックスに適用するスタイル

```
.text-container {
 container-type: inline-size または size;
}
```

基準ボックスの何を条件にするのかを決めて、container-type の値を設定する

コンテナクエリでは、基準ボックスの「幅」を条件することもできますし、「幅と高さ」を条件にすることもできます。「幅」を条件にするときは、container-type の値を「inline-size」にします。幅と高さを条件にするときは「size」にします。

ここでは基準ボックスの幅が狭いときと広いときとでスタイルを切り替えたいので、「幅」を条件にします。

●CSS

```
.text-container {
  container-type: inline-size;
}
```

これで基準ボックスの設定が完了しました。

コンテナクエリを記述する

基準ボックスの設定が完了したら、次はコンテナクエリを記述します。

● **書式**　コンテナクエリ

```
@container (基準ボックスの幅・高さの条件) {
  /* 適用するスタイル */
}
```

「基準ボックスの幅・高さの条件」のところには、メディアクエリで書いたような条件式を記述します。たとえば、基準ボックスの幅が400pxより大きいときにだけ適用したいスタイルがあるなら、次のように書きます。

●CSS
基準ボックスが400pxより大きいことを条件にする場合

```
@container (width > 400px) {
```

書式の「/* 適用するスタイル */」のところには、基準ボックスが条件を満たしたときに、その子孫要素に適用されるスタイルを記述します。この例では、`<p class="textbox">` に適用されるスタイルを書くことになります。

最終的なCSSのソースコードは次のようになります。

●CSS
263/css/style.css

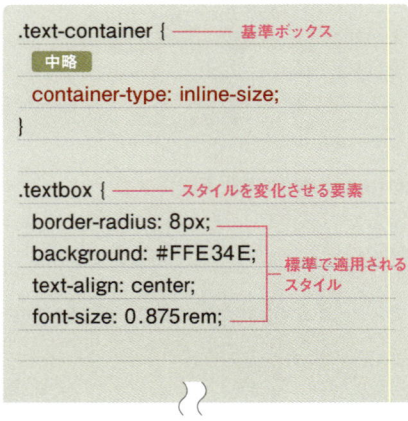

```
.text-container {          基準ボックス
  中略
  container-type: inline-size;
}

.textbox {          スタイルを変化させる要素
  border-radius: 8px;
  background: #FFE34E;          標準で適用される
  text-align: center;          スタイル
  font-size: 0.875rem;
```

基準ボックスの幅が
600pxより大きいときは

```
@container (width > 600px) {
  & {          スタイルを変化させる要素
    background: #E10051;
    color: white;
    font-size: 1.2rem;
  }
}
}
```

条件を満たしたときに
適用されるスタイル

▼ ブラウザ表示

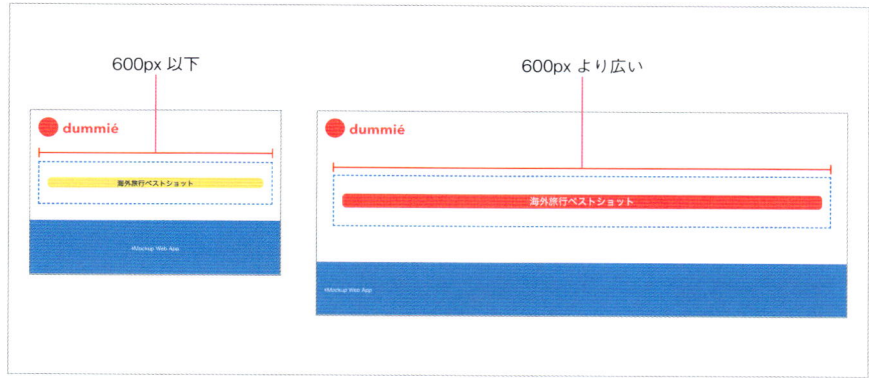

CSSは、まず基準ボックスのスタイルを書き、それから子要素のスタイルを書きます。コンテナクエリは子要素のスタイルの下、または子要素のスタイルに入れ子にして書きます。

■基準ボックスに名前をつける

ここまでコンテナクエリの基本的な使い方を見てきました。メディアクエリのように「ビューポート」という単一の基準を使うのではなく、ボックスを基準にできるので、より柔軟な対応ができるようになります。

さらに、基準ボックスには名前をつけることができます。これが何を意味するかというと、1ページのなかに複数の基準ボックスが持てる、ということです。

基準ボックスに名前をつけるには、基準ボックスのスタイルに「container-name」プロパティを追加します。値には好きな名前を、ダブルクォートでくくらずに指定します。

● **CSS**　　　　　　　　　　　　　　　　　　　　　　コンテナクエリに名前をつける

```
基準ボックスのセレクタ {
  container-type: inline-size;
  container-name: 名前;
}
```

名前をつけると、特定の基準ボックスを対象としたコンテナクエリを作ることができます。

● **CSS**　　　　　　　　　　　　　　　特定の基準ボックスを対象にしたコンテナクエリ

```
@container 名前 (基準ボックスの幅・高さの条件) {
```

名前をつけた複数の基準ボックスを使う例を紹介します。ひとつは先ほどの例と同じように、基準ボックスの幅が600pxより大きいかどうかで、スタイルを切り替えます。

もうひとつは、<div class="photo-context">を基準ボックスとします。基準ボックスの幅によって、子要素（<div class="photobox">）に適用する、グリッド列テンプレートを切り替えます。

Chap **13**

レスポンシブWebデザインに対応するテクニック

613

```
<div class="text-context"> ——— 先のサンプルと同じ基準ボックス
 <p class="textbox">海外旅行ベストショット</p>
</div>
<div class="photo-context"> ——— 新たな基準ボックス
 <div class="photobox">
  <img src="assets/tour1-1920.webp" alt="" width="1920" height="1280">
  <img src="assets/tour2-1920.webp" alt="" width="1920" height="1280">
  <img src="assets/tour3-1920.webp" alt="" width="1920" height="1280">
 </div>
</div>
```

スタイルを
切り替える
要素

```
/* 複数の基準ボックスを使う */
/* 基準ボックス text-context */
.text-context {
  中略
 container-type: inline-size;
 container-name: text-context; ——— 名前は text-context
}

.textbox { ——— <p class="textbox">
  中略
 @container text-context (width > 600px) { ——— text-contextを対象に
  & {
```

▼ ブラウザ表示

基準ボックスとコンテナクエリによってスタイルが切り替わる幅が変化

```
                              ⟩⟩

   中略
     }
    }
  }
}
/* 基準ボックス photo-context */
.photo-context {  ———— 新たな基準ボックス
  container-type: inline-size;
  container-name: photo-context;  ———— 名前は photo-context
}

.photobox {  ———— <div class="photobox">
  display: grid;
  grid-template: 1fr;  ———— 標準時のスタイル。1列
  gap: 16px;

  @container photo-context (width > 550px) {  ———— 550px より大きい
    & {
      grid-template-columns: repeat(2, 1fr);  ———— 2列
    }
  }
  @container photo-context (width > 700px) {  ———— 700px より大きい
    & {
      grid-template-columns: repeat(3, 1fr);  ———— 3列
    }
  }
}
```

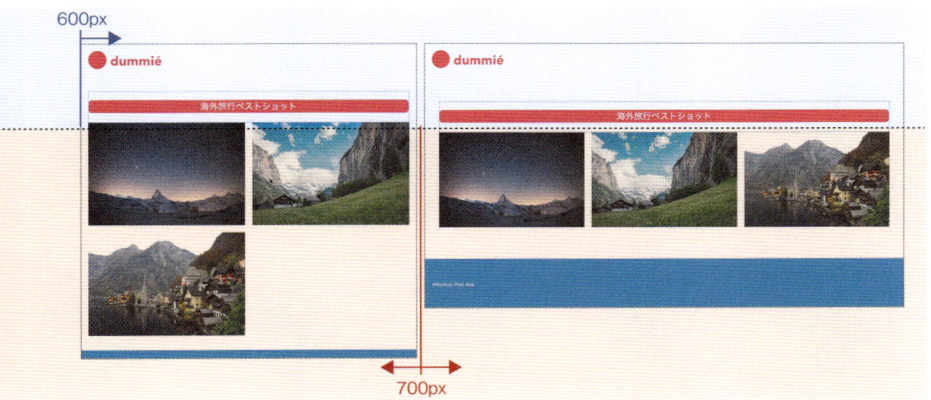

264 電話番号がリンクにならないようにしたい

利用シーン ページ内に含まれる何らかの番号が、電話のリンクになるのを避けたいとき

要素/プロパティ

HTML

```
<meta name="format-detection" content="telephone=no">
```
—— 電話番号が自動的にリンクにならないようにする

Andoroid、iOS搭載のスマートフォンは、ページに含まれる「電話番号に見える」番号を検出して、電話をかけられるリンクを自動で設定します。

ただ、この自動検出機能はオフにできます。オフにする場合は、<head>～</head>のなかに「<meta name="format-detection" content="telephone=no">」を追加します。

■HTML　　　264/index.html

```
<head>
  <meta charset="UTF-8">
  <meta name="viewport" content="width=
device-width, initial-scale=1.0">
  <meta name="format-detection" content=
"telephone=no">
  中略
</head>
<body>
  中略
  <main>
    <div class="container limit">
      <p>お問い合わせ・ご予約は</p>
      <p class="tel">0120-1234-5678</
p>  —— 電話番号として認識されるパターン
    </div>
  </main>
```

▼ ブラウザ表示

265 スマホとPCでページ全体の フォントサイズを変更したい

利用シーン スマートフォンとパソコンでページ全体のフォントサイズを 変えたいとき

要素 / プロパティ

@ルール

@media (width >= サイズ) {～}
──── ビューポート幅が「サイズ」以上のときにだけ適用されるCSSを定義 ▶▶262

スマートフォンで表示するときのページ全体のフォントサイズを、PC・タブレットで表示するときに比べて少しだけ小さくします。

そのために、ページ内でフォントサイズを指定するときは、すべて単位remを使って指定します。そうしておけば、あとはルート要素（<html>）にフォントサイズを大きくしたり小さくしたりするだけで、ページ全体のフォントサイズを変えることができます。 ▶▶029

サンプルでは<html>のフォントサイズを16pxに設定したうえで、ビューポートの幅が767px以下のときには15pxにしています。CSSだけ掲載します。

■CSS 265/css/style.css

```
html {
  font-size: 16px;
}
@media (width <= 767px) {
  html {
    font-size: 15px;
  }
}
```

中略

▼ ブラウザ表示（左：スマホ、右：PC）

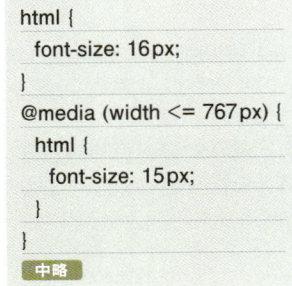

スマートフォンでは全体のフォントサイズが少しだけ小さくなる

266 画面サイズに合わせて フォントサイズを連続的に 変化させたい

 **利用シーン** ビューポートの幅に合わせてフォントサイズを連続的に 変化させ、どんな端末でも見やすくしたいとき

要素／プロパティ

CSSの値

clamp(最小値, 理想値, 最大値);
　──「最小値」を下限、「最大値」を条件として、「理想値」の値をセットする

calc(計算式)
　──計算式の結果を値にセットする

　メディアクエリを使わずに、ビューポートの幅が広ければフォントサイズを大きく、狭ければフォントサイズを小さくします。
　font-sizeプロパティに、clamp()という値を設定します。

● **書式**　clamp()

> clamp(最小値, 理想値, 最大値)

　clamp()は、値を「理想値」に設定します。ただし、「理想値」が「最小値」を下回ることはなく、「最大値」を上回ることもありません。典型的な使い方は、「理想値」をビューポートサイズに連動する値(単位vwを使うなど)にします。そうすれば、最小値と最大値の範囲内で値が変化します。
　サンプルでは、ページのメイン部分の見出し(<h1> / <h2>)と、一般的なテキスト(<p> / <li>など)のフォントサイズを、ビューポートのサイズに合わせて変化させています。
　<h1>のフォントサイズは次のように設定しています。

■**CSS**　　　　　　　　　　　　　　　　　　　　<h1>のフォントサイズ

> font-size: clamp(1.5rem, 3.2vw, 2rem);

　理想値を「3.2vw」にしていて、ビューポートの幅に合わせて変動します。ただし、1.5remを下回らず、2emも上回らない範囲にする、という設定です。計算上、ビューポートに合わせて24px～32pxの範囲で変動します。<h2>にも、数値は違いますが同じような設定をしています。

ビューポートの幅と＜h1＞のフォントサイズの変化

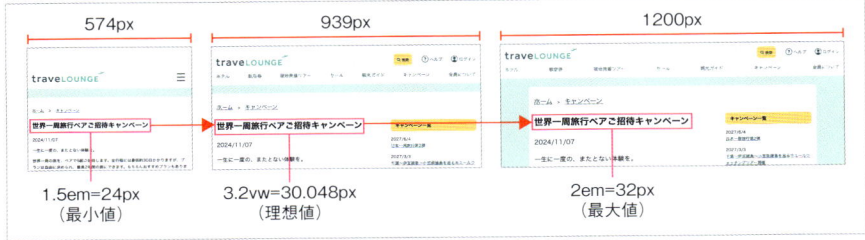

一般的なテキストには次の設定をしています。

■CSS

一般的なテキストのフォントサイズ

```
font-size: clamp(0.75rem, calc(100vw / 48), 1.4rem);
```

理想値は「calc(100vw / 48)」となっています。calc()もCSSの値で、()内の式を計算してくれます。「100vw / 48」という式になっているので、理想値は約2.08vwということになります。

サンプルでは表示結果がわかりやすいように最小値、最大値を少し大げさな値にしてあります。実際のWebサイトで使うときは、最小値を「0.875rem（＝14px）」、最大値を「1rem（＝16px）」あたりにすればよいでしょう。

■HTML

266／index.html

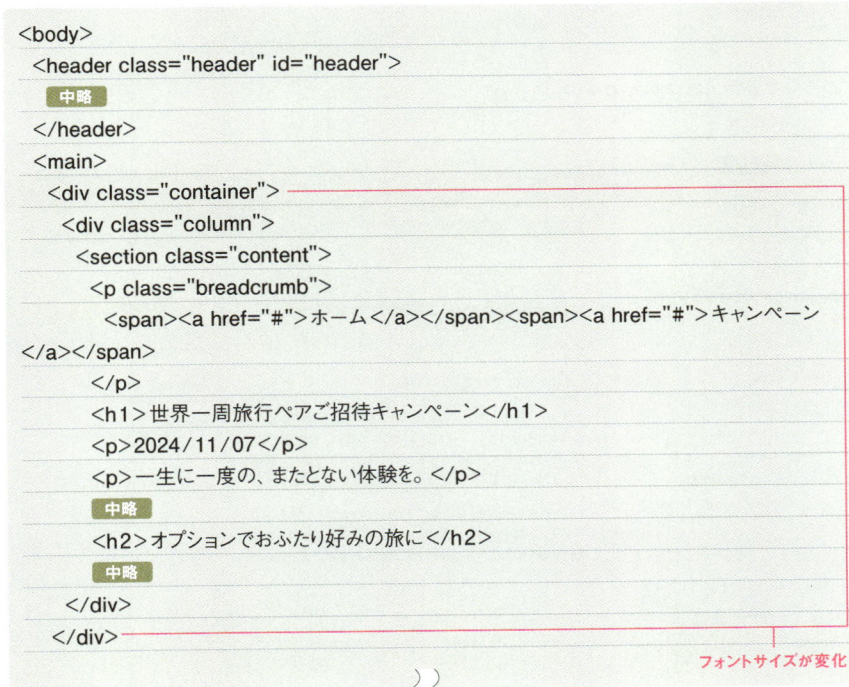

フォントサイズが変化

619

```
    </main>
    <footer class="footer">
      中略
    </footer>
  </body>
```

■CSS

266/css/style.css

```css
main .container {
  max-width: 1000px;

  .content {
    h1 {
      font-size: clamp(1.5rem, 3.2vw, 2rem);
    }
    h2 {
      font-size: clamp(1.3rem, 2.4vw, 1.5rem);
    }

    p, li, dl, table, figure {
    }
  }
}
```

▼ ブラウザ表示 （左：スマホ、右：PC）

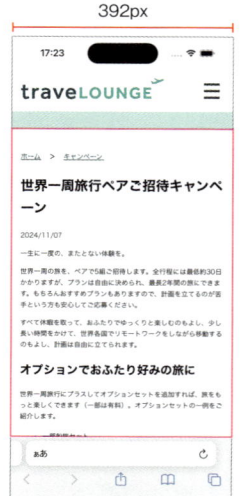

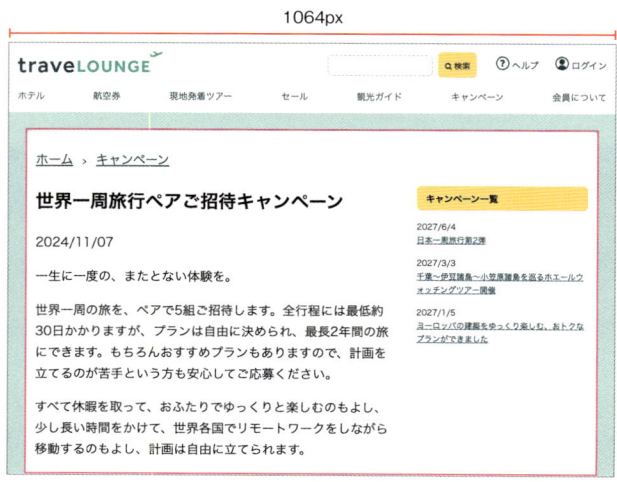

267 画像に重ねたテキストを画面サイズに合わせて調整したい

利用シーン ヒーロー画像の上に重なるテキストのフォントサイズを、画面サイズに合わせて調整したいとき

要素／プロパティ

CSSプロパティ

object-fit: cover;
—— 縦横比が合わない画像を表示する際のリサイズ方法を設定。値がcoverなら画像を切り取ってボックス全体を埋め尽くす ▶▶191

position: relative;
—— ポジション配置したい要素の親要素に指定する ▶▶160

position: absolute;
—— ポジション配置したい要素自身に指定する ▶▶160

CSSの値

clamp(最小値, 理想値, 最大値);
—— 「理想値」の値を指す。ただし、下限を最小値、上限を最大値とする ▶▶266

画面サイズに合わせて、ヒーロー画像の上に重なっているテキストのフォントサイズを調整します。サンプルは ▶▶195 をベースに作成します。画面幅いっぱいに広がる、高さ400pxで表示される画像の中央に、テキストが重なっています。このテキストのフォントサイズを、画面サイズに合わせて調整します。

■HTML

267/index.html

```
<div class="hero">
  <img src="assets/hero.webp" alt="" width="5530" height="1500"> —— ヒーロー画像
  <h1 class="copy">Innovation for your comfort
  <br><span class="sub">笑顔とロマンを追求する、伊八のココロと技術</span> —— テキスト
  </h1>
</div>
```

■CSS

267 /css/style.css

```css
/* 画像のスタイル */

.hero {
  position: relative;
  width: 100%;



  height: 400px;


  img {
    width: inherit;
    height: inherit;
    object-fit: cover;
  }
}
/* テキストのスタイル */
.copy {
```

画像の表示
(「193」参照)

```css
  position: absolute;
  width: fit-content;
  height: fit-content;
  inset: 0;
  margin: auto;
  text-wrap: nowrap;
```

テキストの中央配置
(「163」参照))

```css
  line-height: 1;
  font-size: clamp(22px, 4.8vw, 48px);
  font-weight: bold;
  text-align: center;
  color: #FFF;


  .sub {
    font-size: clamp(16px, 0.6em,
20px);          ──① 
    font-weight: normal;
  }
}
```

▼ ブラウザ表示 (左:スマホ、右:PC)

■小さいほう (日本語) のフォントサイズの設定方法 (①)

　このサンプルで画像の上に重ねたテキストのうち、<span class="sub"> 〜 </span> で囲まれているほうは、以下の CSS コードのようにフォントサイズを設定しました。

　理想値が「0.6em」になっていることに注目です。1em は「親要素のフォントサイズ」を指します。ここでは親要素が <h1> なので、0.6em は「<h1> のフォントサイズの0.6倍」ということになります。

　<h1> のフォントサイズも clamp() を使って設定していて、ビューポートに合わせて変動します。それに合わせて、<span class="sub"> のフォントサイズも変化するようになっています。

●CSS

<span class="sub"> のフォントサイズの設定

```css
font-size: clamp(16px, 0.6em, 20px);
```

268 親要素のサイズに合わせて画像の大きさを調整したい

利用シーン **ビューポートの幅に合わせて画像のサイズを連続的に変化させたいとき**

要素／プロパティ

CSSの値

min(値1, 値2, ……)
━━━ ()内の値のうち、もっとも小さい値をプロパティの値とする ▶▶088

　画像の最大値と最小値を決めて、ビューポートの幅に合わせて伸縮させる実践的な方法を紹介します。
　画像のサイズを変化させるには、<img>自体には伸縮可能にするCSSを適用しておいて ▶▶075 、親要素も伸縮可能にします。

■CSS
画像を伸縮可能にするCSS

```
img {
  max-width: 100％;
  height: auto;
}
```

　サンプルでは、画像の親要素（<figure class="figure">）の幅を「min(100％, 800px)」と設定しています。min()はここまでのサンプルでも何度か出てきましたが、「,」で区切って複数指定する値のうち、最も小さい値が採用されます。

■HTML
268／index.html

```
<figure class="figure">
  <img src="assets/photo.jpg" alt="" width="1920" height="1280">
  <figcaption>一度は訪れたいオーストリア</figcaption>
</figure>
```

Chap **13**
レスポンシブWebデザインに対応するテクニック

■CSS

```css
img {
  max-width: 100%;
  height: auto;
}

.figure {
  margin: 1em auto;
  border-radius: 8px;
  padding: 16px;
  width: min(100%, 800px);
  background: #FFF9E2;

  figcaption {
    text-align: center;
  }
}
```

▼ ブラウザ表示 （左：スマホ、右：PC）

269

正確なサイズで画面いっぱいに背景画像を表示したい

利用シーン 正確なビューポートのサイズで画面いっぱいに背景画像を表示したいとき

要素 / プロパティ

CSSの値

dvh
━━━━ 動的に変化するビューポートサイズに連動し、「いまの」高さを100dvhとする長さ ▶▶ **244**

▶▶ **198** で画面いっぱいのサイズで背景画像を表示する方法を紹介しました。このときのサンプルでは、スマートフォンではブラウザのツールバーに隠れて一部が見えなくなる可能性があることも説明しました。

画像の一部がツールバーに隠れず、正確なサイズで表示するには、背景画像を表示するボックスの高さに、単位dvhを使用します。▶▶ **244**

■HTML 269/index.html

```
<body>
  <main>
    <div class="hero"></div>
    <div>
      ヒーロー画像に続くコンテンツ
    </div>
  </main>
</body>
```

■CSS 269/css/style.css

```
.hero {
  width: 100%;
  height: 100dvh;
  background: url(../assets/hero-big.webp) no-repeat;
  background-size: cover;
}
```

Chap **13**

レスポンシブWebデザインに対応するテクニック

正確なサイズで画面いっぱいに背景画像を表示したい

▼ ブラウザ表示

開いた直後

少しスクロール

少しスクロールすると次の
テキストが出てくることか
ら、正確なサイズで画像が
表示されていることがわかる

270 正確なサイズで画面いっぱいに画像を表示したい

利用シーン　**<img>を使って、正確なビューポートのサイズで画面いっぱいに画像を表示したいとき**

要素／プロパティ

CSSプロパティ

object-fit: cover; ── 縦横比が合わない画像を表示する際のリサイズ方法を設定。値がcoverなら画像を切り取ってボックス全体を覆う `▶▶191`

object-position: 横 縦; ── 切り抜かれた画像の表示される位置を調整する `▶▶192`

CSSの値

inherit ── 親要素の値を継承する `▶▶055`

dvh ── 動的に変化するビューポートサイズに連動し、「いまの」高さを100dvhとする長さ `▶▶244`

　前節では、ビューポートのサイズが変動するスマートフォンのブラウザでも、単位dvhを使って正確な高さで背景画像を全画面に表示する方法を紹介しました。このテクニックは、背景画像でなく<img>で表示される通常の画像にも応用できます。

　通常の画像を全画面で表示するには、親要素の幅を100％、高さを100dvhにすると同時に、対象となる<img>に、object-fitプロパティと、配置を調節する必要があれば object-positionプロパティを適用します。これは `▶▶192` で紹介したテクニックと同じです。

　サンプルでは、<img>を使った画像を全画面に表示しています。

■HTML　　　　　　　　　　　　　　　　　270/index.html

```
<div class="hero">
  <img src="assets/hero-big.webp" width="5530"
height="3687" alt="">
</div>
```

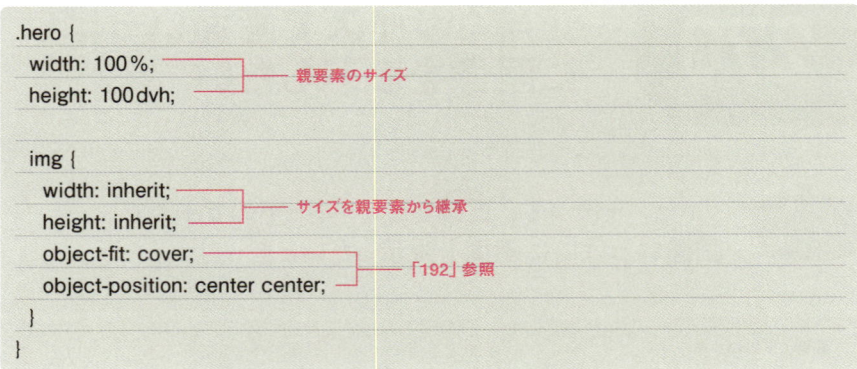

```
.hero {
  width: 100%;          ── 親要素のサイズ
  height: 100dvh;

  img {
    width: inherit;      ── サイズを親要素から継承
    height: inherit;
    object-fit: cover;   ── 「192」参照
    object-position: center center;
  }
}
```

▼ **ブラウザ表示**（左：スマホ、右：PC）

column

背景画像と通常の画像、どちらのほうがよい？

前節では背景画像を、本節では通常の画像を全画面表示しました。表示上は同じに見えますが、実際にはどちらを選んだらよいのでしょうか？

結論からいえば、どちらも大きな違いはないと考えてかまいません。

\<img\>にはalt属性をつけることができるため、アクセシビリティの観点からは有利な場合があるでしょう。また、「loading="lazy"」属性をつけて遅延読み込みができるので、場合によってはページを表示するスピードが向上するかもしれません。ただ、ヒーロー画像として全画面表示するのであれば、どちらにせよ遅延読み込みにはならない（はじめから表示される）ので、有利とまではいえないでしょう。

通常画像として表示する際のCSSは少し難しく、難易度が若干高いと感じるかもしれません。筆者は、無理せず使いやすいほうを選べばよいと考えています。

271 ディスプレイに合わせて画質を切り替えたい

利用シーン　できるだけファイル容量が小さな画像を使用するために、ディスプレイのピクセル密度に合わせて配信する画像を切り替えるとき

要素/プロパティ

HTML属性

srcset="画像1のパス 倍率x, 画像2のパス 倍率x, ……"

―――― ブラウザが使用できる画像の候補を示す。<img>の属性のひとつ

　コンピュータ（スマートフォンなどを含む）のディスプレイの「ピクセル密度」は、端末によって異なります。

　ピクセル密度が高い高精細なディスプレイで、ピクセル密度が低い画像を見ると、ぼやけて見えます。

ピクセル密度が異なる画像を高精細ディスプレイで見たときのイメージ

ディスプレイのピクセル密度に対して　　画像のピクセル密度が十分
画像のピクセル密度が足りない

　ピクセル密度が足りなくて画質が低下することを防ぐには、Webサイトの場合は次のふたつの作業が必要になります。

- ピクセル数が多い画像を用意する
- 画像のピクセル数より少ない幅と高さで表示する

　たとえば、1920×1280pxの画像を、960×6400px（1/2）〜640×427px（約1/3）で表示すれば、高い画質を維持できます。

しかし、画像のピクセル数が増えればファイルサイズも大きくなります。ディスプレイのピクセル密度に合わせて適切なサイズの画像を表示できれば、画質とファイルサイズのバランスが取れます。それを実現できるのがsrcset属性です。

<img>にsrcset属性を追加すると、異なるピクセル数の画像のなかから、ディスプレイ密度に合わせてブラウザが自動的に選んでダウンロード／表示してくれます※。表示されるサイズも変わります。

※ どのファイルをダウンロードするかはブラウザに任されています。そのため、通信速度などによって低画質の画像がダウンロードされることもあります。

■**HTML**　　　　　　　　　　　　　　　　　　　　　　srcset属性の記述例

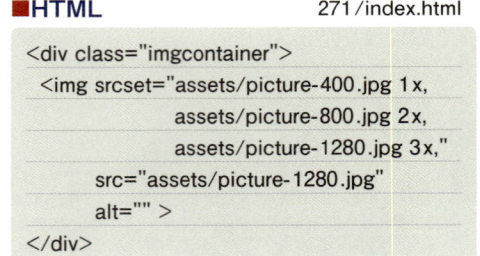

「画像のパス」と「ピクセル密度x」(xは単位)を、半角スペースで区切って指定します。さらに、「,」で区切って複数の画像を指定できます。何らかの理由でsrcset属性が動作しなかった場合のために、src属性も指定します。

サンプルを見てみましょう。ピクセル数が異なる3種類の画像(幅400px、800px、1280px)を用意してあります。ページを見る環境によって、どのファイルが表示されるかが変わります。

どれが表示されているのかわかるように、画像の右下にテキストを入れておきました。可能であれば、異なる端末で見てみてください。

■**HTML**　　　　　　　　271/index.html　　　　■**CSS**　　　　271/css/style.css

```
<div class="imgcontainer">
  <img srcset="assets/picture-400.jpg 1x,
               assets/picture-800.jpg 2x,
               assets/picture-1280.jpg 3x,"
       src="assets/picture-1280.jpg"
       alt="" >
</div>
```

```
img {
  max-width: 100%;
  height: auto;
}
```

▼ **ブラウザ表示** (左：スマホ、右：PC)

630

272 画面サイズに合わせて 表示する画像を変えたい

 利用シーン **ビューポートのサイズによって表示する画像を変えたいとき**

要素 / プロパティ

HTML

\<picture\>～\</picture\>

──── 画像を表示。子要素に\<source\>、\<img\>を含める

\<source media="画面サイズ" srcset="画像のパス"\>

──── 「画像サイズ」の条件にあった画像をダウンロード

　前節では、ディスプレイのピクセル密度に合わせて適切な画像をダウンロード／表示する方法を紹介しました。今回は、画面サイズ（ビューポートの幅）に合わせてダウンロード／表示する画像を切り替える方法を説明します。

　画面サイズに合わせて表示する画像を切り替えるには、\<picture\>タグと\<source\>タグを使います。基本的な使い方は次のとおりです。

■HTML 画面サイズに合わせて表示する画像を切り替える

```
<picture>
  <source media="(画面サイズの条件1)" srcset="画像のパス">
  <source media="(画面サイズの条件2)" srcset="画像のパス">
  <img src="画像のパス" alt="代替テキスト">
</picture>
```

　\<picture\>～\</picture\>には、0個以上の\<source\>と、1個の\<img\>を含めます。

　\<source\>のmedia属性には、画面サイズの条件を、()でくくって記述します。条件の書き方はメディアクエリで使用したものと同じで、新書式、旧書式のどちらにも対応しています。 ▶▶ 262

　\<img\>には、\<source\>タグに対応していないブラウザのために、デフォルトの画像を指定するほかに、alt属性や、その他の属性の情報を提供する役割があります。

画面サイズに合わせて表示する画像を変えたい

<picture>と<source>はおもに、画面サイズによって異なる画像を表示したいときに使います。

サンプルでは2匹のペンギンが写っている写真を使用しています。画面サイズが大きいときには周囲の景色がわかるような写真を、小さいときには、2匹によりフォーカスした画角の写真を表示します。CSSは使用していません。

■HTML   272／index.html

```
<div class="imgcontainer">
 <picture>
  <source media="(width <= 767px)" srcset="assets/penguins-mobile.webp">
  <source media="(width >= 768px)" srcset="assets/penguins-pc.webp">
  <img src="assets/penguins-pc.jpg" alt="ケープタウンで撮影したペンギン">
 </picture>
</div>
```

▼ ブラウザ表示 （左：スマホ、右：PC）

273 スマートフォンでも入力しやすいフォームを作りたい

**利用シーン**
- スマートフォンで**快適**に入力できるテキストフィールド、テキストエリアを作りたいとき
- デザインを変えずに PC でも同じフォームを使いたいとき

要素／プロパティ

CSS セレクタ

:not(セレクタ , セレクタ , ……)
—— ()内の「セレクタ」で選択されない要素を選択 ▶▶238

[属性 =" 値 "]
—— タグについている属性やその値で要素を選択する。属性セレクタ
▶▶152

CSS プロパティ

box-sizing: border-box;
—— 要素のボックスモデルを「border-box」にする ▶▶006

CSS の値

min(値 1 , 値 2 , ……)
—— ()内の値のうち、もっとも小さい値をプロパティの値とする ▶▶088

　スマートフォンでも入力しやすいテキストフィールドやテキストエリアを作るには、注意すべきふたつのポイントがあります。

- フォーム部品に「box-sizing: border-box;」が適用されていること
- フォントサイズが 16 px 以上になっていること

　フォーム部品に「box-sizing: border-box;」が適用されているかどうかは、ページ全体に最低限のリセット CSS を適用していれば問題ありません。
　もし、「box-sizing: border-box;」が適用されていない状態で、フォーム部品をできるだけ大きく表示しようとして「width: 100 %;」などとすると、ビューポートからはみ出します[1]。

※1 フォーム部品に適用されているボーダー、パディング分大きくなるからです。

Chap **13**

レスポンシブ Web デザインに対応するテクニック

「box-sizing: border-box;」が適用されていないとビューポートからフォーム部品がはみ出す

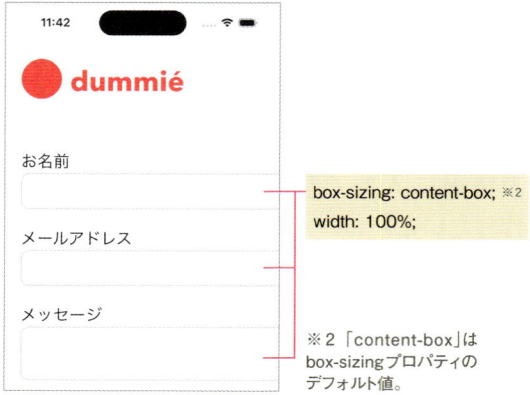

また、テキストフィールドやテキストエリアなどのフォントサイズは16pxにしておきます。

iOSは、テキストフィールドやテキストエリアなどのフォントサイズが16pxより小さい場合、部品がフォーカス状態になったとき（入力しようとしたとき）に、画面全体を拡大します。

フォントサイズが16pxより小さいと、入力時に画面全体が拡大する

入力しようとすると…　　　　　画面全体が拡大する

この2点に気をつけていれば、少なくともデザイン上は快適に操作できるフォームを作れます。

サンプルは、最低限のCSSだけ適用した、テキストフィールド2点、テキストエリア1点のフォームです。これらフォーム部品の幅は、PCで利用することも考えて、100％か480pxの、どちらか小さいほうにしています。フォントサイズは16pxです。

なお、「box-sizing: border-box;」は、「_shared/css/mockup.css」で適用しています。

■HTML

273/index.html

```
<form action="#" id="form" name="form">
  <p class="form-input">
    <label for="name">お名前</label>
```

```
    <input type="text" name="name" id="name">
  </p>
  <p class="form-input">
    <label for="email">メールアドレス</label>
    <input type="email" name="email" id="email">
  </p>
  <p class="form-input">
    <label for="message">メッセージ</label>
    <textarea name="message" id="message"></textarea>
  </p>
  <p>
    <input type="submit" value="送信">
  </p>
</form>
```

■CSS

273/css/style.css

```
input:not([type="submit"]), textarea { ——— ①
  width: min(100%, 480px);
  font-size: 16px;
}
```

▼ ブラウザ表示 （左・中：スマホ、右：PC）

入力しようとしても
拡大しない

■input:not([type="submit"]), textarea （①）

「:not()」否定擬似クラスを使って、type属性が「submit」（送信ボタン）以外の<input>と、
<textarea>を選択しています。

274 ラベルとフォーム部品を改行したい

利用シーン **`<br>`を使わずにラベルとフォーム部品の間で改行したいとき**

要素/プロパティ

CSSセレクタ

:has(セレクタ) ──「セレクタ」で選択される要素を持つ親要素または兄弟要素を選択 ▶238

CSSプロパティ

display: block; ── 要素をブロックボックス表示する

フォームのラベル（`<label>`）も各種フォーム部品も、デフォルトではインラインボックスで表示されるため、タグを続けて書くと横に並んでしまいます。

`<label>`とフォーム部品は横に並んでしまう

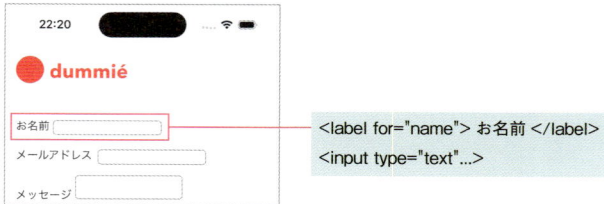

この状態は、とくに画面の狭いスマートフォンでは入力できる領域が狭くなってしまい、使いづらくなります。スマートフォンでの操作を考えると、ラベルとフォーム部品の間で改行したいものです。

ラベルとフォーム部品の間で改行するには、`<label>`に「display: block;」を適用して、ラベルをブロックボックスで表示するのが手軽です。

ただし、チェックボックスやラジオボタンの場合、フォーム部品の後ろにラベルがつくことが多く、そのときは改行したくありません。特別なクラス名をつけないで、チェックボックスやラジオボタンのラベルはインラインボックスのままにするには、次のふたつの方法が考えられます。

- ラジオボタンやチェックボックスのときだけ、フォーム部品とラベルテキストを`<label>`～`<label>`で囲み、それ以外は`<label>`の for属性を使う ▶132 ▶133
- セレクタを工夫して、`<label>`の後ろにフォーム部品があるときだけ、`<label>`をブロックボックス表示に変更する（フォーム部品が前にあるならインラインのまま）

サンプルでは後者を利用して、ラベルの後ろにフォーム部品があるときだけ、<label>をブロックボックスで表示するようなCSSを書いています。セレクタの書き方に注目して、ソースコードを読んでみてください。

全体をきれいに整形するために、それ以外のCSSも適用しています。

■**HTML**   274/index.html

```html
<form action="#" id="form" name="form">
  <p class="form-input">
    <label for="name">お名前</label>
    <input type="text" name="name" id="name">
  </p>
  <p class="form-input">
    <label for="email">メールアドレス</label>
    <input type="email" name="email" id="email">
  </p>
  <p class="form-input">
    <label for="message">メッセージ</label>
    <textarea name="message" id="message"></textarea>
  </p>
  <p class="form-input">
    <input type="checkbox" name="magazine" id="magazine">
    <label for="magazine">メールマガジンに登録する</label>
  </p>
  <p>
    <input type="submit" value="送信">
  </p>
</form>
```

テキストフィールドはラベルの後ろにある

チェックボックスはラベルの前にある

■**CSS**   274/css/style.css

```css
label:has(+input, +select, +textarea) {     ①
  display: block;
}

input:not([type="checkbox"],
[type="radio"]), textarea {
  border: none;
  border: 1px solid #D9D9D9;
  border-radius: 8px;
  padding: 8px;
  width: min(100%, 480px);
  font-size: 16px;
```

```css
  line-height: 1.7;
}

input[type="submit"] {
  border: none;
  padding: 16px;
  background-color: #FFE34E;
  color: black;
  font-size: 16px;

  &:hover {
    background-color: #FFEC82;
  }
}
```

▼ ブラウザ表示 （左：スマホ、右：PC）

■label:has(+input, +select, +textarea) （①）

<label>のうち、次に来る要素（弟要素）が<input>、<select>または<textarea>である、<label>を選択します。

「:has()」は ▶▶238 でも使用しましたが、（）内で選択される要素を持つ、親要素または兄要素を選択します。

また、「+」は「次の弟セレクタ」や「隣接セレクタ」と呼ばれるセレクタで、文字どおり次の弟要素を選択します。

サンプルで使用した「label:has(+input, +select, +textarea)」は、「次の弟要素が<input>、<select>、または<textarea>である<label>」を選択します。

Column

複雑なセレクタに慣れよう

実際のWebサイトでは、CMSやWebアプリケーションなど、サーバー側のプログラムで自動的にHTMLを生成するケースが少なくありません。とくにフォームはそうで、自由にHTMLを編集できず、class属性を追加するといったことができない場合があります。
そんなときでもフォームにスタイルを適用するには、セレクタを使いこなすことがカギになります。慣れておいて損はありません。

275

PCのときだけ表示する
コンテンツを作りたい

 **利用シーン** 画面サイズが狭いときは表示しないコンテンツを作りたいとき

要素 / プロパティ

CSSプロパティ

display: none;
—— 要素を表示しない

display: block;
—— 要素をブロックボックス表示する

CSSの値

revert
—— プロパティの値を元に戻す

Chap 13

レスポンシブWebデザインに対応するテクニック

　スマートフォンとPCとでコンテンツは基本的には同じものを表示するべきですが、重要度が低いものに関しては非表示にすることがあります。本節では要素を非表示にする方法を紹介します。

　要素を非表示にするには、要素に「display: none;」を適用します。逆に、非表示にした要素をもう一度表示する——displayプロパティの値を元に戻す——には、値を「revert」にすることをおすすめします。

　一般に、<div>を非表示にした場合、もう一度表示するには「display: block;」にします。<span>なら値を「inline」にします。要するに各要素のdisplayプロパティのデフォルト値を設定しなければならないのですが、デフォルト値がわからず、適切な値が設定できない要素があるかもしれません。

　そこで役に立つのが「revert」という値です。この値は、displayプロパティでいえば、各要素に設定されたデフォルト値に戻します[※]。

　サンプルでは、PCサイズの画面では表示されるパンくずリストを、スマートフォンサイズでは非表示にします。

※　ちなみにdisplayプロパティ自体のデフォルト値は「inline」です。そのため、「display: initial;」にすると、<div>でも<p>でも「display: inline;」になります。

■HTML

275／index.html

```
<div class="breadcrumb">
  <div class="container">
    <ol>
      <li><a href="#">ホーム</a></li>
      <li><a href="#">プロダクト</a></li>
      <li><a href="#">家庭向け</a></li>
      <li><a href="#">サーキュレーター</a></li>
      <li>E8-0123</li>
    </ol>
  </div>
</div>
```

■CSS

275／css/style.css

```
.breadcrumb {  ——— 標準の表示
  display: none;
}

@media (width >= 768px) {  ——— 画面サイズが広いときの表示
  .breadcrumb {
    display: revert;
    中略
  }
}
```

▼ ブラウザ表示（左：スマホ、右：PC）

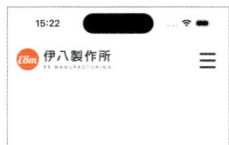

276 1行で収まらないテキストを省略したい

利用シーン **画像のキャプションを表示するときなど、長いテキストを表示する十分なスペースがない場合**

要素／プロパティ

CSSプロパティ

overflow: hidden;
—— ボックスに収まりきらないコンテンツを非表示にする ▶091

text-wrap: nowrap;
—— テキストを改行しない

text-overflow: ellipsis;
—— はみ出たテキストを「…」に置き換える

ボックスに収まりきらない、長いテキストを表示するときに、末尾を「…」に置き換えて省略するCSSプロパティがあります。それが「text-overflow」プロパティです。伸縮するボックスのなかに、画像とキャプションのテキストが含まれているときなどに使用します。ボックスの幅が十分に広いときはテキストをすべて表示し、狭かったら省略できるので、レスポンシブデザイン向きの機能といえます。

しかし、ボックスが狭いとき、通常であればテキストは改行して表示されます。その動作をオフにしないと長いテキストの末尾を省略できません。そこで、省略したいテキストが含まれるボックスに次のCSSを適用します。

■CSS 収まりきらないテキストの末尾を省略するCS

```
overflow: hidden;————— はみ出た部品は非表示
text-wrap: nowrap;——— テキストを改行しない
text-overflow: ellipsis;—— はみ出たら「…」に置き換え
```

サンプルでは、伸縮する<figure class="figure">に含まれる<figcaption>に、このスタイルを適用しています。PCのブラウザのウィンドウサイズを広げたり狭めたりして動作を確認してみてください。

■HTML

```
<figure class="figure">
  <img src="assets/photo.jpg" alt="" width="1920" height="1280">
  <figcaption>ハルシュタット湖（オーストリア）の 中略 風景です。</figcaption> ── ここを省略
</figure>
```

■CSS

```
img {
  max-width: 100%;
  height: auto;
}

.figure {                              「268」参照
  margin: 1em auto;
  border-radius: 8px;
  padding: 16px;
  width: min(100%, 800px);
  background: #FFF9E2;

  figcaption {
    overflow: hidden;
    text-wrap: nowrap;
    text-overflow: ellipsis;
  }
}
```

▼ ブラウザ表示 （左：スマホ、右：PC）

277 テーブルを横スクロール できるようにしたい

利用シーン
● テーブルが横に広すぎて画面に収まらないとき
● スマートフォンでもテーブルを見せたいとき

要素/プロパティ

CSSプロパティ

text-wrap: nowrap;
━━ テキストを改行しない ▶▶163

overflow-x: auto;
━━ ボックスを横方向にスクロール可能にする ▶▶090

　テーブルをレスポンシブデザインに対応させて、スマートフォンでも見られるようにするのは容易ではありませんが、方法はあります。そのひとつは、テーブルを横にスクロールできるようにすることです。横スクロールできても使いやすさはそれほど良くならないかもしれませんが、情報は見られます。

　横にスクロールできるテーブルを作成するには、次の2点を満たすHTMLとCSSを用意します。

・テーブルセル内のテキストが改行しないようにする（各セルに「text-wrap: nowrap」を適用する）
・テーブルを <div> などで囲み、そこに「overflow-x: auto;」を適用する

作成するHTMLとCSSの構造

```
<div> ──────── overflow-x: auto;
 <table>
  <tr>
   <td>...</td> ──── text-wrap: nowrap;
  </tr>
 </table>
</div>
```

サンプルでは4列20行のテーブル（<table id="tasks">）を、<div class="table-wrapper">
で囲んでいます。

■**HTML** 277／index.html

```html
<div class="table-wrapper">
  <table id="tasks">
    <tr>
      <td class="done"><input type="checkbox" name="529" id="529" value="true">
</td>
      <td class="category"><span class="cat1">ミーティング</span></td>
      <td class="todo">丸山メディカル内山さんと定例ミーティング 中略 </td>
      <td class="date">2026／01／12</td>
    </tr>
    中略
  </table>
</div>
```

■**CSS** 277／css/style.css

```css
.table-wrapper {
  overflow-x: auto;
}

#tasks {
  border-collapse: collapse;
  border : 1px solid #D9D9D9;

  td {
    border: 1px solid #D9D9D9;
    padding: 16px 8px;
    text-wrap: nowrap;

    span {
      中略
    }
  }
}
```

277

テーブルを横スクロールできるようにしたい

▼ **ブラウザ表示**（左：スマホ、右：PC）

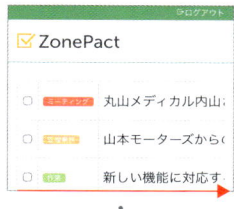

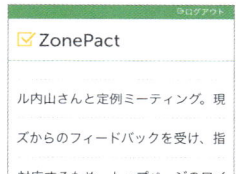

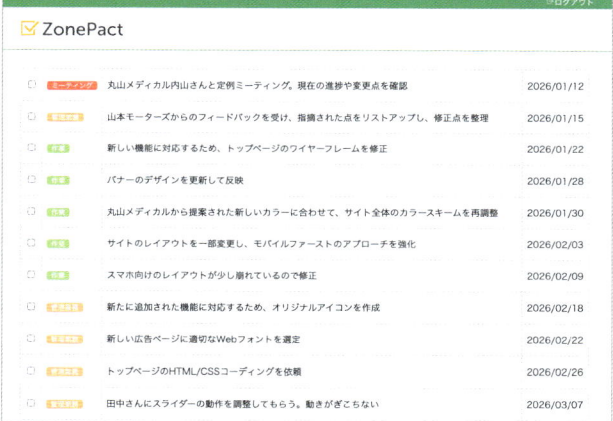

 **column**

iPhoneのSafariではテキストが大きく表示される

iPhoneのSafariは、このサンプルを開くと大きなフォントサイズで表示されます。
これは、このページのコンテンツのレイアウトが「スマートフォンで見るには適していない」とSafariが判断し、フォントサイズを大きくしているからです。要素に「text-wrap: nowrap;」が適用されているなど、いくつかの条件で「スマートフォンに適していない」と判断されるようです。

CSS Mobile Text Size Adjustment Module Level 1
【URL】https://drafts.csswg.org/css-size-adjust/#adjustment-control

どうしてもフォントサイズが大きくなるのを避けたい場合は、CSSから「text-wrap: nowrap;」を削除するか、<td>に適用されるスタイルに次の1行を追加します。

● **CSS**　　　　　　　　　　　　iOS Safariでテキストが大きくなるのを防ぐ

```
-webkit-text-size-adjust: 100%;
```

278 画面サイズに合わせて テーブル列を非表示にしたい

利用シーン
- ●ビューポートの幅に見合ったテーブルを見せたいとき
- ●スマートフォンでもテーブルを見せたいとき

要素 / プロパティ

@ ルール

@media (width >= サイズ) {〜}
—— ビューポート幅が「サイズ」以上のときにだけ適用されるCSSを定義 ▶▶ 262

CSS プロパティ

display: none;
—— 要素を表示しない

　前節では、テーブルを横にスクロールできるようにしました。本節と次節では別の方法を使って、テーブルをレスポンシブデザインに対応させます。

　本節では、画面幅が狭くなるに従ってテーブル列の一部を非表示にします。メディアクエリを使って、ビューポート幅が狭いときは \<td\> に「display: none;」を適用します。

　サンプルでは前節と同じ4列20行のテーブルを使い、ビューポート幅が815px以下で2列目を非表示に、660px以下では4列目を非表示にします。

　そのほか、2列目だけに「text-wrap: nowrap;」を適用し、セル内のテキストが改行しないようにします。また前節と違い、テーブル全体を親要素で囲みません。

スタイルを適用するテーブル。番号は列数

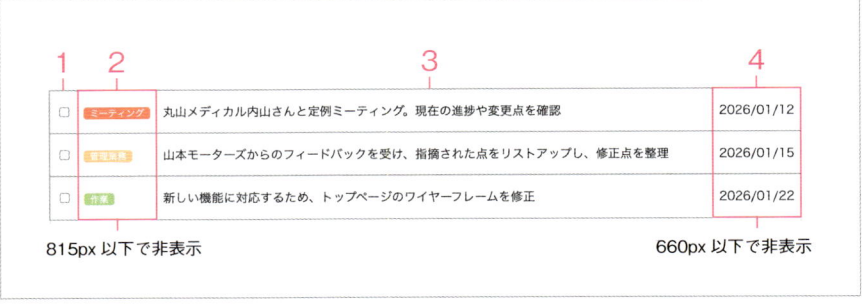

■HTML

278/index.html

```
<table id="tasks">
  <tr>
    <td class="done"><input type="checkbox" name="529" id="529" value="true"></td>
    <td class="category"><span class="cat1">ミーティング</span></td>
    <td class="todo">丸山メディカル内山さんと定例ミーティング 中略 </td>
    <td class="date">2026/01/12</td>
  </tr>
  中略
</table>
```

■CSS

278/css/style.css

```
#tasks {
  border-collapse: collapse;
  border: 1px solid #D9D9D9;

  tr {
    border-bottom: 1px solid #D9D9D9;
  }
  td {
    padding: 16px 8px;

    &.category {
      text-wrap: nowrap;        2列目だけ
    }                           改行しない

    span {
      中略
```

```
    }

    /* 画面サイズに合わせてテーブル列を非
    表示にしたい */          815px以下で2列目を非表示
    @media (width <= 815px) {
      &.category {
        display: none;
      }
    }
    @media (width <= 660px) {
      &.date {
        display: none;
      }
    }              660px以下で4列目を非表示
  }
}
```

647

278

画面サイズに合わせてテーブル列を非表示にしたい

▼ ブラウザ表示（上・中：PC、下：スマホ）

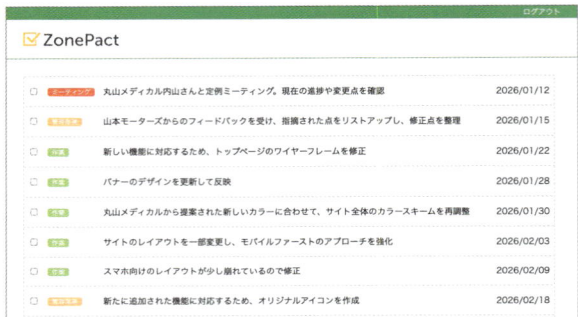

815px

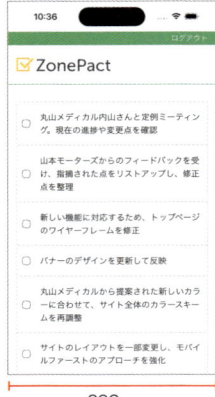

392px

279 テーブルセルの長いテキストを省略したい

利用シーン
●ビューポートの幅に見合ったテーブルを見せたいとき
●スマートフォンでもテーブルを見せたいとき

要素/プロパティ

CSSプロパティ

table-layout: fixed; ―― 列幅を均等にする ▶▶124

text-wrap: nowrap; ―― テキストを改行しない ▶▶163

text-overflow: ellipsis; ―― はみ出たテキストを「…」に置き換える ▶▶276

　前節ではビューポート幅が狭まるたびに重要度の低い列を非表示にしました。よりレスポンシブデザインに相性の良いテーブルを作るなら、長いテキストを省略するtext-overflowプロパティも利用できます。

　テーブル列（セル）に含まれる長いテキストを省略するには、テーブルに次のようなスタイルを適用します。

- テーブルに「table-layout: fixed;」を適用する ▶▶124
- テーブル全体の幅を指定する（width プロパティなどを適用する）
- テキストを省略したいセルに「text-wrap: nowrap;」を適用する
- テキストを省略したいセルに「overflow: hidden;」を適用する
- テキストを省略したいセルに「text-overflow: ellipsis;」を適用する
- 必要であればセルの幅を指定する

　本節では、前節のサンプルをベースに、列を非表示にするだけでなく長いテキストを省略するテーブルを作成します。3列目のテキストを、テーブルが表示できる幅に合わせて省略します。

作成するHTMLとCSSの構造

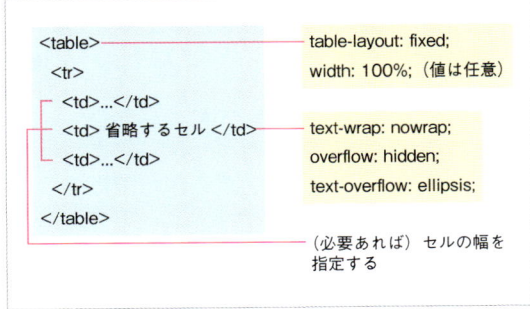

■HTML

279/index.html

```html
<table id="tasks">
  <tr>
    <td class="done"><input type="checkbox" name="529" id="529" value="true"></td>
    <td class="category"><span class="cat1">ミーティング</span></td>
    <td class="todo">丸山メディカル内山さんと定例ミーティング 中略 </td>
    <td class="date">2026/01/12</td>
  </tr>
  中略
</table>
```

■CSS

279/css/style.css

```css
#tasks {
  border-collapse: collapse;
  border : 1px solid #D9D9D9;
  table-layout: fixed;
  width: 100%;
}

tr {
  border-bottom: 1px solid #D9D9D9;
}
td {
  padding: 16px 8px;

  &.done { width: 33px; }  ── 1列目の幅を指定
  &.category {  ───── 2列目の幅を指定
    width: 110px;
    text-wrap: nowrap;
  }
```

```css
  &.todo {  ── 3列目の幅を指定。テキスト省略
    max-width: 100%;
    text-wrap: nowrap;
    overflow: hidden;
    text-overflow: ellipsis;
  }
  &.date {  ───── 4列目の幅を指定
    width: 130px;
  }
}
中略
/* 画面サイズに合わせてテーブル列を非
表示にしたい */
@media (width <= 815px) {
  中略
  }
 }
}
```

▼ ブラウザ表示 （左：PC、右：スマホ）

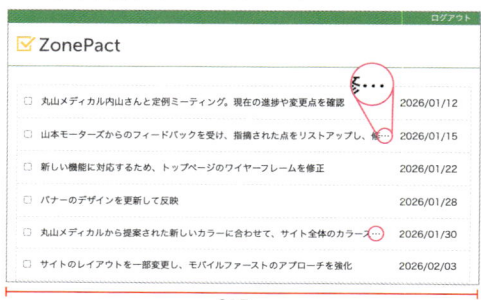

815px

392px

280 モバイル専用サイトを作り、PC表示にも対応する

🍲 **利用シーン** ほぼスマートフォン専用サイトを作り、PCで表示しても同じデザインで表示するとき

┌─ **要素/プロパティ** ─┐

CSSの値

vh ——— ビューポートの全高を100vhとする長さ ▶▶ **198**

calc(計算式) ——— 計算式の結果を値にセットする

　スマートフォンが普及するにつれ、「アクセスのほとんどがスマートフォンから」というサイトも多くなってきているようです。

　そんな時代を反映して、レスポンシブデザインを通り越して「ほぼスマートフォン専用サイト」を作るケースも見かけるようになりました。

　本節で紹介するのは、Webサイトの中身自体はスマートフォンに最適化した状態で作り、PCのようなビューポートの広い端末からアクセスしたときだけ、サイトの後ろに背景画像を全画面で表示するパターンです。

サンプルの概要。PCでのみ背景画像を表示する「ほぼスマホ専用サイト」

スマートフォンではこの部分を表示
ビューポートが広いときだけ背景を表示

■HTMLとCSSの構造

大まかなHTMLの構造は次のとおりです。

●**HTML** ほぼスマホ専用サイトのHTML構造

```
<body>
  <div class="pc-only"> ——— ①
    <div class="mobile-layer"> ——— ②
      <div class="mobile-body"> ——— ③
          サイトの中身はここに
      </div>
    </div>
  </div>
</body>
```

子要素から説明します。

<div class="mobile-body">〜</div>（③）

③の部分が、ページの実質的な中身です。スマートフォンで見ているときは、この部分だけがビューポート全体に表示されます。

③に含まれるHTML/CSSは自由に作れます。サンプルでは、中身のCSSは「280/css/mobile-only.css」に記述しています。

PCで見ているとき（ビューポート幅が768px以上のとき）に適用されるCSSで、③の部分をスクロール可能にします。幅は指定しませんが、高さは親要素（②）の設定を継承します。

③のHTMLと重要なCSS

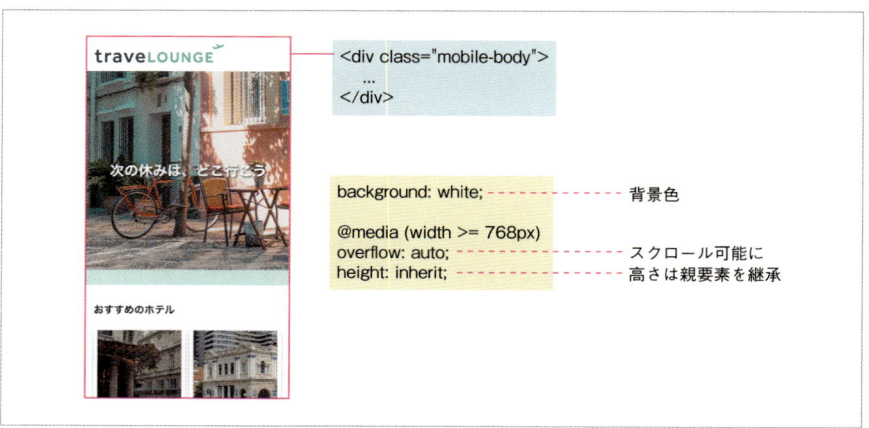

<div class="mobile-layer">（②）

②の部分は、スマートフォン表示のときには役割がありません。PC表示のときに適用されるCSSで、③の <div class="mobile-body"> を表示する位置を設定します。

サンプルでは、幅を400px、高さをビューポートより40px短く設定し、中央に配置しています。幅と高さ、配置場所は自由に決められます。

②のHTMLと重要なCSS

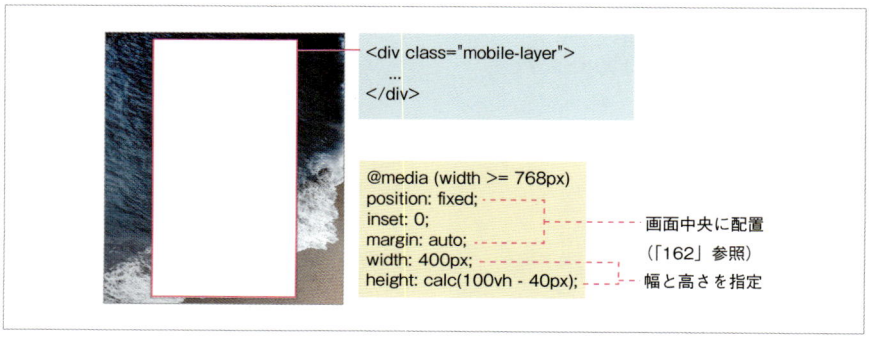

<div class="pc-only">（①）

<body>直下の①の部分は、②同様、スマートフォン表示のときには役割がありません。PC表示のときに適用されるCSSで、全画面で表示される背景画像を指定します。

①のHTMLと重要なCSS

<div class="pc-only">
  ...
</div>

@media (width >= 768px)
height: 100vh;
background: url(...) no-repeat;
background-size: cover;

背景画像を全画面に表示（「198」参照）

■HTML

280／index.html

```
<body>
  <div class="pc-only"> ─────── ①
    <div class="mobile-layer"> ─────── ②
      <div class="mobile-body"> ─────── ③
        中略
      </div>
    </div>
  </div>
</body>
```

■CSS

280／css/style.css

```
.mobile-body {
  background: white;          ─── ③のスタイル
}

@media (width >= 768px) {    ─── 以下はPC表示時のみ適用
  .pc-only {
    height: 100vh;
    background: url(../assets/sea-pconly.webp) no-repeat;    ─── ①のスタイル
    background-size: cover;
  }
```

```
.mobile-layer {
  position: fixed;
  inset: 0;
  margin: auto;
  width: 400px;
  height: calc(100vh - 40px);                    ──── ②のスタイル

  .mobile-body {
    overflow: auto;
    height: inherit;                             ──── ③のスタイル
    box-shadow: 0 0 4px 4px rgb(0 0 0 / 0.5);
  }
}
}
```

▼ ブラウザ表示 （左：スマホ、右：PC）

calc() は単位のついた値同士を計算できる

本節のサンプルでは、PCで表示するときに実質的なコンテンツの高さを設定するときに、calc()を使いました。

● CSS   高さの設定に使用した calc()

```
calc(100vh - 40px)
```

このようにcalc()は、単位の異なる値同士（サンプルでは単位vhとpx）の計算ができます。

アニメーションと
エフェクトのテクニック

装飾やアニメーションの手法を紹介します。特殊効果的な表現は複数の
機能を組み合わせて作るため、使用するテクニックも多岐にわたります。
マウスホバー時のエフェクトから全面に動画を表示する方法まで、さま
ざまなケースを扱います。

Chapter 14

281 区切り線を引きたい

 **利用シーン** コンテンツの途中で区切り線を引きたいとき

要素 / プロパティ

HTML

`<hr>` ── 区切り線

コンテンツの意味的な区切りの場所に水平線を引くには、`<hr>` タグを使います。`<hr>` は空要素で、終了タグ（`</hr>`）はありません。現在、`<hr>` は `<select>` のなかでも使えるようになっていますし ▶▶151、Webアプリケーションなどでも使われるようになっていて、以前に比べて使用頻度が高くなっている印象です。

■HTML　　　　281/index.html

```
<main>
 <div class="container limit">
  <div class="column">
   <section class="content">
    中略
    <h1>世界一周旅行ペアご招待キャ
ンペーン</h1>
    中略
    <hr>
    <h2>オプションでおふたり好みの旅
に</h2>
    中略
   </div>
  </div>
</main>
```

▼ ブラウザ表示（上：スマホ、下：PC）

16:23

traveLOUNGE ☰

世界一周旅行ペアご招待キャンペーン

すべて休暇を取って、おふたりでゆっくりと楽しむのもよし、少し長い時間をかけて、世界各国でリモートワークをしながら移動するのもよし、計画は自由に立てられます。

オプションでおふたり好みの旅に

世界一周旅行にプラスしてオプションセットを追

traveLOUNGE

ホテル　航空券　現地発着ツアー　セール　観光ガイド

ホーム ＞ キャンペーン

世界一周旅行ペアご招待キャンペーン

すべて休暇を取って、おふたりでゆっくりと楽しむのもよし、少し長い時間をかけて、世界各国でリモートワークをしながら移動するのもよし、計画は自由に立てられます。

オプションでおふたり好みの旅に

世界一周旅行にプラスしてオプションセットを追加すれば、旅をもっと楽しくできます（一部は有料）。オプションセットの一例をご紹介します。

282 区切り線のスタイルを変更したい

 **利用シーン** 区切り線のデザインを工夫したいとき

要素 / プロパティ

HTML

`<hr>`
―― 区切り線

CSSセレクタ

`::before`
―― 要素のテキストの「直前」を選択 **▶▶041**

`::after`
―― 要素のテキストの「直後」を選択 **▶▶041**

CSSプロパティ

`content: "コンテンツ";`
―― ::before、::afterで選択された位置に「コンテンツ」を挿入する

区切り線の`<hr>`は、長い文章にメリハリをつけるのに便利ですが、デフォルトの見た目は変えたいところです。`<hr>`にもCSSを適用できるのですが、ちょっとしたコツが要ります。

どんなスタイルにする場合でも、次のCSSを適用して`<hr>`のデフォルトCSSをリセットします[1]。

※1 「visible」はoverflowプロパティのデフォルト値で、要素のコンテンツをすべて表示する設定になります。しかし、`<hr>`のデフォルトCSSではこの値が「hidden」になっていて、コンテンツは表示されないようになっています。
15.3.11 The hr element - HTML Standard
https://html.spec.whatwg.org/#the-hr-element-2

■**CSS**　　　　　　　　　　　　　　　　　　　`<hr>`のデフォルトCSSをリセットする

```
overflow: visible;
border: none;
```

また、`<hr>`の線の上にテキストを表示したいときは、「::after」擬似要素を使い、次のようなCSSも適用します[2]。

※2 「::before」でもかまいません。

■CSS ＜hr＞の上にテキストを表示する

```
hr::after {
  content: "表示するテキスト";
  position: relative; ──── 上下の位置を調整するために適用
  top: -13px; ──── 「表示するテキスト」を見ながら値を調整
}
```

　サンプルでは前節と同じHTMLを使い、＜hr＞の区切り線にスタイルを適用しています。区切り線は1pxの点線で、真ん中に「▼」を表示しています。CSSのみ掲載します。

■CSS 282／css/style.css

```
hr {
  overflow: visible;
  border: none;
  border-top: 1px dashed #0FBFAA;
  text-align: center; ──── テキストを中央配置

  &::after {
    content: "▼";
    position: relative;
    top: -13px;
    padding: 0 8px;
    background: #FFF;
    color: #0FBFAA;
  }
}
```

▼ ブラウザ表示

自由に決められ、最長2年間の旅にできます。もちろんおすすめプランもありますので、計画を立てるのが苦手という方も安心してご応募ください。

すべて休暇を取って、おふたりでゆっくりと楽しむのもよし、少し長い時間をかけて、世界各国でリモートワークをしながら移動するのもよし、計画は自由に立てられます。

- ▼ -

オプションでおふたり好みの旅に

283 テキストにドロップシャドウを かけたい

 利用シーン テキストを引き立たせる効果がほしいとき

要素／プロパティ

CSSプロパティ

text-shadow: 影の設定;

━━ テキストにドロップシャドウをかける

「text-shadow」プロパティを使えば、テキスト自体にドロップシャドウをかけることができます。text-shadowプロパティの書式は次のとおりで、box-shadowプロパティよりも少しだけ単純です。
▶▶109

● **書式** テキストにドロップシャドウをかける

text-shadow: 横方向のずれ 縦方向のずれ ぼかし量 色;

また、text-shadowプロパティにはカンマで区切って複数の影を設定することができます。
サンプルでは、<p class="catch-phrase">〜</p>に含まれるテキストに複数の影を適用しています。

<p class="catch-phrase">にふたつのシャドウがかかっている

text-shadow:
1px 1px 1px rgb(0 0 0 / 0.75), -1px -1px 1px rgb(255 255 255 / 0.75);

次の休みは、　どこ行こう

次の休みは、どこ行こう

Chap 14

アニメーションとエフェクトのテクニック

テキストにドロップシャドウをかけたい

■HTML

```html
<div class="hero">
  <p class="catch-phrase">次の休みは、どこ行こう</p>
</div>
```

■CSS

```css
.catch-phrase {
  color: white;
  font-size: clamp(20px, 7.65vw, 38px);
  font-weight: bold;
  text-shadow: 1px 1px 1px rgb(0 0 0 / 0.75),
              -1px -1px 1px rgb(255 255 255 / 0.75);
}
```

▼ ブラウザ表示 （左：スマホ、右：PC）

284 テキストの選択ハイライト色を指定したい

利用シーン テキストを選択したときのハイライト色、テキスト色などを変えたいとき

要素／プロパティ

CSS セレクタ

::selection
—— 選択されたテキストを取得し、スタイルを適用

「::selection」セレクタを使うと、ユーザーが選択したテキストにスタイルを適用できます。ただ、使用できるCSSプロパティに制限があります。現在、主要なブラウザで使える主なプロパティは次の3種類です。

- color
- background-color
- text-shadow

要するに、選択部分のテキスト色と背景色は変更できて、テキストにシャドウをかけることもできますが、それ以外はできません。

サンプルでは、`<table class="record">`〜`</table>`内のテキストを選択したときのスタイルが変わります。

■HTML   284/index.html

```
<table class="record">
 <thead>
  <tr>
   <th>日付</th>
   <th>取引内容</th>
   <th>支出</th>
   <th>収入</th>
   <th>残額</th>
   <th>メモ</th>
```

テキストの選択ハイライト色を指定したい

```
    </tr>
  </thead>
  <tbody>
    中略
  </tbody>
</table>
```

■CSS

284/css/style.css

```
.record {
  ::selection {
    background: #FFAD14;
    color: white;
  }
}
```

▼ ブラウザ表示

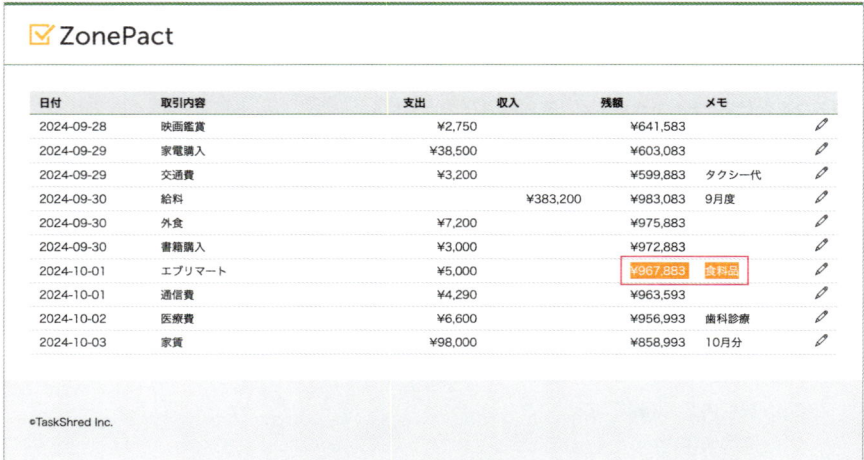

日付	取引内容	支出	収入	残額	メモ	
2024-09-28	映画鑑賞	¥2,750		¥641,583		
2024-09-29	家電購入	¥38,500		¥603,083		
2024-09-29	交通費	¥3,200		¥599,883	タクシー代	
2024-09-30	給料		¥383,200	¥983,083	9月度	
2024-09-30	外食	¥7,200		¥975,883		
2024-09-30	書籍購入	¥3,000		¥972,883		
2024-10-01	エブリマート	¥5,000		¥967,883	食料品	
2024-10-01	通信費	¥4,290		¥963,593		
2024-10-02	医療費	¥6,600		¥956,993	歯科診療	
2024-10-03	家賃	¥98,000		¥858,993	10月分	

©TaskShred Inc.

285 動画を全画面に表示したい

利用シーン
- ●動画をヒーロー画像として使用したいとき
- ●動画を全画面で自動・ループ再生したいとき

要素／プロパティ

HTML

\<video src="動画ファイルのURL" width="幅" height="高さ"\>\</video\>
―― 動画を表示・再生する `▶▶067`

CSSプロパティ

object-fit: cover;
―― 縦横比が合わない画像を表示する際のリサイズ方法を設定。値がcoverなら画像を切り取って
ボックス全体を覆う `▶▶191`

object-position: 横 縦;
―― 切り抜かれた画像の表示される位置を調整する `▶▶192`

CSSの値

dvh
―― 動的に変化するビューポートサイズに連動し、「いまの」高さを100dvhとする長さ `▶▶244`

inherit
―― 親要素の値を継承する `▶▶055`

　動画をヒーロー画像として全画面表示する例を紹介します。そのためには、動画を全画面で、か
つ自動でループ再生する必要があります。実はどちらも紹介済みのテクニックでできてしまいます。
　自動再生やループ再生の方法は `▶▶068` で紹介したとおりです。動画を全画面で表示する方法は、
静止画像を全画面に表示する方法と変わりません。`▶▶270` 違いといえば、「\<img\>タグの代わりに
\<video\>タグを使う」くらいのものです。

■動画は背景画像にできない

　静止画像と違い、動画は背景画像にできません。そのため、動画の上にテキストなど別のコンテン
ツを重ねる場合にはpositionプロパティを使って要素を配置します。`▶▶195` `▶▶267`
　サンプルでは動画を全画面に表示し、自動でループ再生しています。コントローラーも表示してい
ません。また、動画の中央にキャッチコピーを重ねています。

```html
<div class="hero">
  <video src="assets/video.mp4" autoplay playsinline muted loop></video>
  <h1 class="copy">Innovation for your comfort
    <br><span class="sub">笑顔とロマンを追求する、伊八のココロと技術</span>
  </h1>
</div>
```

■CSS   285/css/style.css

```css
/* 動画を全画面に表示したい */
.hero {
  width: 100%;
  height: 100dvh;

  video {
    width: inherit;
    height: inherit;
    object-fit: cover;
    object-position: center center;
  }
}

/* テキストのスタイル */
.hero {
  position: relative;
}
.copy {
  position: absolute;
  width: fit-content;
  height: fit-content;
  inset: 0;
  margin: auto;
  text-wrap: nowrap;
  line-height: 1;
  font-size: clamp(22px, 4.8vw, 48px);
  font-weight: bold;
  text-align: center;
  color: #FFF;

  .sub {
    font-size: clamp(16px, 0.6em, 20px);
    font-weight: normal;
  }
}
```

── 「267」参照

▼ ブラウザ表示 （左：スマホ、右：PC）

286 背景画像をスクロールしない ようにしたい

利用シーン 特殊な効果がほしいとき

要素／プロパティ

CSSプロパティ

background-attachment: fixed;
—— 背景画像をビューポートに固定する（ページに合わせてスクロールしない）

　背景画像に「background-attachment: fixed;」を適用すると、その背景画像がビューポートに対して固定されます。その結果、ページに合わせてスクロールしなくなり、その場に固定されたように見えます。いつもとはだいぶちがう見た目になるので、広告ページなどで特殊効果として使われます。

　背景画像を固定するときには、表示される面積よりもかなり大きな画像を用意しておく必要があります。また、「background-clip: text;」とは一緒に使えません（ ▶▶095 のColumn参照）。

　サンプルでは、ヒーロー領域（<div class="hero">）に設定した背景画像を固定しています。

■HTML

286／index.html

```
中略
<div class="hero">
 <p class="catch-phrase">まだ見ぬ場所へ、どこへでも</p>
</div>
中略
```

■CSS

286／css/style.css

```css
.hero {
  height: 500px;
  background: url(../assets/hero.webp) no-repeat;
  background-position: right bottom 0px;
  background-size: cover;
  background-attachment: fixed;
}
```

▼ ブラウザ表示

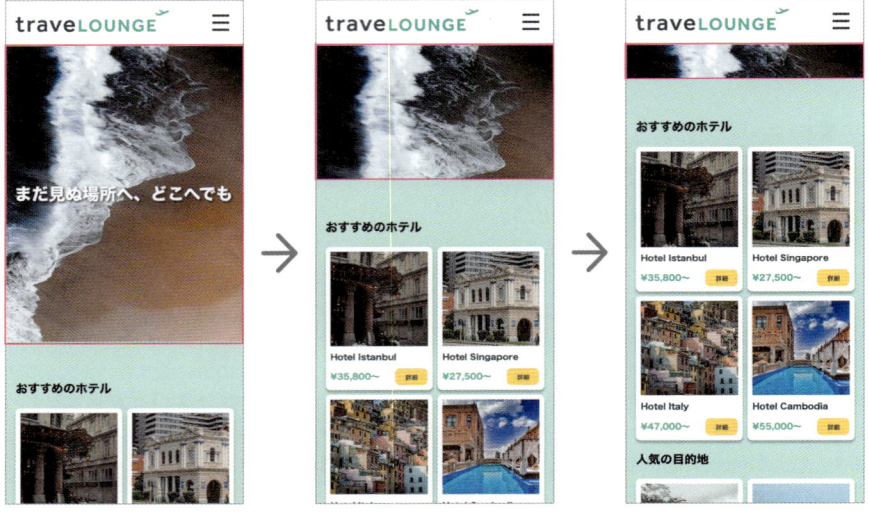

287 テキストを斜めに傾けたい

 **利用シーン** 要素のコンテンツを変形したいとき

要素／プロパティ

CSSプロパティ

transform: 変形の設定 ; ━━━ 要素のコンテンツを変形（トランスフォーム）する

CSSの値

skew(x, y)

━━━ 要素のコンテンツを水平軸方向にＸ度、垂直軸方向にＹ度歪ませる。transformの値に使用

rotate(rdeg) ━━━ 要素のコンテンツをＲ度回転させる。transformの値に使用

deg ━━━ 角度

　transformは、要素のボックス自体の配置は変えずに、コンテンツだけを変形（トランスフォーム）する機能を持つプロパティです。具体的には、コンテンツを「回転する」「移動する」「拡大・縮小する」「歪ませる（傾ける）」ことができます。

　サンプルでは、ヒーロー画像の上に重ねた要素（<p class="catch-phrase">）のテキストを、-15°歪ませたうえで、-12°回転させています。

■HTML　287/index.html

```
中略
<div class="hero">
 <p class="catch-phrase">次の
休みは、どこ行こう</p>
</div>
中略
```

■CSS　287/css/style.css

```
.hero {
  display: grid;
  place-content: center center;
}
.catch-phrase {
  color: white;
  font-size: clamp(28px, 5.26vw, 56px);
  font-weight: bold;
  text-shadow: 2px 2px 4px rgb(0 0 0 / 0.75);
  transform: skew(-15deg) rotate(-12deg);
}
```

▼ ブラウザ表示（左：スマホ、右：PC）

transform プロパティ

transform プロパティは、要素に含まれるコンテンツのみを変形し、回転／移動／拡大・縮小／傾斜（歪ませる・傾ける）することができます。要素のボックス自体の配置を変えたり変形したりせず、ページ全体のレイアウトには影響を与えないので※、使いこなせれば非常に便利な機能です。
このコラムで紹介する transform を使った変形は、「287／transform.html」で確認できます。

※ たとえば要素のコンテンツを移動しようとしてボックスのマージンやパディングを調整すると、ページ自体のレイアウトが変わります。

▶ コンテンツを「回転」する
transform プロパティの値に「rotate()」を指定すると、コンテンツが回転します。rotate の()内には、回転させる角度を指定します。この値を度数で指定する場合は単位「deg」を、弧度（ラジアン）で指定する場合は単位「rad」を使用します。

● **書式**　コンテンツを回転する

```
transform: rotate(度数deg);
```

コンテンツを30°回転

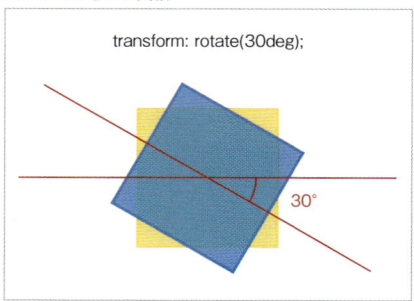

transform: rotate(30deg);

30°

▶ コンテンツを「移動」する
値を「translate()」にすると、コンテンツが移動します。()内には、「水平（x軸）方向の移動量」と「垂直（y軸）方向の移動量」を、カンマで区切って指定します。単位にはpxやem、％などが使えます。カンマで区切らず値をひとつだけ指定すると、x軸方向、x軸方向に同じ量だけ移動します。

● **書式**　コンテンツを移動する

```
transform: translate(x軸方向の移動量, y軸方向の移動量);
```

コンテンツを移動するtranslate()には、x軸方向だけ移動するtranslateX()、y軸方向だけ移動するtranslateY()という値もあります。

● **書式** translateX()とtranslateY()

```
transform: translateX(x軸方向の移動
量);
transform: translateY(y軸方向の移動
量);
```

▶ コンテンツを「拡大・縮小」する
値を「scale()」にすると、コンテンツが拡大・縮小します。()内には拡大率を単位なし、または「%」で指定します。

● **書式** コンテンツを拡大・縮小する

```
transform: scale(倍率);
```

もし、横と縦で拡大・縮小量を変えたいときは「X軸方向の倍率」と「Y軸方向の倍率」を、カンマで区切って次のように指定します。

● **書式** x軸方向とy軸方向で異なるスケール量を指定する

```
transform: scale(X軸方向の倍率, Y軸方向の倍率);
```

コンテンツを拡大・縮小するscale()には、x方向だけ拡大・縮小するscaleX()、y軸方向だけ拡大・縮小するscaleY()という値もあります。

● **書式** scaleX()とscaleY()

```
transform: scaleX(x軸方向の移動量);
transform: scaleY(y軸方向の移動量);
```

コンテンツをx軸方向に100px、y軸方向に50px移動

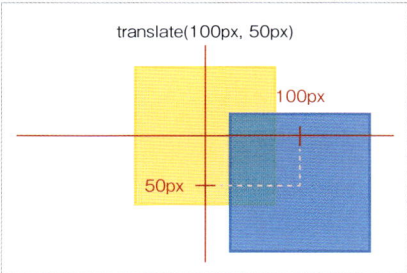

コンテンツを1.5倍に拡大

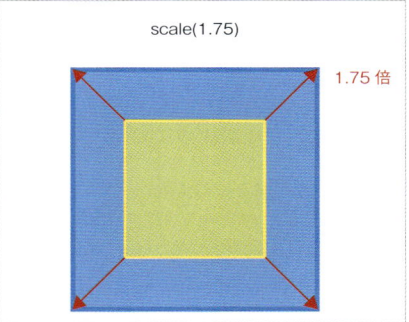

コンテンツをx軸方向に1.5倍、y軸方向に0.5倍に拡大

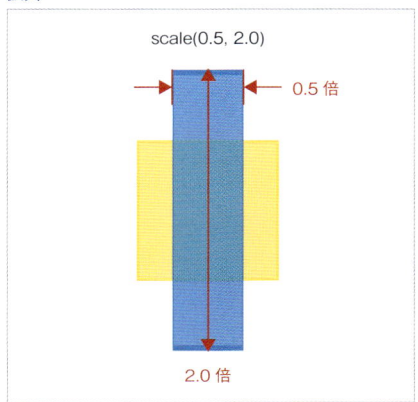

▶ コンテンツを「歪ませる（傾ける）」

値を「skew()」にすると、コンテンツを歪ませることができます。()内には、「x軸方向の傾き」、「y軸方向の傾き」をカンマで区切って角度で指定します。

● **書式**　コンテンツを歪ませる

transform: skew(x軸方向の傾き, y軸方向の傾き);

x軸方向の傾きを設定して、Y軸方向は0にすると、コンテンツは水平方向に変形します。ちなみにskew()で値をひとつしか設定しないと、x軸方向にだけ変形します。「y軸方向の傾き」は「0」になるということです。

Y軸方向の傾きを設定して、X軸方向は0にすると、コンテンツは垂直方向に変形します。

直感的にはわかりづらくなりますが、両軸に数値を設定すると図のように変形します。

skew()には、x軸方向だけ歪ませるskewX()、y軸方向だけ歪ませるskewY()もあります。

● **書式**　skewX()とskewY()

transform: skewX(x軸方向の傾き);
transform: skewY(y軸方向の傾き);

▶ ふたつ以上の値を設定することも可能

transformプロパティに、ふたつ以上の値を半角スペースで区切って設定することもできます。本節で紹介したサンプルでは、X軸方向に-15°歪ませたうえで、-12°回転させています。

Y軸方向に45°、X軸方向に15°歪ませる

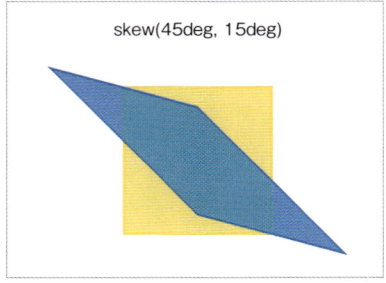

skew(45deg, 15deg)

X軸方向に45°、Y軸方向に0°歪ませる

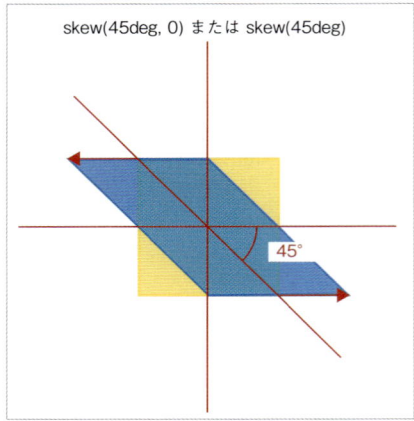

skew(45deg, 0) または skew(45deg)

45°

Y軸方向に45°、X軸方向に0°歪ませる

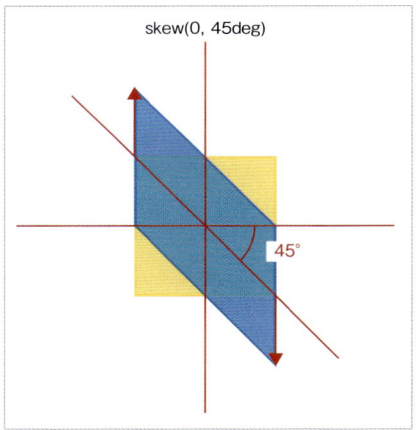

skew(0, 45deg)

45°

X軸方向に-15°歪ませて-12°回転

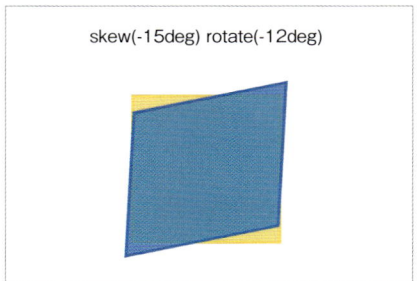

skew(-15deg) rotate(-12deg)

288 画像にホバーしたときボックスを徐々に拡大させたい

 利用シーン　マウスホバー時にアニメーションさせたいとき

要素 / プロパティ

CSSプロパティ

transition: トランジションの設定;

—— 要素にトランジションを設定する

transform: 変形の設定;

—— 要素のコンテンツを変形（トランスフォーム）する **▶▶287**

CSSの値

scale(x, y)

—— 要素のコンテンツを水平軸方向にx倍、垂直軸方向にy倍拡大する。transformの値に使用

　CSSでできるアニメーション[1]には、大きく分けて次の2種類があります。

・トランジション
・キーフレームアニメーション

　このふたつのうち本節から **▶▶290** にかけては、トランジションを使った例を紹介します。

※1 本書では「アニメーション」を、ページ内の要素やコンテンツを徐々に変化させ、動きをつける視覚効果全般を指すことにします。

■トランジションとは

　トランジション（transition）とは、あるプロパティの値が「A」から「B」に変化するときに、その変化をなめらかにつなげて動きをつけることです。

　トランジションはおもに、マウスポインタがホバーしたときなど、ページを見ているユーザーの操作に対するフィードバック（反応）として使われます。

Chap **14** アニメーションとエフェクトのテクニック

サンプルでは、カード（`<div class="card">`）にマウスポインタが
ホバーしたときに、0.5秒かけて1.1倍に拡大します。transitionプロ
パティとtransformプロパティを組み合わせて効果を実現しています。

■HTML

288/index.html

```html
<main>
  <div class="container limit">
    <h1 class="feature">おすすめのホテル</h1>
    <div class="cards">

      <div class="card">
        <div class="thumb">
          <img src="assets/hotel1-640.jpg" alt="" width="640" height="960">
        </div>
        <p class="title">Hotel Istanbul</p>
        <div class="price">¥35,800～</div>
        <div class="more"><button>詳細</button></div>
      </div>
      中略
    </div>
  </div>
</main>
```

■CSS

288/css/style.css

```css
.card {
  transition: transform 0.5s ease;
}
.card:hover {
  transform: scale(110%);
}
中略
```

672

▼ ブラウザ表示

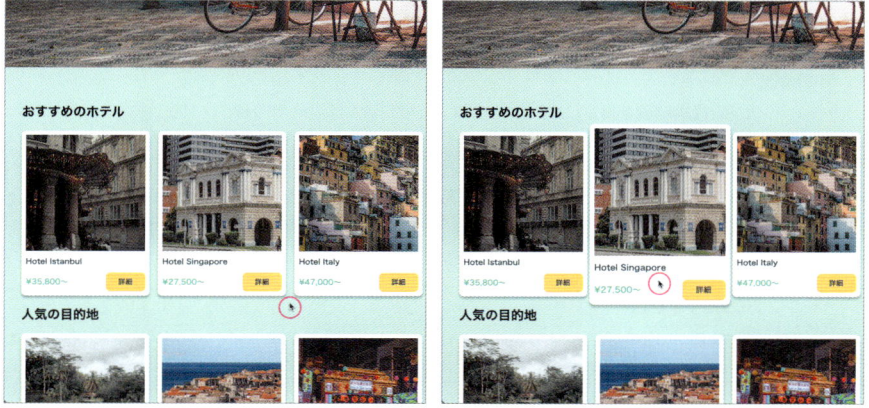

Chap 14

アニメーションとエフェクトのテクニック

column

transitionプロパティ

transitionプロパティの書式は次のとおりです。いくつかの設定項目を半角スペースで区切って並べます。

● **書式** トランジション

> transition: ①対象のプロパティ ②時間 ③イージング ④ディレイ；

値の順序は書式のとおりでなくてもかまいませんが、必ず②「時間」は、④「ディレイ」よりも先に指定します。また、②「時間」以外は省略可能です[※2]。
transitionプロパティは、原則として「変化前のスタイル」に適用します。セレクタが「a」のスタイルと、「a:hover」のスタイルがあるとしたら、「a」のスタイルのほうに適用します。

※2 実は「時間」も省略可能ですが、デフォルト値が「0秒」なので、何のトランジションもしなくなります。

▶ ①対象のプロパティ
トランジションの対象となるプロパティ名を指定します。サンプルではこれを「transform」にしていて、transformプロパティの値の変化だけが、トランジションの対象になります。対象が複数ある場合は、カンマで区切って指定します。
また、もし変化するすべてのプロパティをトランジションの対象にするなら、この値を「all」にします。

画像にホバーしたときボックスを徐々に拡大させたい

● **CSS**　　　　　　　　　　　変化するすべてのプロパティをトランジションの対象にする例

```
transition: all 1s ease;
```

▶ ②時間
トランジションの経過時間を指定します。単位には「s（秒）」または「ms（ミリ秒、1/1000秒）」を使用します。

▶ ③イージング
イージングとは、変化するときの「緩急」のことです。最初はゆっくり変化して、あとから急激になる「イーズイン（ease-in）」、その反対に、はじめは急激で、終わりが近づくにつれゆっくり変化する「イーズアウト（ease-out）」などがあります。

イージングに使えるおもな値

値	説明
linear	一定の速度で変化する
ease-in	最初ゆっくりでだんだん速くなる
ease-out	最初速くてだんだんゆっくりになる
ease-in-out	最初と最後がゆっくりで、途中が速い
ease	ease-in-outと似ているが、最初はより速く、最後はよりゆっくりになる
steps(段階)	段階的に変化する。()内には段階数を数値で入れる。例：steps(3)
cubic-bezier()	速度の変化を示す3次ベジェ曲線を設定

これらの値のうちcubic-bezier()を使うと、制作者が独自のイージングを設定できます。3次ベジェ曲線を編集して、ソースコードをコピーできるサービスがあるので試してみてください。

cubic-bezier.com
【URL】https://cubic-bezier.com/

▶ ④ディレイ
トランジションが開始するまでの「遅れ」を設定します。単位には「s」または「ms」を使用します。

column

スマートフォンの「ホバー」

スマートフォンやタブレットなどのタッチ端末には、明確な「ホバー状態」がありません。とはいえ、「:hover」セレクタで作成したスタイルがまったく適用されないかというと、そうでもありません。AndroidとiOS/iPadOSで異なりますが、おおむね、タップしたあとに「:hover」のスタイルが適用されます。

289 画像をぼかしたい

 **利用シーン** 画像などのコンテンツに視覚効果を適用したいとき

要素 / プロパティ

CSSプロパティ

filter: フィルターの設定；
—— 要素に視覚効果を適用する

transition: トランジションの設定；
—— 要素にトランジションを設定する ▶▶288

filterプロパティは、要素のコンテンツをぼかしたり、色を変化させたりといった視覚効果を適用します。値には、適用する効果と強さを設定する、filterプロパティ向けに定義されたファンクションを指定します。

● **書式** フィルタ効果を適用する

```
filter: ファンクション();
```

サンプルでは、<img class="blur">にマウスポインタを重ねたときに、1秒かけてぼかしています。

■HTML 289/index.html

```
<div class="imgbox">
 <img src="assets/tour3-1920.jpg"
alt="" class="blur">
</div>
```

■CSS 289/css/style.css

```
.blur {
  aspect-ratio: 1 / 1;
  object-fit: cover;
  object-position: center center;
  transition: filter 1s ease;

  &:hover {
    filter: blur(4px);
  }
}
```

▼ ブラウザ表示

通常時

ホバー時

Column

---

filterプロパティに適用できる値

filterプロパティは値に使用するファンクションによってさまざまな効果を出せます。filterプロパティに使える
おもなファンクションを次の表に挙げました。
なお、これらの使用例は「289/filters.html」で確認できます。

filterプロパティに使えるおもな値（ファンクション）

値	brightness(数値)	saturate(変化率 %)	hue-rotate(角度 deg)	contrast(変化率 %)
説明	明度を変える	彩度を変える	色相の角度を設定する	コントラストを変える
使用例	brightness(0.4)	saturate(50%)	hue-rotate(270deg)	contrast(70%)
表示				

値	grayscale(変化率 %)	sepia(変化率 %)	invert(変化率 %)	blur(ぼかし量 px)
説明	グレースケールにする	セピア色にする	色を反転させる	ぼかす
使用例	grayscale(80%)	sepia(80%)	invert(100%)	blur(3px)
表示				

290 ボックス内の画像を アニメーションさせたい

利用シーン ホバー時に、ボックス内の画像にだけアニメーションを適用 したいとき

要素 / プロパティ

■CSS プロパティ

transition: トランジションの設定；
—— 要素にトランジションを設定する ▶▶288

transform: 変形の設定；
—— 要素を変形（トランスフォーム）する

　リンクがついた画像にマウスポインタがホバーしたときに、ボックス自体のスタイルは変更せず、なかの画像だけをアニメーションしながら拡大させます。

動作のイメージ

—— ホバー時にボックスの大きさは
変えずに画像だけ拡大する

　HTML の大まかな構造は次のように作ります。

■**HTML** リンクがついた画像の HTML 構造

```
<div>
 <a href="#">
  <img src=" 中略 ">
 </a>
</div>
```

ボックス内の画像をアニメーションさせたい

<div> や <a> のスタイルは変化させないため、「:hover」擬似クラスは <img> に適用するのがポイントです。また、親要素の <div> には「overflow: hidden;」を適用し、画像が拡大してもボックスからはみ出さないようにします。

サンプルでは、リンクの画像にホバーしたときに、画像だけを2倍に拡大します。

■HTML　290/index.html

```
<div class="content">
 <a href="#">
  <img src="bike.webp" alt="" width="1920" height="768" class="hover">
 </a>
</div>
```

■CSS　290/css/style.css

```
.content {
  margin: 1em auto;
  padding: 0;
  max-width: 300px;
  border: 3px solid #DDD;
  border-radius: 16px;
  overflow: hidden;

img {
  aspect-ratio: 1 / 1;
  object-fit: cover;
  object-position: center center;
  transition: transform 1s ease;

  &:hover { ——— ホバー時
    transform: scale(2.0);
  }
}
}
```

▼ ブラウザ表示

291 キーフレームアニメーションの基本を知りたい

利用シーン
- ●要素をアニメーションしたいとき
- ●キーフレームアニメーションを実行する基本的な方法を知りたいとき

要素/プロパティ

@ルール

@keyframes キーフレーム名 ——— アニメーションに使うキーフレームを設定

CSSプロパティ

animation-name: キーフレーム名; ——— アニメーションに使うキーフレームを参照する
animation-duration: 長さ; ——— アニメーションの長さ（時間）を設定する
animation-timing-function: イージング; ——— アニメーションのイージングを設定する

▶▶288 では、CSSアニメーションには2種類あることを説明し、トランジションの使用例を見てきました。本節以降はもうひとつのアニメーションである「キーフレームアニメーション」を見ていきます。

■キーフレームアニメーションとは
　キーフレームアニメーションは、プロパティの値を変化させること自体はトランジションと変わりません。しかし、開始時・終了時だけでなく、途中に値が変化する「キーフレーム」を作ることができ、より複雑な表現が可能になります。

トランジションとキーフレームアニメーションの違い

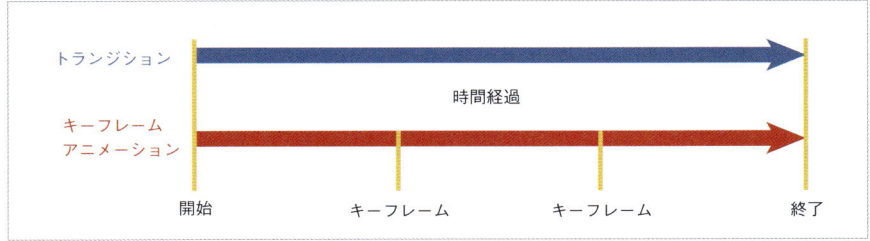

　また、キーフレームアニメーションは繰り返し再生や逆再生ができ、さまざまな設定が可能です。

■キーフレームアニメーションの作成・実行

キーフレームアニメーションを作成し、要素を動かすには、大きくふたつの作業が必要になります。どちらもCSSとして書きます。

- キーフレームのセットを作成する
- 作成したキーフレームを対象要素に適用し、同時にアニメーションの設定をする

キーフレームのセットを作成する

キーフレームアニメーション作成の第一歩は、キーフレームのセットを作ることです。「@keyframes」ルールを使って、開始時、途中経過、終了時のキーフレームを作り、プロパティの変化を記述します。キーフレームのセットには名前をつけます。

●CSS   キーフレームの作成

```
@keyframes キーフレーム名 {
  from { ――――― 開始時のキーフレーム
    プロパティ: 値;
  }
  50% { ――――― 途中経過のキーフレーム
    プロパティ: 値;
  }
  to { ――――― 終了時のキーフレーム
    プロパティ: 値;
  }
}
```

@keyframesの{}内に、各キーフレーム時点でのプロパティと値を記述します。必須なのが開始時と終了時のキーフレームで、上記のコード例では「from」と「to」がそれにあたります。

それ以外に、必要であれば途中経過のキーフレームを作ります。途中経過のキーフレームはいくつ作ってもかまいません。途中経過のキーフレームには「50%」のように、先頭に、アニメーションが開始してからの経過時間のパーセンテージを記述します。ちなみに、「from」は「0%」、「to」は「100%」と書いてもかまいません。

こうして作成したキーフレームのセットには、必ず「キーフレーム名」をつけます。この名前は、アニメーションさせたい対称の要素から参照するのに使います。

作成したキーフレームのセットを対象要素に適用する

作成したキーフレームのセットを使うには、実際にアニメーションをさせたい要素から参照します。また、その要素にはアニメーションの具体的な長さ（時間）を設定する必要があります。

たとえば、<div class="animation">に、キーフレーム名「keyanim」を適用し、5秒のアニメーションをするなら、@keyframesとは別に次のようなCSSを書きます。

●CSS

```
.animation {
  animation-name: keyanim; ——— キーフレーム名を指定
  animation-duration: 5s; ——— 長さを設定
}
```

「animation-name」は、使用するキーフレーム名を参照するプロパティです。「animation-duration」は、アニメーションの長さを設定するプロパティです。キーフレームアニメーションを実行するには、最低限このふたつのプロパティを対象要素に適用します。

それではキーフレームアニメーションの実際の使用例を見てみましょう。紹介するサンプルでは、画像（<img class="scalein">）をアニメーションさせます。キーフレーム名「scalein」を指定し、長さ2秒で実行します。ページが読み込まれた直後からアニメーションが開始します。
最低限の設定に加えて、イージングを「ease」にしてあります。
キーフレームアニメーションのイージングは「animation-timing-function」で設定します。値にはtransitionで紹介したものと同じキーワードが使えます（ ▶▶288 のColumn参照）。
なお、アニメーション以外の部分のCSSは前節と同じです。

■HTML

291/index.html

```
<div class="content">
  <img src="assets/tour3-1920.jpg" alt="" class=
"scalein">
</div>
```

■CSS

291/css/style.css

```
中略
@keyframes scalein {
  from {
    opacity: 0;
    transform: scale(1.5); ——— 1.5倍に拡大
                                 してスタート
  }
  to {
    opacity: 1;
    transform: scale(1.0); ——— 1倍で終了
  }
}

.scalein {
  animation-name: scalein;
  animation-duration: 2s;
  animation-timing-function: ease;
}
```

▼ ブラウザ表示

Chap 14
アニメーションとエフェクトのテクニック

292 ヒーロー画像を フェードインしたい

利用シーン

- ●ページの読み込みが完了したらアニメーションを開始したいとき
- ●ヒーロー画像の表示にアニメーションをつけたいとき

要素/プロパティ

CSS プロパティ

animation-fill-mode: キーワード;
── アニメーション実行前後のスタイルを設定する

　ページの読み込みが完了したら、キーフレームアニメーションを使ってヒーロー画像をフェードインしながら表示させます。

　これから紹介するサンプルのように、アニメーションをして、終了したらそのままの状態を維持するには、アニメーション対称の要素に「animation-fill-mode: forwards;」を適用します。このプロパティについてはColumn「アニメーション関連のプロパティ」で説明します。

　サンプルでは、<div class="hero">〜</div>の透明度（opacity）を3秒かけて0から1にし、完全に表示されたらそのままにしています。なお、アニメーションのタイミングを制御するためにJavaScriptを使用しています。

■HTML

292/index.html

```
<head>
  中略
  <script type="module" src="scripts/script.js"></script>
</head>
<body class="home">
  中略
<div class="hero">
  <img src="assets/hero.webp" alt="" width="5530" height="1500">
  <h1 class="copy">Innovation for your comfort
  <br><span class="sub">笑顔とロマンを追求する、伊八のココロと技術</span>
  </h1>
</div>
  中略
</body>
```

■CSS

```
@keyframes fadein {
  from {
    opacity: 0;
  }
  to {
    opacity: 1;
  }
}

.hero {
  opacity: 0;

  &.animation { ——————「animation」クラスが追加されたら
    animation-name: fadein;
    animation-duration: 3s;
    animation-timing-function: ease-in-out;
    animation-fill-mode: forwards; —————— 終了したらそのままキープ
  }
}
```

Chap **14**

アニメーションとエフェクトのテクニック

▼ ブラウザ表示

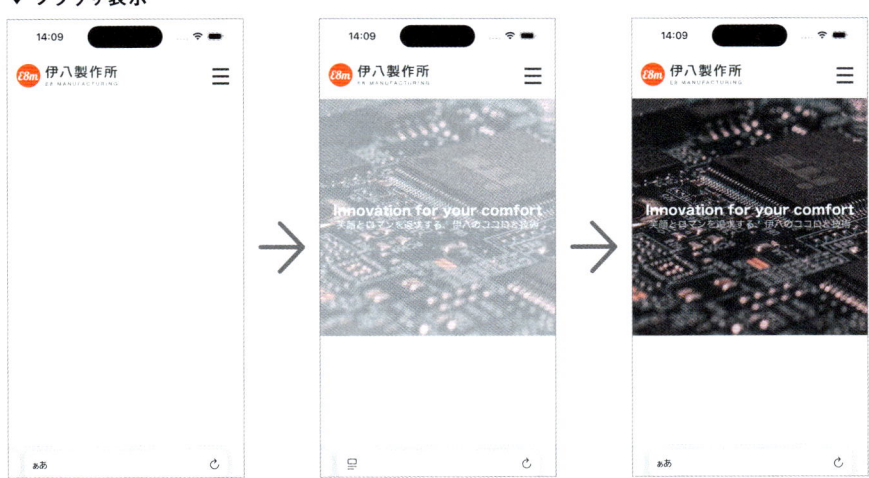

■JavaScript の役割

　本節のサンプルでは、画像も含めてページが完全に読み込まれたら、<div class="hero">が、<div class="hero animation">に変化し、そのタイミングでアニメーションがスタートします。ページが読み込まれたタイミングを監視することと、「animation」クラスを追加することを、JavaScriptで行っています。

683

● JavaScript

```
window.addEventListener('load', () => {
  const motion = document.querySelector('.hero');
  motion.classList.add('animation');
});
```

　トランジションにしろキーフレームアニメーションにしろ、アニメーションは、開始するタイミングをどこかに設定する必要があります。開始のタイミングは大きく分けて3つあります。

・「:hover」や「:focus（または :forcus-visbile）」など、状態が変わったときに適用される擬似クラスを使う
・ページが読み込まれたとき。ただし、画像など別にダウンロードするものがない要素をアニメーションする場合
・JavaScriptでタイミングを制御する

　このうち最初のふたつはCSSだけでアニメーションを実行できますが、3番目はJavaScriptでプログラムを書かないといけません。今回のサンプルのように、「画像も含めページ全体が読み込まれた」タイミングを監視するにも、JavaScriptが必要です。
　そのため、アニメーションをするときは、多くの場合JavaScriptプログラムが必要になります。

column

アニメーション関連のプロパティ

キーフレームアニメーションの対象となる要素には、次のプロパティを追加できます。

・animation-name プロパティ
　使用するキーフレーム名を指定するプロパティです。 ▶▶291

・animation-duration プロパティ
　アニメーションの長さを秒数で定義します。 ▶▶291

・animation-timing-function プロパティ
　アニメーションのイージングの設定をします。使用する値にはトランジションで使用したのと同じものが使えます。 ▶▶291

・animation-iteration-count プロパティ
　アニメーションの繰り返し回数の設定をします。このプロパティのデフォルト値は「1」で、アニメーションは一度だけ再生されます。ループ再生をするときは、2以上の数を指定します。値を「infinte」にすると、無限に繰り返されます。 ▶▶293

●CSS　　　　　　　　　　　　　　　　　　　アニメーションを3回繰り返す

```
animation-iteration-count: 3;
```

- animation-directionプロパティ

アニメーションの再生方法を指定プロパティです。このプロパティを使うと、アニメーションを逆に再生したり、繰り返しが設定されているときに順再生と逆再生を交互に入れ替えたりすることができます。指定できる値は次の表のとおりです。

animation-directionプロパティに指定できる値

値	説明
normal	順再生する。デフォルト値
reverse	逆再生する
alternate	「順再生→逆再生」を繰り返す。行ったり来たりするようなアニメーションを表現できる
alternate-reverse	「逆再生→順再生」を繰り返す

● **CSS**　　　　　　　　　　　　　　　　　　　　　　　アニメーションを逆再生する

```
animation-direction: reverse;
```

- animation-fill-modeプロパティ

キーフレームアニメーション開始前と終了後に、要素をどういう状態で維持するかを設定します。指定できる値は次の表のとおりです。

animation-fill-modeプロパティに指定できる値

値	説明
forwards	実行後は最後のキーフレームにとどまる（最後の状態を維持する）
backwards	実行後は最初のキーフレームに戻る
both	実行前は最初のキーフレームのスタイルを適用し、実行後は最後のキーフレームにとどまる
none	実行前後にキーフレームのスタイルを適用しない。デフォルト値

- animation-delayプロパティ

アニメーションの再生が開始するまでの遅れを秒数で指定します。たとえば、アニメーションの開始を5秒遅らせたい場合は次のようにします。▶▶295

● **CSS**　　　　　　　　　　　　　　　　　　　　　　　開始を5秒遅らせる

```
animation-delay: 5s;
```

- animation-play-stateプロパティ

アニメーションを再生するか、一時停止するかを決めるプロパティです。値が「running」のとき、アニメーションが再生され（デフォルト値）、「paused」のときは一時停止します。デフォルト値は「running」で、アニメーションは再生可能になったらすぐに再生されます。基本的にはJavaScriptと組み合わせて使用するプロパティですが、:hoverセレクタと組み合わせても利用できます。▶▶293

293 画像の色が変化し続ける アニメーションを作りたい

 利用シーン **アニメーションをループ再生したいとき**

要素/プロパティ

CSSプロパティ

animation-iteration-count: 繰り返し回数 ;

—— アニメーションの繰り返し回数を設定する

filter: フィルターの設定 ;

—— 要素に視覚効果を適用する ▸▸289

　キーフレームアニメーションの繰り返しを設定する「animation-iteration-count」プロパティの値を「infinite」にすると、アニメーションが終了・停止せず、ずっと再生し続けるようになります。
　サンプルでは、<div class="banner">にキーフレームアニメーションを適用し、そこに含まれる画像の色を変化させ続けます。
　キーフレームでは、filterプロパティに「hue-rotate()」ファンクションを指定し、()内の値を0deg～359degまで変化させ、画像の色が変化し続けるようにしています。また、画像にホバーするとアニメーションの再生（色の変化）が一時停止します。

■HTML

293/index.html

```
<div class="banner">
  <a href="#"><img src="assets/banner.png" width="1200" height="600" alt="行って
みよう!アフリカ 動画配信中"></a>
</div>
```

■CSS

293/css/style.css

```
@keyframes change-color {
  0% {
    filter: hue-rotate(0deg);
  }
  100% {
```

```
    filter: hue-rotate(359deg);
  }
}
.banner {
  margin: 1em auto;
  border: 1px solid #D9D9D9;
  max-width: 400px;
  height: auto;

  animation-name: change-color;
  animation-duration: 6s;
  animation-timing-function: linear;
  animation-iteration-count: infinite;  ──── ずっと繰り返し

  &:hover {  ──── ホバーしたら
    animation-play-state: paused;  ──── 一時停止
  }
}
```

▼ ブラウザ表示

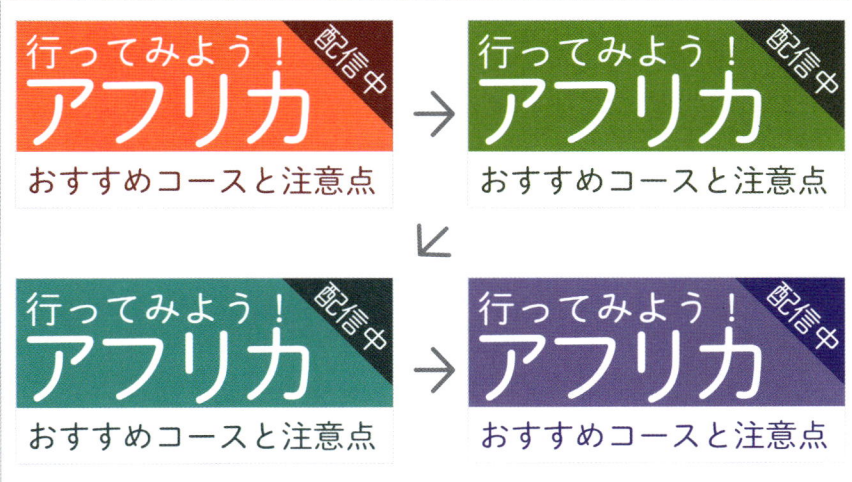

294 バッジが小刻みに揺れる アニメーションを設定したい

利用シーン
- ●キーフレームアニメーションを無限に繰り返したいとき
- ●動いているときと止まっているときの間にインターバルを作りたいとき

要素/プロパティ

@ルール

@keyframes キーフレーム名 ── アニメーションに使うキーフレームを設定

CSSプロパティ

animation-delay: 長さ; ── アニメーションの再生を遅らせる
transform: 変形の設定; ── 要素を変形 (トランスフォーム) する

CSSの値

translate(x, y) ── 要素のコンテンツを水平方向にx、垂直方向にy移動する。transformの値に使用

「一定時間アニメーションを再生してしばらく停止し、またアニメーションを再開する」というような、繰り返すアニメーションの間にインターバルを設けたいと思っても、そういう機能はCSSにはありません。一般的にはJavaScriptを組み合わせることになりますが、本節では、JavaScriptを使わずにキーフレームを工夫してインターバルを設ける方法を紹介します。

サンプルでは、ボックスの右上にあるバッジを一瞬揺らして数秒止め、再び揺らすアニメーションを繰り返します。バッジが動くのはキーフレームで作るタイムラインの最初の6.25％だけで、あとは動かないようにしています。キーフレームだけでインターバルを作るには、停止状態の時間を長く取るのがポイントです。作成したキーフレームをもとに、<div class="badge">を6秒かけて再生します。また、アニメーション自体の開始を3秒遅らせます(▶▶292 のColumn参照)。

■HTML　　　　　　　　　　　　　　　　294/index.html

```
<div class="thumb">
  <div class="badge">No.1</div>
  <img src="assets/tour4.jpg" width="640" height="411" alt="" class="photo">
  <div class="caption">
    フランス現地発着ツアー
  </div>
</div>
```

```
@keyframes badge_rotation {
  0% {
    transform: translateX(0);
  }
  1.25% {
    transform: translateX(-8px);
  }
  2.5% {
    transform: translateX(8px);
  }
  3.75% {
    transform: translateX(-2px);
  }
  5% {
    transform: translateX(2px);
  }
  6.25% {
    transform: translateX(0);          6.25%～100％の間は止まったまま
  }
}
.badge {
  animation-name: badge_rotation;
  animation-duration: 6s;
  animation-timing-function: ease-in-out;
  animation-iteration-count: infinite;
  animation-delay: 3s;        開始を3秒遅らせる
}
```

▼ ブラウザ表示（左：スマホ、右：PC）

バッジが小刻みに揺れる

Chap 14 アニメーションとエフェクトのテクニック

295 アニメーションしながら タイトルを表示したい

利用シーン　**見出しなどの大きなテキストをアニメーションさせたいとき**

要素／プロパティ

CSSプロパティ

animation-fill-mode: キーワード;
―― アニメーション実行前後のスタイルを設定する ▶▶292 Column

animation-delay: 長さ; ―― アニメーションの再生を遅らせる ▶▶292 Column

CSSの値

translateX(x) ―― 要素のコンテンツを水平方向にx移動する。transformの値に使用

　アニメーションのバリエーションを紹介します。1文字1文字、右からスライドして表示するアニメーションです。アニメーションを開始するタイミングをほんの少しずつずらすことで効果を出しています。
　サンプルでは「ENJOY!」という6文字を表示します。1文字1文字は、600px右、斜めに少し傾けた状態で出現させ、360ミリ秒（3.6秒）で所定の位置に到達します。

1文字のキーフレームの設定

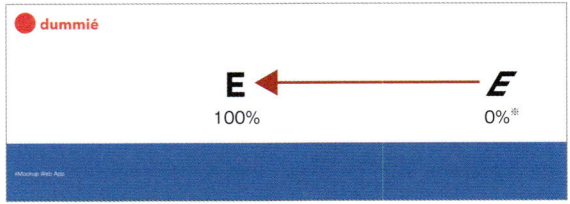

※ 0%のとき実際には完全に透明（opacity: 0;）です。

　JavaScriptを使わずにできて、コードもそれほど複雑ではなく、いろいろなページに組み込みやすいアニメーションです。
　なお、サンプルではGoogle Fontsを利用しています。

■HTML

295／index.html

```
<div class="title">
  <span>E</span>
  <span>N</span>
  <span>J</span>
  <span>O</span>
  <span>Y</span>
  <span>!</span>
</div>
```

■CSS

295／css/style.css

```
@keyframes slide {
  0% {                    —— 0%のとき
    transform: skew(-30deg, 0)
translate(600px, 0);
    opacity: 0;           傾けて所定の位置か
  }                       ら600px右に配置
  100% {                  —— 100%のとき
    transform: translate(0, 0);    —— 所定の位置へ
    opacity: 1;
  }
}
.title {                  文字の配置
  display: flex;
  margin: 0 auto;
  width: fit-content;
  font-family: "Josefin Sans", serif;
  font-optical-sizing: auto;
  font-weight: 700;
  font-style: normal;
  font-size: 64px;
}                         —— Webフォント
```

```
                        ～

span {          —— <span>ひとつひとつのスタイル
  opacity: 0;
  animation-name: slide;
  animation-duration: 360ms;
  animation-timing-function: ease-out;
  animation-fill-mode: forwards;
                  60ミリ秒ずつずらしてスタート
  &:nth-child(1) { animation-delay: 0; }
  &:nth-child(2) { animation-delay:
60ms; }
  &:nth-child(3) { animation-delay:
120ms; }
  &:nth-child(4) { animation-delay:
180ms; }
  &:nth-child(5) { animation-delay:
240ms; }
  &:nth-child(6) { animation-delay:
300ms; }
  }
}
```

▼ ブラウザ表示

296 ポップオーバーをスライドして出したい

 利用シーン **ポップオーバーをアニメーションしながら出現させたいとき**

要素/プロパティ

HTML

`<div popover id="id名">～</div>`
——— ポップオーバー要素 ▶▶209

`<button popovertarget="id名">～</button>`
——— ポップオーバーを表示するボタン ▶▶209

CSSセレクタ

`:popover-open`
——— ポップオーバーが表示されている状態を選択してスタイルを適用
　　　▶▶211

CSSプロパティ

`inset: 上 右 下 左;`
——— top・right・bottom・leftプロパティを一括で指定 ▶▶162

CSSの値

`unset`
——— 値を設定しない ▶▶211

　ポップオーバー ▶▶209 にはキーフレームアニメーションが適用できます。ポップオーバーとアニメーションを組み合わせれば、ポップオーバーをビューポート外から出現させるようなことが可能になります。

　サンプルでは、ページ上の［?］ボタンをクリックすると画面右上端からポップオーバーがスライドして出現します。作成するキーフレームは次の図のとおりです。ポジション機能を使い、最初のキーフレームでビューポート外に配置しておいて、最終キーフレームで出現させたい位置に移動します。

設定するキーフレーム

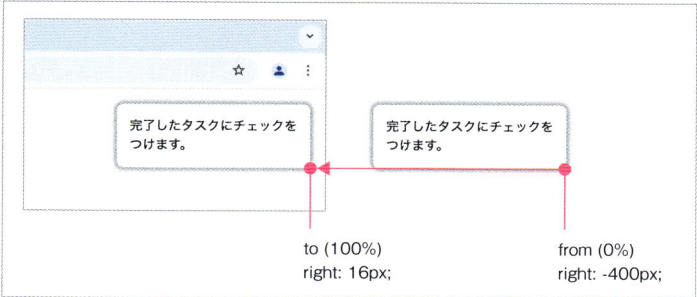

to (100%)
right: 16px;

from (0%)
right: -400px;

ただし、▶211 でも取り上げたとおり、ポップオーバーはデフォルトではビューポートの中央に配置されるようになっています。思ったとおりにアニメーションさせて、狙った位置に配置するには、「inset: unset;」を適用しておく必要があります。

■HTML

296/index.html

```
<body>
  <div popover id="helppop">
    完了したタスクにチェックをつけます。              ── ポップオーバーのスタイル
  </div>
  中略
  <div class="control">
    <button popovertarget="helppop" class="helpbtn">
      <img src="assets/icon-help.svg" width="43" height="43" alt="ヘルプ">  ── [?]ボタン
    </button>
  </div>
  中略
</body>
```

■CSS

296/css/style.css

```
.control {
  margin-bottom: 16px;
}
.helpbtn {
  border: none;              ── [?]ボタン
  background: transparent;
  width: 43px;
  height: 43px;
}
```

```
@keyframes popover-slide {
  from {
    right: -400px;
  }
  to {
    right: 16px;
  }
}

:popover-open {                    ——— ポップオーバー
  border: none;
  border-radius: 8px;
  padding: 16px;                   ——— スタイル
  width: 240px;
  box-shadow: 0 0 4px 4px rgb(0 0 0 / .25);
  position: fixed;
  inset: unset;                    ——— 配置
  top: 16px;
  right: -400px;
  animation-name: popover-slide;
  animation-duration: 0.6s;        ——— アニメーションの設定
  animation-timing-function: ease;
  animation-fill-mode: forwards;
}
```

▼ ブラウザ表示（左：スマホ、右：PC）

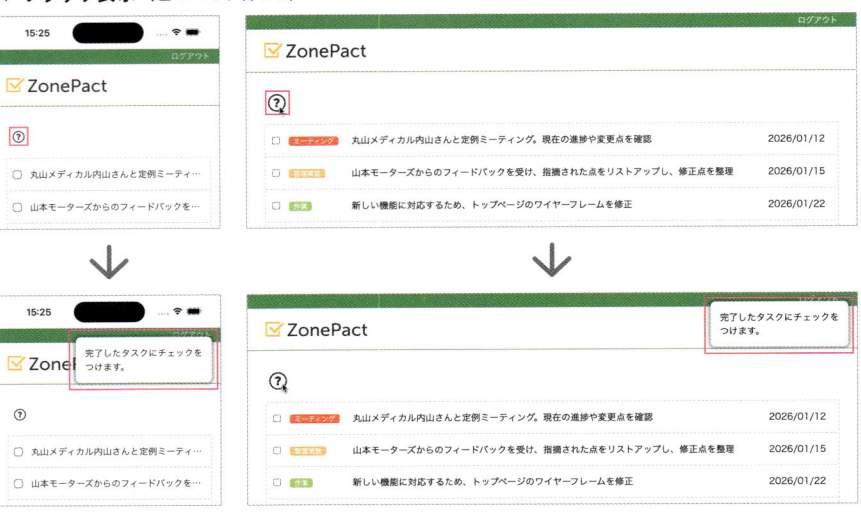

694

仕上げ・微調整・カスタマイズのテクニック

Webサイトの仕上げや、公開後のメンテナンスで微調整をするテクニックを紹介します。ファビコンの組み込みはもちろん、アイコンの位置の微調整などもよく発生する作業で、知っていたら便利に使えます。

Chapter 15

297 ファビコンを設定したい

利用シーン
- ●ファビコン画像を設定したいとき
- ●すべての Web ページでファビコンは設定したほうがよい

要素 / プロパティ

HTML

```
<link rel="icon" href="/icon.svg" type="image/svg+xml">
```
―― ファビコンを読み込む

```
<link rel="apple-touch-icon" href="/apple-touch-icon.png">
```
―― iOS、iPadOS 用のファビコン（アイコン）を読み込む

```
<link rel="manifest" href="/manifest.webmanifest">
```
―― Android デバイス向けのファビコン（アイコン）を読み込む

　ファビコンとは、ブラウザのタブ、ブックマーク、スマートフォンのホーム画面などに表示される画像です。すべての Web サイトで設定することをおすすめします。

■ファビコン画像の作り方
　まず、正方形に収まる SVG 画像を作成します。この SVG 画像は PC の各種ブラウザのタブや URL に表示される、いわゆる「ファビコン」になります。ファイル名は「icon.svg」にします。
　さらに、この SVG 画像から 3 つのサイズの PNG 画像と、1 種類の ICO 画像を作成します。

- ・512×512 px ―― Android 向けファビコン（大）。ファイル名は好きにつけてかまいません
- ・192×192 px ―― Android 向けファビコン（小）。ファイル名は好きにつけてかまいません
- ・180×180 px ―― iOS/iPadOS 向けファビコン。ファイル名は好きにつけてかまいませんが、一般的には「apple-touch-icon.png」にします
- ・48×48 px ―― Safari のタブ向けのファビコン。このファイルだけ ICO 形式で作成し、ファイル名は favicon.ico にします

■site.webmanifest を用意する
　Android にファビコンを設定するには、「site.webmanifest」というテキストファイルが必要です。そのテキストファイルのなかに、次のように記述します。

● JSON   site.webmanifestの例

```json
{
  "name": "E8 Manufacturing",  ——— サイト名に書き換える
  "short_name": "E8M",  ——— 短縮版のサイト名に書き換える
  "icons": [
    {
      "src": "/android-192x192.png",  ——— 192×192pxの画像のパス
      "sizes": "192x192",
      "type": "image/png",
      "purpose": "maskable"
    },
    {
      "src": "/android-512x512.png",  ——— 512×512pxの画像のパス
      "type": "image/png",
      "purpose": "maskable"
    }
  ],
  "theme_color": "#FFFFFF",  ——— ファビコンのメイン色
  "background_color": "#FFFFFF",  ——— ファビコンの背景色
  "display": "standalone"
}
```

作成した5種類の画像とsite.webmanifestは、Webサイトのルートフォルダに保存します。

6種類のファイルを用意して、Webサイトのルートに保存

| android-icon-192.png | android-icon-512.png | apple-touch-icon.png | favicon.ico | favicon.svg | site.webmanifest |

サンプルでは配布の都合上、6種類のファイルは「297/assets/」フォルダに保存しています。動作を試してみたいときは、これらのファイルをWebサーバーのルートフォルダにアップロードします。

697

■<head>〜</head>にタグを追加する

作成した画像ファイル、およびJSONファイルをファビコンとして読み込ませるには、<head>〜</head>に、4行の<link>タグを追加します。

● HTML   297/index.html

```
<head>
  <meta charset="UTF-8">
  <meta name="viewport" content="width=device-width, initial-scale=1.0">
  <link rel="icon" href="/favicon.ico" type="image/png" sizes="48x48">
  <link rel="icon" href="/favicon.svg" type="image/svg+xml">
  <link rel="apple-touch-icon" href="/apple-touch-icon.png">
  <link rel="manifest" href="/site.webmanifest">
  中略
</head>
```

所定の位置にファイルをアップロードし、ブラウザからWebページにアクセスすると、各所にファビコンが表示されるようになります。

ファビコンが表示される場所

298 アイコンとテキストのズレを微調整したい

利用シーン 横に並べたアイコンとテキストをきれいに揃えたいとき

要素/プロパティ

CSSプロパティ

transform: translate(x, y); ——— 要素を(x, y)分ずらして表示

<img>で挿入した画像とテキストを並べると、きれいに横一列に整列しないことがあります。たとえば次の図では、SVGで作成したアイコン画像が、テキストよりも少し上になってしまっています。

アイコン画像が少し上にずれているように見える

備え付けの設備

🛜 Wifi 　　🖵 テレビ 　　🗄 冷蔵庫 　　🫖 電気ケトル 　　🔲 コインランドリー

このような場合、画像を下に下げるかテキストを上に上げるかします。マージンやパディングを使ってもできますが、これらのプロパティは要素のボックスに作用するので、レイアウトに影響する可能性があります。

レイアウトに影響を与えずにコンテンツの位置を調整するには、transformプロパティを使うことをおすすめします。そうすれば、要素のボックス自体は移動せずに、コンテンツの位置だけを微調整できるからです。

サンプルでは、アイコン画像を表示する<img>にtransformを適用し、下に(y軸方向に)2px移動しています。

■**HTML**　　　　　　　　　　　　　　　　　　　　　　　　298/index.html

```
<section class="appliances">
  <h1>備え付けの設備</h1>
  <ul>
    <li><img src="assets/wifi.svg" alt="">Wifi</li>
```

```
    <li><img src="assets/tv.svg" alt="">テレビ</li>
    <li><img src="assets/fridge.svg" alt="">冷蔵庫</li>
    <li><img src="assets/kettle.svg" alt="">電気ケトル</li>
    <li><img src="assets/laundry.svg" alt="">コインランドリー</li>
  </ul>
</section>
```

■CSS　　　　298/css/style.css

```
.appliances {
  中略
  ul {
    display: flex;
    flex-direction: column;  ― <li>を縦に並べる
    gap: 8px;
    margin: 0;
    padding: 0;
    list-style-type: none;

    li {


      img {
        margin-right: 0.25rem;
        transform: translate(0, 2px);
```

```
      }
    }
  }


  @media (width >= 768px) {
    & {
      width: fit-content;

      ul {
        flex-direction: row;  ― PCのときだけ
        gap: 24px;                 <li>を横に並べる
      }
    }
  }
}
```

▼ ブラウザ表示 （左：スマホ、右：PC）

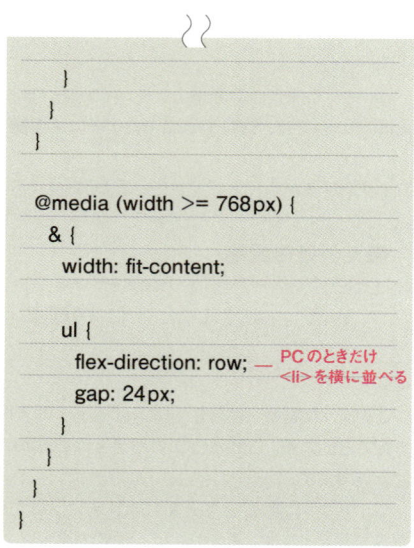

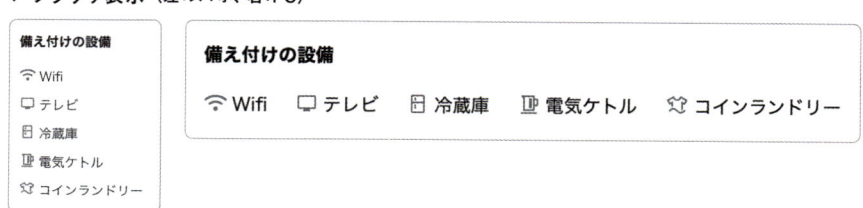

アイコンとテキストがきれいに整列した

299 ボックスの最初と最後の 段落のマージンをなくしたい

利用シーン コンテンツの最初の１行目の上や最後の行の下に余計な スペースが空くのを防ぐとき

要素 / プロパティ

CSSセレクタ

| :first-child | ── 最初の子要素を選択 **▶▶ 117** |
| :last-child | ── 最後の子要素を選択 **▶▶ 117** |

　記事ページなどの１行目のテキストや最後のテキストと、記事全体を囲む親要素との間に、計画していた以上のスペースが空いてしまうことがあります。たとえば、以下の図ではページのコンテンツの１行目が<h1>、最後の行が<ul>になっています。<h1>や<ul>にはデフォルトCSSで上下にマージンがついているため、親要素（<div class="container limit">）に設定したパディングよりも大きなスペースが上下に空いてしまいます。

要素のマージンでスペースが空いてしまうケース。図はコンテンツの１行目

　どんな要素が来てもコンテンツの１行目と最後の行に余計なスペースが空かないようにするには、最初の要素の上マージンと、最後の要素の下マージンを0にするスタイルを作るとよいでしょう。
　サンプルでは、<main>のなかの<div class="container">に含まれる最初の要素と最後の要素のマージンを調整しています。

■HTML

```
<main>
    <div class="container limit">
        <h1>世界一周旅行ペアご招待キャンペーン</h1> ──── 最初の要素
        中略
        <ul> ─────
        中略
        <li>極限の旅をできるだけ安全に──サバイバルセット</li>      最後の要素
        </ul>
    </div>
</main>
```

■CSS

```
main > .container > *:first-child {
    margin-top: 0;
}
main > .container > *:last-child {
    margin-bottom: 0;
}
```

▼ ブラウザ表示

1行目と最後の行の上下スペースが調整されている

300 角丸四角形のなかにある画像の角も丸めたい①

利用シーン
- ●親要素に**border-radius**が適用されているときに、なかのコンテンツ（画像）の角も丸くしたいとき
- ●**CSS**の管理をできるだけ簡単にしておきたいとき

要素／プロパティ

CSSプロパティ

overflow: hidden;
—— ボックスに収まりきらないコンテンツを非表示にする ▶▶ 091

「角が丸くなっているボックスのなかの画像の角も丸くしたい」というケースは、けっこうよくあるのではないでしょうか。しかし、親要素のボックスにだけスタイルを適用しても、画像の角がはみ出してしまいます。

親要素の角を丸くすると、そのなかの画像がはみ出す

この状態を解消するには画像の角も丸くしなければなりませんが、border-radiusプロパティを2カ所に適用するのは非効率です。もし、角を丸くする半径が変更になったら2カ所書き換えなくてはならず、管理の面でも避けたいところです。

このように、親要素に合わせて子要素の角を丸くするにはふたつの方法があります。そのうちのひとつが、親要素に「overflow: hidden;」を適用することです。

サンプルでは、<div class="card">の角を半径16pxで丸くしています。そのなかにある画像の角も丸くします。

■HTML

300／index.html

```
<div class="card">
  <img src="assets/hotel1-640.jpg" alt="" width="640" height="960">
</div>
```

■**CSS**　300/css/style.css

```css
.card {
  overflow: hidden;
  border: 4px solid white;
  border-radius: 16px;
  background: #FFF;

  img {
    aspect-ratio: 1 / 1;
    object-fit: cover;
  }
}
```

▼ **ブラウザ表示**（上：スマホ、下：PC）

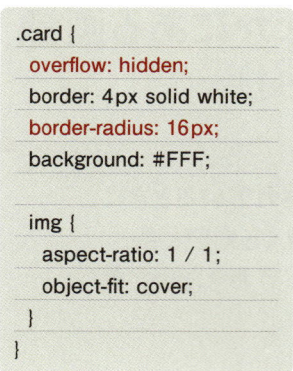
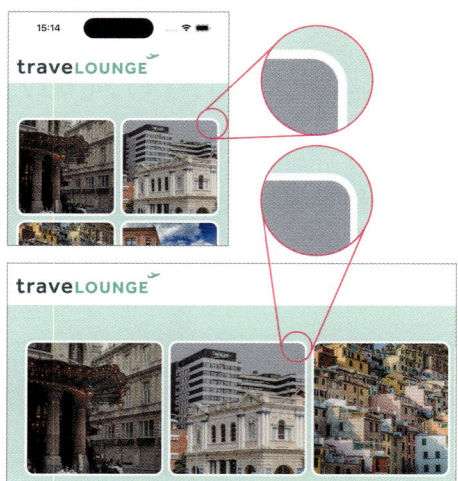

ボーダーに沿って画像の角も丸くなっている

Column

この方法はいつでも使えるわけではない

今回紹介した、親要素に「overflow: hidden;」を追加する方法は、CSSに1行追加するだけで手軽ですが、いつでも使えるわけではありません。たとえば、画像の下にキャプションのテキストなどが入っていると、画像の下部の角が丸まりません。
また、親要素にボーダーだけでなくパディングが設定されていると、画像の角がうまく丸まりません。

画像の角がうまく丸まらないケース

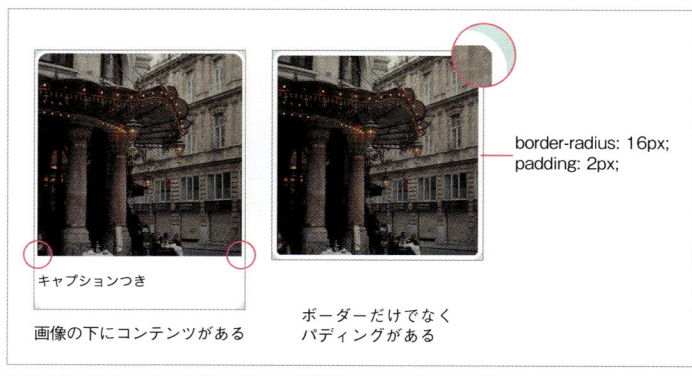

border-radius: 16px;
padding: 2px;

キャプションつき

画像の下にコンテンツがある

ボーダーだけでなく
パディングがある

このような場合には、次節で紹介する変数とcalc()を使う方法をおすすめします。CSSコードは少し複雑になりますが、汎用的で管理もしやすくなります。

角丸四角形のなかにある画像の角も丸めたい②

- **親要素に border-radius が適用されているときに、なかのコンテンツ（画像）の角も丸くしたいとき**
- **CSS の管理をできるだけ簡単にしておきたいとき**

要素 / プロパティ

CSSの値

calc(計算式)

――― 計算式の結果を値にセットする

前節では「overflow: hidden;」を使って、角が丸くなっている親要素に合わせて子要素の角も丸くしていました。本節では別の方法を紹介します。

今回の方法では画像（子要素）にも border-radius プロパティを適用しますが、その値は計算で求めます。

外側（親要素）と内側（子要素）の角を丸くするとき、border-radius に同じ値を適用すると不自然に見えます。そこで、子要素に適用する角丸の半径は、親要素の角丸の半径からボーダーの太さとパディング分を引きます。

子要素の角丸の半径は親要素の角丸の半径よりも小さくなる

この計算を calc() で行います。

また、親要素の「ボーダーの太さ」「角丸の半径」「パディング」の3つを変数で管理します。デザインに修正が入ったときも変数を書き換えるだけで対応できるため、CSS の管理がしやすくなります。

サンプルの HTML は前節と同じなので、CSS だけ掲載します。

角丸四角形のなかにある画像の角も丸めたい②

■CSS

```css
:root {
  --thickness: 4px;          ——— 親要素のボーダーの太さ
  --radius: 16px;            ——— 親要素の角丸の半径
  --radius_padding: 0px;     ——— 親要素のパディング
}
.card {
  border: var(--thickness) solid white;
  border-radius: var(--radius);          ——— 変数を使ってボーダー、角丸、パディングを設定
  padding: var(--radius_padding);
  background: #FFF;

  img {
    aspect-ratio: 1 / 1;
    object-fit: cover;
    border-radius: calc(var(--radius) - var(--radius_padding) - var(--thickness));
  }
}
```

▼ ブラウザ表示（左：スマホ、右：PC）

302 もとのCSSを編集せずに スタイルを変更したい

利用シーン

- ●Webアプリケーションのテーマ／テンプレートを カスタマイズしたいとき
- ●既存のWebサイトのスタイルを変更したいとき
- ●開発ツールの解析・活用方法を知りたいとき

WordPressなどのCMSのテーマを編集するときや、Webアプリケーションの表示をカスタマイズしたいとき、稼働中のWebサイトのデザインを修正したいときに、もとのCSSは編集したくない、またはできないケースがあります。そうした場合に、ページのスタイルを変更する、実践的な方法を紹介します。

もとのCSSを書き換えずにスタイルを変更する場合、可能なかぎり次のふたつのルールに従うようにします。

- 既存のスタイルシートで使われているのと同じセレクタを使って、スタイルを書き換える（詳細度を上げない）
- あとから読み込まれるCSSに、新しいスタイルを書く（カスケードを利用する）

サンプルを例に、具体的な作業方法を見てみましょう。

■既存のCSSを編集せずに、新しく作成するCSSファイルでスタイルを変更する

この例では、PC表示のときヘッダー右側に表示される［検索］ボタンの色を、既存のCSSファイルを編集せずに書き換えます。「css」フォルダに「custom.css」というファイルを作成し、index.htmlから読み込みます。このときのポイントは「既存のCSSファイルよりもあとに読み込む」ことです。

●HTML   302/index.html

```
<head>
  <meta charset="UTF-8">
  <meta name="viewport" content="width=device-width, initial-scale=1.0">
  <title>traveLOUNGE</title>
  <link rel="stylesheet" href="css/travel.css">  ─┐
  <link rel="stylesheet" href="css/style.css">   ─┘── 既存のCSSファイル
  <link rel="stylesheet" href="css/custom.css"> ──── 既存のCSSファイルよりもあとに読み込む
  <script src="../../_shared/scripts/travel.js" type="module"></script>
</head>
```

これで準備は完了です。

■開発ツールを使って適用されているCSSを調べる

　準備が完了したら、ブラウザの開発ツールを使って変更したい要素を探し、どんなスタイルが適用されているかを調べます。index.htmlをブラウザで開き、control + shift + I キー（macOSでは ⌘ + option + I キー）を押して開発ツールを開きます。［要素］タブ※をクリックして❶、HTML要素が調査できるモードにします。次に、［要素を選択］ボタンをクリックします❷。

※ Firefox では［インスペクター］。

要素を選択できるようにする

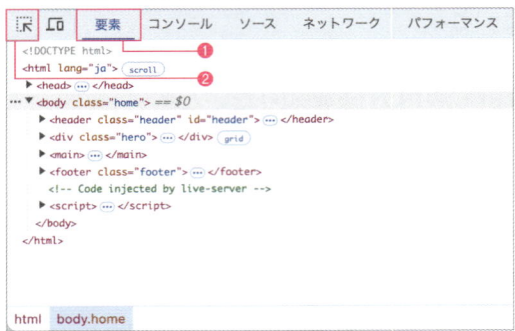

　その状態で、ページに表示されているスタイルを変更したい要素（ここではボタン）をクリックします❸。開発ツールにはその部分のHTMLコードがハイライトされ、適用されているスタイルが表示されます。もし、右側に適用されているスタイルが表示されていない場合は、上部の［スタイル］をクリックします。

変更したい要素を選択

　右側に表示されているスタイルのうち、要素に適用されている部分のCSSコードを丸ごと選択してコピーします❹。

ポイントは、ここでコピーしたいのは実際に適用されているスタイルではなく、セレクタのほうです。メディアクエリがある場合にはメディアクエリも含め、丸ごとコピーしてください。

要素に適用されているスタイル（ルール）を丸ごとコピーする

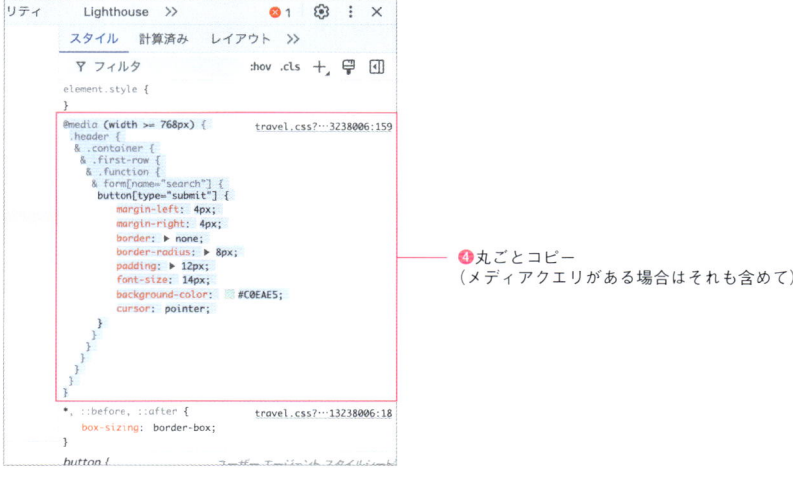

❹丸ごとコピー
（メディアクエリがある場合はそれも含めて）

■CSSを編集する

最初に作成したcustom.cssをテキストエディタで開き、コピーしたCSSコードをペーストします❺。インデントやセレクタの書き方がいつもと異なる場合がありますが、そのままペーストして動作します。気にしなくて大丈夫です。

新規に作成したCSSファイルにペースト

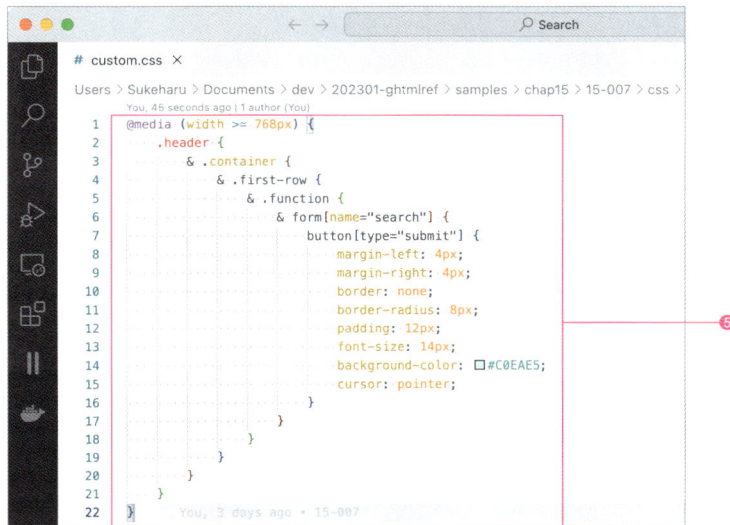

あとは、不要なスタイルを削除し、書き換えたいスタイルを書き換えるか、または追加します。サンプルの場合は次のように書き換えています。

■CSS　　　　　　　　　　　　　　　　　　　　　　　　　302/css/custom.css

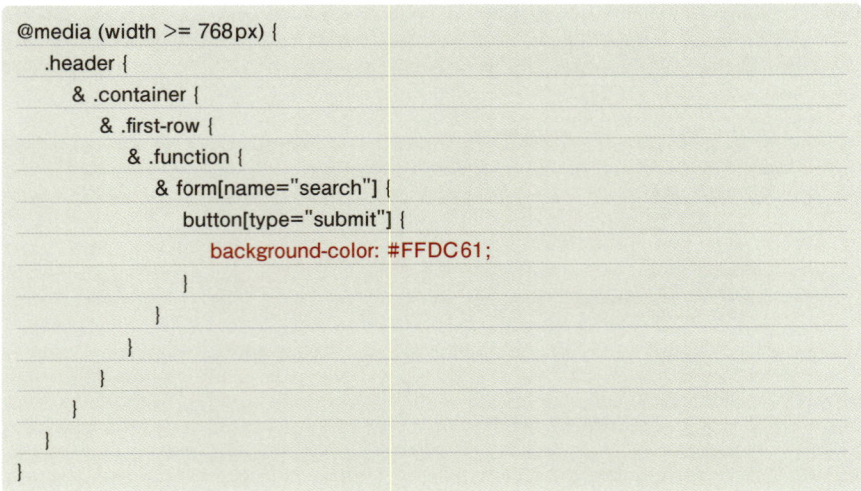

```css
@media (width >= 768px) {
  .header {
    & .container {
      & .first-row {
        & .function {
          & form[name="search"] {
            button[type="submit"] {
              background-color: #FFDC61;
            }
          }
        }
      }
    }
  }
}
```

　これで作業は終了です。ボタンの色が変わります。

▼ ブラウザ表示

　値を書き換えたり、プロパティを追加するだけでなく、不要なスタイルを削除することが重要です。削除することで、変更する必要のないスタイルはもとのCSSを参照できるようになります。

　このように、開発ツールからソースコードをコピーすれば、詳細度を上げることなく、スタイルを書き換えられます。すでに公開されているサイトの修正や、CMSのテーマをカスタマイズする際に試してみてください。

INDEX

HTML 要素

CSS セレクタ／プロパティ／値

用語

著者紹介 狩野 祐東（かのう すけはる）

アメリカ・サンフランシスコでUIデザイン理論を学ぶ。帰国後会社勤務を経てフリーランス。2016年株式会社Studio947を設立。Webサイトやアプリケーションのインターフェースデザイン・開発を数多く手がける。各種セミナーや研修講師としても活躍中。主な著書に『確かな力が身につくJavaScript「超」入門』『スラスラわかるHTML&CSSのきほん』（SBクリエイティブ）ほか多数。

https://studio947.net

アートディレクション・デザイン　山川香愛（山川図案室）

カバー写真　川上尚見

スタイリスト　浜田恵子

本文レイアウト　BUCH+

サンプルデータデザイン　阿部敏寛

写真素材　https://pixabay.com
　　　　　　https://unsplash.com
　　　　　　https://find47.jp

改訂新版 HTML&CSS デザインレシピ集

2017年3月 7日　初　版　第1刷発行
2025年4月25日　第2版　第1刷発行

著　者　狩野 祐東（かのう すけはる）
発行者　片岡 巌
発行所　株式会社技術評論社
　　　　東京都新宿区市谷左内町21-13
　　　　電話　03-3513-6150　販売促進部
　　　　　　　03-3513-6166　書籍編集部
印刷/製本　日経印刷株式会社

定価はカバーに表示してあります。

造本には細心の注意を払っておりますが、万一、乱丁（ページの乱れ）や落丁（ページの抜け）がございましたら、小社販売促進部までお送りください。送料小社負担にてお取り替えいたします。

ISBN978-4-297-14850-8　C3055
Printed in Japan

お問い合わせに関しまして

本書に関するご質問については、本書に記載されている内容に関するもののみとさせていただきます。本書の内容を超えるものや、本書の内容と関係のないご質問につきましては、一切お答えできませんので、あらかじめご了承ください。また、電話でのご質問は受け付けておりませんので、ウェブの質問フォームにてお送りください。FAXまたは書面でも受け付けております。

本書に掲載されている内容に関して、各種の変更などのカスタマイズは必ずご自身で行ってください。弊社および著者は、カスタマイズに関する作業は一切代行いたしません。

ご質問の際に記載いただいた個人情報は、質問の返答以外の目的には使用いたしません。また、質問の返答後は速やかに削除させていただきます。

質問フォームのURL

https://gihyo.jp/book/2025/978-297-14850-8

※本書内容の修正・訂正・補足についても上記URLにて行います。あわせてご活用ください。

FAXまたは書面の宛先

〒162-0846
東京都新宿区市谷左内町21-13
株式会社技術評論社　書籍編集部
「改訂新版 HTML&CSS デザインレシピ集」係
FAX：03-3513-6183